U0228887

水处理剂

配方与制备手册

李东光　主编

化学工业出版社

·北京·

内 容 简 介

《水处理剂配方与制备手册》精选水处理剂配方 450 余种，内容涉及工业用水处理剂、污水/废水处理剂、市政/饮用水处理剂、农用水处理剂，详细介绍了产品的原料配比、制备方法、产品用途与用法、产品特性等，注重实用性、功能性和新颖性。

本书可供从事水处理剂生产、研发、应用的人员学习，也可作为精细化工等相关专业师生的参考书。

图书在版编目（CIP）数据

水处理剂配方与制备手册 / 李东光主编. -- 北京 ：化学工业出版社，2025. 3. -- ISBN 978-7-122-46972-4

Ⅰ. TU991. 2-62

中国国家版本馆 CIP 数据核字第 2024YK1252 号

责任编辑：张　艳　　文字编辑：姚子丽　师明远
责任校对：杜杏然　　装帧设计：王晓宇

出版发行：化学工业出版社
（北京市东城区青年湖南街 13 号　邮政编码 100011）
印　　装：北京建宏印刷有限公司
710mm×1000mm　1/16　印张 30¾　字数 548 千字
2025 年 3 月北京第 1 版第 1 次印刷

购书咨询：010-64518888　　售后服务：010-64518899
网　　址：http://www.cip.com.cn
凡购买本书，如有缺损质量问题，本社销售中心负责调换。

定　　价：198.00 元　**版权所有　违者必究**

前言 PREFACE

水处理剂是用于生活用水、工业用水、废水等水处理过程中化学药剂的总称，被广泛应用于冶金、石油、化工、轻工、印染、建筑、机械、医药卫生、交通、城乡环保等行业。水处理剂是当前水工业、污染治理与节水回用处理工程技术中应用最广泛、用量最大的特殊产品之一，其作用机理是通过控制水垢、污泥的形成，减少对与水接触材料的腐蚀，从而有效地除去水中的有毒物质和悬浮固体，并起到杀菌除臭、脱色、软化、稳定水质等作用，有效地提升水的质量。

在全球水资源短缺问题日益严重以及环保意识不断提升的背景下，随着人口和工业的不断发展，人类生活和生产对于洁净水的需求不断增加，全球水处理剂市场药剂品种逐步增多，市场规模持续扩大。

随着工业化和城镇化进程的不断推进，我国水资源短缺、水污染严重、污水排放量逐年增加等问题日益突出，因此必须要对生产、生活所产生的废水进行科学合理的处理，并且进行回收再利用，才能够加大对水资源的利用率，缓解能源紧缺的现状；与此同时，在环保意识日益提升的背景下，为加强水环境保护和治理，我国环保政策及法规要求日趋严格，污水治理的投入不断提升，为我国水处理剂带来庞大的市场需求，水处理剂市场前景广阔。

近年来，水处理剂已经发展成为新材料领域中精细化工产品的一个分支，水处理剂在节约资源、改善水环境、实现我国经济和社会的可持续发展中起着积极的推动作用。水处理剂具有稳定生产、节约水资源、减少环境污染、节约钢材、提高经济效益等优点，能够为工厂的长周期安全生产提供保证，减少企业因循环冷却水未作处理或处理不好导致的设备检修费用成本。

在对污水进行处理时，往往使用复合配方的水处理剂或者综合应用各类水处理剂，因此，既要注意各组分之间由于不适当的复配而产生对抗作用，使效果降低或丧失，也要充分利用协同效应（几种药剂共存时所产生的增效作用）增效。此外，大多数水处理系统是敞开系统，使用时要考虑到各类水处理剂对环境的影响。只有选择环保型的水处理药剂，才能够避免出现二次污染的现象，实现对水的有效处理。面对当下环保型水处理剂的发展现状，应全面推进环保型水处理剂的再利用，从而提高对污水的处理效率，降低对环境的污染，实现对水的高效处理。

水处理剂大体可以分为三大类：污水处理类药剂、工业循环水处理药剂、油水分离剂。应用领域涉及工业用水处理、污水/废水处理、市政/饮用水处理以及农用水处理等。

在工业用水领域中，主要是应用于工业循环水处理和工业锅炉水处理。工业循环水处理使用的药剂主要有阻垢剂、缓蚀剂、杀菌灭藻剂、清洗剂、预膜剂等。工业锅炉水处理的常用方法有锅外水处理和锅内水处理，使用的药剂主要有缓蚀阻垢剂、除氧剂、给水降碱剂、离子交换剂、再生剂、软化剂、碱度调节剂、清垢剂等。

市政/饮用水处理涉及的水处理药剂一般有杀菌灭藻剂、絮凝剂、缓蚀剂等。

污水处理涉及的水处理药剂一般有絮凝剂、污泥脱水剂、消泡剂、螯合剂、脱色剂等。

为了满足市场的需求，我们编写了《水处理剂配方与制备手册》，书中收集了450余种水处理剂制备实例，详细介绍了产品的特性、用途与用法、配方和制法，旨在为水处理工业的发展尽点微薄之力。

本书的配方以质量份数（质量份）表示，在配方中有注明以体积份数（体积份）表示的情况下，需注意质量份数与体积份数的对应关系，例如质量份数以克为单位时，对应的体积份数单位是毫升，质量份数以千克为单位时，对应的体积份数单位是升，以此类推。

需要请读者们注意的是，我们没有也不可能对每个配方进行逐一验证，所以读者在参考本书进行试验时，应根据自己的实际情况本着先小试后中试再放大的原则，小试产品合格后才能往下一步进行，以免造成不必要的损失。

本书由李东光主编，参加编写的还有翟怀凤、李桂芝、吴宪民、吴慧芳、蒋永波、邢胜利、李嘉等，由于编者水平有限，不足之处在所难免，请读者使用过程中发现问题及时指正。作者 Email 地址为 ldguang@163. com。

编者

2024 年 10 月

目录

CONTENTS

1

工业用水处理剂

001～063

配方 1　HCA-PAC 复合水处理剂　001

配方 2　多功能环保水处理剂　002

配方 3　多功能环保型水处理剂　003

配方 4　二氧化硅气凝胶掺杂钙沸石水处理剂　004

配方 5　复合工业循环水处理剂　005

配方 6　复合型高效锅炉水处理剂　006

配方 7　复合型水处理剂　007

配方 8　复配型水处理剂　008

配方 9　富营养化水处理剂　009

配方 10　改性水处理剂　009

配方 11　高浓度铁离子循环水用无磷水处理剂　011

配方 12　高效环保的水处理剂　012

配方 13　高效环保工程水处理剂　014

配方 14　高效喷漆循环水处理剂　014

配方 15　高效水处理剂（1）　015

配方 16　高效水处理剂（2）　016

配方 17　高效无膦环保水处理剂　017

配方 18　高压锅炉炉水处理剂　018

配方 19　高压锅炉用多效无磷水处理剂　019

配方 20　锅炉复合水处理剂　020

配方 21　锅炉水处理剂　021

配方 22　含有异噻唑啉酮的水处理剂　022

配方 23　环保工程水处理剂　023

配方 24　环保节能水处理剂　024

配方 25　环保水处理剂　025

配方 26　环保型多功能循环水处理剂　025
配方 27　环保型聚丙烯酰胺改性水处理剂　026
配方 28　环保型循环冷却水处理剂　027
配方 29　活性炭水处理剂　028
配方 30　基于凹凸棒土的水处理剂　028
配方 31　具有阻垢杀菌分散缓蚀多功能的螯合塑化水处理剂　029
配方 32　空调冷凝水处理剂　030
配方 33　快速兼长效水处理剂　031
配方 34　铝材加工专用的污水处理剂　032
配方 35　麦芽糊精改性聚合物水处理剂　033
配方 36　密闭式循环水系统无磷复合水处理剂　034
配方 37　牡蛎壳负载壳聚糖复合水处理剂　035
配方 38　全有机缓蚀阻垢工业水处理剂　035
配方 39　生物水处理剂　036
配方 40　适用于换流站阀冷系统的复合型水处理剂　037
配方 41　适用于换流站内冷水铝合金体系的绿色高效水处理剂　038
配方 42　双组分水处理剂　039
配方 43　水处理剂（1）　040
配方 44　水处理剂（2）　040
配方 45　水处理剂（3）　042
配方 46　水处理剂（4）　042
配方 47　水处理剂（5）　043
配方 48　水处理剂（6）　044
配方 49　水处理剂（7）　046
配方 50　水处理剂（8）　047
配方 51　水处理剂（9）　048
配方 52　水处理剂（10）　049
配方 53　水处理剂（11）　051
配方 54　水处理剂（12）　052

配方 55　无磷锅炉水处理剂　053
配方 56　无磷环保多功能冷却水处理剂　055
配方 57　无磷无氮绿色环保的热水锅炉水处理剂　055
配方 58　消防用水处理剂　056
配方 59　新型化学水处理剂　057
配方 60　循环冷却水处理剂　058
配方 61　循环污水处理剂　060
配方 62　用于去除重金属离子的水处理剂　060
配方 63　有机银与石墨烯复合循环水处理剂　061
配方 64　中低压锅炉用多效无磷水处理剂　062

2
污水/废水处理剂
064～373

配方 1　氨氮废水处理剂　064
配方 2　包覆型污水处理剂　065
配方 3　包衣污水处理剂　067
配方 4　蚕丝染色工艺污水处理剂　068
配方 5　超能无毒废水处理剂　069
配方 6　多功能污水处理剂　070
配方 7　处理酸性工业污水的水处理剂　071
配方 8　磁性聚丙烯酰胺改性污水处理剂　072
配方 9　磁性木质素气凝胶废水处理剂　073
配方 10　磁性污水处理剂（1）　074
配方 11　磁性污水处理剂（2）　076
配方 12　电镀废水处理剂　077
配方 13　电镀污水处理剂（1）　077
配方 14　电镀污水处理剂（2）　079
配方 15　对设备无腐蚀的污水处理剂　080
配方 16　多功能环保型污水处理剂　080
配方 17　多功能污水处理剂　081
配方 18　多效复合型污水处理剂　082
配方 19　多效污水处理剂　083
配方 20　多用途废水处理剂　084

配方 21　二氧化钛/四氧化三铁/活性炭纳米废水处理剂　085
配方 22　纺织废水处理剂　086
配方 23　纺织工厂污水处理剂　086
配方 24　纺织品染色废水处理剂　087
配方 25　废水处理剂（1）　087
配方 26　废水处理剂（2）　088
配方 27　废水处理剂（3）　089
配方 28　废水处理剂（4）　089
配方 29　废水处理剂（5）　090
配方 30　废水处理剂（6）　091
配方 31　废水处理剂（7）　093
配方 32　废水处理剂（8）　094
配方 33　废水处理剂（9）　095
配方 34　废水处理剂（10）　095
配方 35　废水处理剂（11）　097
配方 36　废水处理剂（12）　097
配方 37　废水处理剂（13）　099
配方 38　废水处理剂（14）　099
配方 39　废水处理剂（15）　101
配方 40　废水处理剂（16）　102
配方 41　复合废水处理剂　103
配方 42　复合水处理剂　103
配方 43　复合碳源污水处理剂　105
配方 44　复合污水处理剂（1）　106
配方 45　复合污水处理剂（2）　107
配方 46　复合污水处理剂（3）　110
配方 47　复合污水处理剂（4）　111
配方 48　复合型油田废水处理剂　113
配方 49　改进的高浓度含磷废水用水处理剂　113
配方 50　改性凹凸棒土复合污水处理剂　114
配方 51　改性淀粉水处理剂　116

配方 52　刚果红废水处理剂　118
配方 53　钢铁厂高盐废水处理剂　119
配方 54　钢铁废水处理剂（1）　120
配方 55　钢铁废水处理剂（2）　120
配方 56　钢铁行业污水处理剂　121
配方 57　高分子污水处理剂　122
配方 58　高温工业废水处理剂　123
配方 59　高吸附性柚皮污水处理剂　125
配方 60　高效多用污水处理剂　126
配方 61　高效废水处理剂（1）　127
配方 62　高效废水处理剂（2）　127
配方 63　高效废水处理剂（3）　128
配方 64　高效工业污水处理剂（1）　129
配方 65　高效工业污水处理剂（2）　130
配方 66　高效焦化污水处理剂　132
配方 67　高效去除废水中苯胺的水处理剂　133
配方 68　高效生物脱硫的污水处理剂　134
配方 69　高效脱色、降解 COD 的废水处理剂　134
配方 70　高效污水处理剂（1）　137
配方 71　高效污水处理剂（2）　137
配方 72　高效污水处理剂（3）　139
配方 73　高效污水处理剂（4）　139
配方 74　高效污水处理剂（5）　140
配方 75　高效污水处理剂（6）　140
配方 76　高效污水处理剂（7）　142
配方 77　高效污水处理剂（8）　143
配方 78　高效污水处理剂（9）　144
配方 79　高效污水处理剂（10）　145
配方 80　高效无毒型污水处理剂　146
配方 81　高效吸附重金属的污水处理剂　148
配方 82　高效造纸污水处理剂　149
配方 83　高效重金属废水处理剂　151

配方 84　工业氨氮有机废水处理剂　151
配方 85　工业废水处理剂（1）　153
配方 86　工业废水处理剂（2）　154
配方 87　工业废水处理剂（3）　155
配方 88　工业废水处理剂（4）　155
配方 89　工业废水处理剂（5）　156
配方 90　工业废水处理剂（6）　157
配方 91　工业废水处理剂（7）　158
配方 92　工业废水处理剂（8）　159
配方 93　工业废水处理剂（9）　160
配方 94　工业废水处理剂（10）　161
配方 95　工业废水处理剂（11）　162
配方 96　工业废水处理剂（12）　163
配方 97　工业污水处理剂（1）　164
配方 98　工业污水处理剂（2）　165
配方 99　工业污水处理剂（3）　166
配方 100　工业污水处理剂（4）　167
配方 101　工业污水处理剂（5）　167
配方 102　工业污水处理剂（6）　168
配方 103　工业污水处理剂（7）　169
配方 104　工业污水处理剂（8）　171
配方 105　工业污水处理剂（9）　172
配方 106　工业污水处理剂（10）　173
配方 107　工业污水处理剂（11）　174
配方 108　工业污水专用处理剂　175
配方 109　硅藻土污水处理剂（1）　177
配方 110　硅藻土污水处理剂（2）　178
配方 111　含多硫代碳酸盐的废水处理剂　179
配方 112　含金属硫化物的废水处理剂　180
配方 113　含磷污水处理剂（1）　180
配方 114　含磷污水处理剂（2）　181
配方 115　含氯废水处理剂　182

配方 116　含锰污水处理剂　183
配方 117　含油污水处理剂　184
配方 118　含有多孔海泡石的有机废水处理剂　185
配方 119　含有石墨烯的污水处理剂　187
配方 120　化工废水处理剂（1）　188
配方 121　化工废水处理剂（2）　189
配方 122　化工废水处理剂（3）　191
配方 123　化工废水处理剂（4）　191
配方 124　化工污水处理剂（1）　193
配方 125　化工污水处理剂（2）　194
配方 126　化纤污水处理剂（1）　195
配方 127　化纤污水处理剂（2）　196
配方 128　化学水处理剂　197
配方 129　环保高效的洗煤废水处理剂　197
配方 130　环保染料污水处理剂　198
配方 131　环保污水处理剂（1）　200
配方 132　环保污水处理剂（2）　201
配方 133　环保无毒污水处理剂　203
配方 134　环保型工业污水处理剂　205
配方 135　环保型生物复合废水处理剂　206
配方 136　环保型生物复合污水处理剂（1）　206
配方 137　环保型生物复合污水处理剂（2）　208
配方 138　环保型水处理剂　208
配方 139　环保型重金属污水处理剂　209
配方 140　环保治理用水处理剂　210
配方 141　环保重金属废水处理剂　212
配方 142　环糊精改性聚丙烯酰胺污水处理剂　212
配方 143　环境友好型污水处理剂　214
配方 144　缓释污水处理剂　215
配方 145　活性炭废水处理剂　216
配方 146　基于改性硅藻土的复合污水处理剂　216
配方 147　基于接枝纤维素的污水处理剂　218

配方 148　基于蒙脱石的污水处理剂　219
配方 149　焦化废水处理剂　220
配方 150　净化污水处理剂　221
配方 151　具有缓释功能的污水处理剂　222
配方 152　聚丙烯酸钠污水处理剂　223
配方 153　聚丙烯酰胺污水处理剂　224
配方 154　可除去水中多种重金属的污水处理剂　226
配方 155　可处理铜金属超标污水的污水处理剂　228
配方 156　可净化印染废水的水处理剂　228
配方 157　可用于纸业污水处理的污水处理剂　229
配方 158　可有效去除重金属离子的污水处理剂　230
配方 159　邻、间氨基苯废水处理剂　231
配方 160　绿色环保型水处理剂　232
配方 161　绿色印染废水处理剂　234
配方 162　毛皮染色废水处理剂　235
配方 163　煤矿加工专用的污水处理剂　236
配方 164　煤泥水处理剂　237
配方 165　蒙脱土改性聚丙烯酸钠印染污水处理剂　238
配方 166　棉纺织业退浆废水处理剂　239
配方 167　耐高温复合水处理剂　240
配方 168　能净化水质的污水处理剂　241
配方 169　染料废水处理剂　241
配方 170　染料污水处理剂　242
配方 171　缫丝废水处理剂　243
配方 172　纱线染织废水处理剂　244
配方 173　深度洁净污水处理剂　245
配方 174　生物增效污水处理剂　246
配方 175　水体深度除磷的污水处理剂　248
配方 176　丝绸加工专用的污水处理剂　249
配方 177　天然复合废水处理剂　250
配方 178　通用染料废水处理剂　251
配方 179　涂装污水处理剂（1）　252

配方 180　涂装污水处理剂（2）　253
配方 181　脱硫废水处理剂　254
配方 182　污水处理剂（1）　255
配方 183　污水处理剂（2）　256
配方 184　污水处理剂（3）　256
配方 185　污水处理剂（4）　258
配方 186　污水处理剂（5）　260
配方 187　污水处理剂（6）　261
配方 188　污水处理剂（7）　262
配方 189　污水处理剂（8）　263
配方 190　污水处理剂（9）　264
配方 191　污水处理剂（10）　266
配方 192　污水处理剂（11）　267
配方 193　污水处理剂（12）　268
配方 194　污水处理剂（13）　268
配方 195　污水处理剂（14）　271
配方 196　污水处理剂（15）　272
配方 197　污水处理剂（16）　272
配方 198　污水处理剂（17）　274
配方 199　污水处理剂（18）　275
配方 200　污水处理剂（19）　276
配方 201　污水处理剂（20）　277
配方 202　污水处理剂（21）　278
配方 203　污水处理剂（22）　279
配方 204　污水处理剂（23）　281
配方 205　污水处理剂（24）　283
配方 206　污水处理剂（25）　284
配方 207　污水处理剂（26）　285
配方 208　污水处理剂（27）　285
配方 209　污水处理剂（28）　286
配方 210　污水处理剂（29）　287
配方 211　污水处理剂（30）　288

配方 212　污水处理剂（31）　288
配方 213　污水处理剂（32）　289
配方 214　污水处理剂（33）　290
配方 215　污水处理剂（34）　291
配方 216　污水处理剂（35）　291
配方 217　污水处理剂（36）　292
配方 218　污水处理剂（37）　293
配方 219　污水处理剂（38）　294
配方 220　污水处理剂（39）　295
配方 221　污水处理剂（40）　297
配方 222　污水处理剂（41）　298
配方 223　污水处理剂（42）　299
配方 224　污水处理剂（43）　300
配方 225　污水处理剂（44）　300
配方 226　污水处理剂（45）　301
配方 227　无磷水处理剂　303
配方 228　洗煤污水处理剂　304
配方 229　橡胶加工专用的污水处理剂　305
配方 230　新型工业污水处理剂　306
配方 231　新型污水处理剂（1）　306
配方 232　新型污水处理剂（2）　307
配方 233　絮凝灭菌双功能水处理剂　307
配方 234　氧化锌/四氧化三铁/活性炭纳米废水处理剂　308
配方 235　医疗废水处理剂（1）　309
配方 236　医疗废水处理剂（2）　311
配方 237　医疗废水处理剂（3）　312
配方 238　医药废水处理剂（1）　313
配方 239　医药废水处理剂（2）　314
配方 240　环保型生物复合污水处理剂　315
配方 241　印染纺织业用污水处理剂　315
配方 242　印染废水处理剂（1）　317

配方 243　印染废水处理剂（2）　318
配方 244　印染污水处理剂（1）　319
配方 245　印染污水处理剂（2）　320
配方 246　荧光废水处理剂　321
配方 247　用于电镀生产的高效污水处理剂　322
配方 248　用于啤酒工业的污水处理剂　322
配方 249　用于涂料生产的污水处理剂　323
配方 250　用于造纸废水的污水处理剂　324
配方 251　用于重金属污染的污水处理剂　325
配方 252　用蔗渣制备的废水处理剂　328
配方 253　油漆废水处理剂　329
配方 254　油田含硫污水处理剂　330
配方 255　油田回注水用水处理剂　332
配方 256　油田污水处理剂　333
配方 257　油田用油污水处理剂　334
配方 258　油脂类污水处理剂　335
配方 259　有机废水处理剂　336
配方 260　有机-无机复合污水处理剂　337
配方 261　造纸厂污水处理剂　338
配方 262　造纸废水处理剂（1）　339
配方 263　造纸废水处理剂（2）　341
配方 264　造纸废水处理剂（3）　342
配方 265　造纸废水处理剂（4）　343
配方 266　造纸废水处理剂（5）　344
配方 267　造纸废水处理剂（6）　345
配方 268　造纸废水处理剂（7）　346
配方 269　造纸废水处理剂（8）　347
配方 270　造纸废水处理剂（9）　348
配方 271　造纸污水处理剂（1）　349
配方 272　造纸污水处理剂（2）　351
配方 273　造纸污水处理剂（3）　352
配方 274　造纸污水处理剂（4）　353

配方 275　造纸污水处理剂（5）　355
配方 276　造纸用污水处理剂　355
配方 277　针对高 COD 污水的多功能污水处理剂　356
配方 278　纸业污水处理剂　357
配方 279　重金属废水处理剂（1）　358
配方 280　重金属废水处理剂（2）　358
配方 281　重金属废水处理剂（3）　359
配方 282　重金属废水处理剂（4）　361
配方 283　重金属废水处理剂（5）　362
配方 284　重金属废水处理剂（6）　363
配方 285　重金属废水处理剂（7）　364
配方 286　重金属废水处理剂（8）　364
配方 287　重金属废水处理剂（9）　365
配方 288　重金属污水处理剂（1）　366
配方 289　重金属污水处理剂（2）　367
配方 290　重金属污水处理剂（3）　368
配方 291　重金属治理水处理剂　368
配方 292　重油废水处理剂　370
配方 293　重质自沉降污水处理剂　370
配方 294　自沉降污水处理剂　371
配方 295　综合电镀废水处理剂　372

3
市政/饮用水处理剂
374～446

配方 1　城市生活污水处理剂　374
配方 2　城市污水处理剂（1）　375
配方 3　城市污水处理剂（2）　376
配方 4　城市污水处理剂（3）　377
配方 5　城市污水处理剂（4）　377
配方 6　城市污水处理剂（5）　378
配方 7　城乡河流用污水处理剂　378
配方 8　城镇生活污水处理剂　380
配方 9　村镇生活污水处理剂　381
配方 10　低成本生活污水处理剂　382

配方 11　复合水处理剂　383
配方 12　复合型生活污水处理剂　384
配方 13　改进型生活污水处理剂　385
配方 14　高效生活污水处理剂　386
配方 15　环境友好型生活污水处理剂　387
配方 16　聚合硫酸氯化铝水处理剂　388
配方 17　可生物降解的水处理剂　389
配方 18　生活废水处理剂　390
配方 19　生活垃圾渗滤液用复合水处理剂　390
配方 20　生活污水处理剂（1）　392
配方 21　生活污水处理剂（2）　393
配方 22　生活污水处理剂（3）　394
配方 23　生活污水处理剂（4）　395
配方 24　生活污水处理剂（5）　396
配方 25　生活污水处理剂（6）　398
配方 26　生活污水处理剂（7）　399
配方 27　生活污水处理剂（8）　399
配方 28　生活污水处理剂（9）　401
配方 29　生活污水处理剂（10）　402
配方 30　生活污水处理剂（11）　402
配方 31　生活污水处理剂（12）　403
配方 32　生活污水处理剂（13）　404
配方 33　生活污水处理剂（14）　405
配方 34　生活污水处理剂（15）　406
配方 35　生活污水处理剂（16）　407
配方 36　生活污水处理剂（17）　408
配方 37　生活污水处理剂（18）　409
配方 38　生活污水高效水处理剂　410
配方 39　生态环境改造用污水处理剂　411
配方 40　微污染水处理剂　412
配方 41　环保水处理剂　412
配方 42　以粉煤灰为主要原料的水处理剂　414

配方 43　用于富营养化河流的水处理剂　415
配方 44　用于生活污水的高效复合污水处理剂　416
配方 45　用于生活污水净化的污水处理剂　417
配方 46　用于吸附水体余氯的水处理剂　418
配方 47　用于泳池水处理的环保型水处理剂　419
配方 48　用于治理蓝藻污染的污水处理剂　421
配方 49　有机纳米水处理剂　421
配方 50　园林污水处理剂　423
配方 51　植物复合改性水处理剂　424
配方 52　治理油污染河流的污水处理剂　425
配方 53　草药无毒水处理剂　426
配方 54　自来水处理剂　428
配方 55　居民生活污水处理剂　428
配方 56　垃圾渗滤液用多功能水处理剂　430
配方 57　水处理剂　432
配方 58　多效市政污水处理剂　433
配方 59　高效河流污水处理剂　434
配方 60　含钴化合物的污水处理剂　435
配方 61　含锰化合物的污水处理剂　436
配方 62　含有累托石的家庭废水处理剂　437
配方 63　含有天然矿物质的污水处理剂　437
配方 64　含有阳离子表面活性剂的污水处理剂　438
配方 65　河流污水处理剂　439
配方 66　河涌污水处理剂　440
配方 67　基于减少二次污染的河流污水处理剂　441
配方 68　基于蒙脱石的垃圾渗滤液废水处理剂　441
配方 69　聚丙烯酰胺污水处理剂　442
配方 70　绿色改性淀粉多功能污水处理剂　443
配方 71　污水处理剂　444
配方 72　用于处理生活污水的高效污水处理剂　446

4

农用水处理剂

447~467

配方 1　池塘用水处理剂　447
配方 2　畜禽养殖污水处理剂　448
配方 3　畜禽养殖专用的污水处理剂　449
配方 4　淡水养殖废水处理剂　450
配方 5　基于农业开发的污水处理剂　451
配方 6　家禽养殖废水处理剂　452
配方 7　金鱼、锦鲤池塘养殖废水处理剂　453
配方 8　具有杀菌消毒性能的可排放型养殖水处理剂　454
配方 9　农业污水处理剂　455
配方 10　生物质水体多级水处理剂　456
配方 11　生猪养殖场污水处理剂　459
配方 12　水产品污水处理剂　459
配方 13　水产养殖的污水处理剂　461
配方 14　水产养殖废水处理剂　462
配方 15　水产养殖尾水处理剂　463
配方 16　水产养殖污水处理剂　464
配方 17　养殖场污水处理剂　464
配方 18　养殖污染废水处理剂　465
配方 19　用于养殖废水的污水处理剂　466
配方 20　环保型养殖污水处理剂　467

参考文献

468~471

1 工业用水处理剂

配方1 HCA-PAC复合水处理剂

原料配比

原料	配比（质量份）		
	1#	2#	3#
工业含铝固体废物（物料干度30%）	15	15	15
25%的盐酸溶液	20（体积份）	50（体积份）	80（体积份）
铝酸钙粉	4	6	8
聚二甲基二烯丙基氯化铵（HCA）	0.02	0.03	0.02
碱液	适量	适量	适量

制备方法

（1）采用湿式破碎法将工业含铝固体废物破碎为细块状或粉末状，粒度<2mm，得制备料，备用。

（2）将盐酸溶液加入步骤（1）所得制备料中，持续搅拌，搅拌的转速为200～1500r/min，反应时间为0.5～6h，得溶液A，备用；反应温度为70～100℃。

（3）将铝酸钙粉加入步骤（2）所制溶液A中，进行搅拌，搅拌转速为200～1500r/ min，并测定溶液pH值，添加碱液调节溶液pH值为1～7，进行聚合反应，聚合反应时间为0.25～1h，制得溶液B，备用；反应过程温度为80～100℃，添加的碱液为NaOH溶液。

（4）将聚二甲基二烯丙基氯化铵（HCA）缓慢滴加至步骤（3）所制溶液B中，并进行搅拌，搅拌的转速为200～1500r/min，反应温度为20～40℃，进行聚合反应，聚合反应时间为1～5h，得到所述处理剂。

使用方法 本品主要用于造纸废水处理。

产品特性 本品的盐基度处于合理范围内[聚合氯化铝（PAC）盐基度范围值在40%～95%之间]，且效果稳定，生产成本低，大幅提高了生产和使用的经济效益（盐基度从 40%提高到 90%，生产原料成本可降低 20%，使用成本可降低 40%）。本品铝含量趋于稳定，化学需氧量（COD）去除率对比传统处理工艺有很大幅度的提升，去污效果显著。

配方 2　多功能环保水处理剂

［原料配比］

原料		配比（质量份）			
		1#	2#	3#	4#
改性纳米纤维素季铵盐混合液		30	50	40	60
氧化纳米纤维素混合液		10	30	25	40
烷基胺乳化液		15	25	30	10
甜菜碱型表面活性剂	$RN^{+}(CH_3)_2CH_2COO^{-}$	4	—	—	—
	$RCONH(CH_2)_3N^{+}(CH_3)_2CH_2COO^{-}$	—	8	—	—
	$RN^{+}(CH_3)_2(CH_2)_3SO_3^{-}$	—	—	3	—
	$RN^{+}(CH_3)_2CH_2CH(OH)CH_2SO_3^{-}$	—	—	2	—
	$RN^{+}(CH_3)_2CH_2CH(OH)CH_2HPO_4^{-}$	—	—	—	6

［制备方法］　将改性纳米纤维素季铵盐混合液、氧化纳米纤维素混合液、烷基胺乳化液和甜菜碱型表面活性剂置于反应釜中，在 15～35℃下搅拌 0.5～1h，搅拌均匀后，即得到所述多功能环保水处理剂。

［原料介绍］

（1）改性纳米纤维素季铵盐混合液的制备：先将纳米纤维素分散在四氢呋喃-氢氧化钠混合溶液中，加热至 50～60℃，搅拌预处理 1～2h，然后加入一氯乙酸，在 60～80℃下反应 4～6h，加入盐酸溶液调 pH 值至 7，接着在搅拌条件下加入引发剂，再逐渐加入聚季铵盐，并在 60～80℃下反应 3～6h，得到改性纳米纤维素季铵盐混合液；所述纳米纤维素：一氯乙酸：聚季铵盐（质量比）为 1：(0.5～2)：(1～5)，所述引发剂用量为纳米纤维素总质量的 0.01%～0.2%。

（2）氧化纳米纤维素混合液的制备：在反应釜中加入纳米纤维素、异丙醇和水，加热至 70～90℃搅拌 0.5～1h，然后在搅拌下加入硫酸亚铁后，再缓慢加入双氧水，反应 1～3h，得到氧化纳米纤维素混合液；所述双氧水与纳米纤维素的质量比为（20～75）：100，所述硫酸亚铁与纳米纤维素的质量比为（0.8～2.6）：100。

（3）烷基胺乳化液的制备：先将烷基胺与乳化剂加热熔融并搅拌均匀，再缓慢加入水，搅拌均匀后，得到烷基胺乳化液；所述烷基胺、乳化剂和水的质量比为（3～50）∶（1～10）∶（40～96）。所述烷基胺为 R^1NH_2、R^1R^2NH、$R^1R^2R^3N$、$R^1NHR^4NH_2$ 或 $R^1NHR^4NHR^5NH_2$，其中 R^1、R^2、R^3、R^4、R^5 均为 $C_{1\sim24}$ 的直链或支链烷基。所述乳化剂为脂肪胺聚氧乙烯醚、脂肪醇聚氧乙烯醚、聚乙二醇、司盘和吐温中的至少一种。

［使用方法］ 本品适用范围广，不仅适用于淡水循环冷却水，而且也适用于海水循环冷却水，具有非常好的产业化应用前景。

［产品特性］

（1）本品不含磷，可以避免水体富营养化，避免生成磷酸钙垢；

（2）本品原料采用可生物降解的天然高分子，为环保型水处理剂，而且价廉易得，制备工艺简单、易于控制。

配方 3 多功能环保型水处理剂

［原料配比］

原料	配比（质量份）			
	1#	2#	3#	4#
膨润土	17	18	19	20
甘蔗渣	8	9	10	11
粉煤灰	6	6	7	7
聚乙烯醇	9	9	10	10
菖蒲提取物	3	4	5	6
狗牙根提取物	6	6	7	7
活性炭	10	11	12	13
二氧化钛	2	2	3	3
三氧化二铝	2	3	4	5
石墨烯	4	4	5	5
分散剂	3	4	5	6
抗菌剂	2	2	3	3

［制备方法］

（1）在反应釜中加入膨润土、甘蔗渣、粉煤灰，500～1000r/min 转速下搅拌 20～30min。

（2）待完全混合后在反应釜中继续加入聚乙烯醇、菖蒲提取物、狗牙根提取物，500～1000r/min 转速下搅拌 10min。

（3）在反应釜中继续加入活性炭、二氧化钛、三氧化二铝，500～1000r/min

转速下搅拌 10min。

（4）在反应釜中继续加入石墨烯、分散剂、抗菌剂，500～1000r/min 转速下搅拌 10～20min。

（5）放料封装，制得成品。

［原料介绍］ 所述的抗菌剂为甲基异噻唑啉酮、富马酸二甲酯、盐酸胍中的一种或者一种以上。

［使用方法］ 本品主要用于工业废水处理。

［产品特性］

（1）本品采用的原料皆为天然级原料，不含强酸强碱且无毒无害，符合绿色环保的理念。

（2）本品各原料相互配合起作用，不仅可以扩大使用范围，在一定程度上还起到了性能改善的作用。

配方 4　二氧化硅气凝胶掺杂钙沸石水处理剂

［原料配比］

原料	配比（质量份）	
	1#	2#
三乙胺	0.2	0.1
二氧化硅气凝胶	7	5
钙沸石	140	100
过硫酸铵	1.3	1
甲基丙烯酸缩水甘油酯	7	5
氨基硅烷偶联剂	4	3
丙烯酰胺	50	40
去离子水	适量	适量
无水乙醇	适量	适量
0.8～1mol/L 的氢氧化钠水溶液	适量	适量

［制备方法］

（1）取过硫酸铵，加入其质量 20～30 倍的去离子水中，搅拌均匀；

（2）取钙沸石，送入到浓度为 0.8～1mol/L 的氢氧化钠水溶液中，浸泡 1～2h，出料，在 600～700℃下煅烧 1～2h，冷却后磨成细粉，与甲基丙烯酸缩水甘油酯混合，加入混合料质量 3～5 倍的去离子水中，在 80～90℃下保温搅拌 2～4h，得钙沸石分散液；

(3) 取二氧化硅气凝胶、氨基硅烷偶联剂混合，加入混合料质量6～8倍的无水乙醇中，升高温度为60～65℃，保温搅拌1～2h，蒸馏除去乙醇，得氨基二氧化硅气凝胶；

(4) 取上述氨基二氧化硅气凝胶，加入上述钙沸石分散液中，搅拌均匀，升高温度为170～190℃，加入三乙胺，保温搅拌4～7h，得改性钙沸石分散液；

(5) 取丙烯酰胺，加入上述改性钙沸石分散液中，搅拌均匀，送入到反应釜中，通入氮气，调节反应釜温度为60～75℃，加入上述过硫酸铵水溶液，保温搅拌3～5h，出料，抽滤，将滤饼水洗，真空50～60℃下干燥2～4h，冷却至常温，即得所述二氧化硅气凝胶掺杂钙沸石水处理剂。

[原料介绍] 所述的氨基硅烷偶联剂是硅烷偶联剂KH550。

[产品特性] 本品采用了二氧化硅气凝胶、钙沸石粉、聚丙烯酰胺协调处理的方法，处理效果好；且成品的稳定性高，不易分散，自沉降效果好，回收方便；二氧化硅气凝胶与聚丙烯酰胺可以均匀地分布在钙沸石粉的微孔结构中，不仅提高了絮凝效果，而且还便于清理，重复利用率高且处理方便。

配方5 复合工业循环水处理剂

[原料配比]

原料	配比（质量份）		
	1#	2#	3#
苹果酸	8	20	15
十二烷基三甲基氯化铵	10	20	15
柠檬酸钾	10	20	15
聚六亚甲基胍	15	25	20
水	25	45	35

[制备方法]

(1) 先将水、聚六亚甲基胍混合均匀，然后加入十二烷基三甲基氯化铵，混合15～20 min；

(2) 将上述溶液加热到55～65℃，然后加入柠檬酸钾，搅拌并持续加热，保持温度55～65℃，对柠檬酸钾钝化改性，45～55min后，停止加热，自然冷却；

(3) 向上述溶液中加入苹果酸，混合均匀，即得复合工业循环水处理剂。

[产品特性]

(1) 经表面活性剂改性的柠檬酸钾与苹果酸复配，能在较宽泛的pH值范围

（6.0～9.0）内分散水中的难溶性无机盐，阻止或干扰难溶性无机盐在金属表面沉淀结垢，维持金属设备有良好的传热效果，并能分散金属氧化物、溶蚀钙镁盐等，还会对常用金属起到缓释作用。聚六亚甲基胍和十二烷基三甲基氯化铵能快速广谱地杀菌灭藻，而且能保持水质稳定。

（2）本品不含磷成分，不会造成磷污染，是一种绿色环保的循环水处理剂。

（3）本品对钙具有很高的容忍度，适用于以高、中、低不同硬度、碱度的水为补充水的处理系统。

配方 6　复合型高效锅炉水处理剂

［原料配比］

原料	配比（质量份）		
	1#	2#	3#
聚丙烯酸	10	17	24
聚环氧琥珀酸盐	18	22	26
环己胺	1	3.5	6
腐殖酸钠	10	12.5	15
羟基亚乙基二膦酸	5	11.5	18
去离子水	30	45	60

［制备方法］　将聚丙烯酸、聚环氧琥珀酸盐加入干燥的反应釜中，向反应釜中缓速加入一半的去离子水，搅拌 10～20 min，再向反应釜中加入环已胺、腐殖酸钠、羟基亚乙基二膦酸，搅拌 30～50min，在搅拌的同时，向反应釜内缓速地添加另一半的去离子水，搅拌完成后静置 10min，得复合型高效锅炉水处理剂。所述反应釜的搅拌转速为 320r/min，工作温度为常温 25℃，工作压力为常压 0.1MPa。

［原料介绍］　所述聚环氧琥珀酸盐为聚环氧琥珀酸钠盐。

［使用方法］　本品的投放浓度为 2～12mg/L。

［产品特性］　本品配方科学，配比严谨，具有高效的阻垢分散效果，能有效抑制锅炉结垢；对锅炉金属有钝化作用，提高传热效率；能有效消除泡沫，减少炉水气沫夹带现象，提升蒸汽品质；药剂本身和生产过程无毒无刺激，使用安全环保便捷；药剂使用不受锅炉压力限制，适用于亚临界及以下压力系统，具有更好的实用性。

配方 7 复合型水处理剂

原料配比

原料	配比（质量份）		
	1#	2#	3#
粒径为100目的活性炭	52	51	—
粒径为200目的活性炭	—	—	53
提纯后的膨润土	39	41	37
四氧化三铁	6	5	7
柠檬酸	3	2	2
聚醚	2	1	1
蒸馏水	适量	适量	适量

制备方法

（1）将活性炭、提纯后的膨润土、四氧化三铁、柠檬酸按配比混合均匀。

（2）向所述步骤（1）所得混合粉末中加入聚醚及蒸馏水并搅拌均匀。

（3）将所述步骤（2）所得混合液置入磨机中，磨至所述混合液通过325目筛为止；所述磨机为球磨机、自磨机或研磨机。

（4）将所述步骤（3）所得产品用蒸馏水洗涤，经抽滤、烘干即得所述复合型水处理剂。所述烘干温度为70～80℃。

原料介绍 所述膨润土提纯包括如下步骤：将膨润土与蒸馏水按（1∶6）～（1∶8）质量比配置，搅拌30～40min，静置18～24h，然后搅拌10～20min，再加蒸馏水或上次取出的上清液配置成膨润土与蒸馏水比例为（1∶9）～（1∶11）的料液，继续搅拌10～20min，再静置3～6h，取出上清液用于下次配置料液，弃去下层沙土，取出中层精土，将精土在烘箱中80～120℃下干燥8～10h，再粉碎、筛分，即得提纯后的膨润土。

产品特性

（1）本品制备工艺简单，成本低；

（2）本品兼具活性炭与膨润土的吸附性能，吸附容量大；

（3）本品磁性相对稳定、均匀，在使用过程中活性炭和膨润土不易流失，重复利用率高，且易于回收。

配方 8　复配型水处理剂

原料配比

原料	配比（质量份）			
	1#	2#	3#	4#
天然高岭土	3.5	3	3.8	3.5
天然纤维素	3.2	3.8	3	3.2
巯基乙酰壳聚糖	0.7	0.8	0.5	1
木素季铵盐	2.4	2	2.4	2
聚丙烯酰胺	0.2	0.4	0.3	0.3

制备方法　将天然高岭土、天然纤维素、巯基乙酰壳聚糖、木素季铵盐和聚丙烯酰胺研磨成粉末并混合均匀即制成复配型水处理剂。

使用方法　采用复配型水处理剂来处理污水时，将污水的 pH 值调节为 5.0～12.0。每立方米污水添加 50～100g 的复配型水处理剂。污水的温度保持为 5～45℃。复配型水处理剂以干粉形式计量投加。在污水区投加复配型水处理剂后，对污水区的污水进行搅拌，搅拌的转速为 300～500r/min；之后，将污水输送到反应区，在反应区进行搅拌，搅拌的转速为 100～200r/min。

产品特性

(1) 本品反应时絮核多、凝结快、絮状体大而紧密、桥联聚集沉降速度显著增快。这样可使传统的絮凝池和沉降池的长度大大缩短，节省占地面积和池体及相应设备的投资。

(2) 本品絮凝除浊效果好，提高出水水质，并减轻后续的过滤压力，使滤池的反洗周期加长，降低反洗频率节约了反洗水量。

(3) 本品可使固液容易分离，故在污泥处理阶段污泥的压缩比大大提高，即外运污泥中的含水率大大降低，减少了运输成本并降低了对环境的污染。

(4) 本品对于各种水质处理效果明显，特别是对高浊度污染水处理效果更加突出。可广泛应用于生活污水、工业污水、雨水、景观水及黑臭河道等水体的絮凝沉降、除磷及降低 COD、生化需氧量（BOD）、氨氮、总氮、重金属离子及水体色度等水处理过程。本品也可同其他水处理工艺或设备配合使用，满足不同水质和不同要求的水体处理。

配方 9 富营养化水处理剂

[原料配比]

原料	配比（质量份）				
	1#	2#	3#	4#	5#
聚丙烯酰胺	25	40	30	28	36
三聚磷酸钠	11	17	14	13	15
纳米碳酸钙	5	13	10	8	11
粉煤灰	7	14	11	9	12
竹炭纤维	6	11	8	7	10
硅酸钠	4	10	6	5	9
偏硼酸钡	4	10	7	5	8
六偏磷酸钠	3	9	5	4	8
水云母	3	7	5	4	6

[制备方法]

（1）将纳米碳酸钙、粉煤灰、偏硼酸钡、竹炭纤维和水云母混合，置于120～168℃下煅烧35～50min；

（2）将上步所得物冷却至40～60℃，加入聚丙烯酰胺、硅酸钠和六偏磷酸钠，继续搅拌混合1～2h；

（3）然后加入三聚磷酸钠，置于45～80℃下搅拌混合1～2h，即得成品。

[产品特性] 本品具有净化速度快、效果好、高效的优点，且操作简便，仅需投入水中即可，标本兼治，处理周期短，制备成本低，有利于富营养化的长期治理，推广价值高。

配方 10 改性水处理剂

[原料配比]

原料	配比（质量份）		
	1#	2#	3#
丙烯酰胺	100	140	130
过硫酸铵	3	4	3.5

续表

原料	配比（质量份）		
	1#	2#	3#
巯基乙酸异辛酯	1	2	2
烯丙基三苯基溴化膦	2.5	3	2.8
引发剂	0.01	0.02	0.01
微晶纤维素	10	20	15
聚甘油脂肪酸酯	1	2	1.5
钙沸石	30	40	35
磷酸二氢铝	1	3	2
去离子水	适量	适量	适量
氯仿	适量	适量	适量
1～2mol/L 的氢氧化钠水溶液	适量	适量	适量

[**制备方法**]

（1）取磷酸二氢铝，加入其质量 10～17 倍的去离子水中，升高温度为 60～70℃，保温搅拌 30～40min，得磷酸二氢铝水溶液；

（2）取微晶纤维素、巯基乙酸异辛酯混合，加入混合料质量 3～5 倍的氯仿中，搅拌均匀，得纤维分散液；

（3）取烯丙基三苯基溴化膦，加入上述纤维分散液中，搅拌均匀，送入到反应釜中，通入氮气除氧，调节反应釜温度为 50～60℃，加入引发剂，搅拌反应 10～20min，冷却至常温，紫外线照射 40～50min，出料，旋蒸除去溶剂，常温干燥，得磷改性纤维素；

（4）取钙沸石，送入到 1～2mol/L 的氢氧化钠水溶液中，浸泡 1～2h，过滤，将沉淀水洗，加入上述磷酸二氢铝水溶液中，送入到烧结炉中，通入氮气，在 300～400℃下煅烧 1～2h，出料冷却，磨成细粉，得改性沸石粉；

（5）取过硫酸铵，加入其质量 20～30 倍的去离子水中，搅拌均匀；

（6）取上述磷改性纤维素，与丙烯酰胺混合，加入混合料质量 5～7 倍的去离子水中，搅拌均匀，送入到反应釜中，通入氮气，调节反应釜温度为 60～75℃，加入上述过硫酸铵水溶液、聚甘油脂肪酸酯、改性沸石粉，保温搅拌 3～5h，出料，送入到烘箱中，真空 80～86℃下干燥至恒重，出料冷却，即得所述改性水处理剂。

[**原料介绍**] 所述的引发剂为偶氮二异丁腈。

[**产品特性**] 本品在分散剂的作用下实现了聚丙烯酰胺对沸石粉的掺杂，在掺杂中引入的磷改性纤维素则可以很好地分散到钙沸石粉的微孔结构中，从而提高了

成品处理剂的稳定性强度，且钙沸石的吸附性可以与季鏻化微晶纤维素的抑菌净化性、聚丙烯酰胺的絮凝性起到很好的协同效果，尤其对于悬浮颗粒带负电荷的污水具有更好的净化效果，从而达到更高的澄清效果，且本品的稳定性高，不易分解，回收方便。

配方 11 高浓度铁离子循环水用无磷水处理剂

［原料配比］

原料		配比（质量份）		
		1#	2#	3#
缓蚀阻垢剂	去离子水	530	530	530
	脱乙酰甲壳素	100	100	100
	聚环氧琥珀酸	150	150	150
	聚天冬氨酸	150	150	150
	七水硫酸锌	50	50	50
	甲基苯并三氮唑	20	20	20
高效分散剂	去离子水	600	580	550
	马来酸酐、丙烯酸、丙烯酰氨基为主体的三元共聚物	300	300	300
	月桂酰二乙醇胺	100	120	150

［制备方法］

（1）缓蚀阻垢剂制备方法：向反应釜内加入去离子水，开启搅拌，然后加入脱乙酰甲壳素、聚环氧琥珀酸、聚天冬氨酸、七水硫酸锌、甲基苯并三氮唑，充分搅拌至均匀后，冷却至室温所得液体即为缓蚀阻垢剂。

（2）高效分散剂制备方法：向反应釜内加入去离子水，开启搅拌，然后加入马来酸酐、丙烯酸、丙烯酰氨基为主体的三元共聚物，月桂酰二乙醇胺，充分搅拌，冷却至室温所得液体即为高效分散剂。

［使用方法］ 本品缓蚀阻垢剂和高效分散剂两种组分的添加浓度按补水计均为5～20mg/L。

［产品特性］

（1）本品中的无磷阻垢剂可吸附在无机垢晶体上，使晶体发生畸变，或使大晶体内部的应力增大，从而使晶体易于破裂，阻碍了垢的生长。

（2）循环水采用本品药剂，不会增加新的土建成本及工程改造费用。

(3) 在循环水中铁离子浓度大于3mg/L，依然具有良好的缓蚀阻垢能力。

(4) 本产品不含磷，避免了磷排放超标的问题，减轻了企业环保压力。

配方 12　高效环保的水处理剂

[原料配比]

原料	配比（质量份）				
	1#	2#	3#	4#	5#
磁性壳聚糖接枝聚丙烯酰胺	53	53	51	50	50
膨胀石墨	22	20	21	22	20
改性椰壳炭	18	18	16	15	15
苎麻纤维	13	12	12	13	12
硅藻土	12	12	11	10	10
坡缕石	12	10	11	12	10
珍珠岩	9	9	9	8	8
椴树锯末	8	5	6	8	5
松针粉	6	6	5	4	4
去离子水	适量	适量	适量	适量	适量

[制备方法]　将磁性壳聚糖接枝聚丙烯酰胺、膨胀石墨、改性椰壳炭、硅藻土、坡缕石和珍珠岩混匀并研磨成粒度为200目的粉末后，加入苎麻纤维、椴树锯末、松针粉和足以浸泡所有原料组分的去离子水，搅拌使苎麻纤维、椴树锯末和松针粉充分分散，然后过滤，收集固体混合物，再将固体混合物烘干，即为高效环保的水处理剂。

[原料介绍]

所述改性椰壳炭的制备方法为：按质量比为1∶3.5混合椰壳炭和绿脓杆菌分泌产生的脂肪酶液，然后置于转速为155r/min的摇床中，在35℃处理6h，过滤并干燥处理，即得改性椰壳炭。

绿脓杆菌的活化方法为：

(1) 制备牛肉膏发酵培养的培养基：称取牛肉膏30g、蛋白胨15g和氯化钠15g溶于1000mL蒸馏水中，用0.1mol/L NaOH溶液调节pH＝7.0～7.2，然后于灭菌锅中在121℃灭菌5min，即得；

(2) 冻干粉活化：将冻干粉加入牛肉膏发酵培养的培养基中，轻轻摇晃使其混匀制得菌悬液，然后将灭菌的LB固体培养基稍冷却后制作成斜面培养基，并将菌悬液部分移植到斜面培养基上，置于37℃的恒温培养箱中培养，使其菌落数量增多，再从斜面培养基上挑选培养茁壮的菌落，接种到新的斜面培养基上培养，重复以上步骤 2～3 次，直至得到生长良好的菌株。

所述绿脓杆菌发酵培养条件为：培养温度为 32℃，摇床转速为 150r/min，培养时间为 7 天。配制培养液时可按比例进行调整，以适应培养的细菌的总量，即培养液的量根据细菌培养的总数量等比例调配即可。

所述绿脓杆菌分泌产生的脂肪酶液的提取方法包括如下步骤：

(1) 提取粗脂肪酶液：收集发酵液，于 4000r/min 下离心 15min 获得上清液，即为粗脂肪酶液。

(2) 提取脂肪酶液：取 3mL 浓度为 0.0667mol/L 磷酸盐缓冲溶液和 1mL 油酸于锥形瓶中，混匀后放入 37℃的恒温水浴锅中预热至少 5min，然后向其中加入步骤 (1) 中提取所得的 0.1mL 粗脂肪酶液，搅拌反应 10min 后，立即加入 8mL 甲苯（分析纯），继续搅拌反应 2min 后，终止反应；再将经上述步骤处理后所得的溶液在 3000r/min 条件下离心处理至少 10min，取上层有机混合液即为所需脂肪酶液。在提取所需脂肪酶液时，磷酸盐缓冲溶液、油酸以及甲苯的用量均根据提取到的粗脂肪酶液的量等比例进行调整。

所述磁性壳聚糖接枝聚丙烯酰胺的粒度为 200 目；所述磁性壳聚糖接枝聚丙烯酰胺的制备方法包括如下步骤：

(1) 按质量体积比为 (0.58～1.16)g∶100mL 将壳聚糖充分溶解于 1%～2% 的乙酸水溶液中，制得壳聚糖乙酸溶液，然后升温至 45℃，并保持恒温。

(2) 按体积比为 10∶1 向恒温的壳聚糖乙酸溶液中加入浓度为 0.2mol/L 的硝酸铈铵水溶液，并以 200r/min 的搅拌速度搅拌反应 30min，之后按壳聚糖与丙烯酰胺的质量比为 1∶(1～3) 加入丙烯酰胺，继续以 200r/min 的搅拌速度搅拌反应 180min，制得混合溶液 A。

(3) 按体积比为 2∶1 向混合溶液 A 中加入氯化铁和硫酸亚铁的混合水溶液，以 300r/min 的搅拌速度搅拌均匀，并调节 pH 值至 9～10，制得混合溶液 B；按氯化铁的浓度为 0.4mol/L 和硫酸亚铁的浓度为 0.2～0.4mol/L 配制氯化铁和硫酸亚铁的混合水溶液。

(4) 按体积比为 (55～160)∶1 向混合溶液 B 中加入环氧氯丙烷后，升温至 60℃，并以 400r/min 的搅拌速度搅拌反应 60min，停止搅拌，静置 120min，进行磁分离处理，再过滤，收集固体物质。

(5) 用无水乙醇洗涤固体物质，至滤液呈中性，然后用无水乙醇浸泡洗涤后的固体物质 2h，再将所得的固体物质烘干，即得磁性壳聚糖接枝聚丙烯酰胺。

所述苎麻纤维为单根丝状，且长度为 1.0～1.2cm。

[产品特性]

(1) 本品采用的原料组分均环保无毒，不会对水体造成二次污染，通过将特定含量的各原料组分进行混合，能够充分发挥各原料组分之间的相互配合及相互协同作用，实现物理吸附和化学反应的有效结合，从而大大提高水处理剂对水体中的可溶性有机物以及金属离子的去除效果，同时，还可以杀灭水体中的细菌以及微生物，避免其大量繁殖而污染水体。

(2) 本品采用的原材料不仅来源广泛、价格低廉、性质稳定，且大部分为轻质材料，可以增加水处理剂的漂浮性、悬浮性以及沉浮可控性，有利于对水体达到三维立体的净化效果。

配方 13　高效环保工程水处理剂

[原料配比]

原料	配比（质量份）	原料	配比（质量份）
活性炭	50～60	三氯化铁	20～25
消石灰	20～30	聚合氯化铝	15～25
黏土	50～60	硅藻土	20～25
凹凸棒石	30～50	无机絮凝剂	2～8

[制备方法]　将各组分原料混合均匀即可。

[产品特性]　本品制备方法简单，易操作，稳定性好，安全性高，可快速去除各种污染物，使水体得到高效净化，而且不会产生二次污染。

配方 14　高效喷漆循环水处理剂

[原料配比]

原料	配比（质量份）				
	1#	2#	3#	4#	5#
聚合氧化铝	5	10	6	8	7.5
聚合氯化铝铁	1	3	1.5	2.5	2
聚合硅酸铝铁	0.5	1.5	0.8	1.2	1
聚丙烯酰胺	2	10	4	7	5
氨水	2	5	3	4	3.5
去离子水	60	80	65	75	70
丙烯酸阴离子水性树脂	3	6	3	4	3.5

［制备方法］

（1）按照质量份量取原料，打开容器，加入氨水；

（2）于上述装有氨水的容器中加入丙烯酸阴离子水性树脂，超声波震动 10～20min，加入去离子水；

（3）将聚合氧化铝、聚合氯化铝铁、聚合硅酸铝铁、聚丙烯酰胺加入容器中，每种原料添加均间隔 3～5min，边添加边搅拌，搅拌 10～15min 即得到所述水处理剂。

［原料介绍］

所述聚丙烯酰胺为阴离子聚丙烯酰胺。所述阴离子聚丙烯酰胺的重均分子量为 600 万～2500 万。

所述丙烯酸阴离子水性树脂，采用具有活性可交联官能基团的共聚树脂制成，共聚树脂的单体选用适量的不饱和羧酸如丙烯酸、甲基丙烯酸、顺丁烯二酸酐、亚甲基丁二酸等。

所述聚合氧化铝的盐基度为 30%～90%。

［产品特性］ 本品通过上述原料复配，发挥协同作用，可有效减少系统的结垢与腐蚀，降低生产成本。此外，本产品处理效果良好，性能稳定，沉淀效果好，出水水质好，处理成本低。污水中加入该药剂后，悬浮物立刻絮凝，沉淀快速，且处理后的污水能够达到排放标准，絮团强度高，疏水性能好，纯度高，无毒性，对操作工人无影响，处理后水无二次污染等问题。

配方 15 高效水处理剂（1）

［原料配比］

原料	配比（质量份）				
	1#	2#	3#	4#	5#
聚合硅酸铝铁	30	22	38	33	21
硫酸铝	22	28	19	46	34
硅藻土	15	11	17	15	20
氯化铁	17	15	28	38	23
木质素磺酸钠	4	2	5	9	7
改性膨润土	19	24	30	33	30
高铁酸钾	4	2	10	16	6
二硫代氨基甲酸盐	2	1	5	6	22
次氯酸钠	9	6	10	10	9
聚乙烯胺	12	10	14	18	11

[制备方法] 按量称取各组分后，混匀，共同研磨成200目以下粉，成品即为高效水处理剂。

[原料介绍] 所述改性膨润土的制备方法为：将有机改性剂八烷基多糖苷季铵盐和无机改性剂氯化铝加入蒸馏水中，搅拌20～60min使改性剂充分溶解，混合均匀制备成混合反应液，与一定量膨润土原土混合均匀制成反应料，置于平底玻璃器皿中，静置30～60min后置于微波炉内，辐射加热反应一定时间，将反应得到的产品洗涤，干燥箱105℃下烘干制得微波改性膨润土。所述的有机改性剂投加量为（2～7)g/100g，无机改性剂投加量为6～12mmol/g，辐射功率为260～400W，辐射时间为6～10min。所述膨润土为钠基膨润土、钙基膨润土、氢基膨润土中的至少一种。

硅藻土中二氧化硅含量大于90%。

[使用方法] 将水处理剂直接投加或配成质量分数5%～30%的溶液投加，反应时间为1～15min。水处理剂使用对象包括农村生活污水、污染河道、印染工业废水、生物医药废水、电镀废水。

[产品特性]

（1）本品充分利用了水处理剂絮凝剂、吸附剂、氧化剂、缓蚀剂、杀生剂和辅助剂的协同作用，来提高水处理剂的功能，从而提高水净化效果；

（2）水处理剂作用后能很好地降低污水中各类污染物浓度，处理效率高、处理效果好、处理后的污水能达到排放标准、避免环境污染，且各配方原料来源广泛、价格低，使得本产品具有较好的市场化前景。

配方16 高效水处理剂（2）

[原料配比]

原料	配比（质量份）			
	1#	2#	3#	4#
氢氧化钙	40	42	45	50
氢氧化铝	35	38	40	40
氢氧化钠	5	6	5	8
硅藻土	2	3	3	5
除磷剂	2	3	3	5
重金属去除剂	1	2	2	3
混凝剂	1	2	2	2

[制备方法]

(1) 称取配方比的氢氧化钙、氢氧化铝、氢氧化钠、硅藻土、除磷剂、重金属去除剂、混凝剂，并投入密封容器中；

(2) 使用搅拌装置对容器中的各原料进行均匀搅拌；

(3) 将上一步所得原料的混合物投入粉碎机中进行粉碎，使成品呈精细粉末状；

(4) 检验合格后封装。检验标准为：成品需要达到420目以上，溶解效果达到96%以上。

[产品特性]

(1) 中和作用：可替代废水站使用的片碱或碱液；使用成本比片碱、液碱低20%以上。

(2) 除重金属作用：参与处理电子电镀废水中的重金属物质，达到重金属沉淀效果。

(3) 除磷作用：能有效地与磷酸根离子发生化学反应生成沉淀，从而起到化学除磷的作用。

(4) 降低有机物：能将部分有机物通过中和沉降后降低。

(5) 混凝、助凝和脱色作用：可减少混凝剂碱式氯化铝等的投加量。

(6) 本品主要用于电子电镀及化工等废水处理，具有废水处理成本低、出水水质好、操作简单等特点，是酸性废水处理的优良药剂，可以和混凝剂、絮凝剂配套使用。

配方17 高效无膦环保水处理剂

[原料配比]

原料	配比（质量份）				
	1#	2#	3#	4#	5#
聚丙烯磺酸盐	10	20	15	16	13
硅藻土	20	15	18	15	17
腐殖酸	20	10	15	13	18
流化床粉煤灰	5	10	8	7	8
环己基碳二亚胺	5	8	6	6	7
聚丙烯酰胺	3	5	4	4	5
硅酸钙	2	4	3	2	3
羟基方钠石	5	7	6	6	7
纳米氧化镁	3	2	3	2	3

续表

原料	配比（质量份）				
	1#	2#	3#	4#	5#
聚合硫酸盐	3	3	2	1	2
氢氧化镁	2	1	2	1.5	2
纳米二氧化硅	—	—	—	2	5
木质素磺酸钠	—	—	—	1	2
硅藻	—	—	—	—	1

[制备方法] 将各组分原料混合均匀即可。

[原料介绍]

所述腐殖酸由以下方法制备而成：

(1) 向沉淀池中加入碳酸钠、氢氧化钠及三聚磷酸钠的混合物，并搅拌10～20min；

(2) 向装有所述混合物的沉淀池中加入碳酸氢铵、丙醇和己二醇的混合物，并搅拌30～40min；

(3) 加入风化褐煤原料，静置1～2h后进行固液分离；

(4) 将固液分离后的液体存放在罐体中陈化20～30h，并将pH值调节至8～10。

所述聚丙烯磺酸盐为聚丙烯磺酸钠、聚丙烯磺酸钾和聚丙烯磺酸钙中的任一种。

[产品特性] 本品可过滤污水中的小分子固体杂质，并将其凝集在表面，处理效率高，去污能力强。

配方18 高压锅炉炉水处理剂

[原料配比]

原料	配比（质量份）			
	1#	2#	3#	4#
单乙醇胺	59	69	49	43
聚天冬氨酸钠	11	5	18	17
羟基亚乙基二膦酸	13	4	13	15
软化水或除盐水	191	321	141	139

[制备方法] 将各组分原料混合均匀即可。

[使用方法] 本品添加量根据所述高压锅炉炉水的pH值确定：

pH 值小于 9.0，高压锅炉炉水处理剂的添加量为 20mg/L；

pH 值大于等于 9.0 小于 9.5，高压锅炉炉水处理剂的添加量为 10～15mg/L；

pH 值大于等于 9.5 小于 10.0，高压锅炉炉水处理剂的添加量为 10～12mg/L；

pH 值大于等于 10.0 小于 10.5，高压锅炉炉水处理剂的添加量为 8～10mg/L；

pH 值大于等于 10.5 小于等于 11.0，高压锅炉炉水处理剂的添加量为 5～8mg/L。

[产品特性] 本品是一种含全有机聚合物、高效分散剂和助剂等的多功能处理剂。通过发生系列反应，螯合、分散锅炉炉水中的硬垢，防止结垢，防止铁、铜等在炉管局部总沉积导致的电位腐蚀，减少管线、阀门腐蚀问题的产生，防止炉水夹带，提高浓缩倍数，降低排污率，改善蒸汽品质。通过在炉水中添加高压锅炉炉水处理剂，能够保持锅炉内部清洁，提高传热效率。本品对锅炉金属有钝化效果，确保锅炉长时间运行；对铁有良好的分散性能，控制铁沉积物的产生。

配方 19 高压锅炉用多效无磷水处理剂

[原料配比]

原料		配比（质量份）				
		1#	2#	3#	4#	5#
无磷水共聚物分散剂		110	110	110	110	110
除氧剂	1-(2-氨乙基)吡咯烷	110	—	—	—	—
	1-氨基-4-乙基哌嗪	—	110	—	—	—
	N-乙氨基吗啉	—	—	110	—	—
	2-甲氨基-3-羟基嘧啶	—	—	—	110	—
	3-羟甲基-5-吡唑啉酮	—	—	—	—	110
乳化剂	二羟甲基丁酸	12	—	—	12	—
	脱水山梨糖醇油酸酯	—	12	—	—	12
	聚氧乙烯脱水山梨糖醇油酸酯	—	—	12	—	—
专用金属缓蚀剂	2-硫醇基苯并噻唑（MBT）	60	—	—	—	—
	苯并三氮唑	—	60	—	60	60
	甲基苯并三氮唑	—	—	60	—	—
螯合剂	二乙烯三胺五乙酸	24	—	—	—	24
	氧化硬脂精	—	24	—	—	—
	羟甲基氧代琥珀酸	—	—	24	24	—
缓蚀剂助剂	葡萄糖酸铵	82	—	—	—	—
	葡糖酸-δ-内酯	—	82	82	82	—
	二硫代氨基甲酸改性葡萄糖	—	—	—	—	82

续表

原料		配比（质量份）				
		1#	2#	3#	4#	5#
pH 调节剂	三乙醇胺	260	260	—	—	—
	2-甲氨基-2-乙基-1-丙醇	—	—	260	—	—
	2,2-二甲氨基-2-乙基-1,3-丙二醇	—	—	—	260	—
	2,2-二乙氨基-1-丁醇	—	—	—	—	260
去离子水		342	342	342	342	342

[**制备方法**] 将去离子水加入反应釜中，开动搅拌器，加入乳化剂和螯合剂，搅拌均匀，然后依次加入 pH 调节剂、专用金属缓蚀剂、无磷水共聚物分散剂、除氧剂、缓蚀剂助剂，加热至 80～85℃，30～60min 后冷却至室温，所得乳液产品即为高压锅炉用多效无磷水处理剂。

[**原料介绍**] 所述无磷水共聚物分散剂是 *N*-羟甲基丙烯酰胺、2-丙烯酰氨基-2-苯基丙磺酸、2-羟乙基甲基丙烯酸酯、2,2-二羟甲基丙烯酸、三亚乙基二胺中的三种或四种单体的多元共聚物。

[**使用方法**] 每 100t 锅炉新鲜补水加入处理剂 2～5L，并用碱调至 pH 值到 9～11 即可。所用碱为本行业常用碱，以醇胺为佳。

[**产品特性**]

（1）所述无磷水共聚物中同时含有强酸基团、弱酸基团、非离子基团，三种官能团可以在阻垢分散性能上起到协同增效的作用：弱酸基团对难溶盐微晶的活性部分有着强的吸附作用，从而起到低剂量效应抑制结晶产生；强酸基团则保持有轻微的离子特性，从而有助于难溶盐离解；而非离子基团对固悬物有着较强吸附作用。更为重要的是该共聚物在高温下裂解后各基团的效应不会减弱。

（2）本品具有较好的阻垢和缓蚀效果，其阻垢率和缓蚀率均超过国家标准，达到了无磷化水处理的效果，避免了磷排放超标的问题，还具有除氧和调节 pH 等功能，属环境友好型药剂。

配方 20　锅炉复合水处理剂

[**原料配比**]

原料	配比（质量份）	原料	配比（质量份）
pH 调节剂	10～30	除氧剂	1～10
除水渣剂	70～90		

［制备方法］ 在反应釜中加入 pH 调节剂，然后加入除水渣剂，最后加入除氧剂，混合搅拌 30～50min，密封包装。

［原料介绍］

所述的 pH 调节剂和除水渣剂为磷酸三钠、磷酸氢二钠、磷酸二氢钠中的一种或三种。

所述的除氧剂为异抗坏血酸钠、抗坏血酸、抗坏血酸钠中的一种或三种。

［使用方法］ 本品适用于压力小于 3.8MPa 的工业锅炉。在锅内水处理中投加浓度按磷酸根计为 4～8mg/L，通过监测异抗坏血酸钠的浓度变化，根据补水量配合计量泵投加，大大提高了水处理药剂浓度的稳定性、可控制性和科学、经济的管理。

［产品特性］

（1） 本品可以广泛地用于各种工业锅炉中，仅需调节配方比例即可。

（2） 除渣率高。pH 调节剂和除水渣剂协同配合，在水溶液中和 Mg^{2+}、Ca^{2+} 等离子或其他成垢物质形成水渣，可随锅炉排污排出。

（3） 除氧性能强，配方中选用异抗坏血酸钠等作为除氧剂可以有效地降低氧含量，防止腐蚀。

（4） 安全性好。投加的异抗坏血酸钠为食品添加剂，相比较水合肼投加后对蒸汽品质没有影响，符合食品卫生要求。而且水合肼属于易制爆化学品，使用储存存在一定的危险性和治安风险。

（5） 本品所提供的药剂为复合型药剂，适用于各种类型的软水、除盐水工业热水锅炉和蒸汽锅炉。使用本品药剂不需要增加设备，操作简便，费用低。

配方 21 锅炉水处理剂

［原料配比］

原料	配比（质量份）	
	1#	2#
聚丙二醇硬脂酸酯	3	2
环氧乙烷	40	40
环氧氯丙烷	1	3
异丙醇	0.5	1
硬脂酸	1	2
三乙醇胺油酸皂	3	1
水玻璃	0.2	0.1

续表

原料	配比（质量份）	
	1#	2#
去离子水	50	49
二癸基二甲基氯化铵	0.4	0.5
异构十三烷醇聚氧乙烯醚	0.4	0.8
氟化氢铵	0.1	0.2
藻朊酸钠	0.2	0.1
磷酸二氢锰	0.1	0.1
碳酸铜	0.1	0.2

［制备方法］

（1）混合搅拌：将聚丙二醇硬脂酸酯、环氧乙烷、环氧氯丙烷、异丙醇、硬脂酸、三乙醇胺油酸皂、水玻璃加入反应釜中，在温度为50～70℃下混合均匀并搅拌；

（2）升温搅拌：将二癸基二甲基氯化铵、异构十三烷醇聚氧乙烯醚、氟化氢铵、藻朊酸钠、磷酸二氢锰、碳酸铜和去离子水加入反应釜中，升温至60～80℃，搅拌混合均匀；

（3）降温获取：将反应釜降温至30～50℃，出料即得锅炉水处理剂。

［产品特性］ 本处理剂不但具有缓蚀以及阻垢的效果，并且可以在使用过程中有效地消除在处理过程中产生的气泡，进而加快了处理速度。

配方22 含有异噻唑啉酮的水处理剂

［原料配比］

原料	配比（质量份）	原料	配比（质量份）
异噻唑啉酮	17.5	硅酸钠	6.5
分散剂	6	柠檬酸	5.5
消泡剂	4	活性蛭石粉	25
活性稀释剂	4	木质素	25
pH调节剂	6	单宁	6.5
钛白粉	12.5	过硫酸钾	6.5
二氧化硅	6.5	去离子水	200
表面活性剂	2	聚环氧琥珀酸	6.5
丁子香酚	6.5	苯并三氮唑	6.5
聚合氯化铁	45	二烷基磷酸缩水甘油酯	2

[**制备方法**]

(1) 将相应质量份的分散剂、消泡剂、活性稀释剂、pH调节剂、钛白粉、二氧化硅、表面活性剂、丁子香酚、聚合氯化铁、硅酸钠、柠檬酸、活性蛭石粉、木质素、去离子水、聚环氧琥珀酸、苯并三氮唑、二烷基磷酸缩水甘油酯放入反应釜中搅拌，温度设置为40～60℃，以120～160r/min的转速搅拌混合20～25min，得到黏稠材料A；

(2) 在步骤(1)中的反应釜中加入相应质量份的异噻唑啉酮、过硫酸钾，温度设置为60～80℃，以180～220r/min的转速搅拌混合60～80min，然后加入相应质量份的单宁，调节转速为300～360r/min，温度设置为40～60℃，运行时间设定为30～35min，得到混合材料B；

(3) 将混合材料B放入挤出机中，得到一根根直径为0.5～0.8mm的长条物料，然后再通过造粒机将长条物料切割为长度为2.2～4.2mm的颗粒，此颗粒即为水处理剂。

[**原料介绍**]

所述分散剂为木质素磺酸钙、木质素磺酸钠、聚乙烯醇、三聚磷酸钠中的一种。

所述消泡剂为SAG-630。

所述表面活性剂为脂肪酸聚氧乙烯醚硫酸钠、脂肪醇聚氧乙烯醚磺基琥珀酸单酯二钠中的一种。

所述活性稀释剂为脂环族环氧活性稀释剂。

[**产品特性**] 本品能迅速地不可逆地抑制微生物生长，从而导致微生物细胞的死亡，故对常见细菌、真菌、藻类等具有很强的抑制和杀灭作用，可以更好地对污水进行处理，使用寿命长，可以长期稳定存在于水中。本品设计合理，成分合理，污水处理效果好，适合推广使用。

配方23 环保工程水处理剂

[**原料配比**]

原料	配比（质量份）	原料	配比（质量份）
钾长石	5～15	磷酸钾盐	15～20
硫酸铝	2～8	活性炭	5～10
硫酸亚铁	3～15	聚丙烯酰胺	10～15
膨润土	3～10	聚合氯化铝	10～15
三氯化铁	25～35	废铁粉	20～30

［制备方法］ 将各组分原料混合均匀即可。

［产品特性］ 本品制备方法简单，易操作，稳定性好，安全性高，可快速去除各种污染物，使水体得到高效净化，而且不会产生二次污染。

配方 24 环保节能水处理剂

［原料配比］

原料		配比（质量份）		
		1#	2#	3#
组分 A	腐殖酸钠	57	410	16
	聚环氧琥珀酸	457	152	80
	聚丙烯酸钠	686	207	104
	水	26	24	22
组分 B	乙二胺四亚甲基膦酸钠	200	2	25
	三乙醇胺硼酸酯	247	33	325
	对甲氧基苯硼酸酐	432	57	60

［制备方法］

（1）将腐殖酸钠、聚环氧琥珀酸和聚丙烯酸钠加入反应釜中，搅拌 10min 后加水，再搅拌 30～40min，得组分 A；

（2）将乙二胺四亚甲基膦酸钠、三乙醇胺硼酸酯和对甲氧基苯硼酸酐放入另一反应釜中，在惰性气体保护下于 88～120℃下反应 30min，然后冷却、出料、过滤后，得组分 B；

（3）将组分 B 加入组分 A 的反应釜中混合均匀，收集混合液，浓缩后得到环保节能水处理剂。

［产品特性］ 本品能通过体系内组分的分散作用，避免无机晶格的形成；组分中酸性物质的加入能与钠盐形成分布不同且致密的交联点，提高整个体系的最大负荷值，减少聚沉，降低缓蚀；各组分的组合具有阴极缓蚀作用，能在锅炉罐体的金属表面形成致密保护膜，减缓对于碳钢材质的腐蚀。此外，对甲氧基苯硼酸酐、乙二胺四亚甲基膦酸钠、三乙醇胺硼酸酯能共同作用，减少气泡的产生，降低蒸汽机械带盐现象，防止由于蒸汽造成锅炉的腐蚀结垢。本品能松散沉积于锅炉底部，随锅炉底部的水流冲洗缓慢释放，作用周期大幅延长，锅炉的定期清理周期大幅延长，降低能耗和成本，保证锅炉的安全稳定工作，具有较好的经济前景。

配方 25 环保水处理剂

原料配比

原料	配比（质量份）	原料	配比（质量份）
钛酸四丁酯	130	十二烷基硫醇	3
蓖麻酸钙	4	无水乙醇	适量
硅藻土	40	0.5～1mol/L 的氢氧化钠溶液	适量
烯基琥珀酸酐	4	去离子水	适量

制备方法

（1）取蓖麻酸钙，加入其质量 10～13 倍的无水乙醇中，搅拌均匀，加入十二烷基硫醇，升高温度为 50～55℃，保温搅拌 20～30min，得复合醇溶液；

（2）取硅藻土，加入 0.5～1mol/L 的氢氧化钠溶液中，浸泡 3～4h，出料水洗，常温干燥，磨成细粉，得硅藻土粉；

（3）取烯基琥珀酸酐、硅藻土粉混合，在 50～60℃下保温搅拌 2～3h，加入混合料质量 17～20 倍的去离子水中，搅拌均匀，得硅藻土分散液；

（4）取钛酸四丁酯，加入上述硅藻土分散液中，搅拌反应 4～5h，与上述复合醇溶液混合，升高温度为 90～95℃，保温搅拌 1～2h，抽滤，将滤饼水洗，常温干燥，冷却，即得所述环保水处理剂。

产品特性 本品将硅藻土在氢氧化钠溶液中浸泡，可以有效地提高硅藻土的微孔结构稳定性，然后以钛酸四丁酯为前驱体，在硅藻土分散液中水解，有效地改善了硅藻土与溶胶间的分散相容性。

配方 26 环保型多功能循环水处理剂

原料配比

原料	配比（质量份）				
	1#	2#	3#	4#	5#
PPG-MA/AA	6	10	5	12	19
氢氧化钠	4	6	7	5	3
聚丙烯酸	8	12	15	9	8
反渗透水	适量	适量	适量	适量	适量

［制备方法］ 首先将 PPG-MA/AA 溶于反渗透水中，温度控制在（25±10)℃，再依次加入氢氧化钠、聚丙烯酸继续搅拌混合，搅拌 1～2h 后静置放置 1h 即可使用。

［原料介绍］ 所述的 PPG-MA/AA 也包含衍生出的 PPG-MA/MA（马来酸酐开环酯化聚丙二醇单体与马来酸酐共聚物)。

［使用方法］ 本品尤其适用于高温高硬度下循环冷却水系统的处理。

［产品特性］

（1）本品可以在高温高硬度的循环冷却水中降低管道结垢的风险，提高无机盐离子的可存在浓度，使循环水的使用次数增加。

（2）该水处理剂不含氮、磷等，具有良好的阻 $CaCO_3$、$CaSO_4$、$BaSO_4$ 垢性能，是一种新型的多功能环保型水处理剂。制备工艺绿色环境友好，操作简单方便、生产成本较低。

配方 27 环保型聚丙烯酰胺改性水处理剂

［原料配比］

原料		配比（质量份）	
		1#	2#
钛酸四丁酯		140	100
蓖麻酸钙		3	2
改性单体乳液		40	30
羟基乙酸		5	3
过硫酸铵		0.6	0.4
无水乙醇		适量	适量
去离子水		适量	适量
氯化亚砜		适量	适量
胺化剂	乙二胺	4	—
	二乙烯三胺	—	2
改性单体乳液	丙烯酰胺	30	20
	聚乙二醇	5	3
	烷基酚聚氧乙烯醚	0.3	0.1
	硫酸铝	4	1

［制备方法］

（1）取蓖麻酸钙，加入其质量 10～17 倍的无水乙醇中，搅拌均匀，得醇分散液；

（2）取钛酸四丁酯，加入其质量10～15倍的去离子水中，搅拌均匀，与上述醇分散液混合，升高温度为55～60℃，加入羟基乙酸，保温搅拌1～2h，抽滤，将滤饼水洗，常温干燥，得活化溶胶；

（3）取上述活化溶胶，加入其质量6～9倍的氯化亚砜中，在65～70℃下保温搅拌20～30h，蒸馏除去氯化亚砜，加入胺化剂，在100～105℃下保温搅拌20～30h，得胺化溶胶；

（4）取过硫酸铵，加入其质量20～30倍的去离子水中，搅拌均匀；

（5）取上述胺化溶胶，加入改性单体乳液中，搅拌均匀，送入到反应釜中，通入氮气，调节反应釜温度为45～60℃，加入上述过硫酸铵水溶液，保温搅拌3～5h，出料冷却，送入烘箱中，干燥，出料冷却，即得所述环保型聚丙烯酰胺改性水处理剂。所述的干燥温度为68～75℃，干燥时间为10～13h。

[原料介绍] 所述的改性单体乳液的制备方法，包括以下步骤：

（1）取烷基酚聚氧乙烯醚，加入其质量57～60倍的去离子水中，搅拌均匀，加入聚乙二醇，升高温度为75～80℃，保温搅拌30～40min，得水分散液；

（2）取硫酸铝、丙烯酰胺混合，在50～55℃下预热10～20min，加入上述水分散液中，超声3～5min，即得。

[产品特性] 本品以钛酸四丁酯为前驱体，在水溶液中水解，采用羟基活化，然后进行胺化改性，得到胺化溶胶，再以丙烯酰胺为单体，与胺化溶胶共混聚合，聚合过程中可以实现溶胶对聚丙烯酰胺的交联改性，从而提高了聚丙烯酰胺的水净化效果。本品加入的硫酸铝也具有很好的絮凝效果，与聚丙烯酰胺协调，具有更好的净化水效果。本品引入的钛溶胶具有很好的光催化效果，可以将微生物、细菌等分解成二氧化碳和水，环保性好，抑菌性强，本品使用稳定性好，重复利用率高。

配方28 环保型循环冷却水处理剂

[原料配比]

原料	配比（质量份）	原料	配比（质量份）
聚天冬氨酸	5～10	钨酸钠	10～20
苯并三氮唑	0.5～1	水	加至100
葡萄糖酸钠	5～10		

[制备方法]

（1）将聚天冬氨酸、苯并三氮唑、葡萄糖酸钠、钨酸钠和水按照质量份混合；

(2) 将步骤 (1) 配制的溶液加入封闭的三轴搅拌机中，搅拌机设定温度为20～50℃，搅拌时间为5～20min；

(3) 搅拌完毕后，静置得到成品。

[产品特性] 本品充分发挥了各缓蚀剂之间的缓蚀协同效应，能够解决高温、高硬及高碱度条件下循环冷却水系统的腐蚀、结垢的问题，使碳钢、不锈钢等阻垢率可达到99.12%，不锈钢缓蚀率小于0.0007mm/a；配方中不含磷、氮等易造成水体环境富营养化的成分，可生物降解，是一种绿色环保型缓蚀阻垢剂。

配方 29　活性炭水处理剂

[原料配比]

原料	配比（质量份）			
	1#	2#	3#	4#
竹子活性炭	35	45	40	42
氢氧化钠	1	3	2	2
氢氧化钾	1	3	2	2
壳聚糖	5	10	7	8
丙烯酸十八酯	1	3	2	2
膨润土	5	10	7	8
二氧化硅	3	5	4	4

[制备方法] 将各组分原料混合均匀即可。

[产品特性] 本品净水效果好、处理结果稳定，无污染。本品原料易得，成本较低，吸附容量大，吸附性能好，不会产生二次污染。

配方 30　基于凹凸棒土的水处理剂

[原料配比]

原料	配比（质量份）		
	1#	2#	3#
凹凸棒土粉末	40	50	50
过硫酸钠	20	30	25
白土	10	20	15

续表

原料	配比（质量份）		
	1#	2#	3#
石灰	5	10	7
硅藻土	5	10	7
活性剂	1	5	3
活性炭块	10	20	15
明矾晶体	10	20	15
纯净水	10	20	10

［制备方法］

（1）按质量份数取凹凸棒土粉末、白土、硅藻土、过硫酸钠、活性剂充分混合，得到混合原料，加纯净水得到湿混合料；湿混合料的湿度为30%。

（2）取明矾晶体和活性炭块分别进行破碎，得到100～150目的颗粒，将两者混合。

（3）将步骤（1）中湿混合料和步骤（2）中的混合料进行混合，同时逐步加入石灰，完成混合后制粒烘干得到水处理剂。制得的水处理剂颗粒为30～50目。

［产品特性］ 本品原料易得且成本低廉，制备方法简单，活性炭和明矾晶体的加入，大大增强了水处理剂的吸附能力，并且使用时明矾溶于废水使得水处理剂的空隙更多，进一步加强其废水处理能力。

配方31 具有阻垢杀菌分散缓蚀多功能的螯合塑化水处理剂

［原料配比］

原料	配比（质量份）			
	1#	2#	3#	4#
羟基亚乙基二膦酸钠	10	25	20	15
乙二胺四亚甲基膦酸钠	10	25	20	14
马来酸-丙烯酸共聚物	20	40	28	35
水解聚马来酸酐	20	35	25	30
聚天冬氨酸	5	15	8	12
氨基三亚甲基膦酸	2	5	4	1
纯净水	10	20	13	17

续表

原料	配比（质量份）			
	1#	2#	3#	4#
苯并三氮唑钠	1	5	4	2
咪唑啉缓蚀剂	1	4	3	5

［制备方法］

(1) 将羟基亚乙基二膦酸钠、乙二胺四亚甲基膦酸钠、马来酸-丙烯酸共聚物、水解聚马来酸酐、聚天冬氨酸和氨基三亚甲基膦酸加入反应釜中，搅拌混合均匀；

(2) 升温至 30～50℃，并维持 20～30min，然后加入配方量的纯净水，使温度冷却至 5～10℃；

(3) 加入苯并三氮唑钠和咪唑啉缓蚀剂，搅拌 2～5min 使物料均匀混合，最后冷却至常温，静置 23～25h，即得到所述螯合塑化水处理剂。

［产品特性］ 本品具有阻垢、杀菌、分散、缓蚀、塑化等多重功效，能够提高水的使用倍率，降低补水量消耗，节约用水，降低废水处理成本并且提高设备热交换效率，节能效果显著。此外，本品制备方法简单，易于控制，适用于规模化生产。

配方 32 空调冷凝水处理剂

［原料配比］

原料	配比（质量份）			
	1#	2#	3#	4#
六偏磷酸钠	10	14	17	17
偏硅酸钠	75	60	50	50
亚硝酸钠	15	14	13	13
聚丙烯酰胺	3	3	4	4
季铵盐型杀菌剂	5	5	6	6

［制备方法］

(1) 用粉碎机将六偏磷酸钠、亚硝酸钠和聚丙烯酰胺分别粉碎成粉剂，备用。

(2) 将偏硅酸钠与季铵盐型杀菌剂以及聚丙烯酰胺投入反应釜中，搅拌均匀。

(3) 再往反应釜中加入六偏磷酸钠粉剂和亚硝酸钠粉剂，常温常压下水合交联反应成复合物。

（4）收集复合物并将复合物按一定剂量投入压模中成形为固态制剂。

（5）将固态制剂送入干燥机，在60～90℃温度下干燥处理6h以上，直至固态制剂含水率低于2%。

［产品特性］ 本品具有防腐蚀、去污、抑菌、防粘泥的良好效果，并且各组分特性相辅相成，具有增效作用；既可防止污泥滞留，又可使积垢便于剥离，洗涤效果好，对中央空调末端设备冷凝排水管道的保养具有良好的效果。

配方33 快速兼长效水处理剂

［原料配比］

原料		配比（质量份）	
		1#	2#
天然矿粉	60目粉剂贝壳	300	—
	80目粉剂螺蛳壳	—	300
稀酸	3%的柠檬酸	2000（体积份）	—
	5%的乙酸	—	1500（体积份）
碳源	60目的麦麸粉	100	—
	80目的秸秆粉	—	80
微生物菌剂		200（体积份）	150（体积份）

［制备方法］

（1）将粉碎的天然矿粉采用稀酸进行溶解，充分溶解后进行固液分离，收集液体；在溶解过程中进行搅拌，搅拌转速为10～30r/min，搅拌时间为0.5～3h。

（2）向步骤（1）收集的液体中加入碳源，然后接入微生物菌剂，培养10～30h，得到含有微生物的混合液。

（3）将步骤（2）的混合液进行喷雾干燥，得到所述的快速兼长效水处理剂。

［原料介绍］ 所述的微生物菌剂为液态菌剂或固态菌剂，所述的微生物是从采用污染物定向喂食的活体的肠道中提取获得；所述的污染物为黑臭水体中的污染物质，定向喂食时间为1～2月。所述微生物菌剂的添加量为5%～10%，液态菌剂直接按照体积分数添加，固态菌剂可按照质量分数添加。

［产品特性］

（1）本品为多孔微粒状或空心微粒状；是通过压力式喷雾干燥形成，具有良好的流动性、润湿性，净水速度较快。

（2）本品治理技术工艺简单、见效快，效果佳，成本低廉，可重复利用。

（3）以废弃的贝壳、螺蛳壳等为原料，废弃物重复再利用，减少资源浪费。

配方 34 铝材加工专用的污水处理剂

原料配比

原料	配比（质量份）		
	1#	2#	3#
改性膨润土	30	35	40
废旧钢渣	20	25	30
竹炭	20	25	30
壳聚糖	5	7	8
有机硅油	5	7	8
水	适量	适量	适量

制备方法

（1）向改性膨润土中加适量水得到混合浆体，随后进行超声波处理，超声波处理的温度为 80～90℃，时间为 30～40min，得到混合物；

（2）将混合物与废旧钢渣、竹炭、壳聚糖和有机硅油进行冰浴混匀搅拌，搅拌转速为 300～600r/min，随后进行微胶囊化处理并置于 2～6℃温度下低温烘干，得到铝材加工专用的污水处理剂。

原料介绍 所述改性膨润土的制备方法为：

（1）将膨润土原土加入回转窑中，在 620℃温度条件下烧制 30～60min，出窑后粉碎成 40～60 目膨润土细粉；

（2）取步骤（1）所得的膨润土细粉真空干燥处理 12h，随后置于聚氯化铝中浸泡 2～3h，使得膨润土细粉得到充分浸泡，过滤后进行低温烘干；

（3）取步骤（2）所得低温烘干后的膨润土细粉加入聚合釜中，随后依次添加醋酸纤维素、甲基丙烯酸甲酯和氨基甲酸酯进行反应，反应温度为 41～43℃，反应时间为 15～20min，得到改性膨润土。

产品特性 本品能够使得铝材加工污水达到排放标准，且可有效降低 COD、BOD，水中悬浮物（SS）及金属离子含量；处理工艺简单，用药量少，处理效果良好，性能稳定，出水水质好，可有效地降低水处理的成本，具有很好的经济效益和广泛的社会效益。

配方 35 麦芽糊精改性聚合物水处理剂

[原料配比]

原料		配比（质量份）	
		1#	2#
麦芽糊精改性单体		160～200	160
引发剂	过硫酸钠	4	2
正硅酸乙酯		40	30
三乙胺		5	3
羧甲基纤维素钠		1	0.6
乳糖酸钙		0.2	0.1
无水乙醇		适量	适量
去离子水		适量	适量
麦芽糊精改性单体	硬脂酸	5	2
	麦芽糊精	13	10
	丙烯酰胺	120	100
	饱和十八碳酰胺	1	0.8
	氯仿	40	30

[制备方法]

(1) 取乳糖酸钙、三乙胺混合，加入混合料质量 6～10 倍的无水乙醇中，搅拌均匀，得醇分散液；

(2) 取羧甲基纤维素钠，加入其质量 120～130 倍的去离子水中，搅拌均匀，得纤维水溶液；

(3) 取引发剂，加入其质量 140～170 倍的去离子水中，搅拌均匀；

(4) 取麦芽糊精改性单体，送入到反应釜中，通入氮气，加入上述引发剂溶液，调节反应釜温度为 70～75℃，保温搅拌 4～5h，出料冷却，得麦芽糊精改性聚合物溶液；

(5) 取上述醇分散液、纤维水溶液混合，搅拌均匀，加入正硅酸乙酯，升高温度为 65～70℃，保温搅拌 20～40min，加入上述麦芽糊精改性聚合物溶液，升高温度为 80～85℃，保温搅拌 1～2h，降低温度为常温，搅拌反应 4～6h，抽滤，将沉淀水洗，常温干燥，即得所述麦芽糊精改性聚合物水处理剂。

[原料介绍] 所述的麦芽糊精改性单体的制备方法，包括以下步骤：

(1) 取硬脂酸，加入氯仿中，搅拌均匀，送入到 40～50℃的恒温水浴中，加入麦芽糊精，保温搅拌 2～3h，蒸馏除去氯仿，得酸化糊精；

（2）取饱和十八碳酰胺，加入其质量16～20倍的去离子水中，搅拌均匀，得酰胺水溶液；

（3）取丙烯酰胺、酸化糊精混合，加入上述酰胺水溶液中，在60～65℃下保温搅拌100～140min，送入烘箱中，干燥，出料冷却，即得所述麦芽糊精改性单体。

［**产品特性**］ 本品首先采用硬脂酸处理麦芽糊精，然后以该酸化糊精改性丙烯酰胺，在引发剂作用下聚合，将得到的麦芽糊精改性聚合物溶液与纤维水溶液共混，以该混合溶液为水解液，以正硅酸乙酯为前驱体进行水解，得到的溶胶可以有效地分散到麦芽糊精改性聚合物溶液中，从而改善了成品处理剂的稳定性。本品中的麦芽糊精、聚丙烯酰胺都具有很好的水处理效果，成品的处理性高，重复利用率高，且不会造成二次污染，环保性好。

配方36 密闭式循环水系统无磷复合水处理剂

［**原料配比**］

原料		配比（质量份）	
		1#	2#
胺类物质	环己胺	11	12
乙醇胺类物质	二乙醇胺	5	5.5
丙胺类物质	3-甲氧基-2-丙胺	12	12.5
肼类衍生物	碳酰肼	2	3
水解聚马来酸的钠盐		16	17
水		54	50

［**制备方法**］ 在干燥的反应釜中加入水，然后向反应釜中依次加入胺类物质、乙醇胺类物质、丙胺类物质、肼类衍生物、水解聚马来酸的钠盐，混合后搅拌20～50min。

［**使用方法**］ 将所述的密闭式循环水系统无磷复合水处理剂以补水量的0.002%直接或通过加药设备投加到密闭式循环水系统中，通过腐蚀挂片监测系统防腐蚀效果。

［**产品特性**］

（1）本品适用于密闭式循环水系统，兼有缓蚀、阻垢、除氧、调节pH的功能，替代传统的磷酸盐处理法，能够避免磷酸盐沉积引起的结垢问题，以及游离碱、溶解氧造成的管壁腐蚀问题，延长设备使用寿命，保障系统安全运行。

（2）本品降低了企业运行成本，并可避免传统药剂工艺带来的磷排放超标的问题。

配方 37 牡蛎壳负载壳聚糖复合水处理剂

原料配比

原料	配比（质量份）					
	1#	2#	3#	4#	5#	6#
壳聚糖	0.2012	0.4036	0.6011	0.8018	1.0041	1.2028
牡蛎粉	10.0144	10.0053	10.0079	10.0126	10.0156	10.0183
水	适量	适量	适量	适量	适量	适量
酸溶液	适量	适量	适量	适量	适量	适量
碱性溶液	适量	适量	适量	适量	适量	适量

制备方法

（1）将壳聚糖与水混合，加入酸溶液使壳聚糖溶解得壳聚糖溶液，加入牡蛎粉，搅拌均匀得糊状物；

（2）向步骤（1）的糊状物中加入碱性溶液至 pH 值为 6.0～8.0 得凝状物，洗涤，过滤，干燥，研磨，过筛后即得牡蛎壳负载壳聚糖复合水处理剂。

原料介绍

所述酸溶液为硝酸。

所述的碱性溶液为氢氧化钠溶液、碳酸钠溶液、碳酸氢钠溶液等。

使用方法 本品去除苯酚或甲苯的水处理方法：向待处理液中加入上述复合水处理剂，调节 pH 值为 1～10，进行吸附反应。

产品特性

（1）本品制备工艺简单，产率高；制备得到的复合水处理剂具有高效、廉价和零污染的优点，对苯酚和甲苯的去除率高，可广泛应用于水处理中。

（2）本品选择无毒的生物提取物壳聚糖作为有机改性剂，克服对水体二次污染高的缺点，同时也提高了水处理效率。

配方 38 全有机缓蚀阻垢工业水处理剂

原料配比

原料	配比（质量份）		
	1#	2#	3#
聚环氧琥珀酸	25	22	28

续表

原料	配比（质量份）		
	1#	2#	3#
羟基亚乙基二膦酸	30	25	34
2-膦酸丁烷-1,2,4-三羧酸	50	42	56
苯并三氮唑	10	5～15	5～15
锌盐	30	24	38

［制备方法］

(1) 按先后顺序依次将羟基亚乙基二膦酸、聚环氧琥珀酸、苯并三氮唑、2-膦酸基-1,2,4-三羧酸丁烷、锌盐加入反应釜中。

(2) 将反应釜密封，并对反应釜加热；反应釜加热温度为120～160℃。

(3) 对反应釜搅拌，使不同化学成分进行反应，获得反应物；反应釜加热温度为120～160℃。

(4) 将反应物取出后，先在60～80min内使其温度冷却至60～80℃，之后在40～60min冷却至40～45℃，最后冷却至常温，获得产物。

［原料介绍］ 所述的锌盐为氯化锌、一水硫酸锌中的一种或两种的混合。

［产品特性］ 本品各成分在反应釜内部充分反应，从而使得阻垢、缓蚀和预膜三种功能有机统一，从而在进行水处理时，效果更好。

配方39 生物水处理剂

［原料配比］

原料	配比（质量份）				
	1#	2#	3#	4#	5#
复合微生物菌剂	0.5	0.8	0.5	0.7	0.6
纤维素	5	10	10	7	8
秸秆粉	15	40	15	20	35
咖啡渣	12	25	25	16	15
麦饭石	30	55	30	45	35
碱性溶液	适量	适量	适量	适量	适量
$CaCl_2$溶液	适量	适量	适量	适量	适量
水	适量	适量	适量	适量	适量

续表

原料		配比（质量份）				
		1#	2#	3#	4#	5#
复合微生物菌剂	酱油曲霉	10	25	25	15	20
	地衣形芽孢杆菌	22	36	22	30	25
	白地霉	12	19	19	17	16
	荧光假单胞杆菌	10	25	10	20	15

［制备方法］

（1）将秸秆粉和咖啡渣在碱性溶液中浸泡 24～36h，之后洗涤至中性，烘干，之后在 $CaCl_2$ 溶液中浸泡一段时间后烘干，煅烧，获得碳化混合物；

（2）将复合微生物菌剂、纤维素、麦饭石以及碳化混合物加入水中搅拌均匀后，造粒，烘干制得所述生物水处理剂。

［原料介绍］

所述纤维素为羧基-C_1～C_3-烷基纤维素、羧基-C_1～C_3-烷基羟基-C_1～C_3-烷基纤维素、C_1～C_3-烷基纤维素、C_1～C_3-烷基羟基-C_1～C_3-烷基纤维素、羟基-C_1～C_3-烷基纤维素、混合的羟基-C_1～C_3-烷基纤维素和微晶纤维素中的一种或多种的混合物。

所述麦饭石的粒径为 100～250μm。

所述秸秆粉中的水含量不高于 10%；所述咖啡渣中的水含量不高于 10%。

［产品特性］

（1）本品中好氧菌及兼性厌氧菌将水体中的游离氧利用，之后有利于厌氧菌的生长繁殖，使得本品能够适用于多种水质环境，具有较广的适用范围。

（2）麦饭石中的阳离子可以与水中的重金属阳离子进行交换，经过离子交换麦饭石吸附了水中的重金属阳离子。纤维素具有较强的黏合性能，并且纤维素中不含有害元素，不会对微生物造成伤害。本品利用纤维素作为黏合剂将微生物细菌与其他材料黏合在一起，使得所制备的生物水处理剂不易分散，并且具有稳定性高、有效活菌数量大、投放量少等特点。

配方 40　适用于换流站阀冷系统的复合型水处理剂

［原料配比］

原料	配比（质量份）	
	1#	2#
色氨酸	50	40

续表

原料	配比（质量份）	
	1#	2#
6-氨基-2-巯基苯并噻唑	25	30
8-硝基喹啉	25	30

［制备方法］ 将各组分原料混合均匀即可。

［使用方法］ 本品在换流站阀冷系统中的浓度为40～60mg/L。

［产品特性］

（1）组分均为有机试剂，绿色无污染，满足了人们对于环保的要求。

（2）低量高效，性价比高，便于推广。

（3）对铝及铝合金有良好的缓蚀作用，尤其在阀冷系统中更为突出。

（4）在阀冷系统中，复合型水处理剂的添加量为40mg/L时，缓蚀率达到90%以上。

配方 41 适用于换流站内冷水铝合金体系的绿色高效水处理剂

［原料配比］

原料	配比（质量份）	
	1#	2#
磺胺噻唑	$4\times10^{-5}\sim6\times10^{-5}$	$4\times10^{-5}\sim6\times10^{-5}$
8-羟基喹啉	5～20	—
香兰素	15～25	15～25
2-巯基苯并噻唑	—	3～10
$C_{10}\sim C_{16}$脂肪酸聚氧乙烯酯	2～5	2～5
烷基酚聚氧乙烯醚	3～8	3～8
聚氧乙烯失水山梨醇单油酸酯	5～10	5～10
水	加至100	加至100

［制备方法］ 将各组分原料混合均匀即可。

［原料介绍］ 本品使用浓度为3～10mg/L。

［产品特性］

（1）本品具有无磷、无毒、无公害和可完全生物降解的特点，可避免水体的富营养化和排放引起的二次污染。

（2）本品对铝合金有良好的缓蚀作用，适用于换流站内冷水铝合金体系及其内冷水环境。

（3）本品具有低量、高效的特点。

（4）本品不使用钨酸盐、钼酸盐等高价药剂，高效，所用物质呈中性，不易被离子交换树脂交换或截留，不会提高内冷水的电导率。

配方 42 双组分水处理剂

［原料配比］

原料		配比（质量份）					
		1#	2#	3#	4#	5#	6#
试剂 A		1	1	1	1	1	1
试剂 B		1	1	1	1	1	1
试剂 A	聚合氯化铝	75	74	76	72	79	75
	氯化钙	20	20	19	22	17	20
	醋酸亚铁	0.8	0.7	0.9	0.5	1	0.8
	醋酸铝	—	—	—	—	—	0.4
试剂 B	聚丙烯酰胺	39	41	38	45	35	38
	氯化钠	28	27	29	25	35	28
	氢氧化钠	10	11	10	12	13	10
	硅酸钠	18	17	19	15	20	18

［制备方法］ 将各组分原料混合均匀即可。

［使用方法］ 向待处理废水中加入所述试剂 A，并在 50～70r/min 的速度下搅拌 7～10min，然后加入所述试剂 B，并在 30～50r/min 的速度下搅拌 20～25min。

［产品特性］

（1）本品能够充分达到水处理的目的。之后，处理完成的水体经沉淀、过滤或离心等操作除去絮状物后，可以被送入其他处理环节，以实现其他污染物和/或杂质，如油脂、纤维、藻类等以及可溶性杂质（如表面活性物质）的清除。

（2）本品能够有效地絮凝和净化五金工件清洗废水，对污染物的絮凝沉淀速度快，pH 适应范围宽，净水效果优异，能够大大降低废水中各种金属离子和溶液固体悬浮物的含量。

（3）本品使用方法简单，净化效果优异。

配方 43　水处理剂（1）

［原料配比］

原料	配比（质量份）	
	1#	2#
聚二甲基二烯丙基氯化铵	20	22
硫酸亚铁	0.4	0.58
氯化铵	0.34	0.5
羟基亚乙基二膦酸四钠	0.26	0.42
高铁酸钾	1	2
水	78	74.5

［制备方法］　在搅拌条件下，将各组分按照顺序加入反应釜中，首先加入水，其次加入硫酸亚铁、氯化铵、羟基亚乙基二膦酸四钠、高铁酸钾，最后加入聚二甲基二烯丙基氯化铵，混合均匀，即得所述水处理剂。

［产品特性］

（1）本品用量少，处理效率高，且无毒副作用。

（2）本品制备工艺简单，成本低，易于工业化推广使用。

（3）本品将聚二甲基二烯丙基氯化铵与硫酸亚铁配合使用，能够有效地增大聚二甲基二烯丙基氯化铵的电中和与架桥作用，具有较高的COD去除率。氯化铵的添加能够提高混凝效果。高铁酸钾不仅能够起到脱色作用，还能对污染水体进行杀菌消毒。在使用过程中，高铁酸钾中的六价铁会被逐步还原成具有絮凝作用的三价铁，能够进一步提高絮凝性能，降低废水COD值。

配方 44　水处理剂（2）

［原料配比］

原料		配比（质量份）					
		1#	2#	3#	4#	5#	6#
杀菌组合物	硫酸铜	2	3	5	2	2	2
	硫酸铝	3	5	8	3	3	3
	氯化铁	5	6	8	5	5	5

续表

原料		配比（质量份）					
		1#	2#	3#	4#	5#	6#
杀菌组合物	聚硅硫酸铝	2	3	5	2	2	2
	第一去离子水	48	33	49	48	48	48
缓释组合物	三聚氰胺	3	3	3	8	10	15
	聚乙烯醇（聚合度为1700）	2	2	2	2	2	2
	第二去离子水	35	35	35	30	30	30
高温活性氧化铝（粒径为0.3～0.5mm，孔隙率为40%）		30	30	30	30	30	30

制备方法

（1）制备杀菌组合物：硫酸铜、硫酸铝、氯化铁、聚硅硫酸铝和第一去离子水搅拌混合制得杀菌组合物。

（2）制备缓释组合物：三聚氰胺、聚乙烯醇和第二去离子水搅拌混合制得缓释组合物。搅拌速度为80～100r/min。

（3）高温活性氧化铝改性：高温活性氧化铝浸泡在杀菌组合物中室温浸渍2～3h，之后在60～80℃加热30～60min制得改性高温活性氧化铝；搅拌速度为150～200r/min。

（4）制备水处理剂：改性高温活性氧化铝在缓释组合物中搅拌混合20～30min，干燥后得到水处理剂。搅拌速度为100～120r/min。

原料介绍

所述的高温活性氧化铝的粒径为0.3～0.5mm。

所述的聚硅硫酸铝中硅和铝物质的量比为（1∶2）～（1∶5）。

使用方法 水处理剂加入消防用水中，搅拌混合30～60min；水处理剂的加入量为20～40g/L。水处理剂还可以后加入，此时消防水箱中可能预先长有藻类生物，加入水处理剂后搅拌混合30～60min，降解消防水箱中的藻类生物。若水处理剂饱和后，还可以及时更换水处理剂。

产品特性

（1）本品可以抑制消防用水中水体生长藻类生物。

（2）水处理剂采用核壳结构，高温活性氧化铝作为核心活性物质，既可以提供较大的比表面积，用于负载杀菌组合物，还可以辅助降解水体中的藻类生物；高温活性氧化铝外部依次包覆杀菌组合物和缓释组合物，进一步提高水处理剂的杀菌性能，以及分解藻类生物的性能。

（3）本品所采用的原料均具有较好的阻燃效果，使用消防用水时，水处理剂还可以作为阻燃剂，辅助灭火。

配方 45　水处理剂（3）

［原料配比］

原料	配比（质量份）	原料	配比（质量份）
氯酸钠	5～10	海藻酸钠	4～7
聚合硫酸铁	20～30	聚丙烯酸钠	5～10
改性膨润土	10～20	聚丙烯酰胺	5～10
硅灰	10～20	硫酸钠	10～20

［制备方法］　将各组分原料混合均匀即可。

［产品特性］　本品制备方法简单，易操作，稳定性好，安全性高，可快速去除各种污染物使水体得到高效净化，而且不会产生二次污染。

配方 46　水处理剂（4）

［原料配比］

原料	配比（质量份）		
	1#	2#	3#
SiO_2	62	63	62.2
Al_2O_3	10	14	12
Fe_2O_3	2	4	3
TiO_2	0.3	0.7	0.5
MnO	0.02	0.06	0.04
CaO	5	9	7
MgO	12	16	14
K_2O	0.4	0.8	0.6
Na_2O	0.3	0.7	0.5
P_2O_5	0.06	0.1	0.08
SrO	0.01	0.05	0.03
NiO	0.01	0.02	0.01
CuO	0.01	0.02	0.01
Cr_2O_3	0.01	0.05	0.03

［制备方法］ 将各组分原料混合均匀即可。

［产品特性］

（1）本品不仅可以有效杀灭军团菌（杀菌率99%以上）等对人体有害的细菌，还可以清除有害的生物膜，防止形成黏泥沉淀积垢，提高冷却塔的冷却效果和设备的传热效率，达到杀菌、节能减排的目标。

（2）本品应用在各种污水处理中，工艺简单，只需要把水处理剂置于水中，就可以实现非常好的水处理效果。例如冷却塔水处理，把本品提供的水处理剂置于冷却塔水中就可以净化冷却塔水体。

（3）本品能够彻底氧化降解废水中的有机污染物，使周围的水分子及氧气激发形成极具活性的 OH 自由基和 O_2^- 自由基并对难降解污染物进行氧化反应生成 H_2O、CO_2 和无机盐。经过不同程度的处理以后，污水可以中水回用、直接排放或排放入市政管网等。可与其他渗透膜技术或者活性炭吸附相结合，实现废水（中水）回用。可广泛应用于废水调节罐/池和废水缓冲罐/池等。

配方 47 水处理剂（5）

［原料配比］

原料			配比（质量份）				
			1#	2#	3#	4#	5#
表面活性剂	烷基糖苷		2	—	1	2	2
	非离子型聚醚		6	4	—	6	6
	阴离子型聚羧酸		2	1	—	2	2
	脂肪酸	辛酸	—	3	—	—	—
		油酸	—	3	—	—	—
		柠檬酸	—	3	—	—	—
酸碱离子缓冲剂	乙醇胺（MEA）		5	—	2	5	5
	2,6-二乙基苯胺（DEA）		2	—	5	2	2
	AMP95		1	—	3	1	1
	三乙胺（TEA）		—	5	—	—	—
钝化剂	钙镁离子钝化剂	乙二胺四乙酸（EDTA）	1	2	4	1	1
		葡萄糖酸钠	1	—	2	1	1
		柠檬酸钠	1	2	—	1	1
		酒石酸钾钠	1	—	—	1	1
	铁铝离子钝化剂	葡庚酸钠	2	5	—	2	2
		羟基亚乙基二膦酸（HEDP）	1	—	2	1	1

续表

原料			配比（质量份）				
			1#	2#	3#	4#	5#
钝化剂	铁铝离子钝化剂	马来酸-丙烯酸共聚物（MA-AA）	—	—	1	—	—
		聚丙烯酸钠（PAAS）	1	—	4	1	1
	铜离子钝化剂	苯并三氮唑（BTA）	2	1	—	2	2
		甲基苯并三氮唑（TTA）	2	—	2	2	2
起泡剂	十二烷基苯磺酸钠		0.5	0.5	1	0.5	0.5
	水溶性硅烷		0.5	0.5	—	0.5	0.5
水			240	300	180	240	240
表面活性剂			10	8	1	10	10
酸碱离子缓冲剂			8	10	10	8	8
钝化剂			12	15	15	12	12
起泡剂			1	1	1	1	1
抗冻剂			—	—	—	5	10

［制备方法］

（1）将上述原料组分按比例混合，搅拌并加热至80～90℃；

（2）冷却后得水处理剂。

［产品特性］

（1）本品不含挥发性物质，不含危险化学品。处理效果好，持续性强，只需在一处加药，就解决了除垢、防腐等问题。

（2）本品利用双水相溶胶理论，考虑了阻垢和除垢、颗粒物沉降和悬浮的物理化学平衡，配方主要包含双组分共轭表面活性剂和功能靶向官能团分子，双组分共轭表面活性剂可延缓溶液中钙镁粒子在金属表面形成"双电层"的电化学过程，功能靶向官能团分子可控制颗粒物的混凝、悬浮和沉降速度。

（3）本品解决了渣尘水溶液体系流动性问题，能控制和平衡颗粒物的混凝、悬浮和沉降速度，使其成为牛顿流体，解决管道结垢堵塞问题。

配方48　水处理剂（6）

［原料配比］

原料	配比（质量份）		
	1#	2#	3#
壳聚糖	60	70	80

续表

原料	配比（质量份）		
	1#	2#	3#
卡拉胶	30	35	40
秸秆	10	15	20
石墨烯	15	18	20
二氧化钛	3	4	5
硼酸	1	3	5
过硫酸铵	0.1	0.2	0.3
马来酸酐接枝苯乙烯	0.01	0.1	0.2
硅烷偶联剂	0.3	0.7	1
去离子水	300	250	300
盐酸	适量	适量	适量
pH 值为 2～3 的酸	适量	适量	适量

［制备方法］

（1）将秸秆加入盐酸中浸泡 10～20min，然后在温度为 80～90℃的干燥箱中干燥 20～30min，最后粉碎至 200～400 目，得到秸秆粉料；

（2）将石墨烯在 pH 值为 2～3 的酸中浸泡 10～20min，然后取出沥干并在温度为 600～800℃条件下热处理 5～10min，备用；

（3）将步骤（1）得到的秸秆粉料与步骤（2）热处理后的石墨烯混匀，并加入二氧化钛、相容剂和偶联剂混匀，得到混合物；

（4）向步骤（3）混合物中加入壳聚糖、卡拉胶、交联剂、引发剂与去离子水共混，然后超声分散 30～60min，在 50～60℃温度条件下搅拌反应 3～5h，即得水处理剂。

［原料介绍］

所述秸秆为水稻秸秆、小麦秸秆或玉米秸秆。

所述交联剂为硼酸或戊二醛。

所述引发剂为过硫酸铵。

所述相容剂为马来酸酐接枝苯乙烯。

所述偶联剂为硅烷偶联剂。

［产品特性］　本品中，壳聚糖与卡拉胶引发交联形成多孔网状凝胶结构，石墨烯具有高吸附性，其吸附秸秆与二氧化钛附着于凝胶孔道结构中，可有效地还原螯合重金属离子以及降解有机物，同时吸附异味分子，使污水达到排放标准。

配方 49　水处理剂（7）

原料配比

原料	配比（质量份）				
	1#	2#	3#	4#	5#
红藻胶	1	1.5	2	2.5	3
海藻酸钠	1	1.5	1.5	1.5	2
椰碳纤维	1	1.5	1.5	1.5	2
海泡石	2	3	3.5	3	5
丝瓜瓤粉末	1	1.5	2	2	3
海水小球藻粉	2	3	3.5	3.5	5
坡缕石	1	1.5	2	2	3
蛋白石页岩	1	1.5	1.5	1.5	2
水滑石	1	1.5	1.5	1.5	2
车前草提取物	0.5	0.6	0.75	0.8	1
腐殖酸树脂	1	1.5	1.5	1.5	2
磷脂酰胆碱	2	3	3.5	4	5
硼氢化钠	3	3.5	4	4.5	5
硼酸	1.5	1.7	1.7	1.7	2
聚乙二醇	2	3	3.5	4	5
乙酸	1	1.5	1.5	1.5	2
无水乙醇	20	25	30	35	40
去离子水	80	90	95	100	110

制备方法

（1）将海泡石、蛋白石页岩和水滑石混合，放入烘箱中在70～80℃下干燥，取出后放入研磨机中在转速300～400r/min下研磨3～5h，过120目筛，去除大颗粒；

（2）加入坡缕石，放入马弗炉中，在温度500～600℃下煅烧3～4h；

（3）冷却后加入乙酸和20～40份去离子水，放入水浴锅中在温度70～80℃下搅拌18～20h；

（4）过滤，用蒸馏水清洗，放入烘箱中在温度70～75℃下干燥22～24h，取出后放入研磨机中在转速350～400r/min下研磨3～5h，过200目筛，去除大颗粒；

（5）加入红藻胶、海藻酸钠、椰碳纤维、丝瓜瓤粉末、海水小球藻粉、车前草提取物、腐殖酸树脂、磷脂酰胆碱、聚乙二醇和 30～60 份去离子水，搅拌混匀制成小球；

（6）将小球进行干燥后浸入硼酸和剩余去离子水的溶液中，浸泡 34～36h；

（7）将小球取出，浸入硼氢化钠和无水乙醇的溶液中 40～50min 即得。

［原料介绍］

所述坡缕石的目数为 100～120 目。

所述车前草提取物采用冷浸法，将 10 质量份冷冻干燥后粉碎的车前草，用 250 体积份甲醇在室温下浸泡 24h，将滤液进行干燥后加入 250 体积份 75%的乙醇去除色素烘干得提取物。

所述腐殖酸树脂为 FH 型腐殖酸树脂。

［产品特性］ 本品对于废水中 COD 和 BOD 的去除效果都很好，最高的去除率分别可达到 94.4%和 91.2%，同时对于废水中重金属离子 Cu^{2+} 的去除效果也很好，去除率可达到 98.3%。

配方 50 水处理剂（8）

［原料配比］

原料	配比（质量份）		
	1#	2#	3#
硅藻土	20	30	25
丙烯酰胺	20	30	25
氢氧化钠	4	6	5
去离子水	100	100	100
丙烯酸	30	60	40
纳米二氧化硅	20	30	25
工业糊精	1	8	6
乙二醇	10	15	12
硅烷偶联剂	5	8	6

［制备方法］ 将各组分原料混合均匀即可。

［原料介绍］

所述铝纳米二氧化硅为铝改性纳米二氧化硅。

所述铝改性纳米二氧化硅的制备方法包括以下步骤：

（1）以粒径均匀、大小为 20～40nm，相对密度为 1.10～1.15 的碱性二氧化硅溶胶作为晶种，10～15 倍去离子水进行稀释，通过质量分数 4%～6%的氢氧化钾溶液调节 pH 值为 10～12；将所得混合液进行加热，温度控制在 100～105℃，加热过程中持续加入相对密度为 1.00～1.04、pH 值为 2.0～3.0 的硅酸，以维持液面恒定。

（2）将摩尔分数为 0.1%～1%偏铝酸通过搅拌分散至质量分数为 5%～10%的 NaOH 和三乙醇胺的混合溶液中，并在反应过程中每隔 1～3h 加入 50～100mL 所述含铝的混合溶液，以维持反应液的 pH 值在 9.0～10.0 之间。

（3）将反应液持续加热，时间为 50～60h，使二氧化硅溶胶相对密度达到 1.250～1.300 时，停止加热，反应结束，最后得到 pH 值为 9.0～9.8、粒径为 100～120nm 的铝改性纳米二氧化硅。

［**产品特性**］ 本品处理效率高，去污能力强。本品具有较强的氧化能力，能破坏细菌细胞的代谢作用，从而阻碍细菌生长繁殖，且金属离子接触细菌后，由于静电引力作用使两者紧密结合，导致金属离子能穿透细胞膜进入细菌胞内，再与胞内蛋白的巯基发生反应，使得蛋白质凝固，导致细菌无法分裂繁殖，从而使其死亡。另外，氧化硅被光照射后能产生电子-空穴对，它是一个催化活性中心，能吸收环境中的能量，激活材料表面空气或水中的氧气，生成羟基自由基和超氧化物阴离子自由基，二者都具有很强的氧化还原能力，能氧化还原细菌的有机物，从而破坏细菌的繁殖能力，达到抗菌效果。反应生产的自由基非常活泼，能与细菌及其分泌的毒素反应，清除细菌残骸和毒素，还能与水进一步作用生成羟基和双氧水，双氧水可自由通过细菌细胞膜，不仅能杀死细菌，还能分解细菌死后释放的内毒素。

配方 51　水处理剂（9）

［**原料配比**］

原料	配比（质量份）				
	1#	2#	3#	4#	5#
三聚氰胺	50	45	55	—	—
双氰胺	—	—	—	50	50
甲醛	22	15	24	22	22
乙二胺四乙酸钠	50	55	45	50	—
氮川三乙酸钠	—	—	—	—	50
柠檬酸钠	20	20	20	20	20
钠基膨润土	370	320	420	370	370

续表

原料	配比（质量份）				
	1#	2#	3#	4#	5#
氧化石墨烯	60	72	42	60	60
水	适量	适量	适量	适量	适量

［制备方法］

(1) 先将三聚氰胺（或双氰胺）、甲醛、乙二胺四乙酸钠（或氮川三乙酸钠）和 pH 值调节剂溶于适量水中进行超声混合，反应后得到胶液，对所述胶液进行抽滤处理后得到固体混合物，对所述固体混合物进行干燥、研磨处理后得到所述混合粉体。

(2) 将所述混合粉体和所述吸附剂溶于适量水中，经超声混合、抽滤处理后得到固体产物，再对所得固体产物进行干燥、研磨处理后，得到所述水处理剂。所述混合粉体与所述水的质量比为 1∶(90～100)。超声混合的时间为 1～3h。干燥处理采用真空干燥处理方法，干燥温度为 50～70℃，干燥时间为 2～6h。另外，可以采用石英研钵进行研磨。

［原料介绍］

所述 pH 值调节剂为柠檬酸钠。

所述吸附剂包括钠基膨润土与氧化石墨烯的组合，或硅藻土与氧化石墨烯的组合。

［使用方法］ 可以将本品添加到需要处理的涂装废水中，调节体系的 pH 值至 5～10 对所述涂装废水进行循环处理。

［产品特性］ 本品利用钠基膨润土或硅藻土作为吸附剂，可以有效吸附污水中的表面活性剂和分散剂等有害物质，使其失去活性，从而发生絮凝沉淀。氧化石墨烯表面的环氧基、羧基、羟基等含氧基团还能与金属离子，尤其是多价的金属离子发生络合反应，同时氧化石墨烯也可以和有机污染物相互作用，因此氧化石墨烯可用于去除水中的金属和有机污染物。

配方 52 水处理剂（10）

［原料配比］

原料	配比（质量份）				
	1#	2#	3#	4#	5#
改性聚天冬氨酸	10	8	12	11	10

续表

原料	配比（质量份）				
	1#	2#	3#	4#	5#
苯并三氮唑	10	12	10	12	10
肉豆蔻酰谷氨酸钠	0.9	1	1	0.8	0.9
钨酸钠	13	15	15	12	13
水	50	49	52	50	50

［制备方法］ 将改性聚天冬氨酸、肉豆蔻酰谷氨酸钠、苯并三氮唑、钨酸钠和水混合，搅拌、静置后得到水处理剂。搅拌设定温度为 25～45℃，搅拌时间为 10～15min。

［原料介绍］

所述的改性聚天冬氨酸的制备方法为：

(1) 将 3′-二甲氧基荜茇明碱溶于二甲基亚砜（DMSO）中，加入三溴化硼，搅拌、超低温反应，浓缩、硅胶柱色谱分离得到产物 A；三溴化硼与 3′-二甲氧基荜茇明碱的质量比为（0.4～0.6）∶1。

(2) 将聚琥珀酰亚胺和 *N*,*N*-二异丙基乙胺（DIEA）溶于二氯甲烷，再加入 *N*,*N*-二异丙基碳二亚胺（DIC）、对羟基苯甲腈（HOBt），搅拌，室温反应；接着再加入步骤 (1) 中所述产物 A，反应、浓缩、硅胶柱色谱分离得到改性聚天冬氨酸。聚琥珀酰亚胺与产物 A 的质量比为 1∶(0.8～1)。

［使用方法］ 本品在开放式水循环系统中，使用浓度为 5～100mg/L 时，缓蚀率＞80%。

［产品特性］

(1) 改性聚天冬氨酸中含有大量可以提供配位电子的极性基团，与水溶液中的金属离子形成配合物，降低金属离子的浓度，产生阻垢效果；分子中的双键对水中的溶解氧有一定的消耗作用；还可以通过吸附作用掺杂在水垢中，使水垢不能按照严格的晶格排列，形成易于处理的软垢，从而起到阻垢作用；产品稳定性好，使用量少，降解速度快，对环境无污染；具有较好的杀菌性能。除此之外，还具有优异的稳锌性能，提升其与无机盐复配使用效果。与肉豆蔻酰谷氨酸钠、苯并三氮唑、钨酸钠复配，具有良好的协同效应和适应性，制得的水处理剂不含磷，不会引起水体富营养化，具有优异的缓蚀性能和阻垢能力，且兼具杀菌的作用。

(2) 本品稳定性好，使用量少，降解速度快，对环境无污染。

(3) 该水处理剂具有优异的缓蚀性能和阻垢效果，且杀菌性能良好；不含磷，对环境无污染。

配方 53 水处理剂（11）

［原料配比］

原料	配比（质量份）		
	1#	2#	3#
改性木素磺酸钙	22	30	25
秸秆	21	17	19
海藻酸钠	4	7	6
酒石酸钠	0.38	0.31	0.35
次氯酸钠	6.5	7	7
聚环氧琥珀酸	3.8	4	3.5
竹醋液	17	14	15

［制备方法］ 按配方量取改性木素磺酸钙、秸秆、海藻酸钠、酒石酸钠、次氯酸钠、聚环氧琥珀酸、竹醋液，混合均匀，即得水处理剂。

［原料介绍］

所述的秸秆为质量比为 1∶(1.2～1.5)∶(0.8～1) 的阴离子改性秸秆、阳离子改性秸秆和两性型改性秸秆的混合物。

所述的酒石酸钠中 L-酒石酸钠和 D-酒石酸钠的质量比为 1∶(0.13～0.17)。

改性木素磺酸钙的制备方法如下。

(1) 木素磺酸钙的羟基化改性：取质量比为 1∶(0.7～1) 的 H_2O_2 和木素磺酸钙，H_2O_2 质量分数为 25%～35%，加入木素磺酸钙质量 0.5%～0.9% 的 $Fe(OH)_3$，在 60～70℃下反应 50～60min，反应结束后离心，再加入无水乙醇使改性木素磺酸钙析出，离心，反复 3～4 次，在 60～70℃下烘干，即得木素磺酸钙羟基化产物。

(2) 改性木素磺酸钙的制备：按质量比为 1∶(1～1.3)∶(0.2～0.3) 取木素磺酸钙羟基化产物、亚磷酸和次磷酸，先将木素磺酸钙羟基化产物溶解于水中，再加入亚磷酸和次磷酸，在 90～100℃下反应 6～8h，冷却，用无水乙醇析出，干燥得木素磺酸钙膦酸，再将木素磺酸钙膦酸加水溶解，加入催化剂活化 4～7min，再加入季铵盐单体，木素磺酸钙膦酸和季铵盐单体的质量比为 1∶(2～3)，调节 pH 值至 12.5～13.5，在 60～70℃下反应 2～3h，即得改性木素磺酸钙。上述催化剂添加量为反应体系的 0.2%～0.4%，催化剂为质量比为 1∶(0.13～0.16) 的过硫酸铵和生物素的混合物。

［产品特性］

(1) 该水处理剂各成分之间互相配合，具有缓蚀、絮凝、阻垢、杀菌等多种功效，可以防止水循环系统的结垢和铁、铜、硅的沉淀，保持水循环系统内部清洁、无腐蚀，无需额外的非计划停工及清洗操作。

(2) 该水处理剂中改性木素磺酸钙的制备方法简单，同时引入了具有缓蚀功能的有机膦酸结构和具有絮凝作用的季铵盐结构，具有优良的净水效果，可以减低缓蚀剂和絮凝剂的添加。

(3) 该水处理剂的原料来源广泛，制备方法简单可行，易于工业化生产，使用后对环境无污染，具有较大的发展潜力。

配方 54 水处理剂（12）

原料配比

原料	配比（质量份）		
	1#	2#	3#
水	60	70	80
微生物菌剂	1	3	5
硅藻土	7	8	9
聚合氯化铁	11	12	13
硫酸铝	8	9	10
高锰酸盐	14	16	18
石英	5	10	15
表面活性剂	2	6	10

制备方法

(1) 将高锰酸盐与石英混匀，在 300～400℃下活化处理 30～50min，将活化后的高锰酸盐与石英经超细粉碎成颗粒。

(2) 将步骤 (1) 得到的颗粒掺入表面活性剂并进行混合得到第一产物，且将第一产物在 30～50℃下保存。

(3) 将硅藻土、聚合氯化铁、硫酸铝之间通过搅拌充分混合得到第二产物。

(4) 将步骤 (3) 所得的第二产物加入微生物菌剂。

(5) 将步骤 (4) 所得的加入微生物菌剂的第二产物与第一产物混合，并在 20～40℃下加入水搅拌 30min 后，即获得水处理剂。

原料介绍

所述高锰酸盐为高锰酸钠和高锰酸钾中的一种或两种。

所述高锰酸盐与石英经超细粉碎后的粒径控制在 0.01～10μm。

[产品特性] 本品具有处理效果好、效率高及综合成本低的特点，且制备方便，能够有效地处理生活以及工业污水。

配方 55 无磷锅炉水处理剂

[原料配比]

原料		配比（质量份）					
		1#	2#	3#	4#	5#	6#
改性聚天冬氨酸		24	18	25	30	28	16
3-丙烯酰氨基多巴胺		12	10	15	18	16	10
pH调节剂	2,2-二乙氨基-1-丁醇	10	—	—	—	6	—
	2-二甲氨基-2-乙基-1,3-丙二醇	—	—	10	—	—	—
	2-甲氨基-2-乙基-1-丙醇	—	—	—	14	—	—
	三乙醇胺	—	12	—	—	8	10
除氧剂	1-氨基吡咯烷	4	—	—	—	—	3
	3-羟甲基-5-吡唑啉酮	—	5	—	—	—	—
	N-乙氨基吗啉	—	—	4	—	—	—
	1-氨基-4-甲基哌嗪	—	—	—	6	—	—
	5,6-二甲氨基-1-羟基-3-乙基尿嘧啶	—	—	—	—	4	—
成膜助剂	二丙二醇单甲醚	—	2	—	—	—	1
	丙二醇甲醚醋酸酯	—	—	6	—	—	—
	乙二醇	1	—	—	—	—	1
	十二碳酸酯	2	—	—	—	—	—
	丙二醇	—	—	—	—	2	—
	己二醇丁醚醋酸酯	—	—	—	—	3	—
去离子水		加至100	加至100	加至100	加至100	加至100	加至100

[制备方法] 按质量份将去离子水加入反应釜中，加入改性聚天冬氨酸和3-丙烯酰胺基多巴胺，充分搅拌均匀，随后依次加入除氧剂、成膜助剂、pH调节剂，加热至50～65℃，恒温搅拌20～30min，自然冷却至室温，即得。

[原料介绍]

所述的改性聚天冬氨酸为丙二酸二乙酯改性的聚天冬氨酸，制备方法包括以下步骤：

（1）在水溶剂中，将马来酸酐与铵盐于72～80℃反应1～2h，再升温至168～180℃，反应1～1.5h，制得聚琥珀酰亚胺；所述的马来酸酐与铵盐的摩尔比为1∶(1.2～1.5)，其中，铵盐的物质的量以铵根离子计。所述的铵盐为碳酸铵、碳酸氢铵、氯化铵、硫酸铵和硝酸铵中的一种。所述的聚琥珀酰亚胺采用以下方式进行纯化：用*N*,*N*-二甲基甲酰胺将聚琥珀酰亚胺溶解，于40～50℃搅拌4～6h后抽滤；再加入乙醇，沉析20～40min，抽滤，滤饼即为纯化的聚琥珀酰亚胺。

（2）将步骤（1）制得的聚琥珀酰亚胺进行纯化，将纯化后的聚琥珀酰亚胺置于碱性水溶液中，并加入丙二酸二乙酯，于35～42℃反应12～18h，随后调节体系的pH，后经纯化、干燥，即制得所述的改性聚天冬氨酸。所述的碱性水溶液为氢氧化钠水溶液，所述的聚琥珀酰亚胺与丙二酸二乙酯、氢氧化钠的摩尔比为1∶(0.6～1)∶(1～2)。其中，氢氧化钠作为反应的催化剂。

所述的pH调节剂为2,2-二乙氨基-1-丁醇、三乙醇胺、2-二甲氨基-2-乙基-1,3-丙二醇和2-甲氨基-2-乙基-1-丙醇中的一种或几种。

所述的除氧剂为1-氨基吡咯烷、1-氨基-4-甲基哌嗪、*N*-乙氨基吗啉、3-羟甲基-5-吡唑啉酮、5,6-二甲氨基-1-羟基-3-乙基尿嘧啶中的一种或几种。

所述的成膜助剂为乙二醇、丙二醇、十二碳酸酯、二丙二醇单甲醚、丙二醇甲醚醋酸酯、己二醇丁醚醋酸酯中的一种或几种。

［使用方法］ 本品在加药时，按锅炉实际水容积计算，投加量为10～20g/t。而在补充投加时，以运行中的补给水量计算，投加量为10～20g/t，或视实际水质情况来计算加药量。

［产品特性］

（1）本品中所采用的3-丙烯酰氨基多巴胺分子中含有π键，而π键可与金属原子的d空轨道结合，形成配位键，可使3-丙烯酰氨基多巴胺分子吸附在金属表面，加之3-丙烯酰氨基多巴胺分子中含有极性基团（酰氨基），当其靠近π键时，由于共轭作用而形成大π键，可显著提高3-丙烯酰氨基多巴胺分子对金属表面的吸附作用力，在改性聚天冬氨酸的协同作用下，3-丙烯酰氨基多巴胺的分散性会得到显著改善，再辅以成膜助剂，有利于在锅炉金属表面形成均质而稳定的保护膜，显著提高了配方体系的缓蚀性能。

（2）本品适用于中、高压锅炉水系统，克服了使用磷酸盐带来的各种负面影响，减少了排放，参数控制稳，可有效防止炉内的结垢和铁、铜、硅的沉积，进而可长时间保持锅炉内部清洁，无腐蚀，无需额外的非计划停工及清洗操作，锅炉排污率降低，节约能源，具有很好的应用前景。

（3）本品具有优异的缓蚀和阻垢效果，其缓蚀率和阻垢率均超过国家标准，并且本品处理剂的缓蚀率和阻垢率达到了无磷化水处理的效果，绿色环保。

配方 56 无磷环保多功能冷却水处理剂

原料配比

原料	配比（质量份）		
	1#	2#	3#
氢氧化钠	2	3	2
氯化锌	1	2	2
苯丙三氮唑	2	5	4
氯胺	6	10	9
聚马来酸	6	10	8
季铵盐	3	1	2
反渗透纯水	80	69	73

制备方法 将各组分原料混合均匀即可。

产品特性

（1）本品是一种单一的药剂，使用时一次添加，药品的包装、储存、添加及现场管理简单、省时省力。

（2）本品可以有效地控制微生物菌群、抑制水垢等的产生、防止管道或者设备被腐蚀，从而达到降低能耗、延长设备使用期限的目的。

（3）本品不含磷成分，对环境友好，完全符合国家对绿色发展的要求。

（4）使用本品的挂片试验表明，碳钢腐蚀速率＜0.075mm/a；铜腐蚀速率＜0.005mm/a；异养菌总数＜10^4 个/mL，性能符合国家标准的相关要求。

配方 57 无磷无氮绿色环保的热水锅炉水处理剂

原料配比

原料	配比（质量份）		
	1#	2#	3#
腐殖酸钠	37	40	41
乙二胺四乙酸二钠	16	15	14
聚天冬氨酸钠	17	15	14
氢氧化钠	16	15	16
碳酸钠	11	10	11
助剂	3	5	4

［**制备方法**］ 将各组分原料混合均匀即可。

［**原料介绍**］ 所述助剂为分散剂、杀菌剂、预膜保护剂中的任意一种或几种的混合。

［**使用方法**］ 本品主要是一种具有除垢、阻垢、防腐、预膜保护、除微生物藻类等有机物、防丢水、锅炉和管网停用保养等作用的无磷无氮绿色环保的热水锅炉水处理剂。

使用时需要将其溶解后再加入水箱内，并控制水箱内水处理剂的质量分数不大于10%。所述水处理剂使用时加药频率为每周一次，每次加药量根据周补水量和补水水质确定。所述水处理剂使用时当系统内没有铜设备时控制水质pH值为10～10.5；当系统内有铜设备时控制水质pH值为9.5～10。

［**产品特性**］

（1）本品无磷无氮绿色环保无污染，可以避免水体的富营养化和二次污染。渗透能力强，能渗透到水垢和金属接触面上，与钙、镁盐发生复分解反应，使老水垢与金属表面的附着力降低而脱落，达到除去老垢的效果，同时还能去除热网系统铁离子。缓蚀效率≥98%。

（2）本品具有耐高温、阻垢率高、不易分解等特点，同时兼具缓蚀、防失水等作用，生物降解性好，为绿色环保型采暖水专用防腐阻垢剂。

配方58 消防用水处理剂

［**原料配比**］

原料		配比（质量份）							
		1#	2#	3#	4#	5#	6#	7#	8#
高温活性氧化铝		30	32	34	35	36	37	30	30
芦苇提取物		26	25	24	23	22	22	26	26
生物促进剂		12	13	14	15	16	17	12	12
腐殖酸		10	9	8	7.5	7	6	10	10
聚乙二醇		8	10	11	12	13	14	8	8
去离子水		10	9	8.5	8	7.5	7	10	6
杀藻剂	氯化二乙基［2-（对溴苯甲酰基）乙基］铵	2.4	2.7	3	3.2	3.4	3.6	3.8	4
生物促进剂	低聚果糖	16	17	17.5	18	18.5	19	19.5	20
	氨基酸	36	35	33.5	32	30.5	28.5	26.5	25
	维生素	10	11	12	13.5	14	15	16	17

续表

原料		配比（质量份）							
		1#	2#	3#	4#	5#	6#	7#	8#
生物促进剂	细胞分裂素	3	2.8	2.6	2.4	2.2	2	1.9	1.8
	氯化钠	1	2	3	4	4.5	5	6	7
	天然荷尔蒙	0.1	0.09	0.09	0.08	0.07	0.07	0.06	0.06
	柠檬酸	3	3.4	3.8	4	4.2	4.5	4.8	5

［制备方法］

(1) 将相应质量份数的高温活性氧化铝浸泡在杀藻剂中，时间为1～1.5h，温度为35～45℃，然后在烘箱中加热20～40min，得到改性高温活性氧化铝；烘箱温度为60～80℃。

(2) 再将相应质量份数的芦苇提取物、生物促进剂、腐殖酸、聚乙二醇和去离子水搅拌混合均匀，得到混合液。

(3) 最后将改性高温活性氧化铝与混合液进行搅拌混合，搅拌时间为30～40min，搅拌速度为150～300r/min，干燥后得到消防用水处理剂。

［原料介绍］

所述芦苇提取物具体包括如下提取步骤：

(1) 将芦苇叶原料用去离子水冲洗干净，放入真空干燥箱中，在60～80℃的条件下烘制18～30h，然后用粉碎机粉碎，过60～100目筛，得到芦苇叶粉末；

(2) 将芦苇叶粉末，按料液比为1∶50的比例与70%的乙醇混合，在室温下浸泡20～28h后，在40～50℃下超声波提取40～50min，过滤后得到芦苇提取物；超声波功率为600～800W。

［产品特性］ 本品将杀藻剂附着在高温活性氧化铝的孔隙中，使消防用水处理剂在使用时具有良好的抑藻效果，且将芦苇提取物、生物促进剂、腐殖酸、聚乙二醇和去离子水所形成的混合液黏附在改性高温活性氧化铝的表面，有利于提高消防用水处理剂对藻类物质的降解效率。同时，该消防用水处理剂的制备操作简单，并具有较高的生产效率，且得到的消防用水处理剂具有较高的品质。

配方59 新型化学水处理剂

［原料配比］

原料	配比（质量份）	
	1#	2#
聚丙烯酰胺	10	15

续表

原料	配比（质量份）	
	1#	2#
聚合硅酸铝铁	30	40
聚丙烯酸钠	3	6
纳米二氧化硅	10	20
玉米淀粉	5	10
单宁	6	12
膨润土	6	12
麦饭石颗粒	10	20
硫酸锌	4	8
糖胺聚糖	10	15
氯化镁	5	15
氯化钙	1	10
硫酸钠	1	5

[**制备方法**] 将各组分原料混合均匀即可。

[**原料介绍**]

所述聚丙烯酰胺是阴离子型、阳离子型、非离子型或两性离子型聚丙烯酰胺。所述聚丙烯酰胺的目数为30～100目。

所述氯化镁、氯化钙、硫酸钠的粒度分别为0.2～2.0mm。

[**产品特性**] 本品处理废水的时间短、效率高，用来处理废水时只需一个沉淀池，缩短了废水处理工艺流程，减少了占地面积，节省了投资，易于运行管理。

配方60 循环冷却水处理剂

[**原料配比**]

原料		配比（质量份）		
		1#	2#	3#
缓蚀阻垢剂		15	20	30
分散剂	焦磷酸盐	1	—	—
	多聚磷酸盐	—	2	—
	有机磷酸盐	—	—	2

续表

原料		配比（质量份）		
		1#	2#	3#
杀菌灭藻剂		20	18	15
剥离剂		10	6	10
氨基磺酸		15	20	30
纯碱		20	18	15
pH 调节剂		15	18	20
柠檬酸		10	7	5
水		50	80	100
杀菌灭藻剂	次氯酸钠	0.5（体积份）	0.8（体积份）	1（体积份）
	异噻唑啉酮	100（体积份）	100（体积份）	100（体积份）
缓蚀阻垢剂	聚环氧琥珀酸钠	2	5	8
	丙烯酸-丙烯酸羟丙酯三元共聚物	10	15	20
	聚天冬氨酸	30	15	5
	水	100	100	100
剥离剂	苯扎溴铵	10	20	30
	鼠李糖脂	20	30	50
	顺丁烯二酸二异辛酯磺酸钠	40	30	20

[**制备方法**] 在水中加入缓蚀阻垢剂和杀菌灭藻剂，搅拌均匀；再加入氨基磺酸、纯碱、pH 调节剂和柠檬酸，搅拌均匀后，最后加入分散剂和剥离剂，搅拌均匀后制得循环冷却水处理剂。

[**产品特性**]

（1）本品采用氧化性杀菌灭藻剂和非氧化性杀菌灭藻剂复合使用，克服了单一杀菌灭藻剂组分的不足，使各组分产生协同增效、互补作用，提高了循环冷却水的杀菌性能，在有效控制循环水系统中细菌和藻类繁殖的同时，不会使细菌产生较强的抗药性。经测定，本品对异养菌杀菌率：20h 以内在 99.5%以上，24h 仍达到 99%以上。

（2）当循环冷却水中的 pH 值低于 5 或者高于 8 时，添加本品可以调节循环冷却水的 pH 值至 7～8，同样能吸附分散在水中的各种杂质离子，在显著调节 pH 值的同时，降低金属的腐蚀速率，具有极佳的缓蚀率、阻垢率。

配方 61 循环污水处理剂

［原料配比］

原料	配比（质量份）				
	1#	2#	3#	4#	5#
聚天冬氨酸	28	30	32	33	33
葡萄糖酸钠	11	11	11	11	12
钼酸钠	7	10	12	12.5	12.5
硫酸锌	5.5	5.5	5.5	5.5	5.5
硝酸镧	3.5	3.5	3.5	3.5	3.5
苯并三氮唑	1.5	1.5	1.5	1.5	2.5
去离子水	43.5	45	47	48	48

［制备方法］ 将聚天冬氨酸、葡萄糖酸钠、钼酸钠、硫酸锌、硝酸镧、苯并三氮唑以及去离子水按照配比置于反应釜中，升温至 50～60℃，搅拌 2～4h 得到循环水处理剂。

［使用方法］ 本品在循环水中的使用浓度为 60～80mg/L。

［产品特性］ 本品不含磷、铬、亚硝酸盐，无毒、易生物降解，不会对环境造成污染，对于密闭式循环水系统缓蚀和阻垢的性能优异，可使工业循环冷却水的浓缩倍率达到 5 倍以上，节约了大量工业用水，同时实现了循环水中总磷的排放小于国家最高允许排放浓度的一级标准，从而达到环保节约的目的，同时其阻垢缓蚀性能表现优异，尤其在腐蚀速率和污垢沉积率两方面表现良好。

配方 62 用于去除重金属离子的水处理剂

［原料配比］

原料	配比（质量份）		
	1#	2#	3#
微晶纤维素	1	1	1
骨炭	5	5	2
去离子水	20	50	25

［制备方法］

（1）将动物骨头浸没于碱性水溶液中并加热至沸腾，保持煮沸0.5～2h后，冷却过滤，得到处理后的动物骨头，用粉碎机进行粉碎后，用50～100目筛网过筛得到骨头粉体材料；碱性水溶液的pH值不小于12。

（2）将骨头粉体材料置于马弗炉中升温，温度达到500～800℃保持30min后，开始降温冷却至室温；在马弗炉中煅烧时所需气体氛围为氮气，升温速率和降温速率均为10～40℃/min。

（3）将高温处理后的骨头粉体材料用自来水或者去离子水清洗2～5次后，在烘箱内保持在60～80℃下干燥12h以上，得到动物骨炭材料。

（4）将微晶纤维素和骨炭材料混合均匀，加入去离子水，在不断搅拌下加热至70～90℃并保持2～5h，然后冷却至室温老化12h以上后，过滤并保留滤饼材料。

（5）用酸性缓冲液和去离子水对滤饼材料进行洗涤后，将滤饼材料置于烘箱内，在60～120℃下干燥12h以上，得到本品。酸性缓冲液的pH值范围在2～6之间；利用自来水或者去离子水进行洗涤，洗涤达到终点后，洗涤液的pH值不大于8。

［产品特性］ 本品原料价格低廉，绿色环保，操作过程简单、安全无污染，所制备的水处理剂用于水体中重金属离子吸附具有综合性处理效果，将物理吸附与化学吸附相结合，通过离子交换、络合作用以及物理吸附作用，对废水中重金属离子的去除更全面、彻底，从而达到水处理要求。

配方63 有机银与石墨烯复合循环水处理剂

［原料配比］

原料	配比（质量份）	原料	配比（质量份）
氧化石墨烯	40～50	有机银	15～30
丙烯酰胺低聚物	12～20	碳酸氢钠	20～30
混合氧化石墨烯	20～40		

［制备方法］ 将各组分原料混合均匀即可。

［产品特性］ 本品通过调节石墨烯的固体含量和调节有机银含量以及沉积过程中的实验条件，可以控制最终石墨烯同银单质的含量以及微观形貌。由于制备过程中采用超声剥离的石墨烯避免了氧化过程中引入的缺陷，电泳沉积的方式使银粒子均匀复合在石墨烯层中，避免了石墨烯的团聚问题。具有工艺简单、易扩大生产、操作简单等优点。

配方 64　中低压锅炉用多效无磷水处理剂

［原料配比］

原料		配比（质量份）			
		1#	2#	3#	4#
除氧剂	N-羟乙基吗啉	70	60	70	80
螯合剂	羟丙基乙二胺三乙酸三钠	40	30	40	35
缓蚀剂	3-乙氨基-1-丁醇	84	85	90	94
	环已胺	86	80	85	76
	褐藻多酚	4	3	4	5
乳化剂	磺基琥珀酸烷醇酰胺聚氧乙烯醚酯盐	3	3	3	3
	烷基酰胺丙基甜菜碱	3	3	3	3
分散剂	聚环氧琥珀酸	80	70	80	90
	多元共聚物	120	130	120	100
去离子水		510	536	505	514

［制备方法］　将去离子水加入反应釜中，加热至45～50℃，然后依次加入除氧剂、螯合剂、缓蚀剂、乳化剂、分散剂，充分搅拌至完全溶解得到中低压锅炉用多效无磷水处理剂。

［原料介绍］

所述的除氧剂是N-羟乙基吗啉、3-乙基-4-羟基嘧啶、2-甲基-3-羟乙基-5-吡唑啉酮、丁酮肟、乙醛肟中的一种或几种的复合物。

所述的螯合剂是羟丙基乙二胺三乙酸三钠、羟甲基氧代琥珀酸、1,2,3,4-环戊烷四羧酸、3-羟基-2,2′-亚氨基二琥珀酸四钠中的一种或几种的复合物。

所述的缓蚀剂是3-乙氨基-1-丁醇、环已胺、褐藻多酚中的两种或两种以上的复合物。

所述的乳化剂是磺基琥珀酸烷醇酰胺聚氧乙烯醚酯盐、烷基酰胺丙基甜菜碱、十六烷基二苯醚二磺酸中的一种或几种的复合物。

所述的分散剂是聚环氧琥珀酸、聚天冬氨酸、多元共聚物中的一种或几种的复合物。所述的多元共聚物是由单体甲基丙烯酰胺、2-丙烯酰氨基-2-苯基丙磺酸、甲基丙烯酸羟丙酯、马来酸酐聚合得到的共聚物。

［产品特性］

（1）本品配方不含磷，避免了磷排放超标的问题，减轻了企业的环保压力。

（2）针对不同类型的腐蚀机理和中低压锅炉的特定环境，加入了多种缓蚀剂与除氧剂协同作用，解决了传统除氧剂在高温高压环境下易分解而失去药效的问题，采用的除氧剂在分解后依然有一定的药效，并且分解后的产物还可以和缓蚀剂起到协同作用增加缓蚀效果，有效地解决了腐蚀问题。

（3）本品兼有缓蚀、阻垢、除氧的效果，一剂多用，无需多点投加。在不同温度、压力和排污率下以及不同种中低压锅炉（压力≤6.0MPa）上均有很好的效果，完全满足现场的要求。

2 污水/废水处理剂

配方1 氨氮废水处理剂

原料配比

原料			配比（质量份）		
			1#	2#	3#
改性沸石颗粒	滤渣	沸石颗粒	1	1	1
		0.1%的多巴胺溶液	10	10	10
	悬浮液	滤渣	1	1	1
		去离子水	15	15	15
	滤饼	悬浮液	100	100	100
		氯化钙溶液	5	5	5
	滤饼		1	1	1
	10%的硅酸钠溶液		8	8	8
微生物营养液	淀粉		5	8	10
	蔗糖		5	8	10
	硫酸铵		0.5	0.7	2
	磷酸氢二钾		1	1	2
	三氯化铁		0.01	0.3	0.5
	酵母膏		1	2	3
	去离子水		100	150	200
混合培养基	微生物营养液		5	5	5
	改性沸石颗粒		1	1	1
混合培养基			50	50	50
絮凝微生物	胶质类芽孢杆菌 ACCC10013		1	1	1

制备方法

（1）将微生物营养液和改性沸石颗粒按质量比为5∶1混合均匀得到混合培养基，再将混合培养基和胶质类芽孢杆菌ACCC10013按质量比为50∶1混合后装入培养箱中，在35～40℃下培养20～24h；

(2) 待上述培养完成后，过滤分离得到培养滤渣，将培养滤渣冷冻干燥后即得氨氮废水处理剂。

［原料介绍］

所述改性沸石颗粒的具体制备步骤为：

(1) 称取沸石颗粒，将沸石颗粒和质量分数为0.1%的多巴胺溶液按质量比为1∶10混合后放入反应釜中，以200～300r/min的转速搅拌反应10～12h，反应结束后过滤分离得到滤渣；

(2) 将上述得到的滤渣重新和去离子水按质量比为1∶15进行混合，搅拌分散得到悬浮液并装入反应釜中，再向反应釜中加入悬浮液质量5%的氯化钙溶液，以100～200r/min的转速搅拌反应30～40min，搅拌反应结束后，过滤分离得到滤饼；

(3) 再将上述得到的滤饼和质量分数为10%的硅酸钠溶液按质量比为1∶8混合后装入反应釜中，升高反应釜中温度至40～50℃，以50～60r/min的转速搅拌反应1～2h，反应结束过滤分离得到反应滤渣，放入烘箱，在105～110℃下干燥至恒重，得到改性沸石颗粒。

所述微生物营养液的制备步骤为：按质量份数计，称取5～10份淀粉，5～10份蔗糖，0.5～2份硫酸铵，1～2份磷酸氢二钾，0.01～0.5份三氯化铁，1～3份酵母膏和100～200份去离子水混合得到微生物营养液。

［产品特性］ 本品中改性沸石表面负载的絮凝微生物通过电中和作用和离子架桥作用将胶体颗粒絮凝沉降，而且改性沸石颗粒表面的钙离子还通过库仑引力将带负电荷的胶体颗粒拉近，并与之形成钙离子胶体颗粒结合物，絮凝微生物像一种桥接剂，通过离子键将两个或两个以上的钙离子-胶体颗粒结合物吸附到分子链上，从而完成了胶体颗粒的絮凝，最终被改性沸石颗粒吸附固着沉降，达到去除氨氮的效果。

配方2 包覆型污水处理剂

［原料配比］

原料	配比（质量份）	
	1#	2#
羧甲基纤维素钠	20	16
氧化聚乙烯蜡	6	4
2-硫醇基苯并咪唑	1	0.7
饱和十八碳酰胺	2	1

续表

原料		配比（质量份）	
		1#	2#
甘露醇		5	3
改性溶胶		40	30
钙沸石		90	70
聚丙烯酰胺		14	10
无水乙醇		适量	适量
去离子水		适量	适量
0.5～1mol/L 的氢氧化钠溶液		适量	适量
改性溶胶	异丙醇铝	30	20
	乙烯基双硬脂酸酰胺	2	1
	三羟甲基丙烷	3	2
	异丙醇	7	5
	去离子水	适量	适量

［制备方法］

（1）取2-硫醇基苯并咪唑，加入其质量6～10倍的无水乙醇中，搅拌均匀，升高温度为65～70℃，加入氧化聚乙烯蜡，保温搅拌30～40min，得聚乙烯蜡溶液；

（2）取饱和十八碳酰胺，加入其质量17～20倍的去离子水中，搅拌均匀，得酰胺分散液；

（3）取钙沸石，送入到浓度为0.5～1mol/L的氢氧化钠溶液中，浸泡1～2h，抽滤，将滤饼水洗，常温干燥，磨成细粉，加入上述酰胺分散液中，搅拌均匀，得钙沸石酰胺溶液；

（4）取上述聚乙烯蜡溶液、钙沸石酰胺溶液混合，搅拌均匀，加入剩余各原料，超声1～2h，过滤，将沉淀水洗，55～60℃下真空干燥1～2h，冷却至常温，即得所述包覆型污水处理剂。

［原料介绍］

所述改性溶胶的制备方法，包括以下步骤：

（1）取异丙醇，加入其质量13～20倍的去离子水中，搅拌均匀，升高温度为55～60℃，加入三羟甲基丙烷，保温搅拌4～12min，得醇分散液；

（2）取异丙醇铝，加入其质量25～30倍的去离子水中，搅拌均匀，与上述醇分散液混合，搅拌反应3～4h，加入乙烯基双硬脂酸酰胺，搅拌均匀，即得。

［产品特性］ 本品首先以异丙醇铝为前驱体，在醇水溶液中水解，将得到的溶胶采用三羟甲基丙烷处理，改善了溶胶的表面活性。本品将钙沸石在氢氧化钠溶液

中浸泡处理，有效地提高了其微孔结构的稳定性，然后将其分散到酰胺溶液中，再与溶胶共混，采用羧甲基纤维素钠包覆处理，有效地提高了成品结构的稳定性强度。本品具有很好的吸附性能，稳定性好，不含污染性物质，不会造成二次污染，重复利用率高，综合性能优越。

配方 3 包衣污水处理剂

原料配比

原料	配比（质量份）			
	1#	2#	3#	4#
胡敏素	10	13	18	20
氢氧化钠溶液	10	15	18	20
聚丙烯酰胺	0.5	1	1.5	2
羧甲基壳聚糖	10	12	16	20
2,3-环氧丙基三甲基氯化铵	5	6	8	10
氧化镁粉	5	10	15	20
三巯基三嗪三钠盐	3	4	4.5	5
膦基聚马来酸酐	5	6	8	10
丙烯酸-丙烯酸酯-磺酸盐共聚物	5	10	10	15
活性炭	10	12	13	15
羧甲基淀粉钠	5	6	8	10
乙基纤维素	8	9	9	10
聚乙二醇	1	1.5	1.8	2
95%的乙醇	180	200	190	210

制备方法

（1）将氢氧化钠配制成浓度为 0.3～0.5mol/L 的氢氧化钠溶液，将胡敏素、羧甲基淀粉钠加入氢氧化钠溶液中，密闭反应后冷却，得到羧基-羟基改性胡敏素；反应为 200～250 ℃下恒温反应 6～12h。

（2）向步骤（1）得到的羧基-羟基改性胡敏素中加入 2,3-环氧丙基三甲基氯化铵、三巯基三嗪三钠盐、改性聚羧酸盐和膦基聚马来酸酐，搅拌 3～5h，烘干得到絮凝剂；烘干温度为 95～120℃。

（3）将氧化镁粉、羧甲基壳聚糖、活性炭、聚丙烯酰胺和步骤（2）得到的絮凝剂混合，粉碎过筛得到混合粉末，利用干法制粒机将混合粉末挤压成型，制成粒径为 0.5～2cm 的颗粒。

(4) 将乙基纤维素加入95%的乙醇中溶解，然后加入聚乙二醇搅拌溶解后得到包衣液。

(5) 将步骤 (3) 所得颗粒置于流化床中，步骤 (4) 得到的包衣液以2～5mL/min的速度喷射至雾化室进行雾化包衣，干燥得到污水处理剂。流化床温度为40～60℃，干燥空气流量为$60m^3/h$。

[原料介绍] 所述改性聚羧酸盐为丙烯酸-丙烯酸酯-磺酸盐共聚物。

[产品特性]

(1) 本品对工业生产副产物胡敏素进行改性，并与2,3-环氧丙基三甲基氯化铵、三巯基三嗪三钠盐、改性聚羧酸盐和膦基聚马来酸酐进行复配，发挥协同作用，去除水中大量的重金属离子，同时能够缓蚀与减少结垢。本品污水处理剂对重金属的去除率达到94.5%～99.5%。

(2) 本品将污水处理剂制备成颗粒状，在其表面进行包衣，形成一层稳定的保护层，在存储放置过程中不易变质。同时在污水处理剂中添加崩解剂，将污水处理剂投入水中后，能够快速崩解，实现快速降解。

配方4 蚕丝染色工艺污水处理剂

[原料配比]

原料	配比（质量份）		
	1#	2#	3#
有机絮凝剂	50	60	55
消泡剂	3	5	3
其他絮凝剂	25	16	19
无机氧化剂	6	5	7
无机碱	6	6	8
活性炭	8	6	6
黏合剂	2	2	2
纯净水	适量	适量	适量

[制备方法]

(1) 将其他絮凝剂按照质量比与纯净水加入搅拌机进行搅拌，且搅拌机的转速为300～500r/min，搅拌时间为6～8min；

(2) 向步骤 (1) 中搅拌后的物料中加入有机絮凝剂和消泡剂，搅拌后将上层的泡沫用滤网清除，且搅拌时搅拌机的转速为200～400r/min，搅拌时间为15～20min；

（3）先将活性炭通过粉碎器进行粉碎，然后向步骤（2）中搅拌后的物料中加入无机氧化剂、无机碱、活性炭和黏合剂进行搅拌，搅拌 8～10min 即可，然后将搅拌后的原料取出后通过模具按压成型；

（4）将步骤（3）得到的成型原料在自然状态下晾晒风干即可。

［原料介绍］

所述消泡剂是乳化硅油、高碳醇脂肪酸酯复合物和聚氧乙烯聚氧丙烯季戊四醇醚中的任意一种或多种的组合。

所述其他絮凝剂是由淀粉衍生物絮凝剂、木质素衍生物和天然高分子絮凝剂制成，并且淀粉衍生物絮凝剂、木质素衍生物和天然高分子絮凝剂的质量比为 3∶1∶1。

所述有机絮凝剂是由聚合氯化铝和聚丙烯酰胺组成，并且聚合氯化铝和聚丙烯酰胺的质量比为 2∶1。

所述无机氧化剂为过硼酸钠、过碳酸钠、过硫酸钠、过硫酸钾和过硫酸铵中的任意一种或多种的组合。

所述无机碱为碳酸氢钠、碳酸钠、碳酸钾、氢氧化钠和氢氧化钾中的任意一种或多种的组合。

［产品特性］ 本品能够很好地对染色工艺污水进行处理，经过处理的污水脱色率高且 COD 去除率高，降低了污水对环境的污染，反应速度快，不会产生二次污染，且一定程度上避免了污水污染对人体造成的损害，从而使得染色工艺污水得到合格排放或回收利用，整体实用性强。

配方 5 超能无毒废水处理剂

［原料配比］

原料	配比（质量份）	
	1#	2#
硫酸铝	24	40
絮凝剂	16	16
活性炭	12	12
负离子粉	5	5
破乳剂	12	22
氧化还原剂	16	18
柠檬酸钠	6	10

［制备方法］ 将各组分原料混合均匀即可。
［产品特性］ 本品不仅提高了废水处理的质量，而且降低了超能无毒废水处理剂的成本。

配方6 多功能污水处理剂

［原料配比］

原料		配比（质量份）			
		1#	2#	3#	4#
海泡石原矿粉		7	6	4	8
聚合硫酸铁粉		4	5	3	2
无水硫酸亚铁		5	4	6	5.5
无水三氯化铁粉		1	1.5	1.2	2
稀硫酸	体积分数为20%	67	—	—	—
	体积分数为10%	—	60	—	—
	体积分数为30%	—	—	65	—
	体积分数为5%	—	—	—	70

［制备方法］ 将海泡石原矿粉、聚合硫酸铁粉、无水硫酸亚铁、无水三氯化铁粉加入稀硫酸中，混合，搅拌5～10min，即得多功能污水处理剂。
［使用方法］ 向污水中加入污水质量0.8%～2%的多功能污水处理剂，第一次搅拌混匀；再加入污水质量0.1%～0.2%的双氧水，第二次搅拌混匀，加入pH调节剂，将pH值调至6.7～7.4；静置，去沉淀。将液体再加入污水质量0.1%～0.4%的多功能污水处理剂，重复处理一次。所述pH调节剂为NaOH溶液。所述第一次搅拌时间为3～5min，第二次搅拌时间为15～30min。所述静置时间为5～10min。

所述污水包括城市垃圾填埋场渗漏液，化工废水，印染废水，造纸废水，皮革废水，电镀废水，养殖废水，食品废水。

［产品特性］

（1）本品发挥原料各自特有的功效协同作用，其污水综合处理能力优异，具有除污效率高，脱色效果优，沉淀速度快，适用水温及pH值范围广等特点，能有效去除污水中COD、SS、色度、有机磷、总磷、重金属等污染物，除臭效果显著，是一种集脱色、絮凝、除臭、去除COD、去除BOD等多功能于一身的综合性较强的混凝处理剂，效果优于传统单一的絮凝剂、混凝剂、脱色剂。同时本品污水处理剂制备工艺简单，适应性强。

（2）本品在处理污水过程中，沉淀速度快（3～5min），不受 pH 影响；对有害污染物指标去除率高，对 COD、SS、色度、氰化物都有很好的去除效果，去除率分别可达 95%、90%～95%、90%～98%、96.4%。

配方 7 处理酸性工业污水的水处理剂

原料配比

原料	配比（质量份）				
	1#	2#	3#	4#	5#
改性硅藻土	65	30	52	40	45
霞石粉	15	30	20	25	23
硬脂酸钾	6	12	8	10	9
植物纤维	10	18	14	17	16
氨三乙酸钠	4	10	6	8	7
无水乙醇	适量	适量	适量	适量	适量

制备方法

（1）改性硅藻土的制备：先将硅藻土置于 400～450℃的高温下焙烧处理 3～5h，然后将焙烧后硅藻土自然冷却到室温后，和聚乙烯亚胺水溶液一起超声搅拌 2～4h，得到硅藻土分散液；再接着将硅藻土分散液过滤、烘干、过筛即可得到改性硅藻土。聚乙烯亚胺水溶液的质量分数为 20%～30%，所述的聚乙烯亚胺水溶液和焙烧后的硅藻土的质量比为（2～5）∶1。

（2）按上述各组分的质量份进行配料，充分混合后再放进球磨机中进行球磨，得到原料粉末。

（3）将上述原料粉末添加至装有无水乙醇的容器中，加热升温至 40～60℃，并进行搅拌分散，得到原料分散液；原料粉末与无水乙醇的质量比为 1∶（4～8）。

（4）将上述得到的原料分散液过滤、烘干、过筛即可得到所述的固体粉末状的水处理剂。烘干的温度控制在 100～110℃。

原料介绍 所述的植物纤维为植物韧皮部取得的单纤维。

产品特性 本品配方简单，材料来源广，成本低。通过加入经过聚乙烯亚胺和焙烧处理双重改性的硅藻土，并在硬脂酸钾、氨三乙酸钠等组分的协同增效下，制得的水处理剂不仅对去除受重金属污染的酸性工业污水中的 Ni、Cd、As、Cr 等重金属具有显著的效果，还可以降低污水中的 COD 含量以及改善污水的 pH 值。此外，本品水处理剂处理污水的方法简单、使用量低，对污水的净化效果显著，且不会造成二次污染。

配方 8　磁性聚丙烯酰胺改性污水处理剂

［原料配比］

原料		配比（质量份）	
		1#	2#
磁性聚丙烯酰胺		10	13
三氯异氰尿酸		1	2
乙酰丙酮钙		2	3
硅藻土		70	82
油酸二乙醇酰胺		0.6	1
10%～13%的氢氧化钠溶液		适量	适量
无水乙醇		适量	适量
去离子水		适量	适量
磁性聚丙烯酰胺	过硫酸铵	0.2	0.4
	丙烯酰胺	30	10
	四水氯化亚铁	10	14
	六水三氯化铁	10	16
	叔辛基苯氧基聚乙烯乙氧基乙醇	2	5
	N-甲基吡咯烷酮	17	20
	去离子水	适量	适量

［制备方法］

（1）取硅藻土，加入10%～13%的氢氧化钠溶液中，浸泡1～2h，过滤，将沉淀水洗，与油酸二乙醇酰胺混合，加入混合料质量3～4倍的去离子水中，超声2～3min，得硅藻土酰胺溶液；

（2）取乙酰丙酮钙，加入其质量5～7倍的无水乙醇中，搅拌均匀，升高温度为65～70℃，与上述硅藻土酰胺溶液混合，保温搅拌30～40min，蒸馏除去乙醇，得微孔改性硅藻土酰胺溶液；

（3）取上述微孔改性硅藻土酰胺溶液、磁性聚丙烯酰胺混合，升高温度为75～80℃，加入三氯异氰尿酸，保温搅拌2～3h，过滤，将沉淀水洗，真空40～50℃下干燥完全，即得所述磁性聚丙烯酰胺改性污水处理剂。

［原料介绍］　所述的磁性聚丙烯酰胺的制备方法，包括以下步骤：

（1）取过硫酸铵，加入其质量 10～14 倍的去离子水中，搅拌均匀；

（2）取四水氯化亚铁、六水三氯化铁混合，搅拌均匀，加入混合料质量 25～30 倍的去离子水中，加入叔辛基苯氧基聚乙烯乙氧基乙醇，升高温度为 55～60℃，保温搅拌 15～20min，得磁性分散液；

（3）取丙烯酰胺，加入 *N*-甲基吡咯烷酮中，搅拌均匀，送入到反应釜中，加入上述磁性分散液，通入氮气，调节反应釜温度为 70～75℃，滴加 7%～9%的氨水调节 pH 值为 10～11，滴加上述过硫酸铵水溶液，保温搅拌 3～5h，出料，得磁性聚丙烯酰胺。

［**产品特性**］ 本品以四水氯化亚铁、六水三氯化铁为磁性前驱体，通过叔辛基苯氧基聚乙烯乙氧基乙醇水溶液分散，将得到的分散液作为丙烯酰胺聚合反应的溶剂，在碱性条件下实现磁性氧化物的沉淀和单体的聚合，从而有效地提高了磁性氧化物在聚合物间的相容性，提高了成品的稳定性强度。本品的聚丙烯酰胺与磁性氧化物还起到了很好的协同吸附的效果，使本品具有更好的污水净化效果。本品各原料搭配合理，不会造成二次污染，可以磁分离，使用方便。

配方 9 磁性木质素气凝胶废水处理剂

［**原料配比**］

原料		配比（质量份）			
		1#	2#	3#	4#
木质素		0.2	0.5	0.5	0.5
水		100	100	100	100
醛类	37%的甲醛水溶液	7	—	—	20
	40%的戊二醛水溶液	—	10	15	—
催化剂	甲酸催化剂	0.1	—	—	—
	氨水催化剂	—	0.3	—	—
	三乙醇胺催化剂	—	—	0.3	0.3
0.025 mol/L 的二氯化铁溶液		100（体积份）	100（体积份）	100（体积份）	100（体积份）

［**制备方法**］ 首先将木质素高速分散于水中，然后加入醛类水溶液，以及酸或碱催化剂，高速搅拌均匀后，加入 0.025mol/L 的二氯化铁溶液，室温搅拌 0.5～1h 后，然后密闭容器，升高温度到 140～300℃，反应 3～4h 后，然后降温到室温后，经过溶胶-凝胶过程，陈化 1～2 天后，经干燥后得到磁性木质素气凝胶废水处理剂。干燥方式选冷冻干燥、自然风干或者超临界干燥，优选冷冻干燥或者超临界

干燥。

［产品特性］

（1）本品加入的二氯化铁溶液在热还原的条件下形成四氧化三铁金属粒子，形成的金属粒子被木质素气凝胶包裹其中，使木质素气凝胶带有磁性，同时形成的木质素气凝胶具有多孔性，而且带有多种官能团，能够实现对废水中重金属离子的吸附，从而对废水起到净化作用。

（2）本品制备过程温和，操作简便，而且制备过程中木质素上官能团损失较少，便于后续废水中重金属离子的吸附。

配方 10　磁性污水处理剂（1）

［原料配比］

原料	配比（质量份）		
	1#	2#	3#
海藻酸钠	2	2.5	3
丙烯酰胺	50	48	46
丙烯酸	11	12	13
引发剂	适量	适量	适量
催化剂	适量	适量	适量
负载纳米 TiO_2 型粉煤灰	10	13	15
环糊精	13	7.5	3
功能化磁性颗粒	14	17	20
去离子水	适量	适量	适量

［制备方法］

（1）海藻酸钠/聚丙烯酰胺复合水凝胶的制备：将海藻酸钠溶于去离子水搅拌配制为海藻酸钠溶液，向海藻酸钠溶液中加入丙烯酸、丙烯酰胺搅拌均匀，向反应体系中通入氮气，而后再依次加入引发剂、催化剂，在 40～60℃下搅拌反应 6～8h 形成复合水凝胶 A。所述的引发剂为过硫酸铵，其质量占丙烯酰胺和丙烯酸总质量的 0.1%～1%；催化剂为乙二胺，其质量占丙烯酰胺和丙烯酸总质量的 0.12%～0.15%。所述海藻酸钠溶液的质量分数为 0.5%～1%。

（2）螯合反应：将环糊精溶于去离子水形成环糊精水溶液，将步骤（1）所得复合水凝胶 A 加入环糊精水溶液中搅拌反应 2～3h，获得复合水凝胶 B。

（3）将负载纳米 TiO_2 型粉煤灰与功能化磁性颗粒混合均匀加入步骤（2）所得复合水凝胶 B 中，搅拌均匀，获得半固态混合产物。

（4）将步骤（3）所得半固态混合产物挤出造粒，于100～120℃干燥烧结即可获得磁性污水处理剂。

［原料介绍］

所述环糊精水溶液的质量分数为18%～20%。

所述的负载纳米TiO_2型粉煤灰，其制备方法如下：

（1）纳米TiO_2溶胶的制备：将钛酸四丁酯分散在无水乙醇和冰醋酸的混合溶液中，搅拌均匀；其中钛酸四丁酯、无水乙醇、冰醋酸的体积比为1∶（7～10）∶（0.1～0.15）。将γ-缩水甘油醚氧丙基三甲氧基硅烷和无水乙醇以质量比1∶1的比例混合后，逐滴加入上述体系中，继续搅拌；用酸溶液调节体系的pH值为6，搅拌均匀即可获得纳米TiO_2溶胶。所述的γ-缩水甘油醚氧丙基三甲氧基硅烷的质量为钛酸四丁酯质量的40%。

（2）改性粉煤灰的制备：

① 将粉煤灰加入酸性溶液中搅拌反应6～10h，去除溶液上层的粉煤灰，获得下层的粉煤灰，水洗获得中性粉煤灰，干燥待用；

② 取上述处理后的粉煤灰分散在乙醇溶液中，搅拌均匀，而后碱性溶液调节体系的pH值为8～10，向其中加入氨基硅烷偶联剂，50～80℃恒温搅拌反应3～6h，过滤，洗涤，干燥获得氨基改性粉煤灰。

（3）负载纳米TiO_2型粉煤灰的制备：将步骤（2）所得氨基改性粉煤灰加入步骤（1）获得的纳米TiO_2溶胶中，在60～70℃下充分混合搅拌反应2～3h，过滤，于烘箱中100～120℃干燥，获得负载纳米TiO_2型粉煤灰。

所述的氨基硅烷偶联剂为单氨基、双氨基、多氨基硅烷偶联剂中的一种或几种，其加入量为粉煤灰质量的40%。

所述的功能化磁性颗粒的制备方法如下：

（1）将Fe^{3+}与Fe^{2+}溶于去离子水中，向其中加入Fe粉，在55℃水浴中加入碱性溶液调节体系pH值为9～10，升温至70℃加入柠檬酸钠溶液，继续搅拌反应至完成，磁分离，用无水乙醇洗涤，干燥，获得磁性颗粒；其中Fe^{3+}、Fe^{2+}、Fe粉的摩尔比为2∶1∶0.5。

（2）将磁性颗粒分散于无水乙醇与硅烷偶联剂质量比为1∶1的混合溶液中获得悬浮液，超声分散30min，而后向其中滴加几滴去离子水，50℃下搅拌反应2～3h，磁分离，于真空干燥箱中烘干，研磨获得功能化磁性颗粒。

所述的硅烷偶联剂为单氨基、双氨基、三氨基硅烷偶联剂，巯基硅烷偶联剂中的一种或几种。

［产品特性］ 本品结合了絮凝沉淀剂、光催化剂、吸附剂以及磁性材料的优势，各原料合适的配比使磁性处理剂具有较强的磁性和光催化性能，使其对复合污染水体中的有机物、悬浮物、重金属污染物具有良好的去除效果，去除率均达到了90%以上，处理后的河道污水化学需氧物（COD），悬浮物（SS），重金属铅、

镉、铜、汞、铬（Ⅵ）等的含量均达到了国家标准地表水环境质量标准的规定，且该处理剂分离回收速度快，具有较高的分离回收率和重复利用率。

配方 11 磁性污水处理剂（2）

［原料配比］

原料		配比（质量份）		
		1#	2#	3#
粒径为 50nm 四氧化三铁纳米磁性颗粒		30	—	—
粒径为 20nm 四氧化三铁纳米磁性颗粒		—	30	—
粒径为 40nm 四氧化三铁纳米磁性颗粒		—	—	30
重均分子量为 10000 的聚乙二醇壳聚糖嫁接物		50	—	—
重均分子量为 14000 的聚乙二醇壳聚糖嫁接物		—	30	—
重均分子量为 8000 的聚乙二醇壳聚糖嫁接物		—	—	40
Bi_2MoO_6 催化剂		5	1	2
分散剂	OP-10	25	10	15

［制备方法］ 将各组分原料混合均匀即可。

［原料介绍］

所述的聚乙二醇壳聚糖嫁接物包覆在四氧化三铁纳米磁性颗粒表面，Bi_2MoO_6 催化剂负载在聚乙二醇壳聚糖嫁接物上，聚乙二醇与壳聚糖嫁接摩尔比为 1∶1。

所述四氧化三铁纳米磁性颗粒的粒径为 20～50nm。

所述分散剂为 OP-10。

所述聚乙二醇壳聚糖嫁接物的分子量为 8000～14000。

所述 Bi_2MoO_6 催化剂和聚乙二醇壳聚糖嫁接物的质量比为 1∶(10～40)。

所述聚乙二醇壳聚糖嫁接物的制备方法为：称取壳聚糖溶解在 98%的甲酸水溶液中，加入 DMSO 稀释，随后加入与壳聚糖等物质的量的聚乙二醇，持续搅拌 15～30min，加入 37%甲醛溶液，搅拌 1～2h，加入 NaOH 调节 pH 值至 13 后，用无水乙醇洗涤，冷冻干燥得到产物。制备温度为 20～30℃。所述甲醛水溶液和 DMSO 体积比为 1∶10。所述壳聚糖的分子量为 10000～18000。所述聚乙二醇的分子量为 1000～2000。

［产品特性］ 本品仅需太阳光就能降解水体中的污染物，太阳能利用率高，活性强，能够有效降低水体中的污染物含量。处理剂具有磁性，使用后易回收，水溶性好，吸附能力强，工艺简单，能够反复利用降低成本，适于实际生产应用。

配方 12 电镀废水处理剂

［原料配比］

原料	配比（质量份）		
	1#	2#	3#
还原剂	23	29	26
复合絮凝剂	32	39	36
碱性物质	44	53	49
吸附填料	32	43	38
金属离子捕集剂	22	28	25
交联累托石	13	19	16
硝酸铬	14	18	16
季铵盐木质素	19	23	21
正辛醛	5	19	12
硅酸钠	19	25	22
石墨烯	6	9	7
碱性物质	13	17	15
淀粉黄原酸酯	8	12	10
絮凝剂	33	47	40
煤矸石	4	9	7

［制备方法］ 将各组分原料混合均匀即可。

［产品特性］

（1）本品原料易得，容易制得，成本低，处理电镀综合废水的能力强且使用方便，能够加快重金属离子的沉降速度，重金属离子的去除率达到 99%。

（2）本品各原料发挥协同作用，能有效除去多种重金属离子，对电镀废水的处理效果非常好，而且性能稳定，沉淀效果好，沉淀快速；本品处理剂配比合理，无毒，对环境无污染。

配方 13 电镀污水处理剂（1）

［原料配比］

原料		配比（质量份）					
		1#	2#	3#	4#	5#	6#
多元醇	丝氨醇	100	—	—	—	—	—

续表

原料		配比（质量份）					
		1#	2#	3#	4#	5#	6#
多元醇	2-氨基-2-甲基-1,3-丙二醇	—	150	100	150	100	—
	2-氨基-2-乙基-1,3-丙二醇	—	—	100	—	100	150
	2-乙基-1,3-丙二醇	—	50	—	50	—	—
有机溶剂	乙醇	300	180	200	180	200	—
	异丙醇	—	—	—	—	—	200
	乙腈	150	—	—	—	—	—
	丙酮	—	220		220	—	—
	N,*N*-2-甲基吡咯烷酮	—	—	100	—	100	—
	四氢呋喃	—	—	—	—	—	200
叠氮化钠		100	100	100	100	100	50
二价锰	氯化锰	100	—	—	—	—	—
	溴化锰	—	50	—	50	—	—
	醋酸锰	—	—	50	—	50	75
碳酸盐	碳酸钠	75	100	200	100	200	150
苯磺酰胺	*N*-(1,3-二羟基异丙基)-4-甲基苯磺酰胺	125	—	100	—	100	—
	4-异丙基苯磺酰胺	—	50	—	50	—	—
	2-氨基-*N*-异丙基苯磺酰胺	—	100	—	100	—	—
	N-(3-异丙基苯)-4-甲氧基苯磺酰胺	—	—	—	—	—	175

[制备方法]

(1) 在10～30℃下将多元醇加入有机溶剂中搅拌15～30min，得到澄清的溶液A；

(2) 持续搅拌的条件下，向溶液A中加入二价锰，继续搅拌20～30min，得到黄色溶液B；

(3) 持续搅拌的条件下，向溶液B中加入叠氮化钠，溶液变为浑浊，持续搅拌至溶液再次澄清，得到黄色溶液C；

(4) 持续搅拌的条件下，向溶液C中加入碳酸盐将pH值调至11～13得到溶液D；

(5) 持续搅拌的条件下，向溶液D中加入所述苯磺酰胺，持续搅15～20min，得到电镀污水处理剂。

[产品特性] 本品具有双羟基金属氧化物（LDH）结构，同时拥有层板金属、层间阴离子种类和组成的可控性，许多功能性阳离子及阴离子均能进入 LDH 结构中，从而实现了对电镀污水中重金属阳离子以及有机阴离子的吸附，同时将电镀污泥转化为新的 LDH（双羟基金属氧化物），因此诞生了许多特殊用途的功能性材料，并能够应用于低温 NO_x 催化、印染废水脱色/降 COD/污泥减量催化分解等方面，对于电镀污泥进行高效的回收和再利用，在保护环境的同时节约资源。

配方 14 电镀污水处理剂（2）

[原料配比]

原料	配比（质量份）				
	1#	2#	3#	4#	5#
消石灰	15	17	18	19	20
黏土	15	16	17	19	20
凹凸棒石	25	27	28	29	30
聚合硫酸铁	20	22	25	28	30
硫酸铝	6	8	10	12	15
硅藻土	15	17	18	19	20
聚丙烯酰胺	10	12	13	14	15
聚合氯化铝	10	11	12	14	15
废铁粉	5	6	8	9	10

[制备方法]

（1）将消石灰、黏土、凹凸棒石、硅藻土加入粉碎机，粉碎至 100～200 目，得到混合颗粒；

（2）将混合颗粒、聚合硫酸铁、硫酸铝、聚丙烯酰胺、聚合氯化铝加入容器中，搅拌均匀；

（3）加入废铁粉，超声波振动 10～30min，即得所述电镀污水处理剂。

[产品特性] 本品能够高效地处理浓度较高的电镀污水，大大降低了后续工艺处理负荷，使用范围广，制备及处理工艺简单，处理效果良好，性能稳定，出水水质好；能有效地降低水处理的成本。

配方 15　对设备无腐蚀的污水处理剂

［原料配比］

原料	配比（质量份）	原料	配比（质量份）
聚丙烯酰胺	50	淀粉	21
聚合硫酸铁	30	有机酸	18
醋酸钠	20		

［制备方法］　将各组分原料混合均匀即可。

［原料介绍］

所述的淀粉由羟丙基淀粉、羧甲基淀粉、羟乙基淀粉混合而成，所述羟丙基淀粉、羧甲基淀粉、羟乙基淀粉的质量比为（1～3）∶（1～3）∶（1～3）。

所述的有机酸由黄腐酸、柠檬酸、琥珀酸混合而成，所述黄腐酸、柠檬酸、琥珀酸的质量比为（1～3）∶（1～3）∶（1～3）。

［产品特性］　本品反应速度快，反应过程中无有毒有害气体产生；反应后的生成物稳定，不会再分解成有毒物质；可直接排放于污水处理场，不损害污水处理场的活性菌，对污水处理场无冲击；高效、无毒，反应前后对人体安全，对设备无腐蚀；使用方法简便不改动工艺流程，无需增加设备和附加材料。

配方 16　多功能环保型污水处理剂

［原料配比］

原料	配比（质量份）				
	1#	2#	3#	4#	5#
聚合氯化铝	25	24	27	27	24
羧甲基淀粉钠	17	18	16	18	16
聚丙烯酸钠	28	25	30	30	25
高铁酸钾	9	10	8	10	8
玉米芯	18	15	20	20	15
松树锯末	11	12	10	12	10
麦饭石	14	13	15	15	13
粉煤灰	19	20	18	20	18

续表

原料	配比（质量份）				
	1#	2#	3#	4#	5#
蛭石	11	12	12	12	10
电气石粉	9	10	8	10	8
叶蜡石	14	13	15	15	13

［制备方法］

（1）将麦饭石、粉煤灰、蛭石、电气石粉和叶蜡石混匀后，研磨成细粉，再加入粒度为 50～100 目干燥的玉米芯和松树锯末，搅拌混匀，得到混合物Ⅰ；

（2）将混合物Ⅰ用去离子水浸泡后，加入聚合氯化铝、羧甲基淀粉钠和聚丙烯酸钠，在 120～150r/min 的转速下搅拌混合 1～1.5h，得到固液混合物Ⅱ，再对所得的固液混合物Ⅱ进行冷冻干燥处理，得到干燥物料；

（3）将步骤（2）所得的干燥物料研磨成粒度为 50～100 目的粉末后，加入高铁酸钾，搅拌混匀即为所述的多功能环保型污水处理剂。

［产品特性］ 本品充分发挥各原料组分之间的相互协同作用，实现性能上的增强及互补，使得制得的污水处理剂兼具絮凝、氧化、吸附、灭菌等多重功能，不仅能够高效地去除污水中有害的有机物质、无机物质以及重金属离子，还能够有效地杀灭水中的细菌等微生物，避免其过量繁殖而引起水体更严重的污染；同时，采用本品进行污水处理，还有利于实现后续的污泥资源化利用。

配方 17 多功能污水处理剂

［原料配比］

原料	配比（质量份）		
	1#	2#	3#
聚酰胺-胺（PAMAM4.0G）	5	10	10
水玻璃（Na_2SiO_3）	10	10	10
双酸铝铁	15	20	10
聚合硫酸铁	5	10	10
纯净水	65	50	60

［制备方法］ 搅拌条件下，依次将聚酰胺-胺、水玻璃、双酸铝铁、聚合硫酸铁加入至 35～45℃的纯净水中，待所有固体溶解后，停止搅拌；降温至室温后滤除固渣，得多功能污水处理剂。

[原料介绍]

所述的聚酰胺-胺为分子量为 14215、14279 或 20615 的聚酰胺-胺中的一种或多种。

所述水玻璃为无色的硅酸钠。

所述双酸铝铁为 Al_2O_3 含量为 28%～30%、Fe_2O_3 含量为 3%～8%的双酸铝铁。

所述聚合硫酸铁中硫酸铁含量为 20%～21%。

[产品特性]

(1) 本品中，聚酰胺-胺对油类物质具有破乳作用，同时具有脱色、吸附及絮凝作用，对污水中的有机物具有吸附絮凝效果，可有效去除 COD 及色度，对油脂类具有破乳效果，可去除污水中油脂类物质；水玻璃具有絮凝、脱除胶质物的作用；双酸铝铁具有吸附、絮凝、除磷作用；聚合硫酸铁具有除磷、絮凝作用。

(2) 适用 pH 值范围广（4～10），大部分废水无需调节 pH 值。

(3) 可操作性强，简化了污水处理时的操作步骤。

(4) 多种功能同时存在，降低了污水处理成本。

配方 18　多效复合型污水处理剂

[原料配比]

原料	配比（质量份）				
	1#	2#	3#	4#	5#
改性蛋壳粉	25	23	28	20	30
硼泥	15	13	18	10	20
羧甲基壳聚糖	8	10	5	10	5
聚苯胺	3	4	2	5	1
无机高分子絮凝剂	2	3	1	5	1
去离子水	加至 100	加至 100	加至 100	加至 100	加至 100

[制备方法]

(1) 用去离子水溶解羧甲基壳聚糖，得到溶液 A；

(2) 将硼泥于 100～110℃干燥箱中烘干，用球磨机将其粉碎、研磨至 150～200 目，过筛，备用；

(3) 将硼泥与改性蛋壳粉混合均匀，在缓慢搅拌下加入溶液 A，静置溶胀，得到浆料 B；

(4) 将聚苯胺和无机高分子絮凝剂加入浆料 B 中，持续搅拌 2～3h，制得所述多效复合型污水处理剂。

[原料介绍]

所述改性蛋壳粉的粒径为10～25μm。

所述改性蛋壳粉的制备方法为：

(1) 将蛋壳去膜、洗净，置于40～60℃下烘20～30h，然后机械粉碎至粒度为0.5～5mm，得到蛋壳粉；

(2) 将步骤(1)得到的蛋壳粉置于马弗炉中550～660℃下高温处理2～3h，冷却后加入阴离子溶液中浸泡溶胀，滤除多余的阴离子溶液，烘干，超微粉碎至粒度为10～25μm，制得所述改性蛋壳粉。

所述蛋壳为鸡蛋壳、鸭蛋壳、鹅蛋壳中的至少一种。所述阴离子溶液为仲烷基磺酸钠、脂肪醇聚氧乙烯醚硫酸钠和脂肪醇聚氧乙烯醚羧酸钠中至少一种的水溶液。所述阴离子溶液的质量分数为1%～3%。

所述无机高分子絮凝剂为聚合氯化铝铁、聚合氯化硫酸铁、聚磷氯化铁和聚磷硫酸铁中的至少一种。

[产品特性]

(1) 本品各组分之间相互协同增效，具有絮凝速度快、产生的絮体大、对重金属的吸附效果好、能显著降低水体的COD等优点。

(2) 本品制备方法容易操作，工序简单，制备成本低，适用于批量化生产。

(3) 本品以蛋壳和硼泥为主要成分，对废弃物进行了有效利用，减少了资源浪费，也减少了环境污染。

(4) 本品不仅适用于工业废水处理，也适用于生活污水处理，对水中的油污、悬浮物及重金属等污染物具有较高的去除率。

配方19 多效污水处理剂

[原料配比]

原料	配比（质量份）		
	1#	2#	3#
石英砂	90	95	92
黏土	20	25	22
高岭土	20	25	23
硫酸亚铁	15	20	17
活性炭	15	20	18
二氧化硅	15	20	16
岩砂晶	3	4	3.5
粉煤灰	10	15	12

［制备方法］

（1）取原料，将石英砂、高岭土、硫酸亚铁、二氧化硅、岩砂晶加入粉碎机，粉碎至100～150目，得到混合颗粒；

（2）将混合颗粒、黏土、活性炭加入容器中，搅拌均匀；

（3）加入粉煤灰，超声波振动10～20min，即得所述多效污水处理剂。

［产品特性］

（1）本品能够可持续处理浓度较高的污水，同时使处理后的水可反复循环利用。

（2）本品能有效地起到抑制藻类生长的作用。

（3）本品使用范围广，制备及处理工艺简单，处理效果良好，性能稳定，出水水质好；能有效地降低水处理的成本。

配方20 多用途废水处理剂

［原料配比］

原料	配比（质量份）				
	1#	2#	3#	4#	5#
高岭土	6	7	6	5	7
三氧化二铝	3	4	3	2	4
硅藻土	5	6	5	4	6
茶皂素	4	5	4	3	5
明矾	3	4	3	2	4
活性炭	2	3	4	1	5
竹炭粉	3	4	3	2	4
海泡石	4	5	4	3	5
单宁	4	5	4	3	5
木二糖	3	4	3	2	4

［制备方法］ 将各组分原料混合均匀即可。

［原料介绍］ 所述硅藻土的粒径为60～90nm。

［使用方法］ 本品的使用量为废水质量的0.2%～0.5%。

［产品特性］ 本品使用简单，将各成分按照比例混合直接放入废水中即可，不会对环境造成污染，不受环境因素影响，对废水中大的污染物可以吸附沉淀，吸附废水刺鼻的气味，对于有害物质能够起到催化降解的作用，不会对废水处理设备造成损害，用量少，投入的成本低、效果明显和高效，降低了工作者工作强度，

提高了工作者的工作效率。

配方 21 二氧化钛/四氧化三铁/活性炭纳米废水处理剂

原料配比

原料	配比（质量份）		
	1#	2#	3#
$FeCl_3 \cdot 6H_2O$	5.69	6.928	7.397
$FeCl_2 \cdot 4H_2O$	8.37	10.04	10.88
活性炭	10	10	10
二氧化钛粉末	15	15	15
15%～30%的氨水	适量	适量	适量
无水乙醇	适量	适量	适量
去离子水	适量	适量	适量

制备方法

（1）将 $FeCl_2 \cdot 4H_2O$ 和 $FeCl_3 \cdot 6H_2O$ 进行称量混合，加入去离子水使其全部溶解，加入活性炭和二氧化钛粉末，超声处理 15～30min 得混合液；

（2）用质量分数为 15%～30%的氨水将步骤（1）得到的混合液 pH 值调为≥11，然后将混合液转入到水热反应釜中，100～150℃反应 12～24h，反应结束后冷却至室温，依次用无水乙醇、去离子水洗涤后即可得到一种二氧化钛/四氧化三铁/活性炭纳米废水处理剂。

使用方法 按本品与有机污染物的质量比为（20～50）：1，向含有机污染物（亚甲基蓝、甲基橙等常见的有机污染物）的水溶液中加入制得的二氧化钛/四氧化三铁/活性炭纳米废水处理剂，振荡 15～30min，使有机污染物与二氧化钛/四氧化三铁/活性炭纳米废水处理剂达到吸附和脱附平衡后，用波长 365nm 的紫外光照 10～25min，对水中的有机染料进行光降解，用磁铁对混合溶液中的废水处理剂进行磁分离，回收再利用。

产品特性

（1）本品对水中有机污染物具有高吸附性能和高效光催化性能，且通过外加磁场的作用即可实现对该新型纳米废水处理剂的回收，具有良好的再生性能，非常适用于污水中有机污染物的治理，对环境保护和可持续发展有重要意义和应用价值。

（2）本品使用方便、高效，对废水中常见的亚甲基蓝、甲基橙等有机污染物具有很好的处理效果。

配方 22 纺织废水处理剂

［原料配比］

原料	配比（质量份）		
	1#	2#	3#
果壳活性炭	30	35	32
聚丙烯酰胺	40	30	35
聚合氯化铝	18	26	25
高岭土	29	32	30
去离子水	90	120	100
玉米胚粉	50	40	45

［制备方法］ 将各组分原料混合均匀即可。

［产品特性］ 本品具有耐磨强度高、空隙发达、吸附性能高、易再生、经济耐用等优点，对纺织废水具有良好的处理效果。本品处理剂成分天然、简单，适宜推广应用。

配方 23 纺织工厂污水处理剂

［原料配比］

原料	配比（质量份）	原料	配比（质量份）
聚丙烯酸钠	10～15	活性炭	25～35
碱式氧化铝	1～5	高岭土	40～50
硫酸亚铁	5～15	黏土	20～30
改性木素磺酸钙	20～30	凹凸棒石	30～40

［制备方法］ 将各组分原料混合均匀即可。

［产品特性］ 本品制备方法简单，易操作，稳定性好，安全性高，可快速去除各种污染物，使水体得到高效净化，而且不会产生二次污染。

配方 24 纺织品染色废水处理剂

[原料配比]

原料	配比（质量份）				
	1#	2#	3#	4#	5#
甲壳素	2	4	6	7	8
淀粉	15	16	18	20	25
交联剂	0.5	0.6	0.8	1	1
尿素	2	3	4	4	5
氢氧化钠	1	1.2	1.5	1.8	2

[制备方法] 按质量份数称取甲壳素、尿素和氢氧化钠，加入蒸馏水溶解，放入－12℃的冰柜冷冻 12h；取出冷冻的溶液解冻至融化，将溶液倒入高速搅拌机搅拌均匀得到碱性甲壳素溶液；按质量份数称取淀粉和交联剂，倒入碱性甲壳素溶液进行搅拌，搅拌至黏稠后倒入螺杆挤出机挤出造粒，挤出温度 90℃，螺杆转速 30r/min。

[原料介绍] 所述交联剂为三聚磷酸钾。

[产品特性] 本品采用天然大分子作原料，来源广泛，成本低廉，可以有效降低废水处理的成本。甲壳素结构中带有不饱和阳离子结构，对金属阳离子有吸引作用，对外部环境条件依赖性小，污水处理时无需过多的前期处理，使用技术要求较低。

配方 25 废水处理剂（1）

[原料配比]

原料	配比（质量份）				
	1#	2#	3#	4#	5#
聚丙烯酰胺	40	43	47	51	55
粒径为 50nm 的硅藻土	32	—	—	—	—
粒径为 70nm 的硅藻土	—	29	—	—	—
粒径为 80nm 的硅藻土	—	—	27	—	—
粒径为 90nm 的硅藻土	—	—	—	25	—
粒径为 100nm 的硅藻土	—	—	—	—	22

续表

原料	配比（质量份）				
	1#	2#	3#	4#	5#
铝酸钙	18	21	24	27	30
硅灰	20	18	15	12	10
壳聚糖	8	10	13	16	18
茶皂素	12	10	8	7	5

［**制备方法**］ 将各组分原料混合均匀即可。

［**使用方法**］ 本品投入量为每升废水中投入 0.4～0.8kg。

［**产品特性**］ 本品能够快速高效地除去废水中的悬浮物，使得废水满足排放标准，且使用方法简单，常温下就能够实施，且只需要投入水中即可，也不会产生二次污染，处理后的废水可达到排放标准要求。

配方 26 废水处理剂（2）

［**原料配比**］

原料	配比（质量份）		
	1#	2#	3#
玉米淀粉	5	8	6
膨润土	3	6	4
活性炭	5	10	8
铝酸钠	3	5	4
沸石矿物	2	6	4
钾长石	1	3	2
聚合硅酸铝铁	20	35	25
改性硅藻土	2	6	4
膨胀石墨	3	8	5
淀粉	3	9	6
次氯酸钠	0.5	2	1
水	50	100	75

［**制备方法**］ 将各组分原料混合均匀即可。

［**产品特性**］ 本品处理效果好，效率高，反应迅速。本品具体针对化工业产生的废水，整个过程操作简单，并且不会对环境产生二次污染。

配方 27 废水处理剂（3）

［原料配比］

原料	配比（质量份）				
	1#	2#	3#	4#	5#
辛基酚聚氧乙烯醚	6	7	6	6.5	6.5
失水山梨醇脂肪酸酯聚氧乙烯醚	3	4	3	3.5	3.2
水	80	90	85	90	85
膨润土	4	5	4.2	5	4.5
二硫代氨基甲酸盐	3	4	3.4	7	3.8
木屑	10	15	12	14	13
明矾	4	5	4.5	5	5
硅酸钠	1.5	2	1.8	2	2

［制备方法］

（1）先混合辛基酚聚氧乙烯醚、失水山梨醇脂肪酸酯聚氧乙烯醚和水，得第一混合液。

（2）将第一混合液与膨润土混合，再与二硫代氨基甲酸盐、木屑、明矾和硅酸钠混合。超声混合频率为 2000～4000Hz。

［原料介绍］

所述的膨润土中蒙脱石的含量为 50%～70%。所述蒙脱石的表面积为 850～900m^2/g。

所述的木屑可以经以下处理：将木屑原料置于 400～420℃ 的条件下热解 3～5h。

［产品特性］ 本品配方合理，成本较低，能有效去除废水中各位置的油脂类物质且所需处理时间较短。其制备方法简单快速，适于工业化生产。

配方 28 废水处理剂（4）

［原料配比］

原料	配比（质量份）				
	1#	2#	3#	4#	5#
磷灰石	10	500	100	390	422

续表

原料	配比（质量份）				
	1#	2#	3#	4#	5#
氮化碳	5	200	100	149	162
氢氧化铝	20	40	33	37	35
碳化硅	10	20	16	18	15
聚乙烯醇	20	15	170	17	17
蒸馏水	10	25	14	23	16
ZrO_2 球颗粒	适量	适量	适量	适量	适量

［制备方法］

（1）取磷灰石、氮化碳放入研磨器中研磨 20～30min 后得到混合粉末；

（2）在混料桶中依次加入混合粉末、氢氧化铝、碳化硅、聚乙烯醇，并加入 ZrO_2 球颗粒，混料 20～30min，直至混料充分；

（3）将混合料过筛投入造粒机，喷入蒸馏水，造粒 10～15min 后，取出干燥，将干燥后的混合物放置在马弗炉中煅烧，一次升温后保温 30～40h，二次升温保温 20～30min 后自然冷却至室温，最终得到颗粒状水处理剂。所述过筛的筛目为 100 目。所述干燥指在 70～90℃ 下干燥 25～35min。所述一次升温为以 30～35℃/min 的升温速率升高温度至 400～500℃。所述二次升温为以 40～50℃/min 的升温速率升高温度至 700～750℃。

［原料介绍］ 所述 ZrO_2 球的直径在 6～6.5mm 之间，球料比为 10∶1。

［产品特性］ 本品选用磷灰石、氮化碳作为主要原料，磷灰石能够去除重金属离子，氮化碳在煅烧改性后能够通过光催化分解有机污染物，有益于对废水的双重处理，进一步提高废水处理水平。在制作工艺上，混料的同时加入 ZrO_2 球颗粒防止混料过程中出现结块、混料不均匀的情况，煅烧过程中一次升温保温使得氮化碳转变为石墨型，增加其光催化性能，通过二次煅烧消除颗粒内的引力，减少气孔率。

配方 29 废水处理剂（5）

［原料配比］

原料	配比（质量份）		
	1#	2#	3#
钙盐	100	80	150

续表

原料	配比（质量份）		
	1#	2#	3#
白炭黑	100	80	150
螯合剂	1	1	1

[制备方法] 将钙盐、白炭黑和螯合剂混合，得到所述废水处理剂。

[原料介绍]

所述钙盐为磷酸二氢钙及碳酸钙中的至少一种。

所述螯合剂为乙二胺四乙酸二钠、酒石酸钾钠及柠檬酸钙中的至少一种。

所述白炭黑的比表面积为200～300m^2/g。

[使用方法]

（1）将本品分散在水中，得到处理液；处理液中本品的质量分数为10%～12%，水为自来水或一次处理后达标的待处理废水。

（2）将处理液加入待处理废水中。加入量为废水质量的0.3%～0.5%。待处理废水为含氟的酸性废水（含低浓度氢氟酸、盐酸、硫酸等），经药剂（熟石灰或液碱）中和絮凝处理后，检测pH及氟离子浓度达标的废水。

[产品特性]

（1）本品原料成本低，且利用上述废水处理剂加入一次处理达标后的废水中，避免了二次处理，节约了二次处理投入的场地、设备、人工运行等成本。

（2）本品处理后的废水能够满足环保的要求，避免了对环境的污染。

（3）本品能够使含氟的酸性废水在较长时间内保持废水中的pH和氟离子浓度在达标状态，避免了污染环境。

配方 30 废水处理剂（6）

[原料配比]

原料	配比（质量份）	
	1#	2#
聚丙烯酰胺	10	30
活性炭	20	30
硫酸锌	30	30
玉米淀粉	10	15

续表

原料	配比（质量份）	
	1#	2#
焦炭渣粉	5	10
聚合三氯化铁	30	40
海藻酸钠	30	20
乳酸菌	10	10
放线菌	5	5
酵母菌	6	10
双歧菌	6	12
光合细菌	5	8
芽孢杆菌	5	8
土著菌	5	8
膨润土	30	40
pH 调整剂	适量	适量

[**制备方法**] 将聚丙烯酰胺、硫酸锌、焦炭渣粉、聚合三氯化铁先放入废水中，搅拌 20～30min 后依次加入海藻酸钠、活性炭、膨润土，继续搅拌 10～15min，加热至 20～30℃，然后加入玉米淀粉，继续搅拌，冷却至常温，然后加入 pH 调整剂，中和废水，最后加入乳酸菌、放线菌、酵母菌、双歧菌、光合细菌、芽孢杆菌和土著菌进行生物处理。

[**原料介绍**]

所述 pH 调节剂采用柠檬酸、乳酸、酒石酸、苹果酸、柠檬酸钠、柠檬酸钾中的一种或多种，中和碱，或者为石灰粉或氢氧化钠，中和酸。

所述乳酸菌、放线菌、酵母菌、双歧菌、光合细菌、芽孢杆菌、土著菌的菌种分别进行活化、扩大培养，在混合菌种中培养 48h 获得。

[**产品特性**] 本品通过活性炭和焦炭渣粉吸附废水中的杂质，从而对废水进行物理处理；通过 pH 调整剂调节废水的酸碱度，达到中和废水的目的；通过聚丙烯酰胺、硫酸锌、玉米淀粉、聚合三氯化铁和海藻酸钠与废水发生化学反应，达到对废水进行化学处理的目的；通过利用乳酸菌、放线菌、酵母菌、双歧菌、光合细菌、芽孢杆菌、土著菌的代谢作用处理废水，从而对废水进行生物处理。通过物理处理法、化学处理法和生物处理法相结合，可以同时应用于生活废水和工业废水的处理，解决了现有的废水处理剂无法同时对废水进行物理、化学和生物处理，从而不具备生活废水处理和工业废水处理功能的问题。

配方 31 废水处理剂（7）

［原料配比］

原料	配比（质量份）		
	1#	2#	3#
十八水硫酸铝	120	130	125
聚丙烯酰胺	30	40	35
氯化钠	60	70	65
碳酸钙	120	130	125
膨润土	64	66	65
没食子酸	15	20	18
壳聚糖季铵盐	20	25	24
谷胱甘肽	7	18	13
焦磷酸钠	10	25	20
碱式磷酸钙	7	14	10
活性白土	30	40	35
乙二胺四乙酸二钠	3	10	8
聚丙烯酸钠	10	12	11
羧甲基纤维素钠	4	6	5
双乙酸钠	7	10	9

［制备方法］

（1）将活性白土和膨润土一起倒入到研磨机中，进行研磨处理，保证活性白土和膨润土没有结块，制得混合粉末；

（2）将十八水硫酸铝、聚丙烯酰胺、氯化钠、碳酸钙、没食子酸、壳聚糖季铵盐、谷胱甘肽、焦磷酸钠、碱式磷酸钙、乙二胺四乙酸二钠、聚丙烯酸钠、羧甲基纤维素钠、双乙酸钠和混合粉末一起倒入到三维混合机中进行混合处理，即得处理剂三维混合机的主轴转速为 10～12r/min，混合时间为 50～80min。

［产品特性］ 本品可以吸附污水中的各种金属离子形成沉淀物，还能去除污水中的酚类、苯类、有机氯和农药等有害物，而且有效地解决了现有的污水处理剂对氟化物净化难度大的问题。

配方 32　废水处理剂（8）

［原料配比］

原料		配比（质量份）					
		1#	2#	3#	4#	5#	6#
活性炭		28	30	28	30	25	30
纳米微粒	纳米三氧化二铝	15	10	—	—	—	—
	纳米氮化铝	—	—	20	20	15	—
	纳米二氧化钛	—	—	—	—	—	10
絮凝剂	聚合硫酸铝	21	—	—	—	—	—
	氯化铁	—	25	25	18	—	—
	聚合氯化铝	—	—	—	—	20	25
磷酸二氢锌		8	5	10	10	8	5
次氯酸		3	1	5	3	3	1
柠檬酸		5	5	5	5	5	5
硫酸亚铁		5	3	1	3	5	3
微生物菌液混合物		5	8	2	5	5	8
硅铁共聚物		10	5	10	8	10	5
去离子水		适量	适量	适量	适量	适量	适量
乙醇		适量	适量	适量	适量	适量	适量
0.1～0.5mol/L 的盐酸溶液		适量	适量	适量	适量	适量	适量
0.1～0.3mol/L 的 NaOH 溶液		适量	适量	适量	适量	适量	适量

［制备方法］

（1）将活性炭和纳米微粒分散于去离子水中并于超声仪上超声分散 20～30min，然后将反应体系缓慢升温至 60～65℃，继续搅拌反应 4～6h，反应完成后，将反应体系进行离心收集下层沉淀物，并用乙醇洗涤 2～3 次后对其进行真空干燥，粉碎研磨至粒度为 100～200 目，得混合粉末；

（2）将步骤（1）制备的混合粉末加入 0.1～0.5mol/L 的盐酸溶液中，然后在氮气气氛下加入絮凝剂、磷酸二氢锌、次氯酸、柠檬酸以及硫酸亚铁，在 45～50℃下搅拌反应 20～30min，降温至室温后逐滴加入浓度为 0.1～0.3mol/L 的 NaOH 溶液调节 pH 值为 6～7，然后加入微生物菌液混合物和硅铁共聚物，在氮气气氛下继续搅拌反应 40～50min，即可制得废水处理剂。

［原料介绍］

所述微生物菌是由以下体积分数的菌种制得的：蒙氏假单胞菌 40%～60%，

水氏黄杆菌 20%～30%，苍白杆菌 20%～30%。

所述硅铁共聚物为硅酸钠和高铁酸盐按照摩尔比为 3∶2 聚合而形成。

［产品特性］ 本品不仅能够可持续处理较高浓度的废水，同时使处理后的废水 COD、BOD 以及 SS 含量显著降低，产水可反复循环利用。本品废水处理剂整个应用过程无二次污染物产生，解决了工业生产废水的污染问题。本品废水处理剂制备工艺简单，处理效果良好，性能稳定，出水水质好；有效地降低了水处理的成本，具有很好的经济效益和广泛的社会效益。

配方 33 废水处理剂（9）

［原料配比］

原料	配比（质量份）		
	1#	2#	3#
聚丙烯酰胺	56	61	66
纳米二氧化硅	60	50	42
硫酸铝	15	20	25
粒径为 90μm 的硅藻土	12	—	—
粒径为 75μm 的硅藻土	—	18	—
粒径为 60μm 的硅藻土	—	—	24

［制备方法］ 将各组分原料混合均匀即可。

［使用方法］ 本品投入量为 0.6～0.9kg/L。

［产品特性］ 本品能够同时高效清除废水中的悬浮物质、COD 以及重金属物质，且使用方法简单，常温下就能够实施，只需要投入水中即可，也不会产生二次污染，处理后的废水可达到排放标准。

配方 34 废水处理剂（10）

［原料配比］

原料	配比（质量份）			
	1#	2#	3#	4#
海泡石粉	11	25	21	14

续表

原料	配比（质量份）			
	1#	2#	3#	4#
偏铝酸钠	5	9	7	8
生姜提取液	10	16	13	11
水玻璃	4	10	8	9
球纹星球藻	5	10	7	6
海菜粉	2	5	4	3
动物皮胶	3	6	5	4
白刚玉微粉	4	8	6	5
苦茶粕	3	6	5	4
复合维生素	2	6	4	5
硼砂	2	5	3	4
海桐皮	3	6	4	5
透辉石	4	8	5	7
炭黑	2	5	4	3

[**制备方法**]

（1）称取海泡石粉、偏铝酸钠、生姜提取液、水玻璃、球纹星球藻、海菜粉、动物皮胶、白刚玉微粉、苦茶粕、复合维生素、硼砂、海桐皮、透辉石和炭黑，备用；

（2）将海泡石粉、白刚玉微粉、透辉石和炭黑混合，在100～200℃下混合搅拌15～35min；

（3）将复合维生素、生姜提取液、水玻璃和苦茶粕混合，在30～42℃下搅拌混合5～10min后，升温至100～125℃，搅拌10～20min，在100～150℃下烘干，研磨过80～120目筛；

（4）将偏铝酸钠、动物皮胶、硼砂与步骤（2）所得物和步骤（3）所得物混合，在200～350r/min转速下搅拌25～45min，然后加入海桐皮、球纹星球藻和海菜粉，在200～350r/min转速下搅拌1～2h，即得成品。

[**原料介绍**] 所述透辉石、海桐皮、炭黑、硼砂的粒径均为100～250目。

[**产品特性**] 本品对重金属废水中的Zn^{2+}、Cu^{2+}、Pd^{2+}、Cd^{2+}、铬、锰具有良好的去除效果，且具有环保、节能、无毒性、对操作工人无影响、处理后水无二次污染的优点；同时制备方法简单，原料易得，成本低。

配方 35 废水处理剂（11）

原料配比

原料	配比（质量份）					
	1#	2#	3#	4#	5#	6#
膨润土	100	100	100	100	100	100
十四烷基磺基甜菜碱	4	4	3.6	—	—	4
异丙基二硬脂酰氧基铝酸酯	0.4	—	0.4	4	0.4	—
十六烷基三甲基溴化铵（CTMAB）	—	—	—	—	4	—
3-氨基丙基三乙氧基硅烷	—	—	—	—	—	0.4
水	50	60	50	60	50	60

制备方法

（1）将膨润土、十四烷基磺基甜菜碱、十六烷基三甲基溴化铵、3-氨基丙基三乙氧基硅烷和异丙基二硬脂酰氧基铝酸酯混合，加水搅拌均匀；

（2）在 100～120℃下烘干至恒重，再粉碎成 100～300 目颗粒。

使用方法 本品对废水进行处理时与废水的质量比为（0.1～8）∶1000。

产品特性 本品以膨润土为核心原料，采用两性表面活性剂十四烷基磺基甜菜碱并结合异丙基二硬脂酰氧基铝酸酯对其进行改性，提高了对有机污染物和重金属的吸附能力。

配方 36 废水处理剂（12）

原料配比

原料		配比（质量份）					
		1#	2#	3#	4#	5#	6#
介孔活性炭		1	1	1	1	1	1
改性膨润土		1	0.8	1	0.5	0.1	0.1
介孔活性炭	饱和氢氧化钾溶液	0.5	1	—	—	—	—
	饱和氯化钾溶液	—	—	1.5	—	—	—
	饱和氯化锌溶液	—	—	—	2	—	—
	饱和氯化锌与饱和氢氧化钾混合溶液	—	—	—	—	1	—
	氯化锌与饱和氯化钾混合溶液	—	—	—	—	—	1

续表

原料		配比（质量份）					
		1#	2#	3#	4#	5#	6#
介孔活性炭	粒径为 500μm 松树木质粉末	1	—	—	—	—	—
	粒径为 200μm 枫树木质粉末	—	1	—	—	—	—
	粒径为 50μm 果树木质粉末	—	—	1	—	—	—
	粒径为 500μm 枸杞木质粉末	—	—	—	1	—	—
	粒径为 300μm 枸杞木质粉末	—	—	—	—	—	1
	粒径为 10μm 小叶黄杨木质粉末	—	—	—	—	1	—

［制备方法］

（1）将所述介孔活性炭过 35 目筛网，待用；

（2）将所述改性膨润土磨碎，并过 35 目筛网，待用；

（3）将上述待用介孔活性炭以及改性膨润土混合均匀，即得废水处理剂。

［原料介绍］

所述介孔活性炭比表面为 2100～2500m^2/g，介孔率在 30%～52%。

所述改性膨润土为蒙脱石含量为 89%～94%的改性膨润土。

所述介孔活性炭的制备方法，包含如下步骤：

（1）将木质粉碎成粉末，并在活化剂溶液中浸渍 1～2 天，烘干，得烘干粉末。所述活化剂为饱和氢氧化钾溶液、饱和氯化钾溶液、饱和氯化锌溶液中的至少一种。所述活化剂溶液中活化剂与木质粉末的质量比为（0.5∶1）～（2∶1）。

（2）将步骤（1）所得烘干粉末置于保护气氛下，以 8～15℃/min 的速率升温至 600～800℃炭化 1～3h，即得介孔活性炭。所述保护气氛为氮气或者氩气。

所述改性膨润土的制备方法，包含如下步骤：

（1）将钠基膨润土浸泡在酸化剂中酸化处理 2h，得到酸化处理后的钠基膨润土；

（2）将酸化处理后的钠基膨润土在 400～600℃下高温煅烧 1～4h，即得蒙脱石含量为 89%～94%的改性膨润土。

［产品特性］

（1）本品的介孔活性炭以木质作为原料，原料来源广，并且本品制备步骤简单，能耗低，成本低，有利于工业化生产；比表面可达 2100m^2/g 以上，介孔率可达 30%以上。

（2）本品的改性膨润土以钠基膨润土为原料，原料来源广，并且改性步骤简单，成本较低，而且改性后的膨润土蒙脱石含量为 89%以上，对化学需氧量（COD）的去除率高。

（3）本品对含二甲基亚砜（DMSO）的兵工炸药废水的处理效果显著，化学需氧量（COD）的去除率可以达到95%以上，氨氮的去除率可以达到85%以上。

配方37 废水处理剂（13）

［原料配比］

原料	配比（质量份）		
	1#	2#	3#
氢氧化钙	25	35	45
柠檬酸铁	36	27	18
海泡石	15	23	30
单宁	20	14	8

［制备方法］

（1）将全部原料混合均匀，粉碎至100～300目；

（2）在-0.095MPa、75～90℃下，真空干燥30～60min后，注入超微粉碎机中，超微粉碎机的工作压力为0.2～0.6MPa，粉碎15～25min即可。

［使用方法］ 本品投入量为每升废水中投入0.3～0.6kg。

［产品特性］ 本品能够显著降低废水中的COD和氨氮含量，减少废水对环境的影响，且使用方法简单，常温下就能够实施，只需要投入水中即可，也不会产生二次污染，处理后废水的COD和氨氮含量可达到国家排放标准的要求。

配方38 废水处理剂（14）

［原料配比］

原料		配比（质量份）
复合物A	铁碳球颗粒	20
	柠檬酸	10
复合物B	过硫酸钠	30
	包覆型高铁酸钾	20
	氧化钙	10
	硅藻土	10
	羧甲基纤维素	5
	聚乙二醇	1

续表

原料		配比（质量份）
复合物 B	乙基纤维素	21
	酸性泡腾剂	5
	碱性泡腾剂	2.5
	切片石蜡	10
	氯化铵	2
	碳酸氢钠	2.5
复合物 A		1
复合物 B		3.97

［制备方法］

（1）制备复合物 A：按质量份称取铁碳球颗粒和柠檬酸，混合均匀，即得复合物 A。

（2）制备复合物 B：

① 按质量份称取各原料，取氧化钙和总质量 1/2 的包覆型高铁酸钾，与羧甲基纤维素和聚乙二醇混合均匀后，制粒，得芯材颗粒；

② 取乙基纤维素总量的 1/3 加入正己烷溶液中，加热回流，待乙基纤维素成透明溶液后，加入活化后的硅藻土、过硫酸钠、酸性泡腾剂以及碱性泡腾剂后，搅拌分散至均匀后，喷涂于芯材颗粒上，晾干或烘干去除正己烷，得内包覆层颗粒；

③ 将切片石蜡加热至 80℃熔化后，边搅拌边加入氯化铵，分散均匀后，喷涂于内包覆层颗粒上，冷却，即得石蜡包覆颗粒；

④ 将剩余的乙基纤维素加入正己烷溶液中，加热回流，待乙基纤维素成透明溶液后，加入剩余的包覆型高铁酸钾，选择性加入碳酸氢钠后，搅拌分散至均匀，然后喷涂于石蜡包覆颗粒上，晾干或烘干去除正己烷，即得复合物 B。

（3）混合：按比例称取步骤（1）制得的复合物 A 与步骤（2）制得的复合物 B，混合均匀，即得废水处理剂。

［原料介绍］

所述包覆型高铁酸钾的包覆壁材为石蜡、聚乙烯蜡、粒蜡中的一种或几种。

所述酸性泡腾剂为柠檬酸、酒石酸、草酸、马来酸、富马酸、丁二酸、己二酸中的一种或几种。

所述碱性泡腾剂为碳酸氢钠、碳酸钠、碳酸氢钾、碳酸钾、碳酸钙、碳酸氢铵中的一种或几种。

所述铁碳球颗粒的制备方法：首先将铁粉、活性炭、石墨、碳酸钙粉末、膨润土和凹凸棒土按照质量比 6∶2∶0.5∶0.5∶0.5∶1 比例混合搅拌均匀，进行湿法制粒后，烘干、过筛得原料颗粒；然后将所得的原料颗粒转移到管式炉中，在氮气保护下，于800℃温度下烧结6h，形成铁碳球颗粒。其中，碳酸钙粉末可以在反应过程中降低有机物的降解能，膨润土和凹凸棒土能够减缓铁碳球颗粒的板结。

所述包覆型高铁酸钾的制备方法：以聚乙烯蜡为包覆壁材，首先聚乙烯蜡加热至150℃熔化后，按聚乙烯蜡与高铁酸钾1∶1加入高铁酸钾，超声分散2h至均匀，然后吸取分散有高铁酸钾的聚乙烯蜡溶液，迅速滴入1～4℃的冷水中进行冷却、干燥后，进行研磨破碎，过150目筛后，干燥器中保存备用（经检测，所述包覆型高铁酸钾中高铁酸钾的含量为50%）。

所述硅藻土的活化方法：首先按每克硅藻土对应0.5mL浓硫酸，将浓硫酸加入硅藻土中后，于电磁炉上焙烧至浓硫酸挥发干净，然后于置于马弗炉中500℃煅烧15min；待硅藻土降至室温后，按硅藻土与稀硫酸的质量体积比1g∶10mL，向降温后的硅藻土中加入0.2mol/L的稀硫酸，于50～60℃下搅拌1h进行除杂（碱性氧化物）后，采用蒸馏水洗涤至中性后，烘干、过80目筛，备用。经该方法活化后的硅藻土孔隙率大于90%，氧化铁含量小于0.5%，氧化铝含量为1%。

[使用方法] 按照每升废水对应0.2～0.4kg的复合物A、0.6～0.8kg的复合物B，将复合物A、复合物B一起投入废水中，搅拌反应24h后，静置2～3天，即可。

[产品特性]

（1）本品采用包覆型高铁酸钾来达到高铁酸钾的缓释效果，延长了高铁酸钾在废水中的时间，从而增强了废水处理的效果。

（2）本品能够有效缩短废水的处理时间、提高废水中各物质的降解率。

配方39 废水处理剂（15）

[原料配比]

原料		配比（质量份）			
		1#	2#	3#	4#
石墨烯吸附剂		50	80	100	100
活性炭		25	30	35	35
表面活性剂	十六烷基三甲基溴化铵	0.5	1	3	—
玉米芯		15	20	25	25
石墨烯吸附剂	羧基化氧化石墨烯	4	4.5	5	5
	羰基铁氧化石墨烯复合物	1	1	1	1

[制备方法]

(1) 称取活性炭和玉米芯，混合粉碎过 200 目筛；

(2) 将羧基化氧化石墨烯、羰基铁氧化石墨烯复合物、表面活性剂（可选择性加入）和水混匀，加入粉碎后的活性炭和玉米芯，65～75℃下搅拌 0.5～1h，经干燥后得废水处理剂。

[原料介绍]

所述的羧基化氧化石墨烯的制备方法：将氧化石墨烯水溶液、氢氧化钠和乙酸在 18～25℃下搅拌 30min 后洗涤干燥，得到羧基化氧化石墨烯。氧化石墨烯水溶液、氢氧化钠和乙酸的质量比为 10∶1∶2。氧化石墨烯水溶液中，氧化石墨烯与水的质量比为 1∶(2～5)。

所述的羰基铁氧化石墨烯复合物的制备方法：将羰基铁与氧化石墨烯混合粉碎，过 500 目筛，200～250℃下烧结 6～8h，得到羰基铁氧化石墨烯复合物。羰基铁与氧化石墨烯的质量比为 1∶(3～4)。

[产品特性] 本品增强了对废水中重金属、印染废料的絮凝性，通过加入少量表面活性剂，增强絮凝效果，提高了吸附效果。通过加入羰基铁氧化石墨烯复合物，可以有效调整废水处理剂的理化状态，降低其团聚现象的发生。

配方 40 废水处理剂（16）

[原料配比]

原料	配比（质量份）		
	1#	2#	3#
硫酸亚铁	3	4	3
乙二醇	3	5	6
竹炭粉	2	3	3
纳米二氧化钛	3	2	2
活性炭	3	2	1
改性硅藻土	5	4	5
草酸	7	6	5
水	30	40	55

[制备方法] 将各组分原料混合均匀即可。

[产品特性] 本品成本较低，处理效果好，反应迅速，整个过程操作简单，并且不会对环境产生二次污染。

配方 41 复合废水处理剂

原料配比

原料	配比（质量份）				
	1#	2#	3#	4#	5#
羧甲基纤维素	10	12.5	15	17.5	20
改性蒙脱土	20	22	25	28	30
芦苇渣	10	13	15	18	20
纳米硅酸钙	8	9	10	11	12
改性活性炭	20	22	25	27.5	30
聚丙烯酰胺	2	4	6	8	10
聚合硫酸铁	30	32.5	35	37.5	40
醋酸纤维素	5	6	7.5	9	10
淀粉	5	7.5	10	12.5	15
离子交换树脂	3	4	5	6	8

制备方法 将各组分原料混合均匀即可。

原料介绍

所述纳米硅酸钙的粒径为200～500nm。

所述淀粉为马铃薯淀粉、木薯淀粉、玉米淀粉中的一种。

所述改性活性炭采用盐酸或硫酸进行改性。

所述改性蒙脱土采用的改性剂为10～15mL 1mol/L硝酸铁溶液和20～25mL 1mol/L氢氧化钠溶液的混合液。

产品特性 本品沉淀效果好，利用本处理剂处理过的废水化学需氧量（COD）、浊度、磷及重金属的去除率能够大大提高。其中，化学需氧量的去除率可达到78%～85%，浊度的去除率可达到92%～96%，磷的去除率可达到85%～95%，重金属的去除率可达到80%～90%。

配方 42 复合水处理剂

原料配比

原料	配比（质量份）			
	1#	2#	3#	4#
羧甲基纤维素	30	20	40	25

续表

原料	配比（质量份）			
	1#	2#	3#	4#
碳纳米管	22	15	30	18
甲壳素	30	20	40	25
巯基乙酸	4	3	5	3.5
甲基丙烯酸缩水甘油酯	6	4	8	6
乙二胺二琥珀酸	14	10	18	12
乙二胺四亚甲基膦酸五钠	11	8	15	10
烷基苯磺酸钠	7	5	10	6
聚二甲基二烯丙基氯化铵	9	6	12	8
聚乙烯吡咯烷酮	6	4	8	5
聚丙烯酰胺	7	5	9	6
柠檬酸钠	11	7	16	9
聚乙烯亚胺	12	8	14	10
2～5mol/L 硝酸	适量	适量	适量	适量
溶剂	适量	适量	适量	适量

［制备方法］

(1) 将羧甲基纤维素、碳纳米管、甲壳素混合用球磨机球磨过 100～200 目筛，然后在搅拌的状态下将其加入 5～10 倍于混合物质量的 2～5mol/L 硝酸溶液中，在 40～60℃的温度下反应 1～3h，抽滤洗涤至中性收集沉淀物，将沉淀物进行烘干，然后在氮气保护的条件下置于马弗炉中，在 400～500℃的温度下煅烧 2～3h，然后取出反应物，加入巯基乙酸和甲基丙烯酸缩水甘油酯在 35～50℃温度下反应 2～4h，过滤后得混合物 A；

(2) 将混合物 A 与聚乙烯吡咯烷酮混合，加入 5～10 倍于混合物质量份的溶剂，在搅拌的状态下加入乙二胺二琥珀酸、乙二胺四亚甲基膦酸五钠、柠檬酸钠，缓慢升温至 50～70℃，并保持此温度反应 1～2h，得混合物 B；

(3) 将混合物 B 降温至 30～50℃，在搅拌的状态下缓慢加入烷基苯磺酸钠、聚二甲基二烯丙基氯化铵、聚丙烯酰胺、聚乙烯亚胺，添加完成后，继续搅拌反应 1～3h 后冷却至室温，即得复合水处理剂。

［产品特性］ 本品处理废水后，BOD_5 和 COD 以及 SS 完全达到国家的排放标准。与传统处理剂相比，具有制备方法简单、毒性小、原料价格低廉易得、易于生物降解的独特优点。

配方 43 复合碳源污水处理剂

原料配比

原料		配比（质量份）					
		1#	2#	3#	4#	5#	6#
醇	乙醇	30	—	—	5	—	—
	丙三醇	—	20	—	—	—	22
	乙二醇	—	—	25	15	25	—
糖类物质	果糖	5	—	—	—	10	—
	糖蜜	—	20	—	5	—	—
	葡萄糖	—	—	10	5	10	20
	蔗糖	—	—	—	5	—	—
草本植物	水葫芦	5	10	8	—	—	2
	秸秆	—	—	—	5	10	8
壳聚糖	脱乙酰度 55%～70%	10	—	—	—	—	—
	脱乙酰度 70%～85%	—	5	—	—	—	—
	脱乙酰度 85%～95%	—	—	7	—	—	—
	脱乙酰度 95%～100%	—	—	—	6	6	6
有机酸	乙酸	10	—	7	6	—	—
	甲酸	—	5	—	—	8	9
活性肽		1	0.2	0.5	0.4	0.5	0.8
水		加至 100	加至 100	加至 100	加至 100	加至 100	加至 100

制备方法

（1）将壳聚糖、有机酸和水依次投入反应釜中，充分搅拌，待溶液成油状透明为止；

（2）再缓慢加入醇、糖类物质，将粉碎后的草本植物加入搅拌均匀后，进行熟化，继续搅拌至 COD$\geqslant 2.5\times10^{5}$mg/L，最后加入活性肽，混合均匀，过滤，得到复合碳源药剂。

产品特性

（1）本品具有较好的水质适应性，适用于水质环境变化及 pH 不稳定情况下的污水处理。

（2）本品为复合产品，可增强微生物活性和调节微生物微循环系统，提高硝化反硝化能力，高效且环保，还减少固废。

配方 44 复合污水处理剂（1）

原料配比

原料		配比（质量份）				
		1#	2#	3#	4#	5#
玉米秸秆		20.2	21.7	18.4	20.9	19.3
木薯渣		4.6	4.4	4.8	4.2	4.5
淀粉衍生物		8.1	7.2	8.6	7.5	8.9
聚丙烯酰胺		6.8	7.4	6.2	7.8	6.6
聚合硫酸铁		11.3	10.6	11.7	10.3	11.1
硅藻土		15.5	16.1	16.9	14.4	14.9
乳酸菌		0.7	0.6	0.9	0.8	0.5
酵母菌		4.4	4.7	4.2	4.9	4.6
枯草芽孢杆菌		7.2	6.8	7.8	6.3	7.4
淀粉衍生物	木薯淀粉	138	128	146	138	138
	马铃薯淀粉	22.7	23.6	21.4	22.7	22.7
	盐酸	7.4	7	6.2	7.4	7.4
	氢氧化钠	12.8	13.2	13.8	12.8	12.8
	氯乙酸	31.6	32.6	33.6	31.6	31.6
	乙醇	17	16.4	17.4	17	17
	环氧氯丙烷	1.82	1.66	1.72	1.82	1.82
	N,*N*′-亚甲基双丙烯酰胺	1.2	1.08	1.26	1.2	1.2
	水	752	728	676	752	752

制备方法

（1）将水含量在60%～70%的玉米秸秆粉碎成1cm的段，与木薯渣、聚丙烯酰胺混合均匀后，再加入乳酸菌、0.3～0.7份枯草芽孢杆菌混合均匀，放入青储槽中，压实，覆盖塑料薄膜，在20～30℃发酵4～6天，得到发酵秸秆；

（2）将步骤（1）得到的发酵秸秆与淀粉衍生物、酵母菌、剩余的枯草芽孢杆菌、聚合硫酸铁、硅藻土混合均匀，得到复合污水处理剂。

原料介绍

所述的乳酸菌、酵母菌、枯草芽孢杆菌为粉状菌剂。乳酸菌的活力为100亿～120亿CFU/g，酵母菌的活力为250亿～270亿CFU/g，枯草芽孢杆菌的活力为200亿～250亿CFU/g。

所述淀粉衍生物的制备方法包括以下步骤：

（1）将盐酸、氢氧化钠、氯乙酸、乙醇分别加入水中，制备成质量分数为2%～3%的盐酸溶液、质量分数为3%～4%的氢氧化钠溶液、质量分数为40%～50%的氯乙酸溶液和质量分数为20%～30%的乙醇溶液，备用。

（2）将木薯淀粉加入步骤（1）制备的质量分数为2%～3%的盐酸溶液中，搅拌均匀后将温度升至75～85℃，搅拌反应30～40min，冷却至45～55℃，加入步骤（1）制备的质量分数为40%～50%的氯乙酸溶液，保持温度搅拌反应3～4h，过滤得到滤饼A；温度升高的速度为10～12℃/min，冷却的降温速度为5～7℃/min。

（3）将马铃薯淀粉加入步骤（1）制备的质量分数为20%～30%的乙醇溶液中，搅拌均匀后，加入步骤（1）制备的质量分数为3%～4%的氢氧化钠溶液，边搅拌边加热至60～70℃，加入环氧氯丙烷，保持温度搅拌反应4～5h，得到溶液B；边搅拌边加热时的升温速度为6～7℃/min。

（4）在50～60℃条件下，将步骤（2）得到的滤饼A加入步骤（3）制备的溶液B中，搅拌15～20min后，再加入*N*,*N*′-亚甲基双丙烯酰胺搅拌反应2～3h，在50～60℃下真空干燥，粉碎得到淀粉衍生物。得到的淀粉衍生物为40～50目，水分含量为10%～13%。

［产品特性］ 本品通过原料复配发挥协同作用，可以有效降低印染污水中的COD、BOD、SS、NH_3-N的含量，还可以有效降低印染污水的色度和染料浓度，而且制备方法简单，原料易得，成本较低，是一种安全有效的污水处理剂。

配方45 复合污水处理剂（2）

［原料配比］

原料			配比（质量份）					
			1#	2#	3#	4#	5#	6#
二硫代氨基甲酸壳聚糖	壳聚糖		100	100	100	100	100	100
	1%的醋酸溶液		200（体积份）	—	—	—	—	—
	3%的醋酸溶液		—	200（体积份）	—	—	—	—
	2%的醋酸溶液		—	—	200（体积份）	200（体积份）	200（体积份）	200（体积份）
	碱	NaOH固体	5	—	7	7	7	7
		KOH固体	—	10	—	—	—	—
	CS_2		75	92	84	84	84	84

续表

原料				配比（质量份）					
				1#	2#	3#	4#	5#	6#
磁性厚壁多孔道二氧化钛中空球	油相	钛酸四烷基酯	钛酸四丁酯	100	—	—	—	—	—
			钛酸四戊酯	—	100	—	—	—	—
			钛酸四异丙酯	—	—	100	100	100	100
		偶联剂	钛酸酯偶联剂 TMC-114	1	—	—	—	—	—
			钛酸酯偶联剂 TMC-3	—	—	3	3	3	3
			钛酸酯偶联剂 TMC-27	—	5	—	—	—	—
		二氯甲烷		200（体积份）	200（体积份）	200（体积份）	200（体积份）	200（体积份）	200（体积份）
	水相	氯化亚铁		15	30	22	22	22	22
		氯化钴		15	25	20	20	20	20
		乳化剂	十二烷基磺酸钠	12	20	—	—	—	—
			硬脂酸钠	—	—	17	17	17	17
		致孔剂		5	10	7	7	7	7
		水		70（体积份）	70（体积份）	70（体积份）	70（体积份）	70（体积份）	70（体积份）
	致孔剂	大孔致孔剂	聚乙二醇辛基苯基醚	1	—	—	2	—	—
			聚氧乙烯失水山梨醇脂肪酸酯	—	1	1	—	7	2
		普通致孔剂	十六烷基三甲基氯化铵	1.5	—	—	—	—	—
			氧乙烯-氧丙烯三嵌段共聚物 F127	—	4	—	—	1	—
			氧乙烯-氧丙烯三嵌段共聚物 F123	—	—	2	7	—	1
	四甲基胍的水溶液			7	12	10	10	10	10
营养液	大豆提取物			100	100	100	100	100	100
	玉米提取物			70	80	75	75	75	75
	碳源	葡萄糖		30	70	45	45	45	45
	氮源	丙氨酸		20	—	—	—	—	—
		甘氨酸		—	20～30	—	—	—	—
		酪氨酸		—	—	25	25	25	25

续表

原料			配比（质量份）					
			1#	2#	3#	4#	5#	6#
营养液	无机盐	氯化钙	0.2	—	—	—	—	—
		氯化钾	—	1	—	—	—	—
		氯化钠	—	—	0.6	0.6	0.6	0.6
	维生素	维生素 B_1	0.1	—	—	—	—	—
		维生素 C	—	0.3	—	—	—	—
		维生素 K	—	—	0.2	0.2	0.2	0.2
	无菌水		200（体积份）	200（体积份）	200（体积份）	200（体积份）	200（体积份）	200（体积份）
菌种种子液	好氧细菌		10	10	10	10	10	10
	厌氧细菌	反硝化细菌	5	5	5	5	5	5
	好氧细菌	枯草芽孢杆菌	1	1	1	1	1	1
		硝化杆菌属	2	3	2.5	2.5	2.5	2.5
复合微生物剂	菌种种子液		12	12	12	12	12	12
	营养液		100	100	100	100	100	100
包裹二硫代氨基甲酸壳聚糖的磁性球	二硫代氨基甲酸壳聚糖		50～80	80	75	75	75	75
	去离子水		150（体积份）	150（体积份）	150（体积份）	150（体积份）	150（体积份）	150（体积份）
	磁性厚壁多孔道二氧化钛中空球		100	100	100	100	100	100
包裹二硫代氨基甲酸壳聚糖的磁性球			100	100	100	100	100	100
复合微生物剂			120	250	190	190	190	190

制备方法

（1）二硫代氨基甲酸壳聚糖的制备：将壳聚糖溶于1%～3%醋酸溶液中，加入碱，搅拌均匀后，控制温度不高于5℃，滴加 CS_2，控制反应温度不高于40℃，滴加完毕升温至45～65℃搅拌2～4h，停止反应，加入等体积乙醇，过滤，冷冻干燥，得到二硫代氨基甲酸壳聚糖。

（2）磁性厚壁多孔道二氧化钛中空球的制备：将钛酸四烷基酯和钛酸酯偶联剂溶于二氯甲烷中，得到油相；将亚铁盐、钴盐、乳化剂和致孔剂溶于水中，得到水相；将所述水相滴加至所述油相中，边搅拌边滴加，滴加完毕后进行乳化，得到乳液，加入7%～12%四甲基胍的水溶液，调节pH值为7.5～8.5，反应得到纳米球乳液；将所述纳米球乳液离心分离，离心转速为10000～12000r/min，时间为2～4min，45～55℃干燥，煅烧，煅烧温度为450～700℃，时间为2～4h，得到磁性厚壁多孔道二氧化钛中空球。

(3) 营养液的制备：将大豆提取物、玉米提取物、碳源、氮源、无机盐、维生素用无菌水溶解，混合均匀后，用 PBS 溶液（磷酸盐缓冲溶液）调节 pH 值为 7.0～7.5，紫外线灭菌备用。

(4) 菌种种子液的制备：将好氧细菌接种到高氏培养基中划线，有氧培养，有氧培养条件为氧气的体积分数在 25%～30%，温度为 25～30℃，湿度为 55%～65%；将厌氧细菌接种到高氏培养基中划线，厌氧培养，厌氧培养的条件为温度为 25～30℃，湿度为 55%～65%。然后分别培养成菌种种子液。

(5) 复合微生物剂的制备：将步骤 (4) 制得的菌种种子液分别接种于步骤 (3) 得到的营养液中，接种好氧细菌的营养液有氧培养 1～3 天，有氧培养条件为氧气的体积分数在 25%～30%，温度为 25～30℃，湿度为 55%～65%；接种厌氧细菌的营养液厌氧培养 1～3 天，厌氧培养的条件为温度为 25～30℃，湿度为 55%～65%；混合后得到复合微生物剂。

(6) 包裹二硫代氨基甲酸壳聚糖的磁性球的制备：将步骤 (1) 制得的二硫代氨基甲酸壳聚糖溶于去离子水中，加入步骤 (2) 制得的磁性厚壁多孔道二氧化钛中空球，超声分散均匀后，40～50℃加热至溶剂蒸发完全，得到的纳米球用蒸馏水反复洗涤后，45～65℃干燥，得到包裹二硫代氨基甲酸壳聚糖的磁性球。

(7) 复合污水处理剂的制备：将步骤 (6) 制得的包裹二硫代氨基甲酸壳聚糖的磁性球浸泡在步骤 (5) 制得的复合微生物剂中，浸泡 1～3 天，取出，自然干燥，得到复合污水处理剂。

[产品特性] 本品制备方法简单，原料来源广，不仅对大部分重金属具有极好的吸附、沉淀、固定的作用，而且二氧化钛壁材还具有极好的光催化活性，能够有效去除污水中大量的内分泌干扰素、藻毒素、致病性微生物等，净化污水。另外，球表面固定的微生物还能够有效降解污水中的有机污染物，快速有效净化污水，同时，该复合污水处理剂还具有铁磁性，在完成污水处理作业后，还可以通过磁铁进行去除，更加安全、环保。

配方 46　复合污水处理剂 (3)

[原料配比]

原料		配比（质量份）		
		1#	2#	3#
1号处理剂	聚羟基氯化铝	20	15	25
	聚合硫酸铁	15	10	20
	硅酸钠	2	1	3

续表

原料		配比（质量份）		
		1#	2#	3#
1号处理剂	硅藻泥	60	50	70
	硫酸	15	10	20
	去离子水	100	80	120
	聚丙烯酰胺	35	30	40
	柠檬酸	20	10	30
	氯化钠	7	5	10
2号处理剂	碳纳米管	20	10	30
	柿子单宁	8	3	18

［制备方法］ 将各组分原料混合均匀即可。

［使用方法］ 所述复合污水处理剂的投放量在进水氨氮＞100mg/L时为4～5kg/t（污水）；复合污水处理剂的投放量在进水氨氮为50～100mg/L时为3～4kg/t（污水）；复合污水处理剂的投放量在进水氨氮＜50mg/L时为0.5～3kg/t（污水）。

［产品特性］ 本品在常用絮凝剂的基础上进行改进，铝盐、铁盐与碳纳米管和柿子单宁结合，在基础水处理的过程中用柿子单宁阻断亚硝酸盐进一步氧化为硝酸盐，实现短程硝化，缩短水处理过程；本品具有显著的脱色、除臭、脱油、除菌等功能，对环境影响小、处理成本低。

配方47 复合污水处理剂（4）

［原料配比］

原料	配比（质量份）			
	1#	2#	3#	4#
聚合氯化铝	20	25	30	35
聚合氯化铁	15	17	18	20
改性膨润土	10	13	17	20
硅胶	10	12	13	15
丙烯酸酯胶黏剂	3	4	4	5
改性零价铁	42	29	18	5

续表

原料			配比（质量份）			
			1#	2#	3#	4#
改性膨润土	膨润土		10	10	10	10
	1mol/L草酸钾溶液		10	12	13	15
改性膨润土	亚丙基双（十八烷基二甲基氯化铵）		1	2	2	3
	硅烷偶联剂		0.5	0.6	0.6	0.6
	水		8	9	9	10
改性零价铁	微米零价铁	粒径为50μm	10	—	—	—
		粒径为60μm	—	10	—	—
		粒径为65μm	—	—	10	—
		粒径为75μm	—	—	—	10
	水溶性高聚物	聚氧化乙烯	2	—	—	—
		聚丙烯酸钙	—	3	5	—
		聚乙烯醇	—	—	—	6
	水		20	30	50	60

［制备方法］ 将聚合氯化铝和聚合氯化铁混合均匀并使混合物的粒径为50～75μm，然后加入改性膨润土和硅胶混合均匀，接着加入丙烯酸酯胶黏剂并混合均匀，最后加入改性零价铁并混合均匀制得复合污水处理剂。制备过程在40～50℃温度下进行。

［原料介绍］

所述的改性膨润土由以下方法制得：将膨润土与草酸钾溶液混合并静置20～30min，然后以1000～2000r/min转速球磨1～1.5h，然后静置1～2h制得膨润土混合浆，然后将膨润土混合浆干燥并在400～450℃下处理30～50min制得初插层膨润土，然后将初插层膨润土与亚丙基双（十八烷基二甲基氯化铵）、硅烷偶联剂和水混合并在2000～2500r/min转速下球磨50～80min，接着干燥后制得改性膨润土。

所述的改性零价铁由以下方法制得：将微米零价铁颗粒质量0.2～0.6倍的水溶性高聚物溶解于微米零价铁颗粒质量2～6倍的去离子水中制得高聚物溶液，溶解后将微米零价铁颗粒加入高聚物溶液中混合均匀，真空干燥后制得改性零价铁。

［产品特性］ 本品用于化工废水的处理，集脱色、絮凝、去除COD、去除BOD等多种功能于一身，其脱色率极高，优于传统的无机高分子絮凝剂和有机高分子絮凝脱色剂。

配方 48 复合型油田废水处理剂

原料配比

原料	配比（质量份）		
	1#	2#	3#
海藻酸钠	35	30	40
壳聚糖	36	40	30
海泡石纤维	6	7	8
橄榄叶提取物	2	3	11
聚硅酸铁	5	3	4
聚丙烯酰胺	4	5	3
木质素磺酸钠	2	3	1

制备方法 将各组分原料混合均匀即可。

原料介绍 所述的橄榄叶提取物制备方法为：将橄榄叶切成3～5cm的小块，进行蒸汽爆破处理，然后蒸汽爆破后的叶片，按照1∶2的体积比加水，常温提取2～3h，然后3000r/min离心15～20min，得上清液，即为橄榄叶提取物。所述蒸汽爆破处理的蒸汽压力1.5～1.8MPa，时间为3～5min。

产品特性

（1）本品采用天然絮凝剂和无机絮凝剂组合，絮凝激发效果好，絮凝处理成本低廉，同时可增加絮凝沉积能力，从而提升了水处理效果，降低了二次污染风险，提高了处理后水质，同时具有良好的质量稳定性，保质期长，对自然环境具有良好的适应能力，使用方便。

（2）本品中添加具有絮凝和抑菌作用的壳聚糖和橄榄叶提取物，一方面可以有效地保持本品的质量稳定，且可以使其长期保存，另一方面可以有效地杀菌抑菌，提高絮凝效果。

配方 49 改进的高浓度含磷废水用水处理剂

原料配比

原料	配比（质量份）	原料	配比（质量份）
乙二胺四亚甲基膦酸	44	羟基亚乙基二膦酸	23
水解马来酸酐	37	氨基三亚甲基膦酸	17

续表

原料	配比（质量份）	原料	配比（质量份）
聚丙烯酰胺	13	活性炭	1.8
氧化铝	8	氯化铁	1.6
硫酸铜	4	纳米银	1.3

［制备方法］ 将各组分原料混合均匀即可。

［产品特性］ 本品通过精确的组分配比，各组分互相渗透，使产品处理效果好，无二次污染。本产品稳定性好，易加工，制造成本低，符合实际使用要求。

配方 50 改性凹凸棒土复合污水处理剂

［原料配比］

原料		配比（质量份）	
		1#	2#
$FeCl_3$ 溶液	$FeCl_3 \cdot 6H_2O$	15	15
	50℃的去离子水	75（体积份）	75（体积份）
$FeCl_2$ 溶液	$FeCl_2 \cdot 4H_2O$	11.03	11.03
	50℃的去离子水	75（体积份）	75（体积份）
Fe_3O_4 溶液	$FeCl_3$ 溶液	2	2
	$FeCl_2$ 溶液	1	1
	稀氨水	150（体积份）	150（体积份）
	水合油酸钠	8	8
	去离子水	90（体积份）	90（体积份）
磁性壳聚糖微球	Fe_3O_4 溶液	2（体积份）	2（体积份）
	壳聚糖醋酸溶液	20（体积份）	20（体积份）
	司盘-80	4（体积份）	4（体积份）
	液体石蜡	20（体积份）	20（体积份）
	戊二醛	4（体积份）	4（体积份）
壳聚糖碳化改性的凹凸棒土	酸化后的凹凸棒土	10	10
	壳聚糖醋酸溶液	300（体积份）	300（体积份）
改性凹凸棒土包裹的磁性壳聚糖微球	磁性壳聚糖微球	1	1
	壳聚糖碳化改性的凹凸棒土	10	10
碳化的废活性炭	糖厂的废活性炭	1	1
	去离子水	50（体积份）	50（体积份）

续表

原料	配比（质量份）	
	1#	2#
改性凹凸棒土包裹的磁性壳聚糖微球	1	1
碳化的废活性炭	0.5	1

制备方法

（1）将 $FeCl_3$ 溶液和 $FeCl_2$ 溶液混合，向混合溶液中缓慢滴加稀氨水，并同时高速搅拌，反应完全后沉降，除去上层清液，沉降得到 Fe_3O_4，洗涤，浓缩溶液，洗涤后的 Fe_3O_4 加入水合油酸钠用 90 份去离子水配成溶液超声得到分散后的 Fe_3O_4 溶液。

（2）取步骤（1）最终制备的 Fe_3O_4 溶液，滴加壳聚糖醋酸溶液，然后再加入司盘-80 和液体石蜡，充分搅拌后，再加入戊二醛，在 40～50℃条件下反应 50～70min，再升高温度至 60～80℃继续反应 2～4h，清洗后过滤，干燥、过筛，得到磁性壳聚糖微球，备用。

（3）将凹凸棒土过筛，用盐酸浸泡，离心，得到酸化后的凹凸棒土；称取酸化后的凹凸棒土加入壳聚糖醋酸溶液，振荡，再将其置于聚四氟乙烯水热反应釜中，反应釜放到 130～170℃高温炉中反应，自然冷却，过滤，洗涤，干燥沉淀物，粉碎，过筛后得到壳聚糖碳化改性的凹凸棒土。

（4）按照磁性壳聚糖微球和壳聚糖碳化改性的凹凸棒土按照（1∶5）～（1∶15）的质量比称取，将磁性壳聚糖微球加入盐酸溶液，搅拌，加入壳聚糖碳化改性的凹凸棒土，缓慢搅拌 20～28h，挥发溶液，用制丸机在 60～80℃制备成直径为 6～10mm 的丸剂，即得改性凹凸棒土包裹的磁性壳聚糖微球。

（5）取糖厂的废活性炭加入水，振荡，再将其置于聚四氟乙烯水热反应釜中，反应釜放到高温炉中反应，自然冷却，过滤，洗涤，干燥沉淀物得碳化的废活性炭。

（6）将步骤（4）所得的改性凹凸棒土包裹的磁性壳聚糖微球和步骤（5）所得的碳化的废活性炭混合得到改性凹凸棒土复合污水处理剂。

原料介绍

所述磁性壳聚糖微球具体结构为：Fe_3O_4 内核，壳聚糖外壳。

所述活性炭为经过超声波处理的来自糖厂的废活性炭。

产品特性

（1）磁性壳聚糖微球是壳聚糖在交联剂的作用下包裹 Fe_3O_4 而生成的一种球形吸附剂，对一些污染物表现出了较好的吸附效果，但依靠壳聚糖上的氨基和羟基进行吸附本身吸附能力就有局限性。所以针对这一问题，本品在外层包裹壳聚糖碳化改性的凹凸棒土。凹凸棒土中含有碳化的壳聚糖，其中壳聚糖本身含有羟基、氨基等，具有亲水性，碳化后增强了凹凸棒土的亲有机性，因而增加了对水中甲基橙的吸附性能。糖厂的废活性炭本身吸附有不少有机物质，其表面和孔内的有机物质碳化后，能够形成纳米碳-活性炭复合材料，富含含氧官能团。同时，在磁性壳聚糖微球外层包裹壳聚糖碳化改性的凹凸棒土，然后制备成丸剂，可以有效地防止纳米碳-活性炭复合材料吸附磁性壳聚糖微球。

（2）本品能够快速高效地去除水体里的偶氮染料，吸附能力强，净化效果好，实验证明该复合污水处理剂能够很好地吸附水中的甲基橙，在水污染处理中有良好的应用前景。

配方 51　改性淀粉水处理剂

［原料配比］

<table>
<tr><th colspan="2">原料</th><th>配比（质量份）</th></tr>
<tr><td rowspan="5">Fe_3O_4 纳米粒子溶液</td><td>去离子水</td><td>100（体积份）</td></tr>
<tr><td>$Fe(NO_3)_3 \cdot 9H_2O$</td><td>5.9</td></tr>
<tr><td>$FeSO_4 \cdot 7H_2O$</td><td>2.3</td></tr>
<tr><td>浓氨水（25%）</td><td>10（体积份）</td></tr>
<tr><td>油酸</td><td>15（体积份）</td></tr>
<tr><td rowspan="4">淀粉/ Fe_3O_4 纳米复合微球</td><td>Fe_3O_4 纳米粒子溶液</td><td>10（体积份）</td></tr>
<tr><td>水</td><td>70（体积份）</td></tr>
<tr><td>玉米淀粉</td><td>10</td></tr>
<tr><td>NaCl 溶液</td><td>70（体积份）</td></tr>
<tr><td rowspan="3">交联淀粉/Fe_3O_4 纳米复合微球</td><td>淀粉/ Fe_3O_4 纳米复合微球</td><td>5</td></tr>
<tr><td>NaOH 溶液</td><td>10（体积份）</td></tr>
<tr><td>环氧丙烷</td><td>10（体积份）</td></tr>
<tr><td colspan="2">交联淀粉/Fe_3O_4 纳米复合微球</td><td>5</td></tr>
<tr><td colspan="2">去离子水</td><td>50（体积份）</td></tr>
<tr><td colspan="2">环氧丙烷</td><td>10（体积份）</td></tr>
<tr><td colspan="2">质量分数为 60%的高氯酸</td><td>5（体积份）</td></tr>
</table>

［制备方法］

（1）淀粉/Fe_3O_4 纳米复合微球的合成：通过共沉淀法制备 Fe_3O_4 纳米粒子溶液，将 Fe_3O_4 纳米粒子溶液加入水中，进行一次超声，然后加入玉米淀粉，进行二次超声，再加入 NaCl 溶液，进行三次超声，再静置反应，将所得反应产物经洗涤、干燥后，得到淀粉/Fe_3O_4 纳米复合微球。所述一次超声的时间为 5～

15min，所述二次超声的时间为 10～32min，所述三次超声的时间为 10～46min；所述二次超声后，于 10～35℃下静置 30～50min，再加入 NaCl 溶液；所述三次超声后静置反应是在 10～43℃下静置 24～46h 进行反应。所述 Fe_3O_4 纳米粒子溶液、水、玉米淀粉、NaCl 溶液的添加比为 6～20mL：60～200mL：10～30g：70～150mL，所述 Fe_3O_4 纳米粒子溶液中 Fe_3O_4 的质量浓度为 1～20g/mL，所述 NaCl 溶液中 NaCl 的质量分数为 10%～40%。所述洗涤采用二次蒸馏水进行，所述干燥的温度为 60～80℃，所述干燥的时间为 24～38h。

（2）交联淀粉/Fe_3O_4 纳米复合微球的合成：将淀粉/Fe_3O_4 纳米复合微球、NaOH 溶液和环氧丙烷混合，经充分反应后，调节产物溶液至中性，经洗涤、干燥后，得到交联淀粉/Fe_3O_4 纳米复合微球。所述淀粉/Fe_3O_4 纳米复合微球、NaOH 溶液和环氧丙烷的添加比例为 2～20g：1～50mL：1～30mL。所述 NaOH 溶液中 NaOH 的质量分数为 80%～99%，所述反应的时间为 18～40h，所述洗涤采用去离子水进行，所述干燥为真空干燥，所述真空干燥的温度为 80～100℃，所述真空干燥的时间为 20～43h。

（3）改性淀粉水处理剂的合成：将交联淀粉/Fe_3O_4 纳米复合微球、去离子水和环氧丙烷混合并搅拌均匀，然后加入高氯酸，充分反应后，经冷却、洗涤、脱水和干燥，得到醚化淀粉/Fe_3O_4 纳米复合微球，即为改性淀粉水处理剂。所述交联淀粉/Fe_3O_4 纳米复合微球、去离子水、环氧丙烷和高氯酸的添加比例为 2～20g：50～230mL：5～40mL：1～20mL。所述高氯酸的质量分数为 60%～80%，所述反应的温度为 90～120℃，所述反应的时间为 10～26h，所述冷却为冷却至室温，所述洗涤依次采用水、乙醇和甲醇进行，所述脱水采用丙酮进行，所述干燥为真空干燥，所述真空干燥的温度为 60～100℃，所述真空干燥的时间为 10～30h。

[原料介绍]

所述共沉淀法制备 Fe_3O_4 纳米粒子溶液的过程如下：在反应器中加入去离子水，通 N_2 除掉去离子水中的氧后，加入 $Fe(NO_3)_3 \cdot 9H_2O$ 和 $FeSO_4 \cdot 7H_2O$，溶解后加入浓氨水，常温下搅拌反应，再加入油酸，再搅拌，所得产物经磁分离、去离子水洗涤和分散，得到 Fe_3O_4 纳米粒子溶液。所述浓氨水的质量分数为 25%～52%，所述通 N_2 的时间为 30～45min，所述加入浓氨水后、加入油酸前的搅拌反应时间为 0.5～3h，加油酸后的搅拌反应时间为 1～4h。

[产品特性]

（1）本品广泛应用于水处理行业中，能有效地去除废水中的重金属等有害化学物质，减少因化学物质的排放而造成的环境污染。

（2）本品为淀粉基纳米微球，外形规则，机械强度好，粒度均匀，具有空间网状结构，内部孔隙发达，吸附性能更好。

（3）本品可用于重金属废水的处理中，对废水的处理效率可达到 70%以上。

配方 52　刚果红废水处理剂

[原料配比]

原料	配比（质量份）		
	1#	2#	3#
明矾	10	12	8
木质素磺酸钠	5	6	4
壳聚糖	15	18	12
酚醛树脂	8	9	7
氯化铝铁	6	7	5
硫酸铁	4	6	3
硫酸铝钾	4	6	3
羧甲基纤维素钠	4	6	3
枇杷叶浓缩液	15	18	12
桑葚浓缩液	15	18	12

[制备方法] 将木质素磺酸钠、壳聚糖、酚醛树脂、氯化铝铁、硫酸铁、硫酸铝钾、枇杷叶浓缩液和桑葚浓缩液混合，搅拌 10～20min 后，将溶液水浴加热至 30～35℃，再加入羧甲基纤维素钠和明矾，加完后在 30～35℃下保温 20～30min，自然冷却，即得。

[原料介绍]

所述枇杷叶浓缩液的制备：取枇杷叶加入 6 倍量的浸泡液浸泡 10h，过滤，再加 9 倍水煎煮 3 次，每次 2h，滤过，合并滤液，减压浓缩至 50～60℃时相对密度为 1.05～1.10 的浸膏，加乙醇使含醇量为 50%～75%，不断搅拌，静置 28h，过滤，滤液减压回收乙醇并浓缩至 50℃时相对密度为 1.05～1.10 的浸膏，用盐酸调 pH 值至 2,40～60℃保温 5h，倾弃上清液，过滤，沉淀用水洗至 pH 值为 3～4，浓缩，即得。

所述桑葚浓缩液的制备：取桑葚，再加 9 倍水煎煮 3 次，每次 2h，滤过，合并滤液，减压浓缩至 50～60℃时相对密度为 1.05～1.10 的浸膏，加乙醇使含醇量为 50%～75%，不断搅拌，静置 28h，过滤，滤液减压回收乙醇并浓缩至 50℃时相对密度为 1.05～1.10 的浸膏，用盐酸调 pH 值至 2,40～60℃保温 5h，倾弃上清液，过滤，沉淀用水洗至 pH 值为 3～4，浓缩，即得。

[**产品特性**] 本品可用于处理刚果红废水，处理效果好，脱色率高达97.6%，成本低。

配方53 钢铁厂高盐废水处理剂

[**原料配比**]

原料		配比（质量份）			
		1#	2#	3#	4#
沉淀剂	氟硅酸铅	60.8	74.4	68	68
辅助剂	碳酸铵	28.3	21.1	—	17.5
	碳酸氢铵	10.3	—	8.3	8.3
分散剂	聚丙烯酸	0.6	4.5	1.4	1.4
	聚丙烯酰胺	—	—	4.8	4.8

[**制备方法**] 将沉淀剂、辅助剂及分散剂按设计比例均匀混合后制成颗粒，颗粒粒径为4～8mm即可。

[**使用方法**] 铁厂高盐废水处理方法：

（1）沉淀反应：将待处理高盐废水引入反应池中，并向反应池中持续通入富CO_2烟气，充分搅拌；将钢铁厂高盐废水处理剂分散加入待处理高盐废水中，进行沉淀反应，得到反应后的处理水；其中，所述钢铁厂高盐废水处理采用上述的钢铁厂高盐废水处理剂；沉淀反应过程高盐废水的温度为37～68℃；钢铁厂高盐废水处理剂的浓度为35～55kg/m^3。富CO_2烟气中CO_2的体积分数大于30%。

（2）固液分离：将反应后的处理水调入过滤池中，并向过滤池中加入固液分离辅助剂，搅拌至固液分离辅助剂分散均匀；之后加入助凝剂，静置待固液分离，得到上层清液；固液分离辅助剂的浓度为0.5～2.5kg/m^3，固液分离辅助剂采用碳酸铵和碳酸氢铵中的一种或两种。助凝剂的浓度为0.3～1.0kg/m^3，助凝剂采用聚合硫酸铝及聚合硫酸铁中的一种或两种。

（3）处理水回用：将上层清液排入清水泵房，返回钢铁厂冷却系统重新使用。

[**产品特性**] 本品处理效果明显，可大大降低废水中钠离子及氯离子浓度；操作简单，各步骤紧密配合；成本较低，投资较少，适合于高盐废水处理流程，可实现工业废水的回用乃至零排放。

配方 54　钢铁废水处理剂（1）

［原料配比］

原料	配比（质量份）					
	1#	2#	3#	4#	5#	6#
钾长石	10	60	20	40	30	40
沸石	45	105	60	90	70	80
海泡石	50	100	60	90	70	80
木质素	1	10	5	10	7	9
聚合氯化铝	3	20	10	20	15	20
对苯乙烯磺酸钠	3	40	20	40	30	35
活性炭	5	20	10	20	15	20

［制备方法］　将各原料混合，250～350℃活化处理20～40min，超细粉碎至粒径为0.01～10μm，制得所述钢铁废水处理剂。

［使用方法］　本品加入量为0.05～0.20g/L。

［产品特性］　本品操作方便，对钢铁废水处理效率高。

配方 55　钢铁废水处理剂（2）

［原料配比］

原料	配比（质量份）		
	1#	2#	3#
聚丙烯酰胺	20	30	25
硫酸亚铁	4	6	5
聚合氯化铝	12	16	14
沸石	4	8	6
乙酸钴	2	4	3
矾土粉	1	2	1.5

［制备方法］　将各组分原料混合均匀即可。

［使用方法］　废水中添加本品废水处理剂的量与废水的质量比为2∶11。

［产品特性］

（1）本品以聚丙烯酰胺为基础絮凝物质，配合乙酸钴相互作用，可有效提升废水中杂质和污染物的沉降速率，同时与硫酸亚铁、聚合氯化铝、沸石和矾土粉共同作用，能有效沉降污水中的砷、氟等污染元素，达到高效净化的目的。

（2）本品在使用时，先对污水进行机械分离，分离出大颗粒杂质后再使用氢氧化铁在一氧化氮的催化作用下对污水进行初步处理，能有效去除污水中大部分有害物质，最后使用本品处理剂处理和降压蒸馏，使处理过的水能达到循环使用的标准。

配方 56　钢铁行业污水处理剂

［原料配比］

原料	配比（质量份）		
	1#	2#	3#
蒙脱石	33	35	41
甲基四氢苯酐	11	15	19
二氧化硅	3	5	7
六次甲基四胺	18	22	26
醋酸乙烯酯	5	8	12

［制备方法］

（1）将甲基四氢苯酐与其质量 4.5～5.5 倍的乙醇混合，制得甲基四氢苯酐溶液；将六次甲基四胺与其质量 3～3.5 倍的去离子水混合，制得六次甲基四胺溶液。

（2）将蒙脱石、二氧化硅混合研磨 2～2.5h，过 150～200 目筛，然后加入六次甲基四胺溶液，密封后先升温至 65～75℃并在该温度下搅拌处理 1.2～1.5h，然后升温至 80～85℃并在该温度下搅拌处理 50～55min，冷却至室温；然后与甲基四氢苯酐溶液混合，密封后先升温至 55～65℃并在该温度下搅拌处理 40～45min，然后升温至 100～120℃并在该温度下搅拌处理 48～52min，再升温至 150～165℃并在该温度下搅拌处理 30～40min，降至室温，过滤去除滤液，取沉淀物，洗涤干燥，制得混合物 A。洗涤干燥是用水洗涤，100℃烘箱干燥。加入六次甲基四胺溶液后的搅拌转速为 350～400r/min。加入甲基四氢苯酐溶液后的搅拌转速为 200～250r/min。

（3）将混合物 A 与醋酸乙烯酯混合，在 60～70℃的温度下搅拌 1.2～1.5h 制得混合物 B。

（4）将混合物 B 在 400～500℃的温度下煅烧 3～5h 后冷却即得所述钢铁行业污水处理剂。

［**产品特性**］ 本品耐高温、耐低温，且除油率、除固体悬浮物效率显著增加，对设备无腐蚀性。本品原料简单易得，制备工艺简单、易操作，生产成本低廉，适于工业化生产，适用于工业废水领域，特别适用于会产生大量含有废油类废水的钢铁行业污水的净化处理。

配方 57　高分子污水处理剂

［**原料配比**］

原料		配比（质量份）	
		1#	2#
丙烯酰胺		134	100
引发剂	过氧化二异丙苯	4	3
聚甘油脂肪酸酯		1～2	1
三羟甲基丙烷		3	2
氰丙基甲基纤维素		7	5
三氯异氰尿酸		1	0.4
海泡石粉		70	50
蓖麻酸钙		1	0.8
二甲基甲酰胺		适量	适量
无水乙醇		适量	适量
去离子水		适量	适量

［**制备方法**］

（1）取氰丙基甲基纤维素，加入其质量 4～7 倍的二甲基甲酰胺中，搅拌均匀，升高温度为 55～60℃，保温搅拌 10～20min，加入蓖麻酸钙，搅拌至常温，得纤维溶液；

（2）取引发剂，加入其质量 10～14 倍的无水乙醇中，搅拌均匀，得醇溶液；

（3）取海泡石粉，在 650～700℃下煅烧 1～2h，冷却至常温，磨成细粉，与三氯异氰尿酸混合，加入混合料质量 7～9 倍的去离子水中，超声 1～2h，得海泡石分散液；

（4）取上述纤维溶液、海泡石分散液混合，搅拌均匀，加入丙烯酰胺，送入到反应釜中，通入氮气，调节反应釜温度为 55～60℃，加入上述醇溶液，保温搅拌 4～5h，出料冷却，得纤维改性聚合物溶液；

（5）取聚甘油脂肪酸酯，加入上述纤维改性聚合物溶液中，超声 10～20min，加入剩余原料，升高温度为 60～65℃，保温搅拌 1～2h，过滤，将沉淀水洗，60～65℃下真空干燥 1～2h，冷却至常温，即得所述高分子污水处理剂。

［产品特性］ 本品通过反应实现了纤维填料与聚丙烯酰胺间的有效相容。本品的吸附性强，稳定性好，综合性能优异。

配方 58 高温工业废水处理剂

［原料配比］

原料	配比（质量份）				
	1#	2#	3#	4#	5#
活性炭	20	22	25	20	25
纳米四氧化三铁	10	11	12	12	10
脂肪酶液	45	48	50	45	50
海泡石粉	5	7	8	8	5
沸石粉	5	6	8	5	8
麦饭石粉	5	6	8	8	5
蛭石	5	7	8	5	8
珍珠岩	5	6	8	8	5
壳聚糖	10	11	12	10	12
腐殖酸钠	3	4	5	5	3
羧甲基淀粉钠	10	11	12	10	12
聚合氯化铝	8	9	10	10	8
茶多酚	0.5	0.6	0.7	0.6	0.7

［制备方法］

（1）取活性炭、纳米四氧化三铁、脂肪酶液和茶多酚混合后，调节混合物 pH 值为 7.0，然后置于转速为 150～155r/min 的摇床中，在 25℃左右处理 4～5h；

（2）向步骤（1）所得的混合物中加入腐殖酸钠和壳聚糖，继续搅拌 30～45min 后，加入海泡石粉、沸石粉、麦饭石粉、蛭石、珍珠岩、羧甲基淀粉钠和聚合氯化铝，混合搅拌 1～1.5h，即可。

［原料介绍］

所述脂肪酶液为斯氏假单胞菌、绿脓杆菌和黑曲霉混合发酵培养所分泌产生的脂肪酶液。所述斯氏假单胞菌、绿脓杆菌和黑曲霉按比例 1∶1∶2 接种于培养基中进行混合发酵培养。所述斯氏假单胞菌、绿脓杆菌和黑曲霉总接种量为发酵培养的培养基体积的8%～10%。所述培养条件为：培养基的pH值为7.0～7.2，培养温度为23～28℃，摇床转速为150～155r/min，培养时间为至少42h。所述发酵培养的培养基制备方法为：按质量份取牛肉膏30份、蛋白胨15份和氯化钠15份溶于1000份蒸馏水中，然后用0.1mol/L NaOH溶液调节pH值为7.0～7.2，再置于灭菌锅中在121℃条件下灭菌5min，即可。

所述活性炭的粒径为0.7～0.8mm；所述麦饭石粉的粒径为100～120目；所述海泡石粉的粒径为150～200目；所述沸石粉的粒径为100～120目；所述蛭石的粒径为2～4mm；所述珍珠岩的粒径为2～4mm。

所述腐殖酸钠中腐殖酸干基含量≥55%；所述羧甲基淀粉钠中有效物质含量≥99%；所述聚合氯化铝中氧化铝的含量≥30%；所述壳聚糖的含量≥99%，脱乙酰度>90%。

所述斯氏假单胞菌和绿脓杆菌的活化方法为：将冻干粉加入牛肉膏发酵培养的培养基中，轻轻摇晃使其混匀制得菌悬液，然后将灭菌的LB固体培养基稍冷却后制作成斜面培养基，并将菌悬液部分移植到斜面培养基上，置于37℃的恒温培养箱中培养，使其菌落数量增多，再从斜面培养基上挑选培养茁壮的菌落，接种到新的斜面培养基上培养，重复以上步骤2～3次，直至得到生长良好的菌株。

所述黑曲霉的活化方法为：

(1) 制备改良马丁培养基：分别取蛋白胨5份、磷酸氢二钾1.0份、酵母浸出粉2.0份、硫酸镁0.5份溶于1000份蒸馏水中，用0.1mol/L NaOH溶液调节pH值约为6.8，煮沸，加入20份葡萄糖溶解后，摇匀，纱布滤清，调节pH值为6.4±0.2，即可；

(2) 黑曲霉冻干粉的活化：保存的黑曲霉接到改良马丁培养基中，在23～28℃下振荡培养约5～6天，然后将活化后的菌液划线到改良马丁琼脂斜面（在改良马丁培养基中加入琼脂制得）上，在23～28℃下静置培养6～7天，即可。

所述脂肪酶液的提取方法包括如下步骤：

(1) 提取粗酶液：收集发酵液，于4000r/min下离心15min获得上清液，即为粗酶液；

(2) 提取脂肪酶液：取体积份浓度为0.0667mol/L磷酸盐缓冲溶液和1体积份油酸于锥形瓶中，混匀后放入37℃的恒温水浴锅中预热至少5min，然后向其中加入步骤(1)中提取所得的0.1体积份粗酶液，搅拌反应10min后，立即加入8体积份甲苯（分析纯），继续搅拌反应2min后，终止反应；再将经上述步骤处理后所得的溶液在3000r/min条件下离心处理至少10min，取上层有机混合液即为脂肪酶液。

[**产品特性**] 本品的各原料组分均无毒无害，不会造成吸附处理后的二次污染，且各原料组分均具有优异的吸附功能，搭配特定的制备方法，能够使各原料组分之间实现更好的相互促进和相互配合，从而协同发挥净水作用，最终使得制得的

处理剂能够直接用于高温工业废水，而且能够很好地去除高温工业废水中的重金属离子和有害的有机物质，吸附效果好、净化效率高、成本低且质量稳定。

配方 59 高吸附性柚皮污水处理剂

原料配比

原料		配比（质量份）		
		1#	2#	3#
基体改性颗粒	过筛颗粒	1	1	1
	质量分数 2%的硫酸	15	15	15
溶胶液 A	钛酸四丁酯	45	47	50
	乙醇	25	27	30
	乙酰丙酮	6	7	8
	质量分数 1%的硝酸	10	—	15
	质量分数 2%的硫酸	—	12	—
	去离子水	45	47	50
溶胶液 B	去离子水	45	47	50
	乙醇	10	12	15
	质量分数 1%的硝酸	6	7	7
混合溶胶液	溶胶液 A	1	1	1
	溶胶液 B	5	5	5
基体改性颗粒		1	1	1
混合溶胶液		15	15	15

制备方法

（1）取柚子皮并洗净，将其置于 45～50℃烘箱中干燥 6～8h 后，得干燥颗粒并研磨过 120 目筛，收集过筛颗粒并按质量比 1∶15 将过筛颗粒与质量分数 2%的硫酸搅拌混合，并置于 55～60℃下保温反应 6～8h，过滤并收集滤饼，再在室温下静置 20～24h，得基体改性颗粒。

（2）分别称量钛酸四丁酯、乙醇、乙酰丙酮、质量分数 1%或 2%的硝酸和去离子水，搅拌混合并置于室温下密封陈化 20～24h，得溶胶液 A。

（3）分别称量去离子水、乙醇、质量分数 1%的硝酸置于搅拌机中，搅拌混合并置于室温下密封避光陈化 70～72h，得溶胶液 B。

（4）按质量比 1∶5，将溶胶液 A 添加至溶胶液 B 中，搅拌混合并继续置于室温下密封处理 15～20h，得混合溶胶液；按质量比 1∶15 将基体改性颗粒添加至混合溶胶液中，浸泡处理4～5h后，再在2500～3000r/min下离心分离15～20min，收集下层沉淀并置于马弗炉中，在45～50℃下干燥6～8h后，收集干燥包覆颗粒并将其置于150～160℃管式气氛炉中，通氮气排除空气，控制氮气通入速率为25～30mL/min，待通入完成后，再保温反应3～5h，静置冷却至室温，即可制备得所述高吸附性柚皮污水处理剂。

［产品特性］

（1）本品采用柚皮为基质，通过柚皮自身具有的优异的结构性能，改善材料的内部孔隙结构，进一步提高材料内部孔隙的连通效率，从而提高材料的吸附性能；

（2）本品混合溶胶液浸润基体柚皮材料时，由于材料包覆并使其有效进入其孔道内部，在其孔道内部表面形成包覆层，再在高温环境下炭化分解，使其包覆膜表面形成有效的贯通的孔道结构，在提高柚皮吸附材料稳定性能的同时，改善材料的吸附强度。

配方60 高效多用污水处理剂

［原料配比］

原料	配比（质量份）			
	1#	2#	3#	4#
聚合三氯化铁	80	85	90	100
活性炭	40	45	50	60
雪硅钙石	30	35	40	50
聚硅酸铁	20	25	30	40
蒙脱石	20	25	30	40
聚合硫酸铁	10	13	16	20
聚合硫酸铝	10	13	16	20
过硫酸钾	5	7	8	10
壳聚糖	1	2	3	5
氯化钠	1	2	3	5
腐殖酸	0.5	1	1.5	2

［制备方法］ 将所述聚合三氯化铁、活性炭、雪硅钙石、聚硅酸铁、蒙脱石、聚合硫酸铁、聚合硫酸铝、过硫酸钾、壳聚糖、氯化钠、腐殖酸在40℃的条件下搅拌均匀，然后升温至80～90℃，1～2h后自然冷却后出料。

［产品特性］ 本品沉淀效果好，出水水质好，处理成本低，适用于采油厂的含油

污水。污水中加入该药剂后，悬浮物立刻絮凝，生成的矾花大，沉淀快速，效率高，絮团强度高、疏水性能好，利于压滤。该污水处理药剂纯度高、无杂质、无粉尘。

配方 61 高效废水处理剂（1）

［原料配比］

原料	配比（质量份）	
	2#	3#
次氯酸	25	30
亚硝酸	15	20
亚硝酸钠	7	5
铝酸钠	12	10
铝酸钙	10	15
石灰粉	16	20
聚丙烯酰胺	3	5
硫酸铁	4	5
硅藻土	20	15
活性炭	5	10
水	50	45

［制备方法］ 将各组分原料混合均匀即可。

［原料介绍］ 所述硅藻土的粒径为 50～100nm。

［产品特性］ 本品能够快速高效地处理废水，使得废水满足排放标准。

配方 62 高效废水处理剂（2）

［原料配比］

原料	配比（质量份）		
	1#	2#	3#
玉米淀粉	3	4	3
膨润土	3	5	6
铝酸钠	2	3	3
沸石矿物	3	2	2

续表

原料	配比（质量份）		
	1#	2#	3#
活性炭	3	2	1
改性硅藻土	5	4	5
膨胀石墨	7	6	5
水	30	40	55

［制备方法］ 将各组分原料混合均匀即可。

［产品特性］ 本品成本较低，处理效果好，效率高，反应迅速，具体针对化工业产生的废水，整个过程操作简单，并且不会对环境产生二次污染。

配方 63 高效废水处理剂（3）

［原料配比］

原料		配比（质量份）					
		1#	2#	3#	4#	5#	6#
淀粉黄原酸钠镁盐溶液	淀粉	90	92	94	96	98	100
	CS_2 溶液	150	150	150	150	150	150
	1%的 NaOH 溶液	30	30	30	30	30	30
	5%的 $MgSO_4$ 溶液	70	70	70	70	70	70
淀粉黄原酸钠镁盐溶液		80	80	80	80	80	80
2-取代苯基-2-氧代乙磺酰胺化合物		20	21	22	23	24	25
改性 2-丙基咪唑啉季铵盐		0.12	0.13	0.14	0.15	0.16	0.17
二甲苯		10	10	10	10	10	10

［制备方法］

（1）称取淀粉，加入 CS_2 溶液，用碱性试剂将溶液 pH 值调至 8.6，于室温（26℃）条件下放置在恒温磁力搅拌器上搅拌 4h，再加入 1%的 NaOH 溶液和 5%的 $MgSO_4$ 溶液，置于恒温磁力搅拌器上搅拌 4h，得到淀粉黄原酸钠镁盐溶液。搅拌速率为 200～300r/min。

（2）取淀粉黄原酸钠镁盐溶液，在 0℃条件下滴加 2-取代苯基-2-氧代乙磺酰胺化合物，用 1%的 NaOH 溶液调整溶液 pH 值为 8.6。然后称取改性 2-丙基咪唑啉季铵盐于四口瓶中，将烧杯中的混合物与之混合，放置于微波反应器中。在 N_2 保护下缓慢升温至 150℃，加入二甲苯，继续升温至 170℃，搅拌回流 5h。反应结束后冷却至室温，将回流液体取出，用乙酸乙酯萃取，有机相水洗，将水层旋蒸，除去溶剂，得黄色的黏稠状液体，即为淀粉黄原酸酯水处理剂。

［原料介绍］

所述的碱性试剂为 NaOH。

所述的 2-取代苯基-2-氧代乙磺酰胺化合物的制备方法：在 100mL 的三口瓶中加入 0.052 质量份 2-三氟甲基-4-氯苯胺、1.6 质量份三己胺、25 质量份无水二氯甲烷，冰水浴冷却至 0℃，滴加 50 质量份磺酰氯溶液，在恒温低温搅拌反应浴中反应，控制温度在 5℃以下，缓慢滴加，滴加完毕后，自然升温到室温继续搅拌反应 3h，停止反应，将所得溶液转入 250mL 分液漏斗，依次用 4mol/L 的盐酸 20mL、饱和碳酸氢钠 30mL，饱和食盐水 20mL 洗涤后，再用无水硫酸镁干燥，静置半小时，抽滤，将滤液用旋转蒸发仪旋干，得到粗产物，把得到的粗产物进行纯化操作，得到纯品 2-取代苯基-2-氧代乙磺酰胺化合物。

所述的改性 2-丙基咪唑啉季铵盐的制备方法：取正丁醇 0.07 质量份于 50mL 三口瓶中，加入 10 质量份的叔丁醇，称取碘单质 0.52 质量份和无水碳酸钾 0.45 质量份于三口瓶中，反应体系在氮气保护下加热至 70℃，搅拌 8h，使正丁醇氧化为正丁醛，反应结束后继续加入 0.10 质量份的乙二胺，继续保持在 70℃反应 2h，反应体系中加入 Na_2SO_3 溶液淬灭至无色或者淡黄色，使用氯仿萃取，收集有机相，再用 $NaHCO_3$ 溶液洗涤有机相，并用无水 Na_2SO_4 干燥，旋蒸除去有机溶剂，得 2-丙基咪唑啉。取 0.28 质量份 2-丙基咪唑啉与 2.23 质量份环氧氯丙烷，溶于 10 质量份无水乙醇中，将反应体系加热至 45℃，搅拌回流 4h，反应结束后调节反应体系呈弱碱性，保持温度反应 3h，反应体系加入 $NaHCO_3$ 溶液洗涤，有机相采用无水 Na_2SO_4 干燥后旋蒸，除去其中的乙醇溶剂，得淡黄色的透明液体，即为改性 2-丙基咪唑啉季铵盐。

［产品特性］　本品能有效地处理各种重金属离子和氰化物，具有化学沉淀、离子交换及吸附等多种功能，且高分子絮凝使沉淀易于固液分离。本品反应迅速，沉降快，价格低廉，功效好，交换容量大。生成的残渣稳定，无二次污染。回收的重金属可采用简单的燃烧去除杂质，重金属资源易于综合利用。

配方 64　高效工业污水处理剂（1）

［原料配比］

原料	配比（质量份）		
	1#	2#	3#
固体物质	100	110	120

续表

原料	配比（质量份）		
	1#	2#	3#
氯化铝	15	20	25
氯化钠	20	25	30
聚丙烯酰胺	20	30	40
EDTA	10	15	20
膨润土	10	12	15
氢氧化镁	5	8	10
氯化镁	5	8	10
硝酸锌	5	8	10

[**制备方法**] 将固体物质与氯化铝、氯化钠、聚丙烯酰胺、EDTA、膨润土、氢氧化镁、氯化镁、硝酸锌混合后进入造粒机造粒得到产品。

[**原料介绍**] 固体物质的制备方法如下。

(1) 将多种生物原料与水以质量比1∶3混合均匀，过滤；过滤用的滤网为80～100目。

(2) 将步骤(1)所得滤液加入质量分数为10%的苯甲酸，调节pH值为1～3，同时加入重铬酸钾，搅拌均匀后离心分离。加入重铬酸钾的总溶液质量分数为1%。搅拌速度为50～100r/min，搅拌时间为40～60min。离心速度为1000r/min，离心时间为10min。

所述的多种生物原料为大米粉10份，牛肉粉3份，海带粉10份，地瓜粉5份，玫瑰花粉1份，绿茶粉10份，菊花粉5份，甘草粉3份。

[**产品特性**] 本品操作简单，成本低，对废水中的杂质进行絮凝的效果显著。本品处理后工业污水悬浮物去除率达到96%以上，BOD去除率为93%以上，COD去除率为92%以上。

配方 65 高效工业污水处理剂（2）

[**原料配比**]

原料	配比（质量份）		
	1#	2#	3#
硅藻土	10	15	12

续表

原料	配比（质量份）		
	1#	2#	3#
氢氧化钠	2	6	4
光卤石	3	4	3.5
活性炭	14	18	16
肉桂醛	7	10	8.5
聚合三氯化铁	4	8	6
乳酸菌	1	2	1.5
消毒剂	2	4	3
絮凝剂	4	6	5

［制备方法］

（1）将硅藻土、光卤石和活性炭混合于高温下煅烧1～1.2h后加入粉碎机中进行粉碎，得混合粉末备用；高温煅烧的温度为300～400℃，混合粉末需过80～100目筛。

（2）将上述步骤（1）所得混合粉末加入2倍体积份的去离子水，加热至40～50℃，于搅拌机中匀速搅拌5～10min后向其中陆续加入氢氧化钠、肉桂醛和聚合三氯化铁，调节转速继续搅拌20～25min，得混合溶液备用；混合粉末加去离子水后搅拌机搅拌的转速为100～200r/min，加入氢氧化钠、肉桂醛和聚合三氯化铁后，搅拌机的转速为200～400r/min，且两次搅拌均为保温搅拌。

（3）将混合溶液于高温下烘干处理至含水量为10%～12%，后加入乳酸菌，高速搅拌至混合均匀，再向其中加入消毒剂和絮凝剂保温搅拌30～40min，所得物料于常温下自然风干，得本品污水处理剂。加入乳酸菌搅拌的转速为800～1000r/min，再加入消毒剂和絮凝剂搅拌的转速为200～400r/min，温度为50～60℃。

［原料介绍］

所述消毒剂为Gemini季铵盐、硫酸铜和乙醇质量比为4：2：1的混合物。

所述絮凝剂为聚丙烯酸钠、聚二甲基二烯丙基氯化铵和硫酸铝钾质量比2：1：2的混合物。

［产品特性］

（1）降低了污水处理成本，并且具有反应速度快、反应过程中无有毒有害气体产生、反应后的生成物稳定、不会再分解成有毒物质等优点。

（2）本品添加有消毒剂和肉桂醛，可以有效杀死污水中的有害菌并且采用无机和有机絮凝相结合的方式，增强絮凝效果，减少絮凝时间。

(3) 本品使用的设备简单，操作方便，所用原料价格低廉，并且无污染，符合现在安全环保的规定。

配方 66　高效焦化污水处理剂

原料配比

原料	配比（质量份）				
	1#	2#	3#	4#	5#
聚丙烯酰胺	55	70	63	60	66
三聚甘油单硬脂酸酯	11	20	15	13	17
十二烷基二甲基溴化铵	4	8	6	5	7
S-羧乙基硫代丁二酸	5	8	7	6	8
四硼酸钾	5	11	8	6	10
碱木质素	4	9	7	5	8
水	适量	适量	适量	适量	适量
30%～50%的乙醇	适量	适量	适量	适量	适量
5%～10%的碳酸钠溶液	适量	适量	适量	适量	适量

制备方法

(1) 将聚丙烯酰胺和四硼酸钾混合，然后加入混合物质量 3～5 倍的水溶解，混合均匀后得到混合溶液 A；

(2) 将三聚甘油单硬脂酸酯、十二烷基二甲基溴化铵和 *S*-羧乙基硫代丁二酸混合，然后加入混合物质量 2～4 倍的 30%～50%的乙醇溶解，混合均匀后得到混合溶液 B；

(3) 将碱木质素加入其质量 2～4 倍的 5%～10%的碳酸钠溶液中，得到混合溶液 C；

(4) 将混合溶液 A 和混合溶液 B 一同滴加至混合溶液 C 中，边滴加边搅拌。滴加完成后，继续搅拌 20～45min，然后采用超声波振荡 5～10min，即得。混合溶液 A 的滴加速度为 35 滴/min；混合溶液 B 的滴加速度为 50 滴/min。搅拌速度为 200～500r/min。超声波振荡频率为 20～35kHz。

［产品特性］ 本品可用于处理焦化污水，可有效降低污水中的COD；本品还可用于处理造纸厂污水，可有效降低污水中的COD、BOD、SS和金属离子含量。

配方 67 高效去除废水中苯胺的水处理剂

［原料配比］

原料	配比（质量份）		
	1#	2#	3#
晒干污泥	13	25	18
龙葵果提取物	30	44	36
三巯基均三嗪	8	15	11
异噻唑啉酮	11	17	15
对氯间二甲基苯酚	4	9	6
硫酸钙	3	8	6
水	适量	适量	适量

［制备方法］

（1）制备龙葵果提取物：在280～380℃的温度下烘焙龙葵果160～200s；将烘焙龙葵果粉碎过200～400目筛；用含水液体提取烘焙的龙葵果粉末；对提取物干燥后，进行灭菌和包装。

（2）将龙葵果提取物与晒干污泥以及硫酸钙混合均匀，置于350～400℃下烘焙1～2h，取出后加入固态物质1～2倍质量的水，搅拌均匀，得到混合物一。

（3）将异噻唑啉酮和对氯间二甲基苯酚混合，加入混合物0.5～2倍的水，混合均匀，得到混合物二。

（4）将三巯基均三嗪滴加到混合物一中，置于110～125℃下搅拌混合8～15min，得到混合物三。

（5）将混合物二与混合物三混合，置于95～115℃下搅拌混合5～10min，然后置于－10℃下冷却1～2h，然后置于55～70℃下烘干，即得。

［产品特性］ 本品通过晒干污泥、龙葵果提取物、三巯基均三嗪、异噻唑啉酮、对氯间二甲基苯酚和硫酸钙复配而成，可降低污水的色度，高效脱除污水中的苯胺以及COD；制备工艺简单，有利于生产。

配方 68　高效生物脱硫的污水处理剂

［原料配比］

原料	配比（质量份）		
	1#	2#	3#
硅藻土	1	3	1
葡萄籽单宁	0.5	1.8	1.8

［制备方法］　将各组分原料混合均匀即可。

［使用方法］　本品投放于生物处理工艺生物池的好氧段。当进水氨硫＞100mg/L时，污水处理剂的投放量为 4～5kg/t（污水）；当 50mg/L≤进水氨硫≤100mg/L时，投放量为 3～4kg/t（污水）；当进水氨硫＜50mg/L 时，污水处理剂的投放量为 0.5～3kg/t（污水）。

［产品特性］

（1）硅藻土的吸附能力极强，可以吸附亚硝酸氧化菌，还可以吸附葡萄籽单宁，从而将葡萄籽单宁和亚硝酸氧化菌粘接在一起，使得葡萄籽单宁较好地发挥切断亚硝酸氧化菌繁殖的作用。

（2）在好氧段投加高效生物脱硫的污水处理剂，可截断亚硝酸盐氧化菌获取能源的方式，使得亚硝酸盐氧化菌无法正常繁殖，最终导致亚硝酸盐无法进一步氧化为硝酸盐，从而实现高效硝化。

配方 69　高效脱色、降解 COD 的废水处理剂

［原料配比］

原料		配比（质量份）	
		1#	2#
水处理剂		20	23
微生物胶囊颗粒		55	52
蜂窝陶瓷颗粒		20	22
絮凝剂		5	3
水处理剂	氯酸钠	40	38
	硝酸铝	28	22
	硫酸亚铁	5	2.5

续表

原料			配比（质量份）	
			1#	2#
水处理剂	三氯化铝		10	15
	亚硫酸钠		5	15
	亚硝酸钠		10	5
	焦亚硫酸钠		2	2.5
絮凝剂	硫酸铝		30	38
	氯化铝		25	22
	硫酸铝		25	22
	聚丙烯酰胺		20	18
蜂窝陶瓷颗粒	电气石		50	40
	造孔剂		10	15
	硼酸		20	22
	黏土	高岭土、蒙脱石的混合物	15	—
		高岭土、蒙脱石、伊利石和沸石的混合物	—	18
	黏结剂	淀粉、麦芽糖浆和水的混合物	5	—
		淀粉、麦芽糖浆、桐油、纤维素、聚乙烯醇与水的混合物	—	5
造孔剂	草木灰		20	14
	纤维素		30	35
	淀粉		40	35
	碳酸氢钠		5	8
	熟石灰		5	8

［**制备方法**］ 将水处理剂、微生物胶囊颗粒、蜂窝陶瓷颗粒以及絮凝剂按比例混合搅拌均匀而成。

［**原料介绍**］

所述蜂窝陶瓷颗粒的生产工艺包括：

（1）按比例取各种原料；

（2）分别将电气石、造孔剂、硼酸粉碎，然后混合进行混捏，之后加入黏土、黏结剂进行捏合；

（3）将步骤（2）制备好的混合原料密封后静置12～24h，静置之后的糊料混炼，将混炼好的混合原料挤出；

（4）将挤出的混合原料进行晾晒，使混合原料固化；

（5）将晾晒后的混合原料进行焙烧，控制焙烧温度为550～700℃，焙烧时间为 3～5h。

所述微生物胶囊颗粒的生产工艺包括：

（1）制备原料：将干燥的沸石研磨成粒径为 1～3mm 的原料颗粒。

（2）热处理：通过热风吹扫处理的方式对所得原料颗粒进行加热，先在 100～200℃的条件下对混合原料进行预热处理，持续 0.5～1h；再在 100～120℃的条件下对混合原料进行稳定处理，持续 1～2h；最后在 200～400℃的条件下对混合原料进行煅烧处理，持续 3～7h。

（3）冷却处理：隔绝氧气，通过 0～10℃的氮气，对混合原料进行吹扫，将混合原料冷却至 20℃以下。

（4）生物处理：将冷却后的混合原料浸泡在 COD 降解菌溶液当中，维持温度为 25～30℃，再隔绝氧气静置 5～10h。

（5）干燥处理：将生物处理后的混合原料取出，在混合原料当中加入包覆剂，搅拌均匀，使得包覆剂在混合原料外形成包覆层，再在 20～30℃环境中干燥形成微生物胶囊颗粒。

所述 COD 降解菌溶液的制备工艺为：先将 COD 降解菌接种于培养液中，在 25～30℃下进行恒温振荡培养，并控制初始 pH 值为 5.5～6.5，培养 12～24h。所述 COD 降解菌包括枯草芽孢杆菌 5%～15%；解淀粉芽孢杆菌 5%～15%；炭疽芽孢杆菌 5%～15%；巴氏葡萄球菌 5%～15%；浅绿气球菌 5%～15%；干酪乳杆菌 5%～15%；纺锤形赖氨酸芽孢杆菌 5%～15%；乳酸球菌 5%～15%；枯草杆菌 5%～15%；地衣芽孢杆菌 5%～15%；施氏假单胞菌 5%～15%。

所述包覆剂包括：明胶 30%～50%，酵母抽提物 10%～20%，海藻酸钠 5%～15%，氢氧化钙 5%～8%，硫化钠 5%～8%，硫酸镁 3%～5%，其余为水。

［**使用方法**］ 将废水处理剂加入高浓度的 COD 工业废水中，高浓度的 COD 工业废水与废水处理剂的质量比为（1∶0.010）～（1∶0.025），充分搅拌，控制高浓度的 COD 工业废水的温度为 20～35℃，静置 1～5h，在维持温度过程中，采用红外线加热方式进行加热。处理完成后，将污水排出，将微生物胶囊颗粒、蜂窝陶瓷颗粒预留在污水池的底部，再将新的废水通入其中，再加入废水处理剂进行降解处理，从而能够增加废水池当中微生物含量，从而能够进一步增加废水的微生物氧化降解效率，达到高效降解 COD 以及脱色的效果。

［**产品特性**］ 在废水处理剂当中添加微生物胶囊颗粒以及蜂窝陶瓷颗粒，微生物胶囊颗粒由沸石作为主体，沸石颗粒内部具有大量的通道和通孔，通过高温改性处理，能够去除沸石颗粒表面和微孔道内的有机或无机杂质，打通沸石内部的微通道，提高沸石的吸收和交换能力，从而加快吸收的速率，提高沸石对颗粒的吸附效果，吸附废水当中的物质，达到废水的脱色效果，并通过高温对沸石内部的阳离子重新进行调整，改善沸石内部通道的结构，改善沸石颗粒对有机化合物以及金属离子的吸附效果。

配方 70 高效污水处理剂（1）

［原料配比］

原料	配比（质量份）				
	1#	2#	3#	4#	5#
聚丙烯酰胺	55	76	66	58	70
α-酮戊二酸	15	23	18	18	20
乙酰左旋肉碱	10	14	12	11	13
D-蛋氨酸	8	14	12	10	13
苦参碱	5	9	7	6	8
羧甲基壳聚糖	4	11	9	6	10
十一烯酸锌	5	12	8	7	10
水	适量	适量	适量	适量	适量

［制备方法］

(1) 聚丙烯酰胺与其质量 3～5 倍的水混合均匀，制备得到聚丙烯酰胺溶液。

(2) 将 α-酮戊二酸与乙酰左旋肉碱混合，加入混合物 3～5 倍质量的水，混合均匀，得到混合溶液。

(3) 将 D-蛋氨酸、苦参碱、羧甲基壳聚糖和十一烯酸锌加入聚丙烯酰胺溶液中，在 85～98℃下混合搅拌 1～2h。

(4) 将上步所得物滴加到步骤 (2) 所得混合液中，边滴加边搅拌，滴加完成后，搅拌 20～40min，然后置于 78～90℃下烘干，即得。滴加速度为 10～25 滴/min；搅拌速度为 300～800r/min。

［产品特性］ 本品具有用量低、处理效率高、处理效果好等优点，大幅度降低了污水的 COD、BOD、SS 含量、色度值，可有效用于造纸厂污水的治理。

配方 71 高效污水处理剂（2）

［原料配比］

原料	配比（质量份）			
	1#	2#	3#	4#
羧甲基纤维素钠	10	12	18	20

续表

原料	配比（质量份）			
	1#	2#	3#	4#
氢氧化钠	10	15	15	20
聚丙烯酰胺	0.5	1.2	1.5	2
羧甲基壳聚糖	10	13	16	20
2,3-环氧丙基三甲基氯化铵	5	7	6	10
氧化镁粉	5	10	15	20
三巯基三嗪三钠盐	3	4	4.5	5
膦基聚马来酸酐	5	8	9	10
改性聚羧酸盐	5	10	12	15
硝酸高铈铵	20	25	24	30
丙烯酰胺	10	15	18	20
丙酮	20	25	28	30
对苯二酚	15	20	23	25

[制备方法]

(1) 将羧甲基纤维素钠溶于水中，通入氮气搅拌10～20min，得到羧甲基纤维素钠溶液；将丙烯酰胺溶于水中，搅拌后加入羧甲基纤维素钠溶液混合均匀，得到混合液。羧甲基纤维素钠溶液的浓度为2～3mol/L，丙烯酰胺溶液的浓度为2～3mol/L。

(2) 向步骤(1)得到的混合液中加入引发剂，室温条件下通入氮气搅拌反应24～30h，向反应溶液中加入对苯二酚的饱和溶液，然后加入丙酮静置6～8h得到沉淀聚合物，将沉淀聚合物过滤、真空干燥得到羧甲基纤维素钠接枝聚合物；真空干燥的温度为80～100℃。

(3) 将步骤(2)得到的羧甲基纤维素钠接枝聚合物与氢氧化钠、羧甲基壳聚糖、2,3-环氧丙基三甲基氯化铵、聚丙烯酰胺、氧化镁粉、三巯基三嗪三钠盐、膦基聚马来酸酐和改性聚羧酸盐混合得到污水处理剂。

[原料介绍] 所述引发剂为硝酸高铈铵或过硫酸钾。

[产品特性] 本品对羧甲基纤维素钠进行接枝改性，增加了羧甲基纤维素钠的水溶性以及分散性，还能够增加羧甲基纤维素钠上面的吸附位点，使本品对重金属离子具有更好的吸附性能。同时接枝改性后的羧甲基纤维素钠与其他物质相辅相成，发挥协同作用，能够快速去除水中重金属离子以及其他污染。

配方 72 高效污水处理剂（3）

［原料配比］

原料	配比（质量份）	原料	配比（质量份）
次氮基三乙酸	5～10	硫酸铝	20～30
脂肪醇聚氧乙烯醚硫酸钠	1～5	氧化铝	10～15
聚合硫酸铁	20～30	活性炭	25～35
聚合氯化铁	15～20		

［制备方法］ 将各组分原料混合均匀即可。

［产品特性］ 本品制备方法简单，易操作，稳定性好，安全性高，可快速去除各种污染物使水体得到高效净化，而且不会产生二次污染。

配方 73 高效污水处理剂（4）

［原料配比］

原料	配比（质量份）	
	1#	2#
硅藻土	100	85
立德粉	8	9
硅酸钠	4	5
氯化铁	10	12
膨润土	6	6
明矾	3	3
硫酸铝	2	2
氯化铝	9	9
碳酸钠	3	4.2
氯化钠	15	18
石灰	1	1.5
聚丙烯酸钠	4	6

［制备方法］ 将各组分原料混合均匀即可。

［产品特性］ 本品处理后的废水近似无色透明，处理彻底、处理成本低，无毒性、

无污染，满足国家污水综合排放标准的要求。

配方 74 高效污水处理剂（5）

［原料配比］

原料	配比（质量份）		
	1#	2#	3#
聚合三氯化铁	30	45	60
过硫酸钾	20	35	45
聚乙烯亚胺	10	15	25
三氧化二铝粉	25	35	45
硅藻土	10	20	35
石膏粉	5	10	15
改性石墨烯	5	8	12
过氧化氢	3	6	8

［制备方法］ 将各组分原料混合均匀即可。

［产品特性］ 该水处理剂针对采油厂废水，沉淀效果好，出水水质好，处理成本低。污水中加入该药剂后，悬浮物立刻絮凝，生成的矾花大，沉淀快速，效率高，絮团强度高，疏水性能好，利于压滤。该污水处理药剂纯度高、无杂质、无粉尘。

配方 75 高效污水处理剂（6）

［原料配比］

原料	配比（质量份）		
	1#	2#	3#
硫酸铵	1	2	2
水玻璃	2	3	3
丙二酸	2	3	3
分层膨胀蛭石	6	9	8
香茅醇	0.2	0.4	0.3
羧甲基纤维素钠	1	2	2

续表

原料	配比（质量份）		
	1#	2#	3#
凹凸棒土	100	150	130
蒙脱土	50	100	80
水	适量	适量	适量
助剂	10	5	8
2%～3%氢氧化钠溶液	20	30	25
复合改性剂	15	10	13

制备方法

（1）将凹凸棒土、蒙脱土、分层膨胀蛭石送入煅烧炉，在300～400℃下煅烧3～4h，取出粉碎，过20目筛，加入400～550质量份的水中，在100～200r/min下搅拌10～15h，得到凹凸棒土和蒙脱土悬浮液，加入2%～3%氢氧化钠溶液，加热至50～60℃，搅拌1～2h，再边搅拌边加入丙二酸继续搅拌1～2h，过滤，水洗至pH值为6～8，再过滤，干燥，得到活化凹凸棒土和蒙脱土粉末。

（2）将复合改性剂分散于乙醇中，复合改性剂和乙醇的质量体积比为1g∶10mL，在室温下边搅拌边滴加醋酸溶液至pH=6；将其他剩余成分研磨均匀，与复合改性剂的醋酸溶液加入剩余水中，搅拌均匀，得到浆料，浆料pH=7。

（3）向凹凸棒土和蒙脱土的粉末吹60～70℃的热空气使其翻腾，再向翻腾的粉末中喷入雾状的步骤（2）得到的浆料，使二者充分混合后，保持温度为60～70℃，继续翻腾30～40min。

（4）将步骤（3）得到的混合物料烘干，研磨成5～80μm的颗粒，即得高效污水处理剂。

原料介绍

所述助剂由以下质量份的原料制成：棕榈酸异辛酯0.2～0.3份、多孔硅胶珠2～3份、聚氨酯树脂0.4～0.6份、乙二醇3～5份、维生素E 0.3～0.4份、活性氧化铝0.3～0.5份、亚麻油酸0.2～0.3份、木质素磺酸钠0.3～0.4份、珍珠粉1～1.5份、竹纤维0.2～0.3份、七水硫酸镁0.1～0.2份、木炭粉2～3份、琥珀酸0.2～0.3份、双硬脂酸铝0.2～0.4份、麦饭石粉3～5份、复合硅烷偶联剂2～3份。所述助剂的制备方法为：将多孔硅胶珠、珍珠粉、木炭粉、麦饭石粉、复合硅烷偶联剂混合研磨均匀，得到混合粉末；再将其他剩余成分混合搅拌均匀，与所得粉末混合研磨20～30min，再加热至60～80℃，研磨反应40～50min，即得。

所述复合硅烷偶联剂由偶联剂A和偶联剂B组成，偶联剂A和偶联剂B的质量比为1∶2。

所述复合改性剂由改性剂A和改性剂B组成，改性剂A和改性剂B的质量比为1∶1。

［产品特性］

(1) 本品中加入蒙脱土，利用蒙脱土对于活性染料的强吸附作用，可以有效提高对于染料的吸附作用。

(2) 本品利用复合偶联剂对凹凸棒土和蒙脱土进行改性，可以有效避免凹凸棒土和蒙脱土的团聚，进一步提高凹凸棒土和蒙脱土的分散性能，且改性后的凹凸棒土和蒙脱土具有更强的吸附能力。

(3) 本品中添加了复合改性剂，两种改性剂通过偶联剂与凹凸棒土和蒙脱土结合，极大增强了对于重金属离子的吸附能力。

配方 76　高效污水处理剂（7）

［原料配比］

原料	配比（质量份）			
	1#	2#	3#	4#
聚合三氯化铁	60	65	70	80
石膏粉	40	45	50	60
活性污泥	30	35	40	50
蒙脱石	25	30	35	40
聚合硫酸铁	15	20	25	30
聚合硫酸铝	15	20	25	30
过硫酸钾	5	8	11	15
聚乙烯亚胺	2	4	6	8
浓硫酸	1	2	3	5

［制备方法］ 将聚合三氯化铁、石膏粉、活性污泥、蒙脱石、聚合硫酸铁、聚合硫酸铝、过硫酸钾、聚乙烯亚胺、浓硫酸在40℃的条件下搅拌均匀，然后升温至60～80℃，1～2h后自然冷却后出料。

［产品特性］ 本品的沉淀效果好，出水水质好，处理成本低，适用于采油厂的含油污水。污水中加入该药剂后，悬浮物立刻絮凝，生成的矾花大，沉淀快速，效率高，絮团强度高，疏水性能好，利于压滤。该污水处理药剂纯度高、无杂质、无粉尘。

配方 77　高效污水处理剂（8）

［原料配比］

原料	配比（质量份）	
	1#	2#
玛雅蓝粉末	12	17
聚合氯化铝	14	15
聚合硫酸铁	40	43
活性污泥	83	85
果胶酶	12	13.5
季铵盐木质素絮凝剂	16	18
三聚硫嗪酸三钠盐	23	25
聚丙烯酰胺	8	10
三氯化铁	6	7.4
氨基三亚甲基膦酸	3.4	3.8
十二烷基苯磺酸钠	11	12.7
五氧化二磷	9	10.2
草木灰	28	29.5
聚乙酰亚胺	15	17
交联累托石	24	26
钠基膨润土	46	48
沸石粉	15	17
椰壳活性炭	23	25
硅藻土	16	17.3
无水硫酸镁	36	37.8
微生物菌液	50	54
去离子水	适量	适量

［制备方法］

（1）使用去离子水将含有酵母菌、黄杆菌、诺卡氏菌和焦曲霉的菌群活化，获得微生物菌液，备用；

（2）称取交联累托石、钠基膨润土、沸石粉、椰壳活性炭和硅藻土，粉碎后，过 150～200 目筛，球磨混合 3～5h，获得第一混合物，备用；

（3）称取三聚硫嗪酸三钠盐、聚丙烯酰胺、三氯化铁、氨基三亚甲基膦酸、十二烷基苯磺酸钠和五氧化二磷，混合均匀后，获得第二混合物，备用；

（4）称取活性污泥、玛雅蓝粉末和草木灰，搅拌混合均匀，获得第三混合物，备用；

（5）称取聚合氯化铝、聚合硫酸铁、果胶酶、季铵盐木质素絮凝剂、聚乙酰亚胺和无水硫酸镁，混合均匀后，在搅拌过程中依次加入第一混合物和第二混合物，获得第四混合物；

（6）将微生物菌液、第三混合物和第四混合物分开存放，使用时，依次投入第四混合物、第三混合物和微生物菌液即可。

［原料介绍］ 所述微生物菌液由酵母菌、黄杆菌、诺卡氏菌和焦曲霉组成。酵母菌、黄杆菌、诺卡氏菌和焦曲霉的质量比为3：4：1：2。

［产品特性］

（1）本品生物处理剂中各菌种间共生配合，并协同化学处理剂，大大增强了该高效污水处理剂的处理效果，对炼钢废水的处理效果显著，见效快，有利于降低炼钢废水的处理成本，使处理后的水达到排放标准，既可以直接排放，也可以循环使用。

（2）本品在污水处理的过程中实现了吸附与降解的同时进行，具有很强的吸附和降解能力，出水清澈，水质稳定，且吸附降解剂能够实现再生回用，再生方便，节约污水的处理成本。

（3）本品微生物菌液、活性污泥和草木灰保证了水体菌落的多样化，即保证了水体自我修复功能。

配方78　高效污水处理剂（9）

［原料配比］

原料	配比（质量份）	原料	配比（质量份）
消石灰	15～20	硅藻土	15～20
黏土	30～40	聚丙烯酰胺	10～15
聚合硫酸铁	10～15	聚合氯化铝	10～15
凹凸棒石	15～20	废铁粉	5

［制备方法］

（1）按照质量份量取原料，将消石灰、黏土、凹凸棒石、硅藻土加入粉碎机，粉碎至100～200目，得到混合颗粒。

（2）将混合颗粒、聚合硫酸铁、聚丙烯酰胺、聚合氯化铝加入容器中，搅拌均匀。

（3）加入废铁粉，超声波振动10～20min，即得所述电镀污水处理剂。

［产品特性］ 本品大大降低后续工艺处理负荷，使用范围广，制备及处理工艺简

单，处理效果良好，性能稳定，出水水质好；能有效地降低水处理的成本。

配方 79　高效污水处理剂（10）

原料配比

原料		配比（质量份）				
		1#	2#	3#	4#	5#
酰胺盐	亚磷酸二甲酯	10	13	15	20	8
	硬脂酸	15	20	25	30	10
	N,*N*-二甲基 1,3-丙二胺	15	7	10	15	3
复合助剂	紫苏提取物	25	27	30	35	20
	丁香提取物	20	23	25	27	15
	活性氧化锌	15	20	25	27	13
	聚天冬氨酸	1	3	5	7	0.5
	三聚磷酸钠	5	7	10	13	3
椰油酸二乙醇酰胺		1	2	3	5	0.7
氨基磺酸		11	13	15	17	8
三羟甲基乙烷		5	7	10	13	3
四丁基溴化铵		1	3	5	7	0.6
酰胺盐		10	13	15	17	5
聚氧化乙烯		5	7	10	13	3
乙酰化二淀粉磷酸酯		3	4	5	7	1
复合助剂		5	10	15	18	3

制备方法

（1）将亚磷酸二甲酯、硬脂酸和 *N*,*N*-二甲基-1,3-丙二胺投入预制釜中，按照搅拌速率为 100r/min 升温至 90～105℃，静置 1h 完成酰胺化反应，获得酰胺盐；

（2）将紫苏提取物、丁香提取物按照搅拌速率为 60r/min 进行搅拌，使其混合均匀，向混合物中加入活性氧化锌、聚天冬氨酸、三聚磷酸钠，获得复合助剂；

（3）依次向反应釜中加入椰油酸二乙醇酰胺、氨基磺酸，充入氮气，开启搅拌，搅拌均匀，获得混合物 A；

（4）向混合物 A 中依次加入的三羟甲基乙烷、四丁基溴化铵、酰胺盐，获得混合物 B；

（5）向混合物 B 中加入聚氧化乙烯、乙酰化二淀粉磷酸酯、复合助剂，搅拌均匀后，完成复配反应，静置 3h，即可得到高效污水处理剂。

［产品特性］

（1）本品中复合助剂能够将污水中的重金属进行吸附，提高金属离子的螯合能力，进而保证污水的降解性能更优，并且该复合助剂中使用紫苏提取物、丁香提取物，能够在提高金属离子螯合能力的同时，不会引入新的污染物，保护环境。同时，本品的疏水效果优，黏度较低，絮凝体增大，易于分离；BOD 去除率达到 99.9%，COD 去除率达到 99.9%。

（2）本品对污水进行灭菌、腐蚀抑制的同时，能够提高絮凝效果，能够更好地使油和水进行分离，进而使整个工艺的末端出水容易达标排放。

配方 80　高效无毒型污水处理剂

［原料配比］

原料		配比（质量份）				
		1#	2#	3#	4#	5#
多孔磁性聚丙烯酰胺微球（粒径 200μm）		41	40	42	40	42
改性椰壳炭		19	18	18	20	20
膨化石墨		18	18	19	18	19
硅藻土		10	10	10	11	11
坡缕石		9	8	9	8	9
竹茹		11	10	10	12	12
锯末		9	8	10	8	10
木质素磺酸钠		7	6	6	8	8
壳聚糖		6	5	7	5	7
腐殖酸钠		1	1	1	2	2
桑白皮		3	2	3	2	3
茶多酚		0.5	0.5	0.5	1	1
松针粉		0.5	0.5	1	0.5	1
聚天冬氨酸		1	1	1	1.5	1.5
改性椰壳炭	椰壳炭	1	1	1	1	1
	绿脓杆菌与酵母菌	2.5	2.5	2.5	2.5	2.5
多孔磁性聚丙烯酰胺微球	丙烯酰胺	10	10	10	10	10
	N,*N*-亚甲基双丙烯酰胺	0.4	0.4	0.4	0.4	0.4
	过硫酸铵	0.4	0.4	0.4	0.4	0.4
	聚乙二醇（数均分子量为 4000）	10	10	10	10	10
	去离子水	加至 100	加至 100	加至 100	加至 100	加至 100

［**制备方法**］ 将改性椰壳炭、膨化石墨、硅藻土和坡缕石混匀并研磨成粒度为200目的粉末后，加入多孔磁性聚丙烯酰胺微球、木质素磺酸钠、壳聚糖、腐殖酸钠、聚天冬氨酸和足以浸泡固体组分的去离子水，升温至45～60℃，搅拌反应5～8h，然后加入干燥的竹茹、锯末、茶多酚、松针粉以及粉碎的干燥桑白皮，再加入适量的去离子水浸泡所有的组分，同时搅拌使各原料组分充分混匀，然后过滤，收集固体混合物，再将固体混合物烘干，即为高效无毒型污水处理剂。

［**原料介绍**］

所述多孔磁性聚丙烯酰胺微球的平均粒径为200μm。所述多孔磁性聚丙烯酰胺微球的制备方法为：

（1）将丙烯酰胺、聚乙二醇、*N*,*N*-亚甲基双丙烯酰胺、过硫酸铵和去离子水配制成聚丙烯酰胺合成液，之后将该合成液滴加到液体石蜡中，并升温至85℃，反应2min，即可制得多孔聚丙烯酰胺微球。

（2）用无水乙醇洗涤所得的多孔聚丙烯酰胺微球后，将微球浸渍于浓度为0.1mol/L的Fe^{2+}和Fe^{3+}的混合水溶液中，达到浸渍平衡，分离得到含有铁离子的聚丙烯酰胺微球，用去离子水洗涤所得的微球至滤液呈中性，再将微球置于1mol/L的NaOH溶液中，在75℃条件下浸渍1.5h，再利用磁场使微球与碱性溶液分离，用无水乙醇洗涤分离得到的微球2～3次，干燥即为多孔磁性聚丙烯酰胺微球；Fe^{2+}和Fe^{3+}的混合水溶液中，Fe^{3+}与Fe^{2+}摩尔比为2∶1。

所述的聚丙烯酰胺合成液中各组分的质量分数分别为：丙烯酰胺10%，*N*,*N*-亚甲基双丙烯酰胺0.4%，过硫酸铵0.4%，聚乙二醇10%，其余部分为去离子水。

所述改性椰壳炭的制备方法为：按质量比为1∶2.5混合椰壳炭和绿脓杆菌与酵母菌，将混合发酵所分泌产生的脂肪酶液置于转速为155r/min的摇床中，在32℃下处理5h，过滤并干燥处理，即得改性椰壳炭。所述绿脓杆菌与酵母菌按比例2∶1接种于培养基中进行混合发酵培养；所述绿脓杆菌与酵母菌的总接种量为发酵培养的培养基体积的12%。所述混合发酵培养条件为：培养温度为28～35℃，摇床转速为150r/min，培养时间为7天。

所述的绿脓杆菌和酵母菌的活化方法为：

（1）制备牛肉膏发酵培养的培养基：称取牛肉膏30质量份、蛋白胨15质量份和氯化钠15质量份溶于1000体积份蒸馏水中，用0.1mol/L NaOH溶液调节pH=7.0～7.2，然后于灭菌锅中在121℃下灭菌5min，即得。所述发酵培养培养基的制备方法为：称取牛肉膏30质量份、蛋白胨15质量份和氯化钠15质量份溶于1000体积份蒸馏水中，用0.1mol/LNaOH溶液调节pH=7.0～7.2，然后于灭菌锅中在121℃灭菌5min，即得。配制培养液时可按比例进行调整，以适应培养的细菌的总量，即培养液的量根据细菌培养的总数量等比例调配即可。

（2）冻干粉活化：将冻干粉加入牛肉膏发酵培养的培养基中，轻轻摇晃使其混匀制得菌悬液，然后将灭菌的LB固体培养基稍冷却后制作成斜面培养基，并将菌悬液部分移植到斜面培养基上，置于37℃的恒温培养箱中培养，使其菌落数量增多，再从斜面培养基上挑选培养茁壮的菌落，接种到新的斜面培养基上培养，重复以上步骤2～3次，直至得到生长良好的菌株。

所述脂肪酶液的提取方法包括如下步骤：

(1) 提取粗酶液：收集发酵液，于4000r/min下离心15min获得上清液，即为粗酶液。

(2) 提取脂肪酶液：取3体积份浓度为0.0667mol/L磷酸盐缓冲溶液和1体积份油酸于锥形瓶中，混匀后放入37℃的恒温水浴锅中预热至少5min，然后向其中加入步骤(1)提取所得的0.1体积份粗酶液，搅拌反应10min后，立即加入8体积份甲苯(分析纯)，继续搅拌反应2min后，终止反应；再将所得的溶液在3000r/min条件下离心处理至少10min，取上层有机混合液即为脂肪酶液。在提取脂肪酶液时，磷酸盐缓冲溶液、油酸以及甲苯的用量均根据提取到的粗酶液的量等比例进行调整。

[产品特性]

(1) 本品中采用的原材料来源广泛、价格低廉、性质稳定，对人类和环境都安全无毒，而且部分组分还为轻质材料，可以适当地改变水处理剂的漂浮性、悬浮性以及沉浮可控性，有利于对污水水体发挥三维立体的净化效果。

(2) 本品制备方法操作简单，各原料组分能均匀混合，使各组分更好地实现协同增效，从而达到更好的净水效果。

配方81 高效吸附重金属的污水处理剂

[原料配比]

原料	配比(质量份)				
	1#	2#	3#	4#	5#
黄秋葵胶质多糖	22	35	28	25	32
黑穗石蕊提取物	12	20	17	15	18
尼龙酸甲酯	6	15	10	8	12
脂肪酸二乙醇酰胺	3	6	5	4	6
2,4-二氨基-6-羟基嘧啶	5	10	7	6	8
水	适量	适量	适量	适量	适量
65%的乙醇	适量	适量	适量	适量	适量

[制备方法]

（1）将黄秋葵胶质多糖与其2～3倍质量的水混合均匀，然后调节pH值至7～9，得到碱性黏稠液；

（2）将脂肪酸二乙醇酰胺与其2～3倍质量的水混合均匀，得到脂肪酸二乙醇酰胺溶液；

（3）将碱性黏稠液与脂肪酸二乙醇酰胺溶液合并，得到混合液；

（4）将尼龙酸甲酯与2,4-二氨基-6-羟基嘧啶混合，加入20～35份质量分数为65%的乙醇，搅拌反应20～30min；

（5）制备黑穗石蕊提取物：将粉碎后的黑穗石蕊置于有机溶剂中浸提，分离得到浸提液，再对浸提液进行萃取，萃取液经浓缩后得到浸提物，再对浸提物进行色谱分离、纯化处理，制得黑穗石蕊提取物；

（6）将步骤（3）所得混合液与步骤（4）所得物和黑穗石蕊提取物混合，加入20～40份质量分数为65%的乙醇，搅拌反应20～30min，回收乙醇，所得物烘干，即得。

[产品特性] 本品可吸附多种金属离子，大大减少了投入量，吸附效率高，吸附效果明显；本品原料较少，制备工艺简单易实现。

配方82 高效造纸污水处理剂

[原料配比]

原料		配比（质量份）				
		1#	2#	3#	4#	5#
磁性胶原蛋白絮凝剂		100	120	107	112	110
Na_2O_2		40	50	42	48	45
$KMnO_4$		30	50	35	45	40
稳定剂	亚磷酸酯	10	—	—	—	—
	受阻酚	—	40	—	—	—
	硬脂酸镁	—	—	22	—	—
	硬脂酸钾	—	—	—	35	—
	硬脂酸镁	—	—	—	—	30
	环氧大豆油	10	—	—	—	—
山梨酸钾		20	30	22	27	25

续表

原料	配比（质量份）				
	1#	2#	3#	4#	5#
二氧化硅	20	40	23	36	32
氧化石墨烯/银复合物	10	30	15	24	17
活性炭	20	40	23	35	31
吐温	10	20	12	16	14
单宁	5	15	7	12	10
水	100	150	120	140	135

［制备方法］

（1）将 Na_2O_2、$KMnO_4$ 和稳定剂溶于水中，搅拌均匀，得到溶液 A；

（2）将二氧化硅、氧化石墨烯/银复合物和活性炭混合研磨 2h，然后加入溶液 A 搅拌 20min 后，升温至 70℃并在该温度下搅拌 30min，然后加入吐温、山梨酸钾和单宁，在 80℃下搅拌 20min，最后加入磁性胶原蛋白絮凝剂并保温搅拌 15min，然后微波处理 10min（微波功率为 1000W），降至室温即得高效造纸污水处理剂。

［原料介绍］ 磁性胶原蛋白絮凝剂由以下方法制备而成：将 $FeCl_2 \cdot 2H_2O$ 和 $FeCl_3 \cdot 6H_2O$ 在 50℃的恒温水浴下溶于去离子水中，按照 Fe^{3+} 与 Fe^{2+} 摩尔比 2∶1 的比例配制铁盐溶液，称取胶原蛋白絮凝剂放入配制好的铁盐溶液中，在剧烈搅拌下，逐滴加入 1mol/L 的 NaOH 溶液至 pH 值为 7.5～8，待胶液变成棕黑色后，再继续搅拌 30min，将所得高分子凝胶放入干燥箱内干燥 24h 获得黑色块体，研磨后即得磁性胶原蛋白絮凝剂粉体。$FeCl_2 \cdot 2H_2O$、$FeCl_3 \cdot 6H_2O$ 与胶原蛋白絮凝剂的质量比为 163∶541∶（1000～1200）。烘干温度为 40～50℃。

［产品特性］

（1）本品制备的磁性胶原蛋白絮凝剂，在絮凝过程中同时引入“磁种”，使絮团具有磁性，在外加磁场作用下可加速絮团沉降或分离，效率高，絮凝效果好，去除水中 COD、BOD 及重金属离子等功效显著；

（2）本品添加了氧化剂 Na_2O_2 和 $KMnO_4$，能高效氧化污水中的还原型成分，起到除浊、脱色、脱油、除菌、除臭、除藻等作用，能快速净化污水；

（3）经本品污水处理剂处理后的污水其各项指标均符合排放标准，有利于保护环境；

（4）本品制作工艺简单、易操作，原料简单、取材广，成本低，适于大规模生产。

配方 83　高效重金属废水处理剂

［原料配比］

原料	配比（质量份）		
	1#	2#	3#
水	80	85	90
β-环糊精	50	55	60
卡拉胶	30	35	40
聚丙烯酰胺	25	30	35
次氯酸钙	20	25	30
有机硅	10	13	16
氧化钙	2	4	6
氯化镁	2	4	6
氧化铁	1	2	3
硫酸钠	1	2	3

［制备方法］　将β-环糊精、卡拉胶、聚丙烯酰胺、次氯酸钙、有机硅、氧化钙、氯化镁、氧化铁、硫酸钠加入水中并在40℃的条件下混合均匀，然后升温至70～90℃，1～2h后自然冷却后出料。

［产品特性］　本品反应速度快，试剂处理过程的稳定性高，固液分离效果好，能够促进重金属由高生物可利用态向低生物可利用态转化，从而降低水体中重金属的有效性和迁移活动性，还可以有效抑制作物对重金属的富集和转运，减轻了重金属的毒害。

配方 84　工业氨氮有机废水处理剂

［原料配比］

原料		配比（质量份）		
		1#	2#	3#
改性沸石颗粒	氧化镁	1	1	1
	天然沸石	4	4	4
微生物富集液	蔗糖	20	25	30
	酵母粉	4	5	6

续表

原料		配比（质量份）		
		1#	2#	3#
微生物富集液	脲	1	1	2
	氯化钙	10	13	15
	硫酸镁	2	2	3
	磷酸氢二钾	5	5	6
	磷酸二氢钾	2	3	3
	去离子水	40	45	50
自制沸石载体	改性沸石颗粒	1	1	1
	微生物富集液	10	10	10
发酵底物	自制沸石载体	2	2	2
	去离子水	1	1	1
发酵底物		100	100	100
紫红分枝杆菌		2	3	3
亚硝化单胞菌		3	4	5
产碱假单胞菌		3	3～5	5

[制备方法] 将自制沸石载体和去离子水按质量比为2∶1混合后作为发酵底物并装入发酵罐中，再向发酵罐中加入紫红分枝杆菌、亚硝化单胞菌和产碱假单胞菌，密封发酵罐，在35～45℃下静置发酵2～3天，得到发酵产物，过滤分离得到发酵滤饼，即得工业氨氮有机废水处理剂。

[原料介绍]

所述微生物富集液的制备步骤为：按质量份数计，称取20～30份蔗糖、4～6份酵母粉、1～2份脲、10～15份氯化钙、2～3份硫酸镁、5～6份磷酸氢二钾、2～3份磷酸二氢钾和40～50份去离子水混合后搅拌均匀，得到微生物富集液。

所述自制沸石载体的制备步骤为：将改性沸石颗粒和微生物富集液按质量比为1∶10混合后放入超声振荡仪中，以25～35kHz的频率超声振荡混合处理10～12h，超声振荡混合处理结束后，过滤分离得到滤渣，即得自制沸石载体。

所述改性沸石颗粒的制备步骤为：按质量比为1∶4将氧化镁和天然沸石混合后装入烧结炉中，加热升温至400～450℃，保温煅烧6～8h，烧结结束后，随炉冷却至室温，出料，得到改性沸石颗粒。

[产品特性] 本品将三种微生物同时复配使用，三者之间会产生种间竞争，相互之间刺激并促使新陈代谢加快，从而增加各自对废水中有害物质的去除作用，起到协同增效作用。其中紫红分枝杆菌是一种絮凝微生物，它能够分泌出具有絮凝作用的蛋白类物质，在微生物富集液中氯化钙的助凝作用下，首先通过钙离子库

仑引力将带负电荷的胶体颗粒拉近，并与之形成钙离子胶体颗粒结合物，而紫红分枝杆菌分泌的絮凝蛋白作为一种桥接剂，通过离子键将两个或两个以上的钙离子胶体颗粒结合物吸附到分子链上完成胶体颗粒的絮凝，从而降低废水的COD、浊度，而亚硝化单胞菌和产碱假单胞菌是一对硝化菌和反硝化菌，两者可以在废水中通过硝化和反硝化作用将废水中的有机氨氮分解成氮气进而有效降低废水中的氨氮。通过将改性沸石颗粒和微生物富集液混合并进行超声振荡，使得微生物富集液固载在改性沸石颗粒内部的孔隙中，为后期负载功能微生物做准备。

配方 85　工业废水处理剂（1）

原料配比

原料	配比（质量份）				
	1#	2#	3#	4#	5#
羧甲基壳聚糖	20	22	25	28	30
高岭土	10	12	13	14	16
木质素磺酸钠	10	12	15	18	20
聚丙烯酰胺	24	26	28	30	32
硫酸亚铁	4	5	6	7	8
鳞片石墨烯	6	8	10	12	14
间苯三酚	4	6	8	9	11
聚乙二醇	8	7	10	11	12
改性粉煤灰	12	13	14	15	16
七叶皂苷钠	6	8	9	10	12

制备方法

（1）称取高岭土，进行粉碎处理，过50～80目筛，获得高岭土粉；

（2）称取羧甲基壳聚糖、木质素磺酸钠、聚丙烯酰胺、硫酸亚铁，然后与步骤（1）得到的高岭土粉合并加入搅拌容器中在70～80℃下搅拌40～60min，制得混合物A；

（3）称取鳞片石墨烯、间苯三酚、聚乙二醇，并与混合物A合并，在80～90℃下搅拌60～70min，再超声处理20～30min，得到混合物B；

（4）取改性粉煤灰、七叶皂苷钠，然后与混合物B合并，搅拌均匀后进行干燥，即得处理剂。

原料介绍

所述改性粉煤灰的制备方法，步骤如下：将脱硫石膏和粉煤灰经球磨机磨碎得到混料，将混料加入改性剂，后加水制成浆体，加入水泥净浆搅拌机中自动搅拌，搅拌 20～30min，搅拌完成后制成坯，置于 50～60℃的烘箱内烘干，得改性粉煤灰。

所述改性剂包括以下质量份的原料：乌洛托品 1～4 份、粉煤灰陶粒 2～6 份和聚合硫酸铝铁 0.5～2 份。

［产品特性］ 本品对工业废水的处理效果显著，能够有效降低工业废水的 COD、BOD、SS、总磷、总氮和重金属，经过处理后的工业废水能够达到排放标准。

配方 86 工业废水处理剂（2）

［原料配比］

原料	配比（质量份）		
	1#	2#	3#
膨润土	20	13	15
柠檬酸	35	24	25
单宁	20	16	18
大豆蛋白	25	23	23
木质素	15	13	14
黏土	10	7	8
活性炭	20	12	15
海藻酸	25	17	18

［制备方法］ 本品在使用现场进行调配。

［使用方法］ 本品使用方法如下。

（1）先将膨润土、黏土、活性炭放入废水中进行吸附预处理，预处理时间为 10～30min；

（2）预处理后将柠檬酸、单宁、大豆蛋白放入废水中，边搅拌边加热 20～40min；

（3）最后加入木质素、海藻酸，继续搅拌，冷却至常温，完成废水处理过程。

［产品特性］

（1）本品配方简单，成本较低；

（2）本品效率高，效果好，经其处理后的废水可达到排放标准；

（3）本品操作安全，可减少二次污染，便于大规模推广应用。

配方 87 工业废水处理剂（3）

［原料配比］

原料	配比（质量份）		
	1#	2#	3#
柠檬酸钠	35	45	25
聚丙烯酰胺	10	5	15
碳酸钙	15	20	10
氯化铁	20	15	25
氧化硅	5	3	10
硅藻土	40	45	35

［制备方法］ 将各组分原料混合均匀即可。

［产品特性］ 本品可将污水中的悬浮颗粒、不易溶于水的颗粒吸除，并可起到杀菌、分解水中脂肪、蛋白质等成分作用，絮凝净化效果好。本品成分简单，处理效果好，且环保节约水资源。

配方 88 工业废水处理剂（4）

［原料配比］

原料		配比（质量份）
聚合硫酸铁	粒度为 300 目	20
活性炭	椰壳活性炭，粒度为 200 目	25
功能化海泡石	粒度为 100 目	35
碳酸钠		1.5
酒石酸改性羧基化纳晶纤维素		12
非离子聚丙烯酰胺		加至 100

［制备方法］ 将各组分原料混合均匀即可。

［原料介绍］ 所述功能化海泡石由下述方法制备：将海泡石置于 0.1～0.5mol/L 的磷酸溶液中超声处理 2～6h，所述海泡石与磷酸溶液的质量体积比在 1g∶(3～9)mL，离心取沉淀在温度为 60～80℃下烘干 15～25h，然后在温度为 450～550℃下烘焙 2～4h，得到酸处理海泡石；将酸处理海泡石、(3-巯丙基）三甲氧基硅烷、

乙醇按质量比 1∶(0.02～0.06)∶(3～7) 以转速为 300～800r/min 搅拌 15～25min，再加入酸处理海泡石质量 5～15 倍的质量分数为 1%～3%硫酸氧钛溶液以转速为 300～800r/min 搅拌 5～15min，然后转移到高压反应釜中在温度为 150～190℃下恒温保持 36～48h，冷却至室温，离心取沉淀在温度为 90～100℃下烘干 15～25h，得到预处理海泡石；将预处理海泡石加入预处理海泡石质量 5～15 倍的水中，再加入预处理海泡石质量 20%～30%的多巴胺，用 0.1～0.2mol/L 氢氧化钠溶液调节 pH 值至 9～10，避光以转速为 200～500r/min 搅拌 25～35h，离心取沉淀在温度为 90～100℃下烘干 15～25h，得到功能化海泡石。

[产品特性] 本品的椰壳活性炭具有耐磨强度高、空隙发达、吸附性能高、易再生、经济耐用等优点。本品使用方便，处理成本低，无毒性、无污染，各成分能够协同作用，可快速去除各种污染物，大大降低废水中的 COD、BOD 等，能够吸附水中的重金属，实现水中重金属的有效脱除，使水体得到高效净化，而且不会产生二次污染，提高了水质、保护了环境，并且生产工艺简单，适合大规模生产应用。

配方 89 工业废水处理剂(5)

[原料配比]

原料	配比(质量份)		
	1#	2#	3#
秸秆粉	30	20	30
活性炭	5	5	5
沸石	8	10	8
硅藻土	13	15	13
蒙脱石	10	10	10
粉煤灰	15	10	10
聚丙烯酰胺	15	15	10
过硫酸钾	3	5	2
硫酸亚铁	8	10	5
六偏磷酸钠	8	10	5
无机酸	8	10	5
水	150	150	150

[制备方法]

(1) 原料 A 的制备：依次将粉煤灰、沸石、硅藻土、蒙脱石、秸秆粉以及活性炭加入至粉碎机中进行加工粉碎，粉碎至 50～100 目后得到原料 A。

（2）原料 B 的混合：将聚丙烯酰胺、过硫酸钾、硫酸亚铁以及六偏磷酸钠混合，并加入适量水，进行搅拌后得到原料 B；搅拌的速度为 200r/min，搅拌时间为 30min。

（3）原料 A、原料 B 的共混：将步骤（2）制得的原料 B 缓缓加入至步骤（1）所得原料 A 中，并在加入过程中不断辅以搅拌，待原料 A、B 混合后，加入剩余的水，并控制反应温度在 60～80℃且继续搅拌；两次搅拌的速度均为 100r/min，搅拌时间分别为 30min 和 90min。

（4）将无机酸加入至步骤（3）中原料 A、B 的混合物中，控制反应温度在 50～60℃且继续搅拌至无机酸与混合物充分混合，停止搅拌，包装后即得工业废水处理剂。搅拌的速度为 150r/min，搅拌的时间为 30min，且在搅拌完毕后待混合物冷却至室温，静置 60min 后进行包装。

原料介绍 所述的无机酸为盐酸或硫酸中的一种或两种。

产品特性

（1）本品处理剂净化工业废水的效果好且能够适用于大部分的工业废水；

（2）本品中的主要成分包括粉煤灰、秸秆粉等工/农业废弃物，使之变废为宝，以废治废，节约制备成本，且本品采用的制备方法只需要用到搅拌机、粉碎机等工厂中常见的设备，适合工厂内部自产自用，适用性广；

（3）本品通过复配各原料协同净化污水，能够有效地降低工业废水 COD、BOD、SS 等含量，相较于常规手段，本品更为环保、节能。

配方 90 工业废水处理剂（6）

原料配比

原料		配比（质量份）		
		1#	2#	3#
柠檬酸钠		35	45	25
聚丙烯酰胺		10	5	15
碳酸钙		15	20	10
氯化铁		20	15	25
氧化硅		5	3	10
硅藻土		40	45	35
无机酸	盐酸	5	—	9
	硫酸	—	10	8

续表

原料		配比（质量份）		
		1#	2#	3#
氯化铁		10	15	12
菌剂		9	11	10
微晶纤维素		5	8	7
秸秆粉		20	30	25
水剂		700	900	800
菌剂	活化酶	0.5	1	0.8
	芽孢杆菌	0.5	0.9	0.7
	假单胞菌	0.1	0.6	0.4
	动胶菌	0.3	0.6	0.4
	球衣菌	0.3	0.8	0.5
	酿酒酵母菌	1.2	2	1.7

［制备方法］ 将各组分原料混合均匀即可。

［产品特性］ 本品净化工业废水的效果好，且能够适用于大部分的工业废水；本品通过复配各原料协同净化污水，能够有效地降低工业废水COD、BOD等，相较于常规手段，本品更为环保、节能。

配方91 工业废水处理剂（7）

［原料配比］

原料	配比（质量份）	原料	配比（质量份）
膨润土	11	次氯酸钠	1
活性炭	10	聚丙烯酰胺	10
钾长石	3	淀粉	9
聚合硅酸铝铁	30	有机酸	4.8
聚合氯化铝铁	22		

［制备方法］ 将各组分原料混合均匀即可。

［原料介绍］

所述的淀粉由羟丙基淀粉、羧甲基淀粉、羟乙基淀粉混合而成，所述羟丙基淀粉、羧甲基淀粉、羟乙基淀粉的质量比为（1～3）∶（1～3）∶（1～3）。

所述的有机酸由黄腐酸、柠檬酸、琥珀酸混合而成，所述黄腐酸、柠檬酸、琥珀酸的质量比为（1～3）：（1～3）：（1～3）。

［使用方法］ 本品主要用于处理家庭污水或者小型工厂工业废水。

［产品特性］ 本品净化效果好、速度快，环保无毒，使用方便、安全。

配方 92 工业废水处理剂（8）

［原料配比］

原料		配比（质量份）		
		1#	2#	3#
活性白土		40	42	50
煤矸石		15	18	22
榛子壳活性炭		3	5	7
活性污泥		5	6	8
微晶纤维素		5	6	8
菌剂		9	10	11
黄腐酸		6	8	10
改性大灰藓		5	7	9
聚丙烯酰胺		0.5	1	2
水剂		700	800	900
菌剂	活化酶	0.5	0.8	1
	芽孢杆菌	0.5	0.7	0.9
	假单胞菌	0.1	0.3	0.6
	动胶菌	0.3	0.5	0.6
	球衣菌	0.3	0.6	0.8
	酿酒酵母菌	1.2	1.6	2

［制备方法］

（1）将活性白土在1250～1420℃下进行煅烧，时间为90～180min；

（2）将步骤（1）烧结后的活性白土与煤矸石、微晶纤维素、榛子壳活性炭、活性污泥、黄腐酸混合在一起，球磨，得到均匀的混合粉体；

（3）将步骤（2）得到的粉体与溶解后的聚丙烯酰胺溶液、菌剂混合，搅拌60～120min，得到混合物；

（4）将步骤（3）得到的混合物在温度为40～60℃下烘干，粉碎，得到粉状物；

（5）按份称取改性大灰藓，以8000r/min的速率剪切处理12～18min，然后在温度为28℃、光照强度为6000lx条件下以30r/min的搅拌速率搅拌15～

20min，将处理后的改性大灰藓及水剂加入步骤（4）所得粉状物中，混合搅拌1～2h，再烘干，得工业污水处理剂。

［使用方法］

（1）在工业废水调试阶段，每天可正常进水，并按照处理水量：处理剂＝1000：(50～100)在曝气池中加入工业废水处理剂。每间隔1天投加少量的工业废水处理剂，投加量为前一次投加量的50%，至活性污泥状态正常、出水稳定达标排放时停止投加。

（2）在工业废水处理厂出现突发事故时，按照处理水量：处理剂＝1000：(50～200)在曝气池中加入工业废水处理剂；每天投加少量的工业废水处理剂，投加量为前一次投加量的50%，至活性污泥状态正常、出水稳定达标排放时停止投加。

［产品特性］　本品可用于工业废水的调试阶段和突发事故的应急处理，载体本身可吸附水中的部分生物毒性物质，吸附后废水中的生物毒性物质含量可大大降低，随着废水处理剂用量和吸附量的减小，载体上的菌种逐渐适应工业废水水质，从而选择出优势菌群，逐步形成适应工业废水水质的稳定的活性污泥。本品在工业废水处理调试阶段和突发事故阶段均不需要减小进水量或将废水引至事故池，在工业废水处理中可省去事故池的建设，减小占地面积，节省建设投资，且原料成本低、制备方法简单。

配方93　工业废水处理剂（9）

［原料配比］

原料	配比（质量份）		
	1#	2#	3#
多种生物原料	2	4	6
酒石酸钾钠	4	8	10
水	90（体积份）	90（体积份）	90（体积份）
0.005～0.02mol/L的$Fe(NO_3)_3$水溶液	适量	适量	适量

［制备方法］

（1）按多种生物原料、酒石酸钾钠和水分别为(2～6)g：(4～10)g：90mL的用量配比制成混合溶液。

（2）将上述混合溶液超声波振荡处理1h后转入到聚四氟乙烯水热釜中，在100～200℃下保温12h，得到沉淀物A。

（3）将步骤（2）所得的沉淀物A分散到0.005～0.02mol/L的$Fe(NO_3)_3$水溶液中，搅拌20min；沉淀物A与$Fe(NO_3)_3$水溶液为(0.5～1.5)g：(5～

30)mL 的用量配比进行混合。

(4) 将步骤 (3) 所制得的溶液转入到密封的玻璃反应器中，在 50～98℃下保温 1h 后，将所得的沉淀物过滤，洗涤，再进行真空干燥，即可得到工业废水处理剂。

原料介绍 所述的多种生物原料包含有大米粉、牛肉粉、核桃粉、地瓜粉、灵芝粉、绿茶粉、菊花粉、鱼腥草粉，多种生物原料质量份配比为大米粉 10 份、牛肉粉 3 份、核桃粉 10 份、地瓜粉 5 份、灵芝粉 1 份、绿茶粉 10 份、菊花粉 5 份、鱼腥草粉 3 份。

产品特性 本品操作简单，成本低，对废水中的杂质进行絮凝的效果显著。经本品处理后工业废水悬浮物去除率达到 91%以上，BOD 去除率为 91%以上，COD 去除率为 93%以上。

配方 94 工业废水处理剂(10)

原料配比

原料	配比（质量份）		
	1#	2#	3#
无机填料	8	10	15
无机絮凝剂	5	8	10
改性石墨烯	10	13	15
改性天然高分子材料	20	22	30
水	30	33	40

制备方法

(1) 在搅拌器中加入三分之一的水，设置温度为 35℃，调节转速为 80～100r/min，按照所述质量份加入无机填料和无机絮凝剂，混合搅拌 10min；

(2) 按照所述质量份加入改性石墨烯，同时另加三分之一的水，混合搅拌 20min；

(3) 按照所述质量份加入改性天然高分子材料和剩余的水，混合搅拌 30min，制得所述处理剂。

原料介绍

所述无机填料为沸石粉、活性炭、蛭石、凹凸棒土中的一种或几种。

所述无机絮凝剂为聚硅酸盐。

所述改性石墨烯为聚丙烯酰胺/氧化石墨烯水凝胶。

所述改性天然高分子材料选自改性纤维素、改性玉米淀粉、改性木质素和改性壳聚糖。

所述聚丙烯酰胺/氧化石墨烯水凝胶的制备过程如下：12质量份氧化石墨烯粉末加水超声分散，向分散液中依次加入800质量份丙烯酰胺单体、0.56质量份N,N-亚甲基双丙烯酰胺交联剂以及0.8质量份过硫酸钾引发剂，冰水浴环境下充分搅拌均匀，随后向反应瓶中鼓吹氮气30min，密封后转移至60℃条件下反应2～3h，再在室温下反应24h，反应完成后将水凝胶剪碎，常温下溶胀24h，冷冻干燥后粉碎得到凝胶粉末，即本发明所用聚丙烯酰胺/氧化石墨烯水凝胶。

所述改性天然高分子材料为改性玉米淀粉，其制备过程如下：

(1) 淀粉加水，搅拌升温后得到糊化淀粉液；糊化条件为50～55℃，搅拌50min。

(2) 向所述糊化淀粉液中加入引发剂过硫酸铵和硝酸铈铵，充分搅拌后以连续加料方式加入2-丙烯酰氨基-2-甲基丙磺酸和N-苯基马来酰亚胺搅拌反应；反应条件为70～80℃下反应1～2h。

(3) 反应完成后，以丙酮为提取物，在索氏提取器中提取24h，随后干燥得到改性玉米淀粉。

所述淀粉、2-丙烯酰氨基-2-甲基丙磺酸、N-苯基马来酰亚胺、过硫酸铵和硝酸铈铵的质量比为1∶1∶1∶0.015∶0.1。

[产品特性]

(1) 淀粉分子链中含有大量反应性官能团，具有一定的絮凝和缓蚀性能，但由于化学性质不活泼、溶解性差等不足，导致其在实际应用中的水处理效果不佳，因此通常需要对其进行化学改性。在本品中，利用2-丙烯酰氨基-2-甲基丙磺酸和N-苯基马来酰亚胺通过自由基接枝共聚，在淀粉表面形成两亲性无规共聚物链，与水中微粒形成架桥效应，增强絮凝能力；该共聚物结构中还存在酰胺键、磺酸基等功能性基团，能够在很大范围内有效地控制无机物结垢，与本品中的其他组分复配，能产生良好的阻垢作用。

(2) 利用石墨烯与丙烯酰胺制得水凝胶，结合了二者的吸附和絮凝能力，同时亦可作为一种载体稳定剂，用于负载无机填料和无机絮凝剂，最大限度发挥填料和絮凝剂在水体中的吸附、混凝/絮凝作用，增强与水体中金属离子的附着力。

配方95　工业废水处理剂（11）

[原料配比]

原料	配比（质量份）		
	1#	2#	3#
硼酸钠	15	17	18

续表

原料	配比（质量份）		
	1#	2#	3#
葡萄糖酸钠	8	9	11
乙酸锌	14	15	16
活性硅藻土	10	11	12
二甲基二烯丙基氯化铵	7	8	9
三乙酸铵	5	6	7
聚合三氯化铁	4	6	7
磷酸钠	10	12	14
聚硅硫酸铝	8	9	10
柠檬酸	11	12	13
聚丙烯酰胺	10	12	14

[**制备方法**] 将各组分原料混合均匀即可。

[**产品特性**] 本品处理效果好，高效快捷，成本低廉，无二次污染。

配方 96 工业废水处理剂（12）

[**原料配比**]

原料		配比（质量份）			
		1#	2#	3#	4#
凹凸棒土		20	10	30	15
膨润土		15	10	20	12
麦饭石粉		12	8	15	10
蛭石粉		14	9	18	12
溶剂	二甲基亚砜	75	—	100	—
	乙醇	—	50	—	—
	甲醇	—	—	—	60
PEG-2000		5	3	6	4
聚乙烯吡咯烷酮		5	4	7	5
十二烷基聚氧乙烯醚磷酸酯		6	5	8	6
聚天冬氨酸		11	7	15	8
胺甲基化聚丙烯酰胺		12	10	15	11
0.1～0.3mol/L 盐酸溶液		适量	适量	适量	适量

续表

原料	配比（质量份）			
	1#	2#	3#	4#
0.1～0.3mol/L 的 NaOH 溶液	适量	适量	适量	适量
壳聚糖	15	10	20	12
$FeCl_3$	15	10	20	12
$FeCl_2$	7	5	10	6
5%～20%的三羟甲基丙烷的乙醇溶液	适量	适量	适量	适量

［制备方法］

（1）取凹凸棒土、膨润土、麦饭石粉、蛭石粉分散于溶剂中，在室温下搅拌均匀，并于超声仪上超声分散 20～40min，然后在搅拌的状态下加入 PEG-2000、聚乙烯吡咯烷酮、十二烷基聚氧乙烯醚磷酸酯，然后在搅拌的状态下将反应体系缓慢升温至 70～80℃，继续搅拌反应 6～12h，反应完成后，将反应体系进行离心收集下层沉淀物，并用乙醇进行洗涤后对其进行真空干燥，粉碎研磨至粒度为 100～200 目，得混合物 A；

（2）将混合物 A、聚天冬氨酸、胺甲基化聚丙烯酰胺、壳聚糖进行混合，加入三羟甲基丙烷的乙醇溶液中，在 40～50℃的温度下搅拌反应 1～2h，然后对其进行过滤、洗涤、烘干，得混合物 B；

（3）将混合物 B 加入 0.1～0.3mol/L 的盐酸溶液中，然后在氮气保护条件下加入 10～20 份 $FeCl_3$ 与 5～10 份 $FeCl_2$ 的混合物，在 35～40℃温度下反应 20～30min 后逐滴加入浓度为 0.1～0.3mol/L 的 NaOH 溶液，在氮气保护条件下继续搅拌反应 30～40min 即得工业废水处理剂。

［使用方法］ 本品是一种工业废水处理剂。所述工业废水为含重金属离子的废水、印染废水、石油化工废水中的一种或多种。

［产品特性］ 本品对 Cu^{2+}、Hg^{2+}、Zn^{2+}、Ni^{2+} 的吸附率达到 99%以上，同时对染料的吸附率达到 99%以上。本品制备方法简单，并且最终以磁性纳米粒子作为分离介质进行水处理的分离，简化了水处理的后处理程序。

配方 97　工业污水处理剂（1）

［原料配比］

原料	配比（质量份）	原料	配比（质量份）
亚硫酸钠	15	聚硅硫酸铝	23
聚丙烯酸钠	6	聚丙烯酰胺	46

续表

原料	配比（质量份）	原料	配比（质量份）
聚合硫酸亚铁	4	磷酰基聚丙烯酸	2
铬酸钠	4	磷酸锌	3
醋酸钠	18	亚乙基二胺四亚甲基磷酸钾	2
柠檬酸	22	去离子水	75
次氯酸钠	5	表面活性剂	8

［制备方法］

（1）依次将亚硫酸钠、聚丙烯酸钠、聚硅硫酸铝、聚丙烯酰胺、聚合硫酸亚铁、铬酸钠、醋酸钠、去离子水加入调和罐，室温下搅拌 2～3h 至均匀；

（2）依次将柠檬酸、次氯酸钠、磷酰基聚丙烯酸、磷酸锌加入上述组分，室温下搅拌 3h 至均匀；

（3）最后，将亚乙基二胺四亚甲基磷酸钾、表面活性剂依次加入上述组分，室温下搅拌 1h 至均匀，即得到工业污水处理剂。

［产品特性］ 本品沉淀中和污水能力强，制备工艺简单易掌握，润湿性好，扩散速度快，在油水相中分散性好，可以更有效、快速地破坏油水界面膜，还具有絮凝和净水效果。

配方 98 工业污水处理剂（2）

［原料配比］

原料	配比（质量份）				
	1#	2#	3#	4#	5#
纳米二氧化硅	50	53	55	57	60
膨润土	11	14	14	12	13
硅灰石	10	9	9	11	8
聚合三氯化铝	7	5	5	6	5
氟硅酸钠	2.2	2.5	2.5	2.7	2
硅酸钠	0.5	0.7	0.7	0.9	0.8
双-(苯基二甲基硅氧烷）甲基硅醇	2.5	2.2	2.2	2.3	2.1
硅酸铝镁	0.5	1	1	0.8	0.9
乙醇胺	0.5	0.6	0.6	0.8	0.5

续表

原料	配比（质量份）				
	1#	2#	3#	4#	5#
石灰	1.2	1.5	1.5	0.7	1
硅藻土	5	10	10	6	9
活性炭	10	5	5	6	8
过氧化氢	6	9	9	7	5～10
水	适量	适量	适量	适量	适量

［**制备方法**］

（1）将纳米二氧化硅（粒径为35～40nm）、膨润土、硅灰石、聚合三氯化铝、氟硅酸钠、硅酸钠、硅酸铝镁、石灰、硅藻土混合，加水制浆，挤压制成颗粒；所述颗粒的粒径不大于50nm。

（2）将颗粒置于400～500℃下灼烧9～10h，冷却至室温，得物料A。

（3）向物料A中加入双-(苯基二甲基硅氧烷）甲基硅醇、乙醇胺、活性炭、过氧化氢，混合均匀，即制得工业污水处理剂。

［**产品特性**］ 本品能很好地将废水中的污染物吸附，很大程度地降低了污染物的含量，具有很好的应用前景。

配方 99 工业污水处理剂（3）

［**原料配比**］

原料	配比（质量份）	原料	配比（质量份）
玉米淀粉	30～50	沸石粉	15～25
膨润土	20～30	活性炭	25～35
竹炭粉	15～30	石油磺酸钠	10～15
改性硅藻土	5～10	亚硫酸钠	10～15
草酸	2～10		

［**制备方法**］ 将各组分原料混合均匀即可。

［**产品特性**］ 本品制备方法简单，易操作，稳定性好，安全性高，可快速去除各种污染物，使水体得到高效净化，而且不会产生二次污染。

配方 100 工业污水处理剂（4）

〔原料配比〕

原料		配比（质量份）		
		1#	2#	3#
聚丙烯酰胺	阴离子聚丙烯酰胺	0.5	0.75	—
	非离子聚丙烯酰胺	—	0.75	1
聚合氯化铝		20	30	25
氢氧化钙		10	20	15
膨润土	钠基膨润土	15	—	—
	钙基膨润土	—	20	9
	氢基膨润土	—	—	9
明矾		30	50	40
三氯化铁		2	6	4
聚合硫酸铁		1	4	2.5
助凝剂		0.5	0.9	0.7

〔制备方法〕 将各组分原料混合均匀即可。

〔产品特性〕 本品处理污染物范围广，效果好，生产原料来源广，环保无毒，出水质量好，工艺流程短，工艺操作安全性高。

配方 101 工业污水处理剂（5）

〔原料配比〕

原料	配比（质量份）		
	1#	2#	3#
聚丙烯酰胺	15	30	23
乙二胺四乙酸	10	20	15
壳聚糖	15	30	23
聚合氯化铁	15	35	25
草酸	5	10	7
改性蒙脱土	5	10	7
溶剂	适量	适量	适量

[制备方法]

（1）改性蒙脱土的制备：取5份蒙脱土研磨，放入容器中，再加入10份质量分数为5%的酸，搅拌均匀后加入3份$AlCl_3$，于50～65℃条件下搅拌反应3h，反应结束后于70℃烘干10h即得改性蒙脱土；蒙脱土研磨后的粒径大小为150～300μm。

（2）取聚丙烯酰胺、乙二胺四乙酸、壳聚糖、聚合氯化铁及草酸溶解在溶剂中配成质量分数为60%的溶液，然后向溶液中加入步骤（1）所得改性蒙脱土，于50～75℃温度下搅拌10～14h使其混合均匀，即可制得污水处理剂的悬浮液。搅拌方式为超声波搅拌。

[原料介绍]

所述的溶剂为去离子水或纯净水。

所述的酸为盐酸、硫酸及磷酸中的一种或两种及以上的混合物。

[产品特性]

（1）本品中聚丙烯酰胺可增加水的循环利用率，还可用于污泥脱水；乙二胺四乙酸是一种优良的螯合剂，可除去钙、镁、铁等金属离子；改性蒙脱土具有很强的吸附能力、良好的分散性能，可有效吸附污水中的悬浮颗粒；壳聚糖可与汞、镍、铅、镉、铜、锌等金属离子形成稳定的螯合物；聚合氯化铁水解速度快，水合作用弱，形成的矾花密实，沉降速度快，受水温变化影响小，可有效去除水中的各种有害元素，COD去除率达60%～95%；草酸具有很强的配合作用，可与一些碱土金属结合成不溶于水的金属螯合剂，降低污水中金属离子的溶解性。

（2）本品可有效去除工业污水中的重金属离子，而且不会产生二次污染；其原料成本低，制备方法简单，适于推广应用。

配方102　工业污水处理剂（6）

[原料配比]

原料	配比（质量份）		
	1#	2#	3#
铝盐	30	20	40
铁盐	30	20	40
柠檬酸	20	15	25
微生物絮凝剂	50	60	40
硅藻泥	13	10	15
聚丙烯酰胺	25	20	30

续表

原料	配比（质量份）		
	1#	2#	3#
聚乙烯亚胺	14	12	15
立德粉	6	5	8

［制备方法］ 将各组分原料混合均匀即可。

［原料介绍］

所述铝盐为硫酸铝、氯化铝、聚合氯化铝、聚合硅酸铝中的一种或多种。

所述铁盐为聚合硫酸铁、纳米聚合硫酸铁、聚合氯化硫酸铁、氯化铁、聚硅酸氯化铁中的一种或多种。

［产品特性］ 本品利用微生物絮凝剂结合铝盐和铁盐，能有效去除通常水处理过程中较难处理的重金属离子和有害物质，具有显著的脱色、除臭、脱油、除菌等功能，且污染物去除全面，对环境影响小，投药量较常用水处理剂小，处理成本低。

配方 103 工业污水处理剂（7）

［原料配比］

原料	配比（质量份）		
	1#	2#	3#
二乙烯三胺五乙酸	26	28	30
聚乙烯醇	24	26	28
二乙二醇乙醚	24	26	28
三烷基氯化铵	22	24	26
琥珀酸二辛酯磺酸钠	24	26	28
十八烷基二羟乙基氧化胺	24	26	28
柠檬烯	22	24	26
甲壳素纤维	24	26	28
酮康唑	24	26	28
双癸基二甲基氯化铵	22	24	26
蒙脱石粉末	22	24	26
酒石酸钾钠	22	24	26
片碱	24	26	28
柠檬酸钾	22	24	26

续表

原料	配比（质量份）		
	1#	2#	3#
磷酸二氢钠	20	22	24
三氯化铁	24	26	28
聚合氯化铝	22	24	26
乙二胺四醋酸钠	20	22	24
季戊四醇硬脂酸酯	22	24	26
丙二醇	14	16	18
十五醇	14	16	18
六次甲基四胺	14	16	18
四亚乙基五胺	14	16	18
甲基三乙酰氧基硅烷	14	16	18
二乙烯三胺	14	16	18
淀粉酶	14	16	18
羟丙基甲基纤维素	14	16	18
L-赖氨酸盐	14	16	18
甘露醇	14	16	18
去离子水	2000	3000	4000

制备方法

（1）将二乙烯三胺五乙酸、聚乙烯醇、二乙二醇乙醚、三烷基氯化铵、琥珀酸二辛酯磺酸钠、十八烷基二羟乙基氧化胺、柠檬烯、甲壳素纤维、酮康唑、双癸基二甲基氯化铵、蒙脱石粉末、酒石酸钾钠、片碱、柠檬酸钾、磷酸二氢钠、三氯化铁、聚合氯化铝、乙二胺四醋酸钠、季戊四醇硬脂酸酯加入去离子水中，超声高速分散；超声波频率为 20～40kHz，分散速度为 5000～5400r/min，分散时间为 30～60min。

（2）加入丙二醇、十五醇、六次甲基四胺、四亚乙基五胺、甲基三乙酰氧基硅烷，超声高速分散；超声波频率为 20～35kHz，分散速度为 4800～5200r/min，分散时间为 30～50min。

（3）加入二乙烯三胺、淀粉酶、羟丙基甲基纤维素、L-赖氨酸盐、甘露醇，超声高速分散；超声波频率为 20～30kHz，分散速度为 4600～4800r/min，分散时间为 20～40min。混合均匀后制得本品。

原料介绍

所述聚合氯化铝由三种粒径目数的粉体组成，其粒径目数分别为 30～50 目、50～80 目、80～100 目，上述三种粉体的混合质量比例为（3～12）∶（4～8）∶1。

所述蒙脱石粉末由三种粒径目数的粉体组成，其粒径目数分别为 30～50 目、

50～80目、80～100目，上述三种粉体的混合质量比例为（3～9）∶（2～8）∶1。

所述三氯化铁由三种粒径目数的粉体组成，其粒径目数分别为20～50目、50～70目、70～90目，上述三种粉体的混合质量比例为（2～8）∶（3～9）∶1。

所述聚乙烯醇的黏度在25℃时为120～160mPa·s。

所述季戊四醇硬脂酸酯的黏度在25℃时为80～120mPa·s。

［**产品特性**］ 本产品反应速度快，过程中无有毒有害气体产生；反应后的生成物稳定，不会再分解成有毒物质；高效、无毒，反应前后对人体安全，对物件无腐蚀；针对污水处理效率高。

配方104 工业污水处理剂（8）

［**原料配比**］

原料	配比（质量份）				
	1#	2#	3#	4#	5#
磁性铁粉	10	20	10	15	12
海藻酸钠	30	55	40	50	46
聚合三氯化铁	20	35	25	30	28
膨润土	25	40	30	40	35
煤粉灰	15	30	15	20	18
交联添加剂	—	—	0.05	0.1	0.08

［**制备方法**］

（1）磁性铁粉退磁：将磁性铁粉在惰性氛围下加热退磁，得到无磁性磁粉；退磁温度为250～500℃，退磁时间为1～5h。

（2）共混：向海藻酸钠中加入蒸馏水，配制成海藻酸钠分散液，然后依次加入无磁性磁粉、聚合三氯化铁、膨润土以及煤粉灰，搅拌均匀后静置脱泡得到工业污水处理剂分散液；海藻酸钠分散液中海藻酸钠的质量分数为5%～20%。还可选择性加入交联添加剂。

（3）固化：将步骤（2）所得工业污水处理剂分散液均匀滴加到氯化钙溶液中固化后取出，烘干得到工业污水处理剂半成品；氯化钙溶液为质量分数为5%～15%的氯化钙水溶液，固化时间为3～8h，所得的工业污水处理剂半成品的直径为5～20mm。

（4）磁化：将得到的工业污水处理剂半成品置于充磁机中进行充磁得到磁化的工业污水处理剂。磁化后的工业污水处理剂的磁感应强度为100～500G。

［**原料介绍**］ 所述的交联添加剂为氯化钙以及氯化锶质量比为（1～5）∶1的混

合物。

［产品特性］

本品能够在较短时间内实现水质的净化，且能够有效地降低COD以及其他重金属离子的含量。具有净化效率高、原料成本低、制备方法简单的优点，可大规模生产以及使用。

配方105　工业污水处理剂（9）

［原料配比］

原料	配比（质量份）		
	1#	2#	3#
去离子水	100	100	100
花生壳	2	8	5
四硼酸钠	16	20	18
磺酸琥珀二辛酯盐	1.2	1.8	1.5
乙酰胺	5	25	15
甲基二乙醇胺	30	50	40
对苯乙烯磺酸钠	30	50	40
巯基苯并噻唑钠	4	8	6
葡萄糖酸钠	6	10	8
丙烯酸乙酯	20	30	25
硫酸亚铁	2	6	4
氯化铵	1	5	3
甲基橙	0.1	2	1
硫化钠	3	7	5
双氧水	10	30	20

［制备方法］

（1）将去离子水、花生壳、四硼酸钠、乙酰胺和甲基二乙醇胺投入带有温度计、加热装置、回流冷凝器和搅拌装置的反应釜中，升温至50～70℃，搅拌30～50min；搅拌速度为100～110r/min。

（2）用滴液漏斗逐滴滴加丙烯酸乙酯，升温至88～98℃，加入对苯乙烯磺酸钠、巯基苯并噻唑钠、磺酸琥珀二辛酯盐、硫酸亚铁、氯化铵和甲基橙，恒温反应60～80min。

（3）用滴液漏斗逐滴滴加双氧水，升温至130～140℃，加入剩余原料，调节搅拌速度为300～400r/min，搅拌90～120min后静置冷却即得。

[产品特性]

(1) 原料来源广泛，水溶性好，可抑制结焦积垢，对油田污水有很好的阻垢效果，在80℃加量10～15mg/L，阻垢率达到100%，50℃以下阻垢率可达94%～98%；

(2) 本品是环境友好的绿色污水处理剂，能使淡水中270～300mg/L的钙离子稳定存在，能够阻止成垢盐分的晶体生长过程和颗粒物的凝聚沉积；

(3) 低剂量，高效节能，可用于高碱度、高硬度、高pH值和高浓缩倍数的水质中，各个组分之间产生协同作用，投药周期高达10～14d，当pH值为10、工业污水处理剂浓度为6mg/L时阻垢率仍达到90%～95%，使用方便，成本低廉，合成工艺简单，适合于大规模生产，可以广泛使用。

配方106 工业污水处理剂（10）

[原料配比]

原料	配比（质量份）		
	1#	2#	3#
有机膨润土	15	25	20
超细活性炭粉末	25	28	29
微生物凝絮剂	25	26	30
纳米级氧化镍	3	3	5
高锰酸钾	5	5	8
纳米银	5	5	5
明矾	15	20	22
次氯酸钠	5	5	8
明胶	5	6	6
去离子水	80	110	120

[制备方法]

(1) 取有机膨润土加入去离子水制成10%含量的有机膨润土悬浊液；

(2) 在悬浊液中依次加入高锰酸钾、明矾、次氯酸钠、明胶，搅拌均匀，调节pH值至7.0～7.2；

(3) 加入超细活性炭粉末、纳米级氧化镍、纳米银超声波处理30～45min，静置至室温；

(4) 加入微生物凝絮剂，缓慢搅拌1～2h，得到本品的工业污水处理剂。所述加入凝絮剂完成的时间控制在 0.5～1h。

［原料介绍］

所述微生物凝絮剂的制备方法为：取工业污水中的固体污泥，加入酸性药剂，反应 10～30min，促使污泥中的细胞破碎，释放絮凝剂活性的物质，静置 2～3h；取上清液，以 3000r/min 的转速进行离心，取沉淀物；在沉淀物中加入 10% 的异丙醇，搅拌均匀，再加入 10 倍体积的乙醇，用超声波处理 15～30min；低温真空干燥，得到微生物凝絮剂。

所述超细活性炭粉末是活性炭经过超声速气流作用 15～25min 得到。

［产品特性］ 本品以有机膨润土和超细活性炭粉末作为工业污水处理剂的主要吸附材料，对工业污水里的物质进行吸附；加入絮凝剂使工业污水中的污染物进行沉淀便于过滤处理；加入纳米级氧化镍、高锰酸钾以及纳米银可以有效地进行广泛的杀菌、抑菌，防止工业污水中有害菌的传播。本品可以全面、高效地处理工业污水，且成本低廉，具有较强的市场推广性。

配方 107　工业污水处理剂（11）

［原料配比］

原料	配比（质量份）			
	1#	2#	3#	4#
果胶酶	25	20	30	22
橘子皮	30	1	40	16
漆酶	15	10	20	17
氢氧化钠溶液	40	30	50	35
腐殖酸	6	1	10	4
聚合硫酸铁	33	30	35	32
硫酸铝	15	10	20	18
粉煤灰	40	30	60	37
纳米二氧化钛	15	10	20	19
醋酸钠	35	30	40	33
异丙醇	40	30	60	42
活性炭	50	30	60	41
硝酸锰	11	10	12	11
三氯化铁	8	5	10	6
溴化钙	15	10	20	2

续表

原料	配比（质量份）			
	1#	2#	3#	4#
珍珠岩粉	15	10	20	18
亚麻胶浆液	11	10	12	11

［制备方法］

（1）将聚合硫酸铁、硫酸铝、活性炭、硝酸锰、粉煤灰放入球磨机进行球磨，球磨1～2h；上述组分和球磨机中球磨珠的质量之比为1∶10。球磨后过100目筛。

（2）将纳米二氧化钛加入其中，混合均匀，水浴加热1～2h，静置48h以上，得到混合物一，备用；水浴温度为45～50℃。

（3）将果胶酶、橘子皮、漆酶加入氢氧化钠溶液中，再向其中加入亚麻胶浆液，超声波分散，静置30min以上，得到混合物二，备用；超声频率为800～1000kHz。

（4）将混合物二升温至80～85℃，再向其中加入异丙醇、珍珠岩粉、三氯化铁、溴化钙和混合物一，搅拌25min，加入腐殖酸和醋酸钠，混合均匀，即可；搅拌转速为300～600r/min。

［原料介绍］

所述氢氧化钠溶液的质量分数为30%～40%。

所述亚麻胶浆液的制备方法如下：将亚麻胶加入水中，用高速搅拌机搅拌均匀，加入氢氧化钠、异丁醇和聚氧丙烯氧化乙烯甘油醚，90℃条件下用磁力搅拌机搅拌2～3min，即得。所述亚麻胶、水、氢氧化钠、异丁醇和聚氧丙烯氧化乙烯甘油醚的质量比为10∶70∶20∶3：11。

［产品特性］ 本品对工业污水进行处理，其中氮的去除率可达98%左右，磷的去除率可达89%左右，钾的去除率可达92%左右。亚麻胶浆液可以提高对氮的去除率，超声分散可以提高对钾的去除率。

配方108 工业污水专用处理剂

［原料配比］

原料	配比（质量份）					
	1#	2#	3#	4#	5#	6#
改性木质素	10	25	17	15	20	13
植物提取原液	8	16	12	10	14	15

续表

原料	配比（质量份）					
	1#	2#	3#	4#	5#	6#
改性淀粉	5	15	10	7	12	9
蚯蚓蛋白酶	2	8	5	3	6	7
蒙脱石	10	35	23	16	30	28
亚乙基二胺四亚甲基磷酸钾	3	15	9	5	11	6
磷酰基聚丙烯酸	3	10	7	5	8	8
六偏磷酸钠	5	10	7	6	9	7
硅藻土	20	40	30	25	35	35
活性炭	10	25	18	15	23	23
絮凝剂	6	12	9	8	11	11
柠檬酸	3	6	4.5	4	6	6
消毒剂	1	6	4	2	5	3

［制备方法］

（1）将改性木质素、蒙脱石、活性炭分别研磨至 80～140 目，得到改性木质素粉、蒙脱石粉、活性炭粉，备用。

（2）将改性木质素粉、蒙脱石粉、活性炭粉混合均匀，依次加入硅藻土、柠檬酸、改性淀粉，搅拌均匀，微波加热到 60～120℃，再保温 2～4h，冷却，得到混合物；微波加热频率为 600～110MHz。

（3）向步骤（2）所得混合物中依次加入植物提取原液、蚯蚓蛋白酶、六偏磷酸钠、絮凝剂、亚乙基二胺四亚甲基磷酸钾、磷酰基聚丙烯酸、消毒剂混合均匀，在 50～75℃下真空烘干，冷却，研磨至产物颗粒为 50～60 目，即可。

［原料介绍］

所述改性木质素的制备如下：将 50 份木质素粉碎成 80～100 目，然后采用质量分数 2%的氢氧化钠与乙醇组成的碱醇溶液于 60～65℃下浸泡 4～5h，再置于转速为 500～800r/min 的球磨机上球磨 15～18min；再加入质量分数 2%～3%的乙酸调节 pH 值至 5～7，抽滤，烘干，得改性木质素。

所述改性淀粉的制备如下：将土豆粉碎，向其中加入去离子水制备质量分数为 18%～22%的土豆溶液，置于探头式超声仪中超声 8～13min，抽滤，将抽滤物置于 37～43℃恒温鼓风干燥箱中干燥，待干燥完全后，研磨，得改性淀粉，其中，超声仪的温度为 45～50℃。

所述絮凝剂为硫酸亚铁、硫酸铝、羧甲基壳聚糖、铝酸钠、三氯化铁、硫酸铁中的至少一种。

所述消毒剂为次氯酸钠、氯胺中的至少一种。

所述植物提取原液的制备方法如下：将植物原料于1100～1300℃下进行热解干馏，得热解干馏气体；将热解干馏气体在510～600℃下进行分馏分离，分离出木焦油和木煤气，回收木焦油；将木煤气在常温下冷凝分离得植物提取原液。所述植物原料为树皮、秸秆、干草、树枝中的至少一种。

［产品特性］ 本品原料采用具有吸附作用的成分，如改性木质素、蒙脱石、改性淀粉、硅藻土、活性炭等，对污水中污染物具有较强吸附作用，配合植物提取原液、蚯蚓蛋白酶、亚乙基二胺四亚甲基磷酸钾、消毒剂等组分，协同作用，大大增强了处理效果，且添加的絮凝剂能够澄凝污水中的悬浮物，降低污水的浊度。本品润湿性好，在油水相中分散性好，能够破坏油水界面膜，具有高效地油水分离、絮凝和净水效果；各原料来源丰富，价格低廉，投药量小，安全无毒，无二次污染；制备方法简单、成本低，处理后工业污水的排放质量达到国家一级标准，脱水、去油和去除重金属效果好，适用范围广泛，易于工业应用。

配方109 硅藻土污水处理剂（1）

［原料配比］

原料	配比（质量份）		
	1#	2#	3#
煅烧处理硅藻土（白料）1级风选渣粒	25	20	30
窑烧处理硅藻土（红料）1级风选渣粒	30	35	25
硅藻原土筛选土粉	25	20	30
100目干爽石英砂	10	12	7
聚合硫酸铝（PAS，粉末状）	3	4	2
聚合硫酸铁（SPFS，粉末状）	3	4	2
聚丙烯酰胺（PAM，粉末状）	3	4	2
水溶性负离子粉	1	1	2

［制备方法］

（1）将所述质量份的煅烧处理硅藻土1级风选渣粒（白料渣）和PAS混合搅拌，加入清水继续搅拌，得到搅拌料1，干燥至含水率为7%～9%，待用；

（2）将所述质量份的窑烧处理硅藻土1级风选渣粒（红料渣）和SPFS混合搅拌，加入清水继续搅拌，得到搅拌料2，干燥至含水率为7%～9%，待用；

（3）将所述质量份的硅藻原土筛选土粉和PAM混合搅拌，加入清水继续搅拌，得到搅拌料3，干燥至含水率为7%～9%，待用；

(4) 将以上三种待用料合并，加入所述质量份的水溶性负离子粉和100目干爽石英砂，充分搅拌，待物料发热温度至45℃后制备完成。

［原料介绍］

所述煅烧处理硅藻土1级风选渣粒的含水率为7%～9%。

所述窑烧处理硅藻土1级风选渣粒的含水率为7%～9%。

所述硅藻原土筛选土粉的含水率为7%～9%。

［产品特性］ 本品采用多种硅藻土做载体，同时多种无机化合物参与作用，经过特殊工艺加工而成，合理利用硅藻土基料（煅烧产品、窑烧产品、原土粉）的特性，使其发挥各自的优势，同时充分发挥添加剂的作用，采用特殊工艺，将硅藻基料和添加剂的作用有机结合起来，达到全方位的除污、净化目的。该硅藻土污水处理剂净化能力强，对处理设备的要求简单，净化后的水体可实现循环利用，大幅度降低处理成本，同时生产成本较同类产品有大幅度降低，直接费用降低35%。该硅藻土污水处理剂适用性较强，处理后的污水符合国家排放标准要求。主要用于造纸、制药、皮革加工、生活污水等行业领域的污水处理。

配方110 硅藻土污水处理剂（2）

［原料配比］

原料		配比（质量份）		
		1#	2#	3#
改性硅藻土		60	95	75
絮凝剂	阳离子型聚丙烯酰胺	0.5	—	2
	聚合氯化铝	—	3	—
	壳聚糖	39.5	—	—
	聚合硫酸铁	—	2	—
	活性炭	—	—	23

［制备方法］ 将各组分原料混合均匀即可。

［原料介绍］

所述改性硅藻土按照如下方式进行改性：

(1) 取研磨后的硅藻土与浓硫酸改性处理15～120min，改性处理过程中，硅藻土与浓硫酸的液固比为(0.05～0.5)g∶1mL，得到改性矿浆；

(2) 将改性矿浆进行过滤，所得滤饼烘干、粉碎处理后，即得改性硅藻土。

所述改性硅藻土的平均粒度为100～200目。

所述改性处理过程中，通过水浴加热控制改性处理温度为65～85℃。

[产品特性]

（1）通过在硅藻土污水处理剂中复配添加絮凝剂，利用絮凝剂的助凝作用，使得污水中悬浮的有机物沉降，从而便于改性硅藻土对其进行吸附，在改性硅藻土和絮凝剂的作用下，可以加速污水中有机物的去除速度。

（2）改性硅藻土相较于未改性的硅藻土，吸附性能得到了较大的提升；利用本品中的改性硅藻土制备的污水处理剂，对于污水的处理速度快、效果好、用量小，还具有生产成本低的特点，对于印染、造纸等工业废水具有较好的适应性。

配方 111 含多硫代碳酸盐的废水处理剂

[原料配比]

原料		配比（质量份）					
		1#	2#	3#	4#	5#	6#
多硫代碳酸盐	三硫代碳酸钠	15	—	—	—	—	—
	三硫代碳酸钾	—	10	—	—	—	—
	五硫代碳酸钾	—	—	15	—	—	—
	五硫代碳酸钠	—	—	—	15	20	20
水溶性壳聚糖	壳聚糖	9	—	—	—	20	10
	羧甲基壳聚糖	—	30	—	—	20	20
	羟乙基壳聚糖	—	—	15	30	—	—
三巯基三嗪化合物	三巯基三嗪三钠	45	—	—	30	30	40
	三巯基三嗪单钠	—	30	30	—	—	—
水		31	30	40	25	10	10

[制备方法] 将各组分原料混合均匀即可。

[原料介绍] 所述水溶性壳聚糖的脱乙酰度为75%～95%。

[使用方法] 含重金属的废水处理方法包括：

（1）在pH值为7～10的条件下，将含重金属的废水与废水处理剂接触；

（2）将步骤（1）接触得到的混合物与聚丙烯酰胺进行接触。

[产品特性]

（1）本品不仅可以达到去除水中重金属的目的，而且具有更好的沉淀分离效果，处理后废水中重金属达到排放标准。

（2）将本品在碱性条件下与含重金属的废水进行接触，然后与聚丙烯酰胺进行接触，不但可以更好地去除废水中的重金属，还可以有效降低废水的浊度。

配方 112 含金属硫化物的废水处理剂

[原料配比]

原料		配比（质量份）					
		1#	2#	3#	4#	5#	6#
多硫代碳酸盐	三硫代碳酸钠	15	—	—	—	—	—
	三硫代碳酸钾	—	10	—	—	—	—
	五硫代碳酸钾	—	—	10	—	—	—
	五硫代碳酸钠	—	—	—	15	20	20
金属硫化物	硫化钠	7.5	30	20	15	20	10
木质素衍生物	木质素	60	—	—	—	—	30
	木质素磺酸钠	—	20	—	—	50	30
	羧甲基木质素	—	—	30	45	—	—
水		17.5	40	40	25	10	10

[制备方法] 将各组分原料混合均匀即可。

[原料介绍] 所述金属硫化物为水溶性金属硫化物，其可以是能够直接溶于水的金属硫化物，或者是在应用环境下，在其他物质辅助下能够溶于水的金属硫化物。

[使用方法] 废水处理方法包括：

（1）将含有重金属废水的 pH 值调节至 7～9。

（2）将步骤（1）得到的废水与所述废水处理剂进行接触。

（3）将步骤（2）所述接触得到的混合物与聚丙烯酰胺进行接触。

[产品特性] 将木质素和/或其衍生物、多硫代碳酸盐及金属硫化物复配使用可以获得增效作用，从而能够更充分地发挥去除重金属的作用，提高处理效果，降低单一药剂的使用量，同时使处理剂具有较好的沉淀分离效果。本品不仅可以达到去除水中重金属的目的，且药剂用量少，成本低。

配方 113 含磷污水处理剂（1）

[原料配比]

原料		配比（质量份）	
		1#	2#
复合菌微生物	乳酸菌	1	1

续表

原料		配比（质量份）	
		1#	2#
复合菌微生物	酵母菌	2	2
	双歧菌	2	2
	芽孢杆菌	1	1
复合菌微生物		5.5	7
高锰酸钾		10	13
碳酸钙		5	5
聚丙烯酰胺		3.5	4
柠檬酸		1.2	1.8
海藻酸钠		1.5	2
玉米淀粉		8	5
去离子水		70	70

［制备方法］

（1）将乳酸菌、酵母菌、双歧菌、芽孢杆菌分别进行活化、扩大培养后，接种到混合菌种培养基中培养得到复合菌液，复合菌液经过离心分离得到复合菌微生物。

（2）将步骤（1）得到的复合菌微生物与高锰酸钾、碳酸钙、聚丙烯酰胺、柠檬酸、海藻酸钠、玉米淀粉混合充分，向其中加入去离子水搅拌充分，得到含磷污水处理剂。

［产品特性］ 本品通过化学手段和生物手段相结合的措施，对含磷污水具有很好的净化效果，既克服了物理手段吸附含磷污染物时效果不理想、易反复的问题，又减少了处理剂中化学成分的含量，减少了处理剂本身对水体环境的危害，符合绿色环保的防治理念。对经过本处理剂处理后的污水投加絮凝剂进行沉降，能基本消除污水中的含磷污染。

配方 114 含磷污水处理剂（2）

［原料配比］

原料	配比（质量份）				
	1#	2#	3#	4#	5#
聚合氯化铝	30	35	38	40	38

续表

原料	配比（质量份）				
	1#	2#	3#	4#	5#
聚丙烯酰胺	10	15	12	20	12
多芬糖醇钙	50	60	55	60	55
硫化钠	1	2	3	6	3
硅藻土	45	50	52	55	52
氢氧化钠	5	8	6	10	5
次氯酸钠	35	40	43	45	44
硅酸钠	10	15	12	20	15

［制备方法］ 将各组分原料混合均匀即可。

［产品特性］ 本品可以达到深度除磷目的；可以将水中的磷含量降至界限值以下，不需要改变原水处理流程，不需要增设大型水处理构筑物，简便易行，经济实用，不会造成二次污染，处理废水成本更加低廉，可获得显著的社会和经济效益。

配方 115 含氯废水处理剂

［原料配比］

原料	配比（质量份）				
	1#	2#	3#	4#	5#
质量分数为 7%的废盐酸溶液	15	—	—	—	—
质量分数为 13%的废盐酸溶液	—	70	—	—	—
质量分数为 10%的废盐酸溶液	—	—	30	45	45
纳米碳酸钙	2.5	10.8	2.8	3.8	3.3
纳米氯化钙	37.5	54.2	42.2	61.2	49.7
纳米三氧化二铝	50	70	55	65	60
除盐水	10	20	13	17	15
十二烷基磺酸钠	1	5	2	3	3
水性稳定剂	0.1	0.1～0.6	0.2	0.4	0.35
重金属吸附剂	5	5～10	5	10	7.5

［制备方法］

（1）将纳米钙、纳米三氧化二铝混合拌均匀，煅烧制得预制料 A；煅烧温度为 700～1200℃，煅烧时间为 2～3h。

（2）将预制料 A、十二烷基磺酸钠加入废盐酸溶液中搅拌反应后，经静置制得预制料 B；静置时间为 2～4h。

（3）将除盐水、重金属吸附剂、水性稳定剂加入预制料 B 中混合均匀，在温度 60～75℃下振荡 2.5～4 天，干燥制得含氯废水处理剂。

［原料介绍］ 所述纳米钙包括纳米碳酸钙和纳米氯化钙。

［使用方法］ 将本品按质量分数为 0.3%、0.35%、0.4%、0.5%加入废水中搅拌均匀后，测得处理后的水中氯、磷及重金属等污染物的含量均达到排放标准。

［产品特性］ 以废盐酸溶液为基液，添加由纳米钙、纳米三氧化二铝组成的纳米粉颗粒，并与十二烷基磺酸钠、稳定剂、吸附剂搭配，通过控制各组分配比，制备的含氯废水处理剂除氯效率高，对重金属、磷等污染物有较好的去除能力。

配方 116 含锰污水处理剂

［原料配比］

原料	配比（质量份）	原料	配比（质量份）
石灰石粉	3	明胶粉	6
二氧化氯	6	水溶性树脂粉	4
过氧化钠粉	4	聚合物包膜材料	3
沸石粉	3		

［制备方法］

（1）将明胶粉和水溶性树脂粉置于容器中，充分混合后加热熔化，然后加入沸石粉，制成胶状物，然后将胶状物制成颗粒 A；通过制粒机制得颗粒 A。

（2）取聚合物包膜材料加热熔化后加入二氧化氯和石灰石粉充分搅拌，制得混合物 B；加热温度为 65℃，加热至呈胶状物。

（3）将步骤（1）所述的颗粒 A 加入步骤（2）所述的混合物 B 中，使混合物 B 完全包裹在颗粒 A 上，然后取出，晾干后制得颗粒 C。

（4）另取聚合物包膜材料加热熔化后加入过氧化钠粉，充分搅拌后制得混合物 D；加热温度为 65℃，加热至呈胶状物。

（5）将步骤（3）所述的颗粒 C 加入步骤（4）所述的混合物 D 中，使混合物 D 完全包裹在颗粒 C 上，然后取出，晾干后制得所述含锰污水处理剂。

［原料介绍］

所述的水溶性树脂为以下至少之一：聚乙烯醇、聚环氧乙烷、脲醛树脂。

所述聚合物包膜材料包括以下制备步骤：

(1) 取柠檬酸、环氧大豆油、乙基纤维素、醋酸乙烯酯、黏结剂、乳化剂和稳定剂以备使用。

(2) 将柠檬酸和环氧大豆油反应聚合生成环氧化植物油基聚合物；柠檬酸和环氧大豆油的比例为1∶2。

(3) 将乙基纤维素溶于醋酸乙烯酯中，然后缓慢加入乳化剂和水制得乳液E。

(4) 将步骤(2)所得环氧化植物油基聚合物加入步骤(3)所得乳液E中，然后添加黏结剂和稳定剂，加热搅拌，冷却后即得所述聚合物包膜材料。环氧化植物油基聚合物与乳液E的比例为1∶3。

所述的乳化剂为十二烷基硫酸钠和/或辛基酚聚氧乙烯基醚。

[产品特性]

(1) 通过聚合物包膜材料，可以使各成分分级释放；

(2) 通过过氧化钠在水中溶解产生氧气，提高污水的溶氧量，使锰离子氧化彻底，同时，提高污水的pH值，有利于锰离子氧化；

(3) 通过二氧化氯可以进一步使污水中的锰离子氧化成二氧化锰，且对环境友好；

(4) 通过石灰石在水中反应后生成氢氧化钙，一方面可以提高污水的pH值及温度，提高氧化速率，另一方面氢氧化钙对锰离子具有一定的吸附作用，提高锰离子去除效果；

(5) 通过沸石本身可以对锰离子进行有效吸附，且当水溶性树脂溶解后，可以在颗粒A上形成大量的孔洞，提高对锰离子的吸附效果，同时，水溶性树脂溶解后形成胶状物质，同样可以对锰离子进行吸附。

配方117 含油污水处理剂

[原料配比]

原料		配比(质量份)					
		1#	2#	3#	4#	5#	6#
天然高分子微球	淀粉微球	15	20	25	30	15	—
	明胶微球	—	—	—	—	—	15
聚丙烯酰胺		10	10	10	10	20	20
改性牡蛎壳粉		5	5	5	5	5	6
聚二甲基二烯丙基氯化铵		3	3	3	3	3	3
无机絮凝剂	硫酸铝	3	3	3	3	3	—
	聚合氯化铁	—	—	—	—	—	3
pH调节剂	柠檬酸	—	—	—	—	0.1	0.1

［制备方法］ 将各组分原料混合均匀即可。

［原料介绍］

所述天然高分子微球的平均粒径为 30～150μm。

所述改性牡蛎壳粉是由牡蛎壳经 600～750℃焙烧 20～30min，使用粉碎机粉碎并且过 10～18 目滤筛后得到，得到的所述改性牡蛎壳粉的平均粒径为 100～200nm。

［使用方法］ 所述的含油污水处理剂最佳使用 pH 值范围为 6～8，若含油污水为碱性，所述 pH 调节剂为柠檬酸，将 pH 值调节为 6～8；若含油污水为酸性，所述 pH 调节剂为磷酸钙、柠檬酸钠、柠檬酸钾中的一种，将 pH 值调节为 6～8。

［产品特性］

（1）该处理剂可加入二级处理池中而作为添加助剂，能够处理乳化程度不一的含油污水，最高能达到 93%的油水分离率；

（2）该处理剂中加入了纳米级的天然高分子微球，其比表面积大，吸附性能强，可以使含油污水中的微粒均匀地吸附在微球表面；

（3）加入改性牡蛎壳粉，牡蛎壳粉作为一种海产物，来源广成本低，改性后其内部结构具有众多的相互通连的孔道，含大量的 2～10μm 的微孔，对 COD 的去除率极高，而且其微孔有利于分离破乳过程的 O/W 结构，使破乳更容易进行；

（4）聚丙烯酰胺、聚二甲基二烯丙基氯化铵和无机絮凝剂三种絮凝剂复合使用，使处理剂能够对各种乳化程度的含油污水有较好的絮凝效果。

配方 118　含有多孔海泡石的有机废水处理剂

［原料配比］

原料		配比（质量份）		
		1#	2#	3#
多孔海泡石		40	60	50
膨润土		10	15	13
活性炭		10	15	12
活性污泥		2	5	3
聚合硅酸铝铁		15	20	18
淀粉	木薯淀粉	2	5	4

续表

原料		配比（质量份）		
		1#	2#	3#
有机酸	草酸	3	—	—
	柠檬酸	—	8	—
	酒石酸	—	—	6
过硫酸铵		10	15	12
硼砂		0.3	3	1.5
聚丙烯酰胺		25	30	28
硅藻土		8	15	12
硫酸锌		5	8	7
醋酸钠		5	8	6
硫酸钙		5	8	6

[制备方法]

(1) 将多孔海泡石放入粉碎机中进行粉碎，并通过筛网筛选，筛网设置有两组，一组为10目，一组为20目，筛选后的多孔海泡石直径为10～20目；

(2) 将多孔海泡石、膨润土、硅藻土、淀粉以及活性污泥进行充分混合，并加入与多孔海泡石、膨润土、硅藻土、淀粉以及活性污泥等体积的蒸馏水，加热至30～40℃保温10～12h；

(3) 将步骤(2)所得混合物晾干后，放入混合机中，并在混合机中加入活性炭、聚合硅酸铝铁、有机酸、过硫酸铵、硼砂、聚丙烯酰胺、硫酸锌、醋酸钠和硫酸钙，并进行搅拌混合；

(4) 将步骤(3)所得混合物真空包装或充氮包装，完成制备。

[原料介绍]

所述活性污泥上含有菌胶团细菌和丝状真菌微生物。

所述活性炭、聚合硅酸铝铁、过硫酸铵、硼砂、聚丙烯酰胺、硫酸锌、醋酸钠和硫酸钙均为80～100目的粉状结构。

[产品特性] 本品中海泡石具有极强的吸附、脱色和分散性能，通过海泡石进行有机污水的处理，大大提高了污水处理速度，且通过活性污泥与海泡石结合，使得微生物依附在海泡石上，便于对海泡石吸附的有机物进行分解，提高污水处理能力，吸附后的有机物不会降低分解效率；本品直接将海泡石放入水中与活性污泥混合，使得细菌在海泡石上生长与繁殖，并进行干燥保存，易于制造，使用时接触水分可以再次活化微生物，不会失效。

配方 119 含有石墨烯的污水处理剂

原料配比

原料		配比（质量份）				
		1#	2#	3#	4#	5#
聚丙烯酰胺		10	20	15	12	17
石墨烯		5	10	7	6	8
腰果壳油摩擦粉		8	15	12	10	13
动物皮胶	猪皮胶	7	—	—	—	10
	牛皮胶	—	11	—	—	—
	羊皮胶	—	—	9.6	—	—
	鱿鱼皮胶	—	—	—	9	—
硅灰石		10	18	13	12	15
白云石		6	12	8	6	10
无患子皂苷		5	9	7	6	8
锂辉石		6	10	8	7	9
酒石酸		4	8	6	5	7
硼酸锌		4	7	5.5	5	6
酸枣核		3	7	5	4	6
甲酸钙		2	5	3.2	3	4
轻烧氧化镁		2	5	3.4	3	4
焦宝石		1	3	2.3	2	2.5
水		40	70	52	45	60

制备方法

（1）将石墨烯、硅灰石、白云石、锂辉石、焦宝石和酸枣核混合，在 100～125℃下混合搅拌 20～40min，然后粉碎过 50～80 目筛；

（2）将聚丙烯酰胺、无患子皂苷、酒石酸、腰果壳油摩擦粉、动物皮胶、轻烧氧化镁和水混合，在 45～68℃下混合搅拌 10～20min；

（3）将步骤（1）所得物、步骤（2）所得物、硼酸锌和甲酸钙混合，常温下混合搅拌 15～40min；

（4）将步骤（3）所得物烘干后，过 40～60 目筛，即得。

产品特性

（1）本品通过将石墨烯、腰果壳油摩擦粉和无患子皂苷进行复配，促进石墨烯对污水中的重金属离子进行吸附，同时又加入硅灰石、白云石、无患子皂苷、锂辉石、酒石酸、硼酸锌、甲酸钙、轻烧氧化镁、焦宝石，沉淀部分重金属离子，促进石墨烯更好地吸附重金属离子；为了防止石墨烯在水中发生团聚现象，又加入动物皮胶；同时又加入酸枣核，对污水中的杂质或大分子进行吸附处理；通过不同材料的协同作用，使本品对污水的重金属离子吸附效果更好。

（2）本品含有多种天然成分，毒性小，更加环保；可有效去除重金属污水中的 Zn^{2+}、Cu^{2+}、Pd^{2+}、Cd^{2+} 等重金属离子，且处理效果更好，更高效。

（3）该制备方法保证各组分性质的完整和复配的效果，可以使各组分更加有效地发挥协同作用，且制得的污水处理剂为粉剂，便于存放、运输及使用；同时制备工艺简单、成本较低，且制备过程中不会产生污染。

配方 120　化工废水处理剂（1）

原料配比

原料	配比（质量份）		
	1#	2#	3#
无机-有机絮凝剂	25	30	38
吸附剂	15	30	27
固化杨梅单宁	10	15	18
硫酸改性松树叶	10	15	18
复合生化吸附剂	10	12	15
活性膨润土	8	10	12
粉煤灰	5	6	8
泥炭	5	6	8
改性沸石	8	9	10
硅藻土	3	5	8
改性高岭土	3	5	8

制备方法

（1）将所述无机-有机絮凝剂、吸附剂、固化杨梅单宁、硫酸改性松树叶、复合生化吸附剂、活性膨润土、粉煤灰、泥炭、改性沸石、硅藻土及改性高岭土进行干燥处理，干燥处理后混合均匀；

（2）将均匀混合后的干燥混合物挤压为直径为 5～8mm 的颗粒，将挤压后的颗粒依次等份装入不同包装袋中。

原料介绍

制备所述无机-有机絮凝剂：

(1) 称取壳聚糖放入杯中，向杯中加入异丙醇及 NaOH 溶液，浸泡 10～12h 后，在不断搅拌下将固体氯乙酸分次加入，然后将反应物加热，恒温 4h 后加入冷水，并用冰醋酸调 pH 值至 7，将杯中反应物进行过滤，过滤得到的剩余物质进行干燥，则制备得到羧甲基壳聚糖；

(2) 在亚铁中加入浓硫酸和双氧水，在 80～90℃的温度下反应 1.5～2h，然后加入磷酸钠反应 30min，所得物质再进行烘干则制备得到聚合磷硫酸铁；

(3) 将羧甲基壳聚糖和聚合磷硫酸铁按 4∶1 的比例混合则得到无机-有机絮凝剂。

制备所述吸附剂：将竹炭、聚合氯化铝和聚丙烯酰胺按 5∶100∶1 的比例混合制备成吸附剂。

制备所述固化杨梅单宁：以杨梅树皮为原料，杨梅树皮通过丙酮水溶液提取得到单宁提取物，将单宁提取物与皮胶原纤维反应制备得到固化杨梅单宁。

制备所述复合生化吸附剂：将甲壳素、壳聚糖和活性炭按 1∶1∶1 比例混合制备成复合生化吸附剂。

[产品特性] 本品主要采用无机-有机絮凝剂，相比单一的絮凝剂可以获得更大颗粒的絮体，有助于提高混凝脱色效果和降低印染废水中的 COD，其 COD 比单纯的无机絮凝剂的 COD 要低，且由于复合絮凝剂的协同和复配增效的作用，可节省絮凝剂的用量，节省水处理成本；无机-有机絮凝剂主要吸附废水中的分子量较大的有机物，而吸附剂、单宁及松树叶更有效地吸附分子量小的有机物和无机重金属离子，从而分工合作，更好地处理印染化工废水。其中单宁为固化杨梅单宁，固化杨梅单宁不易溶于水，相较于未处理的单宁，固化后的单宁更加适用，且吸附更多的重金属离子，固化杨梅单宁对重金属离子吸附后极易洗脱，使土壤中随废水流失的稀土金属离子不易失去，可收集利用，在吸附废水中大量重金属离子的同时，还可以吸附土壤中的稀土金属离子，使金属离子极易从固化杨梅单宁中洗脱，实现回收利用。硫酸改性松树叶可有效吸附废水中占很大比例的铬离子，同时松树叶还可有效清除废水臭味。

配方 121 化工废水处理剂（2）

[原料配比]

原料		配比（质量份）			
		1#	2#	3#	4#
重金属去除剂	硫化氢钠	20	—	—	—
	硫化钠	—	25	—	—
	硫化钠和硫化氢钠	—	—	28	30

续表

原料		配比（质量份）			
		1#	2#	3#	4#
絮凝剂	聚硅酸铝铁及壳聚糖复合絮凝剂	5	—	8	10
	聚合硅酸铝铁	—	8	—	—
脱色剂	次氯酸钠	3	—	—	—
	硫代亚硫酸钠	—	4	—	—
	硫代亚硫酸钠和次氯酸钠	—	—	5	6
除味剂	活性碳纤维	1	3	3	5
除浊剂	铝酸钾	3	—	—	—
	铝酸钠	—	4	—	—
	聚丙烯酰胺	—	—	5	6
稳定剂	氢氧化钾	1	—	—	—
	氢氧化钠	—	1.5	—	—
	氢氧化钠和氢氧化钾	—	—	1.8	2
水		加至100	加至100	加至100	加至100

[制备方法] 将配方量的各原料搅拌混合均匀，包装后得到化工废水处理剂。

[原料介绍]

所述絮凝剂为聚合硅酸铝铁、聚硅酸铝铁及壳聚糖复合絮凝剂中的一种或两种。

所述聚硅酸铝铁及壳聚糖复合絮凝剂的制备方法包括以下步骤：

（1）聚硅酸铝铁溶液的制备步骤：取5.36质量份的Na_2SiO_3，加入100体积份H_2O，搅拌使其完全溶解；用硫酸调节pH值至5.6，同时搅拌，待溶液变蓝，得到活化水玻璃；向活化水玻璃中加入3.5质量份的$Al_2(SO_4)_3$，搅拌2min，再加入3.3质量份的$FeCl_3$，搅拌30min后停止，放置2h，得到聚硅酸铝铁溶液。

（2）所述壳聚糖乙酸溶液的制备步骤：称取3质量份的壳聚糖，将其溶于200体积份乙酸溶液中，乙酸溶液的质量分数为1%，搅拌使其溶解，得到壳聚糖乙酸溶液。

（3）所述复合絮凝剂的制备步骤：量取10体积份聚硅酸铝铁溶液，用稀盐酸控制pH值≤2；量取80体积份壳聚糖乙酸溶液，在搅拌条件下加入聚硅酸铝铁溶液，滴加稀盐酸调节pH值为1.7，搅拌使之混合均匀；静置反应2h后，加热至70℃，然后静置反应过夜，得到聚硅酸铝铁及壳聚糖复合絮凝剂。

[产品特性]

（1）本品以重金属去除剂为主原材料，配合絮凝剂、脱色剂、除味剂、除浊剂、稳定剂，通过优化各组分的用量，能够有效地去除化工废水中的COD、重金属，同时具有脱色效果和除味效果好的特点。

（2）本品的除味剂为活性碳纤维，活性碳纤维是一种新型、高效的吸附材料，是有机碳纤维经活化处理制备而成，它具有发达的微孔结构、巨大的比表面积、众多的官能团，其微孔直径主要介于1～2.5nm之间，使其有效吸附表面积和微孔容积均大大超出颗粒活性炭，从而使吸附容量大增。吸附质可直接在暴露于纤维表面的微孔上进行吸附和脱附，因此吸附速率较活性炭快得多，且再生时也易脱附。另外，本品采用聚硅酸铝铁及壳聚糖复合絮凝剂，具有良好的絮凝性、性能稳定、储存性能好、使用方便。

配方 122　化工废水处理剂（3）

原料配比

原料	配比（质量份）		
	1#	2#	3#
马铃薯淀粉	3	4	3
海泡石	3	5	6
铝酸钠	2	3	3
单宁	3	2	2
活性炭	3	2	1
改性硅藻土	5	4	5
柠檬酸	7	6	5
水	30	40	55

制备方法　将各组分原料混合均匀即可。

产品特性　本品成本较低，处理效果好，反应迅速，具体针对化工业产生的废水，整个过程操作简单，并且不会对环境产生二次污染。

配方 123　化工废水处理剂（4）

原料配比

原料		配比（质量份）				
		1#	2#	3#	4#	5#
纳米微粒粉体	纳米三氧化二铝（粒径为50nm）	40	—	—	—	—
	纳米三氧化二铝（粒径为100nm）	—	20	—	—	—

续表

原料		配比（质量份）				
		1#	2#	3#	4#	5#
纳米微粒粉体	纳米二氧化钛（粒径为100nm）	—	20	—	—	—
	纳米贝壳粉（粒径为100nm）	—	20	—	—	—
	纳米三氧化二铝（粒径为8nm）	—	—	17	—	18
	纳米二氧化钛（粒径为80nm）	—	—	17	—	—
	纳米碳材料（粒径为80nm）	—	—	16	—	18
	纳米贝壳粉（粒径为80nm）	—	—	—	—	19
	纳米三氧化二铝（粒径为60nm）	—	—	—	9	—
	纳米二氧化钛（粒径为60nm）	—	—	—	9	—
	纳米贝壳粉（粒径为60nm）	—	—	—	9	—
	纳米碳材料（粒径为60nm）	—	—	—	9	—
	纳米蒙脱石（粒径为60nm）	—	—	—	9	—
石灰		40	60	50	45	55
水滑石		40	60	50	45	55
竹纤维		10	16	13	12	14
氢氧化钡		10	20	15	13	18
碳酸钡		8	15	11	10	14
氢氧化铝		10	20	15	12	17
碳酸钠		8	15	11	10	14
除味剂	竹炭	10	—	—	—	16
	椰维炭	—	18	—	—	—
	微生物除味剂	—	—	14	—	—
	次氯酸钠	—	—	—	12	—
生物絮凝剂（分子量>110）		12	22	17	15	19
聚二甲基二烯丙基氯化铵		1	3	2	1.5	2.5
皮胶丙烯酸丁酯		1	3	2	1.5	2.6
去离子水		150	250	200	180	220

制备方法

（1）将纳米微粒粉体、石灰、水滑石、竹纤维分散于去离子水中，在室温下搅拌均匀，并于超声仪上超声分散10～15min，然后在搅拌的状态下加入皮胶丙烯酸丁酯，然后在搅拌的状态下将反应体系缓慢升温至55～68℃，继续搅拌反应4～6h，反应完成后，将反应体系进行离心收集下层沉淀物，并用乙醇洗涤2～3次后对其进行真空干燥，粉碎研磨至粒度为100～200目，得混合粉末。离心机的转速为3000～6000r/min，离心5～8min。超声仪的超声频率为40～60Hz。

(2) 将聚二甲基二烯丙基氯化铵、步骤(1)制备的混合粉末混合，在45～50℃的温度下搅拌反应1.5～2.5h，然后对其进行过滤、洗涤、烘干，得混合物。

(3) 将步骤(2)制备的混合物加入0.1～0.5mol/L的HCl溶液中，然后在氮气保护条件下加入氢氧化钡、碳酸钡、氢氧化铝、碳酸钠、除味剂、生物絮凝剂，在35～40℃温度下搅拌反应40～50min后，逐滴加入浓度为0.1～0.3mol/L的NaOH溶液，在氮气保护条件下继续搅拌反应40～50min，即可。

[产品特性]

(1) 本品可以有效调节化工废水的pH值，明显提高废水的BOD绝对量，从而大幅度改善废水的可生化性。该废水处理剂应用在精细化工废水处理中，可以更好地发挥氧化、吸附、絮凝、沉淀、灭菌、消毒、脱色、除臭等协同作用，无毒，对设备无腐蚀，从而提高设备及水的利用率而节约水源和能源。

(2) 本品原料来源广，环保无毒，处理后出水质量好，各组分相互配合，增强了处理剂的吸附功能和处理能力，使得杂质富集能力增强，废水处理效率高，处理范围广。处理剂含有比表面大、具有孔结构的过滤吸附材料，能够有效地去除化工废水的COD、重金属、含硫物质、颗粒物等。

配方124 化工污水处理剂(1)

[原料配比]

原料	配比(质量份)		
	1#	2#	3#
聚丙烯酸	15	21	20
聚合氯化铁	40	46	44
葡萄糖	15	18	16
氢氧化钙	25	37	34
高锰酸钾	6	7	6
活性炭	25	30	25
聚丙烯酰胺	30	39	30

[制备方法] 将各组分原料混合均匀即可。

[产品特性] 本品原料来源广泛，制备工艺简单，使用方法简单，适用于大规模工业化生产，污水处理效率高，吸附、絮凝和沉淀过程高效快捷，对COD的去除效果明显，是一种性能非常稳定的综合性污水处理剂。

配方 125　化工污水处理剂（2）

原料配比

原料	配比（质量份）				
	1#	2#	3#	4#	5#
木质素磺酸钠	25	45	30	40	35
硫酸亚铁	15	29	20	24	22
氯化铝	17	27	20	24	22
聚丙烯酰胺	20	34	24	30	27
纳米磁性陶瓷颗粒	15	45	20	40	30
过氧化脲	8	26	12	22	17
活性炭	15	43	24	34	29
缓蚀剂	1	5	2	4	3

制备方法

（1）将木质素磺酸钠、硫酸亚铁、氯化铝、聚丙烯酰胺、纳米磁性陶瓷颗粒、活性炭称取后，加入上述六种原料质量6～8倍的去离子水，采用电加热方式进行加热，在加热的环境下采用搅拌电机匀速搅拌20～30min，然后静置冷却，制得混合物A；加热的温度为30～45℃。搅拌速度为150～200r/min。

（2）在快速搅拌条件下，向混合物A中加入过氧化脲、缓蚀剂，快速搅拌5min后再慢速搅拌1～1.5h，制得混合物B；快速搅拌速度为500～800r/min，慢速搅拌速度为60～100r/min。

（3）将混合物B通过超声设备超声处理30～50min，得到污水处理剂。超声设备处理时的超声功率为200～1000W。

原料介绍

所述纳米磁性陶瓷颗粒的直径为50～70nm。

所述纳米磁性陶瓷颗粒通过以下方法制成：

（1）将二氧化锆、氧化镁、硫醇锑、三氧化二锑、硫化钴和铜在50～80℃下高速搅拌10～20min；

（2）在步骤（1）所得产物中依次加入充分球磨的四氧化三铁、碳酸钙纤维和环氧大豆油，喷雾造粒，再压制成型，在1350～1380℃中烧结2～3h，得到磁性陶瓷材料；

(3) 将步骤 (2) 得到的磁性陶瓷材料研磨成颗粒，所得颗粒经滤膜过筛，即得到符合要求的纳米磁性陶瓷颗粒，过筛不合格的颗粒继续与水及分散剂一起再次进入研磨机重复以上过程。

[产品特性] 本品对污染物的处理速度快，处理效果好，降低运行费用，促进达标排放，保护水体环境，所用原料廉价，工艺具有普适性，工艺操作简单，对废水处理效率高，并且节能环保，适于大规模工业化运用。

配方 126 化纤污水处理剂 (1)

[原料配比]

原料	配比（质量份）				
	1#	2#	3#	4#	5#
七水合硫酸亚铁	65	65	70	75	65
高岭土	30	20	25	35	28
蒙脱土	15	20	6	18	14
聚合氯化铝	16	14	20	18	18

[制备方法] 将各组分原料混合均匀即可。

[使用方法]

(1) 将化纤污水处理剂配制成质量分数为 8%～12%的水溶液；

(2) 将待处理的化纤污水 pH 值调节至 8～11；

(3) 每吨污水加入 5～30kg 步骤 (1) 所述的水溶液，快速搅拌 10min；

(4) 在步骤 (3) 处理后的污水中加入质量分数为 0.1%的聚丙烯酰胺水溶液，每吨添加 1kg，搅拌 5min；

(5) 将步骤 (4) 处理后的污水转入沉淀池，静置沉淀 15min。

[产品特性]

(1) 聚合氯化铝投入污水后形成的絮凝体大，沉淀速度快，活性高，过滤性好；七水硫酸亚铁具有优异的脱色和去除 COD 能力，能够去除重金属、去油、除磷、杀菌等；高岭土能够除磷、去油和去除重金属；蒙脱土作为“万能黏土”，具有较优的吸附功能。该类材料需要在弱碱性环境下才能发挥除污的功效，且能够优缺互补，达到有效除污的目的。

(2) 通过七水合硫酸亚铁、高岭土、蒙脱土和聚合氯化铝的协同作用，本污水处理剂对化纤污水处理效果显著，能更有效、快速脱除污水浊度、色度和

COD，处理后的污水近似无色透明，处理彻底、处理成本低，无毒性、无污染。

（3）本品能显著加速絮凝沉淀，减少沉淀池占地面积，降低投资和运行成本。

配方 127 化纤污水处理剂（2）

原料配比

原料	配比（质量份）		
	1#	2#	3#
改性硅藻土	60	70	80
活性淤泥	20	25	30
竹炭	20	25	30
石膏粉	15	18	20
废弃树叶	5	8	10
水	适量	适量	适量

制备方法

（1）向改性硅藻土和活性淤泥中加水得到混合浆体，随后进行超声波处理，得到混合物；超声波处理的温度为 145～148℃，时间为 45～55min。

（2）将混合物、竹炭、石膏粉、废弃树叶进行涡旋混匀搅拌（搅拌转速为 1200～1800r/min），随后进行微胶囊化处理并置于 2～6℃温度下低温烘干，得到化纤工业专用的污水处理剂。

原料介绍

所述改性硅藻土的制备方法为：

（1）将硅藻土原土加入回转窑中，在 540℃温度条件下烧制 30～60min，出窑后粉碎成 40～60 目硅藻土细粉；

（2）取步骤（1）所得硅藻土细粉真空干燥处理 12h，随后置于碳酸钠溶液中浸泡 2～4h，使得硅藻土细粉得到充分浸泡，过滤后进行低温烘干；

（3）取步骤（2）所得低温烘干后的硅藻土细粉加入聚合釜中，随后依次添加三聚氰胺、过氧化十二酰、甲醇、甲基丙烯酸甲酯和柠檬酸酯，74～76℃下反应 30～35min，得到改性硅藻土。

产品特性 本品能够使得化纤工业污水达到排放标准；处理工艺简单，用药量少，处理效果良好，性能稳定，出水水质好，可有效地降低水处理的成本，具有很好的经济效益和广泛的社会效益。

配方 128 化学水处理剂

[原料配比]

原料	配比（质量份）				
	1#	2#	3#	4#	5#
聚乙烯胺	2	1	3	2	3
聚合硅酸铝铁	25	20	30	23	27
单宁	15	10	20	12	18
木质素磺酸钠	4	1	7	3	5
聚天冬氨酸	3	1	5	2	4
烷基环氧羧酸钠	5	3	7	4	6
海藻酸钠	3	5	1	4	2
柠檬酸钠	5	8	2	7	3
硫酸锌	4	6	2	5	3
硅酸钠	22	30	15	27	18
磷石灰	4	6	2	5	3
次氯酸钠	4	6	2	5	3

[制备方法] 将各组分原料混合均匀即可。

[产品特性] 本品充分利用了絮凝剂、阻垢剂、缓蚀剂、辅助剂和杀生剂的协同作用，来提高了其功能，从而提高水净化效率。同时还利用了单宁的絮凝作用、木质素磺酸钠和柠檬酸钠的分散作用，减少絮凝剂和缓蚀剂的成本，从而降低了水处理剂的成本。因此，本品环保、成本低且净化效果良好，可应用于废水、污水等的处理。

配方 129 环保高效的洗煤废水处理剂

[原料配比]

原料	配比（质量份）					
	1#	2#	3#	4#	5#	6#
小麦淀粉	20	30	25	21	22	23
甘薯淀粉	10	20	15	11	12	13
纤维素	10	20	15	11	12	13

续表

原料	配比（质量份）					
	1#	2#	3#	4#	5#	6#
魔芋粉	10	20	15	11	12	13
玉米芯碎片	10	20	15	11	12	13
麸皮	5	15	10	6	7	8
活性炭	5	15	10	6	7	8
氯化钙	80	100	90	83	85	86
水	适量	适量	适量	适量	适量	适量

[制备方法] 将各组分按比例加入容器中，加 5～10 倍量的水，高剪切乳化机乳化均匀后即得浆状黏稠物，即得所述环保高效的洗煤废水处理剂。

[原料介绍]

所述小麦淀粉是阳离子小麦淀粉。

所述甘薯淀粉是阳离子甘薯淀粉。

所述玉米芯碎片、麸皮均需研磨到 100 目。

[产品特性]

(1) 本品中小麦淀粉、甘薯淀粉、纤维素、魔芋粉为絮凝剂，使洗煤废水絮凝沉淀；玉米芯碎片、麸皮、活性炭为吸附剂，氯化钙可以使絮凝后的沉降物松散均匀，不聚团，不易板结，易于后续处理。

(2) 本品的混凝剂不含重金属等对环境和人体有害的物质。

(3) 本品能大幅减少煤水分离时间，提高分离效率。

(4) 本品所用有效成分均较易取得，价格低廉，极易推广使用。

配方 130 环保染料污水处理剂

[原料配比]

原料	配比（质量份）	
	1#	2#
纤维改性聚丙烯酰胺	10	16
硅藻土	80	90
β-羟烷基酰胺	1	2
甲基丙烯酸甲酯	20	30
正硅酸乙酯	17	20
过硫酸铵	0.4	0.6

续表

原料		配比（质量份）	
		1#	2#
羧甲基纤维素钠		1	2
去离子水		适量	适量
丙酮		适量	适量
纤维改性聚丙烯酰胺	马来酸酐	16	20
	乙基纤维素	3	5
	三乙胺	0.6	1
	聚丙烯酰胺	5	8
	过氧化二异丙苯	0.3	0.4
	钙沸石粉	2	3
	去离子水	适量	适量
	丙酮	适量	适量

制备方法

（1）取硅藻土，在700～800℃下煅烧1～2h，冷却至常温，与β-羟烷基酰胺混合，加入混合料质量10～14倍的去离子水中，超声3～5min，得硅藻土酰胺溶液；

（2）取过硫酸铵，加入其质量20～30倍的去离子水中，搅拌均匀；

（3）取甲基丙烯酸甲酯，加入上述硅藻土酰胺溶液中，搅拌均匀，送入到反应釜中，通入氮气，调节反应釜温度为65～70℃，滴加上述过硫酸铵水溶液，保温搅拌3～4h，出料，得聚合物酰胺溶液；

（4）取正硅酸乙酯，加入其质量10～17倍的去离子水中，搅拌均匀，加入纤维改性聚丙烯酰胺、聚合物酰胺溶液，升高温度为30～35℃，加入羧甲基纤维素钠，保温搅拌4～5h，过滤，将沉淀水洗，真空57～60℃下干燥完全，得纤维溶胶包覆聚合物；

（5）取上述纤维溶胶包覆聚合物，加入其质量5～7倍的丙酮中，在65～70℃下保温搅拌3～4h，过滤，将沉淀水洗，常温干燥，即得所述环保染料污水处理剂。

原料介绍

所述乙基纤维素的取代度为2～2.3。

所述纤维改性聚丙烯酰胺的制备方法包括以下步骤：

（1）取乙基纤维素，加入其质量17～20倍的去离子水中，在50～60℃下保温搅拌4～10min，加入三乙胺，继续保温搅拌1～2h，得胺化纤维；

（2）取过氧化二异丙苯，加入其质量3～5倍的丙酮中，搅拌均匀；

（3）取马来酸酐、钙沸石粉混合，加入混合料质量10～15倍的去离子水中，搅拌均匀，送入到反应釜中，通入氮气，调节反应釜温度为70～75℃，加入上述过氧化二异丙苯的丙酮溶液，保温搅拌3～4h，得聚酸酐溶液；

（4）取胺化纤维、聚酸酐溶液混合，搅拌均匀，蒸馏除去丙酮，加入聚丙烯酰胺，搅拌均匀，送入到80～90℃的烘箱中，干燥1～2h，出料冷却，得纤维改性聚丙烯酰胺。

［产品特性］ 本品将硅藻土采用酰胺分散，分散液作为甲基丙烯酸甲酯的聚合反应溶液，将得到的聚合物酰胺溶液作为正硅酸乙酯的水解溶剂，通过水解，得到溶剂、纤维、硅藻土共混包覆的聚甲基丙烯酸甲酯微球，然后将该微球加入丙酮中溶解除去聚甲基丙烯酸甲酯，得到大孔结构的吸附型微球。本品的微球吸附性强，使用安全环保，重复利用率高。

配方131 环保污水处理剂（1）

［原料配比］

原料		配比（质量份）				
		1#	2#	3#	4#	5#
聚丙烯酰胺		55	30	45	40	35
聚丙烯酸钠		20	45	35	40	25
改性蛭石		15	5	8	12	6
麦饭石		2	8	6	6	3
甲基异噻唑啉酮		1	5	3	4	2
硫酸铝钾		10	2	6	4	4
聚丙烯亚胺		10	5	8	9	6
硅酸钠		10	20	13	18	1
壳聚糖	羧甲基壳聚糖	2	15	—	14	7
	羟乙基壳聚糖	3	—	12	—	—
调节剂	碳酸氢钠	1	3	—	1	—
	碳酸钠	—	2	3	—	2
表面活性剂	硬脂酸	—	3	—	—	—
	十二烷基氨基丙酸	—	—	8	—	—
	十二烷基磺酸钠	2	—	—	—	—
	甜菜碱	—	3	—	10	—
	聚氧乙烯烷基胺	—	6	—	—	5

制备方法

(1) 将麦饭石与改性蛭石放入粉碎机中粉碎后过 200～500 目分子筛，将混合粉在 450～550℃下煅烧 10～30min，然后放入粉碎机中重新粉碎成 200～325 目的粉体；

(2) 将聚丙烯酰胺、聚丙烯酸钠、甲基异噻唑啉酮、硫酸铝钾、聚丙烯亚胺、硅酸钠、壳聚糖、调节剂、表面活性剂放入球磨机中球磨 3～6h 后过 200～325 目分子筛得混合物；

(3) 将步骤 (1) 得到的粉体和步骤 (2) 所得混合物进行混合并在 150～300r/min 下搅拌 20～30min，在 80～100℃下处理 20～50min，即得所述的环保污水处理剂。

原料介绍

所述改性蛭石采用以下制备方法得到：

(1) 预处理：将蛭石置于温度为 110～120℃条件下干燥 5～10h 后在温度为 450～550℃高温下煅烧 1～2h；

(2) 改性：将煅烧后的蛭石进行冷却，冷却后再用 0.6～1mol/L 的盐酸溶液浸泡 5～8h，取出用水洗涤至洗涤液为中性，即得改性蛭石。

产品特性

(1) 本品采用的壳聚糖分子单体中的氨基极易形成胺正离子，对金属有良好的螯合作用，可有效去除废水中的重金属离子。

(2) 本品采用的表面活性剂能够有效增加本品处理剂的处理效果、使用寿命以及反应沉淀速度。

(3) 本品采用环保原料不会产生有毒物质，对环境友好，成本低；原料来源广泛，能有效去除水中的污染物，处理污水彻底，水处理成本低。本品不会影响水溶液的 pH 值，使用时不受需要处理的污水 pH 值的影响，无论污水是酸性的，还是碱性的，均不需要对其 pH 值进行调整。本品对污水中的重金属以及菌类污染物均具有较好的处理吸附功能，无毒无害；具有较高的实用价值和良好的应用前景。

(4) 本污水处理剂在阳光照射下仍然能够保留较好的活性。

配方 132 环保污水处理剂（2）

原料配比

原料	配比（质量份）
改性分子筛	适量

续表

原料		配比（质量份）
聚丙烯酸钠		5
丙烯酸钡单体		3
丙烯酸-2,3-环氧丙酯		2
硫酸铝钾		10
氧化镁		6
硫酸锌		5
溶剂		适量
改性分子筛	硅酸四丁酯	3
	硅酸四乙酯	1
	硅酸二（叔丁基）二乙酯	0.1
	硅酸氢三（1-甲基丙基）酯	0.3
	十六烷基三甲基溴化铵	1
	乙基（1-十六烷基）二甲基溴化铵	1
	3-(三甲氧基甲硅烷基）丙基-2-甲基-2-丙烯酸酯	0.1
	四（三甲基硅氧基）硅烷	0.3
	0.1mol/L 的氢氧化钾溶液	适量

［制备方法］ 将聚丙烯酸钠、丙烯酸钡单体、丙烯酸-2,3-环氧丙酯、硫酸铝钾、氧化镁、硫酸锌溶解在溶剂中配成50%的溶液，然后按照溶液与改性分子筛质量比为1∶1的比例向溶液中加入改性分子筛，经过搅拌混合均匀，放入70℃的烘箱热处理4h，得到固体污水处理剂。

［原料介绍］

所述改性分子筛的制备：将十六烷基三甲基溴化铵、乙基（1-十六烷基）二甲基溴化铵、3-(三甲氧基甲硅烷基）丙基-2-甲基-2-丙烯酸酯、四（三甲基硅氧基）硅烷溶解至0.1mol/L的氢氧化钾溶液中，待溶解后加入硅酸四丁酯、硅酸四乙酯、硅酸二（叔丁基）二乙酯、硅酸氢三（1-甲基丙基）酯室温搅拌120min，在80～100℃真空干燥12～24h，在经过500～600℃高温煅烧之后得到改性分子筛。

所述溶剂为甲醇、乙醇、丙酮、四氢呋喃中的一种或两种的混合物。

［产品特性］ 本品中的改性分子筛，在整个污水处理剂的制备过程中，起到锁定有效成分的同时，使得改性分子筛本身也具有较好的除污能力。

配方 133 环保无毒污水处理剂

原料配比

原料		配比（质量份）		
		1#	2#	3#
甲组分		3	3	3
乙组分		1	1	1
丙组分		2	2	2
甲组分	有机硅改性环氧树脂	8	12	11
	分散剂	2	8	6
	石墨粉	10	16	12
	邻苯二甲酸氢钾	2	7	5
	纳米二氧化硅	4	9	6
	活性炭	22	28	25
	磷酸二氢钾	11	17	16
	硫酸铁	3	8	5
	膨润土	12	18	15
	硫酸铝	3	8	6
	氢氧化钙	19	22	20
乙组分	柠檬酸	9	16	12
	植物纤维	11	18	15
	微生物菌剂	9	13	12
	有机酸	6	9	8
	聚沉剂	12	18	14
	碳酸亚丙酯	10	15	12
	3-丁二醇	2	6	4
	消泡剂	19	22	20
	溶剂	20	27	24
	聚合氯化盐	13	19	17
	增效添加物	10	16	12
丙组分	PVC 发泡调节剂 LP-40	3	8	5
	3-甲基苯酚	6	10	8
	抗氧剂	12	18	14
	木质纤维粉	29	31	30
	碳纤维粉	17	20	18

续表

原料		配比（质量份）		
		1#	2#	3#
丙组分	水玻璃	18	22	20
	阻燃剂	3	8	5
	流平剂	12	18	14
	稳定剂	13	18	15
	辅料	16	20	18

制备方法

(1) 将有机硅改性环氧树脂、分散剂、石墨粉以及邻苯二甲酸氢钾加入分散缸中，控制分散缸的温度在60～65℃，高速搅拌均匀；搅拌速度为800～900r/min，搅拌时间为40～45min。搅拌结束后加入纳米二氧化硅、活性炭以及磷酸二氢钾，高速搅拌30～40min，控制分散缸温度在70～80℃。

(2) 再向步骤(1)所得物中加入硫酸铁、膨润土、硫酸铝以及氢氧化钙，在常温下搅拌均匀，即可得到甲组分待用。

(3) 将柠檬酸、植物纤维、微生物菌剂以及有机酸加入搅拌机中进行搅拌，搅拌40～50min(搅拌速度为900～1000r/min)，加入聚沉剂、碳酸亚丙酯以及3-丁二醇，搅拌20～30min，等充分混合均匀后加入消泡剂、溶剂以及聚合氯化盐，高速搅拌10～15min(搅拌速度为500～550r/min)，最后添加适量的增效添加物至黏度合适，过滤得到乙组分待用。

(4) 将PVC发泡调节剂LP-40、3-甲基苯酚以及抗氧剂加入搅拌机中进行搅拌(搅拌时间为30～40min，搅拌速度为300～350r/min)，搅拌同时加入木质纤维粉、碳纤维粉、水玻璃以及阻燃剂继续搅拌30～35min(搅拌速度为200～250r/min)，最后加入流平剂、稳定剂以及辅料搅拌至黏度合适，过滤得到丙组分。

(5) 将前述步骤中得到的甲组分、乙组分以及丙组分放入搅拌机中搅拌，保持温度在50～60℃，搅拌速度为200～250 r/min直至搅拌均匀即可得到环保无毒污水处理剂。

原料介绍

所述的分散剂为硬脂酰胺、硬脂酸钡和硬脂酸锌中的一种。

所述的植物纤维为剑麻纤维、蓖麻纤维、椰棕纤维和榆树皮纤维中的一种。

所述的微生物菌剂为枯草芽孢杆菌、巨大芽孢杆菌、胶胨样芽孢杆菌、根瘤菌中的一种或多种的混合。

所述的有机酸为酒石酸和马来酸中的一种。

所述的聚沉剂为聚硅酸铁和聚丙烯酰胺中的一种。

所述的消泡剂为环氧丙烷或环氧乙烷与环氧丙烷的混合物；溶剂为水。

所述的增效添加物为甲基异噻唑啉酮、木质素磺酸钠、壳聚糖按照质量比2∶1∶1.5组成的混合物。

所述的抗氧剂为抗氧剂1076和抗氧剂1010的混合物。

所述的阻燃剂为磷酸三酯；稳定剂为CH_4O_2钙锌稳定剂、二盐基邻苯二甲酸铅和硬脂酸钡中的一种。

所述的辅料为复合稀土，复合稀土包括以下质量分数的组分：镝9%～12%，铈15%～19%，镨19%～22%，钕1%～5%，其余为其他镧系元素。

［产品特性］ 本品中添加的一种微生物菌剂，对污水中的真菌、致病菌具有较好的抑制和杀灭作用，另外本品避免了化学杀菌剂对水体的二次污染，对人体无毒无害，大大提高了环保性能。本品中活性炭对污水中含有的重金属离子具有较好的吸附能力；竹炭的成本较低，能有效降低污水处理的成本。本品还可有效去除生活污水中的污染物，并且不会对水质造成额外影响，长效改善水质，生产成本低，成分设计合理，绿色环保，经济效益好。

配方134 环保型工业污水处理剂

［原料配比］

原料	配比（质量份）		
	1#	2#	3#
聚丙烯酸钠	4	11	18
膨润土	6	12	18
硫酸铁	2	8	14
氢氧化镁	2	8	14
壳聚糖	3	8	13
消石灰	5	10	15
黏土	3	8	13
凹凸棒土	5	15	25
聚合硫酸铝	4	11	18
硅藻土	4	11	18
聚丙烯酰胺	3	8	18
高锰酸钾	2	8	14
活性炭	6	15	24
柠檬酸	4	11	18
海藻酸钠	3	11	16
植物纤维素	4	11	18

［制备方法］ 将各组分原料混合均匀即可。

［产品特性］ 本品具有净化效果好、环保性能强以及处理成本低等优点，在净化过程中，可以有效地吸附污水中的杂质，同时消除污水中的重金属离子，提高了污水的净化效率，且使用方便。

配方 135 环保型生物复合废水处理剂

［原料配比］

原料	配比（质量份）	原料	配比（质量份）
秸秆	30～50	苯甲酸	10～15
海藻酸钠	10～20	椰子油脂肪酸	6～10
无机絮凝剂	10～20	pH 调节剂	1～5
沸石粉	15～25	硫酸亚铁	2～8
活性炭	25～35	硝酸镍	2～8

［制备方法］ 将各组分原料混合均匀即可。

［产品特性］ 本品制备方法简单，易操作，稳定性好，安全性高，可快速去除各种污染物，使水体得到高效净化，而且不会产生二次污染。

配方 136 环保型生物复合污水处理剂（1）

［原料配比］

原料		配比（质量份）		
		1#	2#	3#
甲组分		3	3	3
乙组分		2	2	2
甲组分	氟化石墨	4	8	6
	环氧树脂	10	14	12
	聚合硫酸铁	13	19	15
	氢氧化钙	2	8	6
	羟基亚乙基二膦酸	3	9	6
	铝酸钠	10	13	12
	脱乙酰几丁质	6	10	8

续表

原料		配比（质量份）		
		1#	2#	3#
甲组分	有机絮凝剂	2	7	5
	交联剂	12	18	16
	消泡剂	17	20	18
	溶剂	27	29	28
乙组分	碳酸亚丙酯	4	9	6
	3-丁二醇	11	16	14
	二乙二醇	1	5	4
	紫外线吸收剂	13	18	15
	壳聚糖	17	21	18
	聚合硫酸铁	4	9	6
	蚝壳粉	30	36	32
	偶联剂	12	17	15
	阻燃剂	13	19	16
	辅料	20	24	22

[**制备方法**] 将各组分原料混合均匀即可。

[**原料介绍**]

所述的有机絮凝剂为聚丙烯酰胺和聚二甲基二烯丙基氯化铵中的一种。

所述的交联剂为聚丙烯酸酯和聚烷基丙烯酸酯中的一种。

所述的消泡剂为有机硅、有机硅氧烷和酰胺中的一种。

所述的溶剂为蒸馏水。

所述的紫外线吸收剂为2-羟基-4-甲氧基二苯甲酮。

所述的偶联剂为聚乙烯、聚氯乙烯和氯化聚乙烯中的一种。

所述的阻燃剂选用磷酸三酯。

所述的辅料为复合稀土，复合稀土包括以下质量分数的组分：镝6%～9%，铈20%～23%，镨11%～13%，钕1%～5%，其余为其余镧系元素。

[**产品特性**] 本品对污水中的重金属以及菌类污染物均具有较好的处理吸附功能，污水处理彻底、处理成本低，无毒无害；同时本品的原料组分安全可靠，对环境无污染，且原料易得，成本较低，工艺简明，具有较高的实用价值和良好的应用前景，提高了工作人员的工作效率。使用该污水处理剂安全可靠，省时省力，高效节能。

配方 137　环保型生物复合污水处理剂（2）

[原料配比]

原料		配比（质量份）			
		1#	2#	3#	4#
脱乙酰几丁质		5	10	20	35
有机絮凝剂	聚丙烯酰胺	10	—	18	—
	聚二甲基二烯丙基氯化铵	—	15	—	25
蚝壳粉		5	7	9	12
改性沸石	氯化钠改性沸石	18	25	32	40

[制备方法]　将各组分原料混合均匀即可。

[使用方法]　本品主要用于处理陆源污水、海洋污水及海水养殖废水。

[产品特性]　本品在材料获取、制造方面简单容易，成本较低，且具有高效净化、环保的特点。

配方 138　环保型水处理剂

[原料配比]

原料		配比（质量份）			
		1#	2#	3#	4#
梧桐树叶		80	70	75	75
腐熟牛粪		36	30	33	33
菠萝皮		27	22	24	25
玉米芯		21	15	18	20
荷叶		27	23	25	24
维生素 C	粒度为 70 目	4	—	—	—
	粒度为 50 目	—	1	—	—
	粒度为 60 目	—	—	3	2
硫胺素	粒度为 70 目	4	—	—	2
	粒度为 50 目	—	1	—	—
	粒度为 60 目	—	—	2	—

［制备方法］

（1）称取菠萝皮、玉米芯，分别干燥至水分含量为8%～14%，然后加入梧桐树叶混合后研磨至过80目筛，再蒸汽处理15～20min后保温处理20～30min，得混合料A；蒸汽处理的温度为120～150℃。

（2）称取荷叶并加入荷叶质量0.5～0.7倍的磁化水，高速搅拌制成固液混合物，加入腐熟牛粪混合均匀，经超声波反应5～8min后，得混合料B；超声波反应的频率为30～38kHz，功率为500～600W。

（3）取混合料A和混合料B混合均匀后，经磁场处理后，置于温度为150～180℃条件下干燥15～20min，研磨至过80目筛，再加入维生素C和硫胺素混合均匀，经造粒制成环保型水处理剂。磁场处理为脉冲磁场处理。磁场处理条件为：磁场强度为2～8T，连续施加的脉冲个数为50～80个，时间为120～240s。

［使用方法］ 将环保型水处理剂添加到含铜废水中，控制温度为4～38℃条件下动态吸附10～30min，结束后取出水处理剂。所述环保型水处理剂添加量为含铜废水质量的2%～3%。所述动态吸附方式包括但不限于搅拌、振荡。

［产品特性］ 本品原料廉价易得、对环境友好；制备方法简单、能耗小。利用本品处理含铜废水具有吸附率高、吸附快速的特点。

配方139 环保型重金属污水处理剂

［原料配比］

原料		配比（质量份）					
		1#	2#	3#	4#	5#	6#
活性炭	竹活性炭	30	—	—	—	—	—
	木活性炭	—	60	—	—	—	—
	椰壳活性炭	—	—	35	35	55	40
氢氧化钙		30	10	15	25	15	20
明矾		5	15	10	10	15	12
氯化铁		20	10	15	20	15	18
海泡石		20	50	25	35	50	40
天然漂白土		35	8	20	35	25	30
铝酸钙		3	10	5	5	10	8
碳酸镁		30	15	20	30	30	25

［制备方法］

（1）将氢氧化钙、氯化铁、海泡石、天然漂白土、铝酸钙、碳酸镁粉碎后充分混合，先于80～90℃下干燥3～6h，然后在500～650℃下煅烧3～5h，得到煅烧处理混合物；

（2）将活性炭放入粉碎设备中，粉碎至80～125目，然后放入造粒机中，加入明矾以及步骤（1）制得的煅烧处理混合物，低温造粒，即制得环保型重金属污水处理剂。所述造粒的粒径为1～3mm。

［产品特性］ 本品能建立碱性环境，有效促进重金属离子形成沉淀；活性炭具有丰富的孔隙结构，能够有效吸附金属离子，加速沉淀的形成过程。本污水处理剂还能在水体内形成胶体，进一步加强重金属离子的吸附，加强重金属形成沉淀。本品所需原料简单，价格低廉，生产成本低，适合大规模工业化生产，实用性强。

配方140 环保治理用水处理剂

［原料配比］

原料	配比（质量份）				
	1#	2#	3#	4#	5#
聚丙烯酰胺	18	20	21	22	24
硅酸钠	5	7	10	13	15
改性高岭土	16	17	18	19	20
氧化钠	3	4	5	6	7
氧化磷	2	4	5	6	8
氧化铝	4	5	7	9	10
硫酸钡沉淀	2	4	6	8	10
花生藤	15	18	20	22	25
壳聚糖	2	4	5	6	8
改性活性炭	6	8	9	10	12
聚合三氯化铁	6	8	11	14	16
聚合硫酸铁	4	5	6	7	8
改性粉煤灰	4	6	7	8	10
白炭黑	10	12	13	14	16
地肤子	8	10	11	12	14

续表

原料		配比（质量份）				
		1#	2#	3#	4#	5#
重金属螯合剂	木质素磺酸钠	5	6	—	—	9
	腐殖酸钠	—	—	7	8	—

［制备方法］

（1）按配比将地肤子、花生藤打碎后放入 80～100℃温度的水中煮 40～60min，过滤得滤液和滤渣；

（2）按配比将聚丙烯酰胺、硅酸钠、氧化钠、氧化磷、氧化铝、硫酸钡沉淀、聚合三氯化铁、聚合硫酸铁与步骤（1）得到的滤渣混合，并放入球磨机中，球磨 1～3h，得到混合物 A；

（3）按配比将改性高岭土、改性活性炭和改性粉煤灰加入混合物 A 中，充分搅拌混合，得到混合物 B；

（4）将白炭黑、壳聚糖以及步骤（1）得到的滤液加入混合物 B 中，在 500～700r/min 的转速下搅拌 40～60min，再加入重金属螯合剂以相同转速搅拌 20～30min，得到混合物 C；

（5）将混合物 C 放入真空干燥箱中，在 70～90℃温度下干燥 2～3h，即得所需环保治理用水处理剂。

［原料介绍］

所述改性高岭土的制备方法为：将按配比称取的高岭土和氯化钠混合，然后在 500～700℃温度下煅烧 1～2h，之后在醋酸溶液中浸泡 30～50min，最后在 70～100℃温度下干燥 20～40min，即得改性高岭土。

所述改性活性炭的制备方法为：按配比称取无烟煤粉末、焦油和果壳混合并在炭化炉中 600～800℃处理 1～3h 并且进行粉碎处理，得到活性炭粉末，将活性炭粉末放在去离子水中洗至中性并且进行干燥，将干燥后的活性炭粉末放入氯磺酸中，加热至 80～100℃溶胀 2～4h，冷却，过滤，将过滤物用去离子水洗至呈中性，真空干燥，得到溶胀活性炭粉末，将溶胀活性炭粉末加热至 800～900℃后，通入水蒸气进行扩孔，冷却后经酸洗、水洗和干燥，得到扩孔活性炭粉末，将扩孔活性炭粉末置于 300～400℃焙烧 2～3h，冷却，得到改性活性炭粉末。

所述改性粉煤灰的制备方法为：将脱硫石膏和粉煤灰经球磨机磨碎得到混料，将混料加入改性剂，后加水制成浆体，加入水泥净浆搅拌机中自动搅拌，搅拌 30～40min，搅拌完成后制成坯，置于 60～70℃的烘箱内烘干，得改性粉煤灰。

［产品特性］ 本品能有效降低污水中的 COD、SS 含量，对重金属污水中的 Zn^{2+}、Cu^{2+}、Pd^{2+}、Cd^{2+}、铬、锰具有良好的去除效果，沉淀快速，污水治理效率高，治理成本低，治理后的污水水质好、能够达到排放标准，无臭味，疏水

性能好，无毒性，对操作工人无影响，无二次污染等问题。

配方 141 环保重金属废水处理剂

[原料配比]

原料	配比（质量份）			
	1#	2#	3#	4#
水	100	105	110	120
β-环糊精	40	45	50	60
植物多酚	30	35	40	50
聚丙烯酸钠	20	25	30	40
次氯酸钙	10	13	16	20
有机硅	10	13	16	20
磷酸氢二钾	2	4	6	8
氢氧化镁	2	4	6	8
氧化铁	1	2	3	5
硫酸钠	1	2	3	5
壳聚糖	1	2	3	5
环氧氯丙烷	0.5	1	1.5	2

[制备方法] 将β-环糊精、植物多酚、聚丙烯酸钠、次氯酸钙、有机硅、磷酸氢二钾、氢氧化镁、氧化铁、硫酸钠、壳聚糖、环氧氯丙烷加入水中并在40℃的条件下混合均匀，然后升温至70～90℃，1～2h后自然冷却后出料。

[产品特性] 本品反应速度快，试剂处理过程的稳定性高，固液分离效果好，能够促进重金属由高生物可利用态向低生物可利用态转化，从而降低水体中重金属的有效性和迁移活动性，还可以有效抑制作物对重金属的富集和转运，减轻了重金属的毒害。

配方 142 环糊精改性聚丙烯酰胺污水处理剂

[原料配比]

原料	配比（质量份）	
	1#	2#
丙烯酰胺	70	60

续表

原料	配比（质量份）	
	1#	2#
过氧化二苯甲酰	2	1.5
环糊精	6	4
乙酰丙酮钙	1	0.6
硅藻土	100	90
三羟甲基丙烷	4	2
硫酸铝钾	2	1
双乙酸钠	2	1
聚乙烯吡咯烷酮	10	9
硬脂酸	3	2

制备方法

（1）取过氧化二苯甲酰，加入其质量7～10倍的无水乙醇中，搅拌均匀，得引发剂溶液；

（2）取乙酰丙酮钙，加入其质量13～20倍的无水乙醇中，搅拌均匀，升高温度为55～60℃，加入三羟甲基丙烷，保温搅拌1～2h，得醇分散液；

（3）取硅藻土，加入上述醇分散液中，超声15～20min，加入双乙酸钠，搅拌均匀，得硅藻土分散液；

（4）取丙烯酰胺，加入其质量30～40倍的去离子水中，搅拌均匀，与上述硅藻土分散液混合，加入步骤（1）所得引发剂溶液，送入到反应釜中，通入氮气，调节反应釜温度为65～70℃，保温搅拌4～5h，出料冷却，得硅藻土改性聚溶液；

（5）取环糊精，加入上述硅藻土改性聚溶液中，升高温度为75～80℃，加入剩余各原料，超声1～2h，抽滤，将滤饼水洗，常温干燥，即得所述环糊精改性聚丙烯酰胺污水处理剂。

产品特性 本品首先将硅藻土分散到含有乙酰丙酮钙的乙醇溶液中，然后采用三羟甲基丙烷处理，能够有效地改善硅藻土的表面活性，然后将其与丙烯酰胺共混，以过氧化二苯甲酰为单体，在氮气作用下聚合，得到硅藻土改性聚合物，从而有效地改善了硅藻土在聚合物间的分散相容性，然后采用环糊精改性处理，进一步提高了成品处理剂的吸附稳定性。本品材料安全环保性好，综合性能优异。

配方 143 环境友好型污水处理剂

［原料配比］

原料			配比（质量份）			
			1#	2#	3#	4#
多糖-金属离子催化剂	饱和硫酸铜溶液	硫酸铜	1.6	1.6	1.6	1.6
		水	10	10	10	10
	多糖	壳聚糖	1	—	1	—
		透明质酸	—	1	—	1
	水		10	10	10	10
	饱和硫酸铜溶液		10（体积份）	10（体积份）	10（体积份）	10（体积份）
透明质酸-铜（或壳聚糖-铜）催化剂			0.02	0.02	0.02	0.02
过氧化氢			0.3	0.3	0.3	0.3
pH 值为 3 的水溶液			加至 100	加至 100	—	—
pH 值为 7 的水溶液			—	—	加至 100	—
pH 值为 8 的水溶液			—	—	—	加至 100

［制备方法］ 将各组分原料混合均匀即可。

［原料介绍］

所述多糖-金属离子催化剂的制备包括如下步骤：

（1）配制金属离子盐溶液和浓度为 0.01～0.8g/mL 的多糖水溶液；

（2）将步骤（1）所得金属离子盐溶液逐滴加入步骤（1）所得多糖水溶液中，在 25℃下搅拌得到混合溶液；

（3）将步骤（2）所得混合溶液抽滤，甲醇洗涤，真空干燥，即得多糖-金属离子催化剂。

［使用方法］ 在温度 30～100℃下，将多糖-金属离子催化剂及过氧化氢溶液同时与污水混合搅拌处理 0～4d。所述污水中含有多环芳烃类有机物。

［产品特性］

（1）本品采用多糖金属配合物作为催化剂，以天然多糖作为配体与金属离子发生络合，相对于单独的离子催化剂来说，催化过程更为稳定，且多糖-金属离子催化剂中金属离子不以游离的离子状态存在而以稳定的配合物形式存在，可减少金属离子在水污染处理中的二次污染。

（2）本品原料来源广泛，成本低廉且环保清洁；制备方法简单，反应条件温和，处理效果好，能够有效地降解有机废水污染物，解决水富营养化造成的绿藻污染问题，具有良好的应用前景。

配方 144 缓释污水处理剂

原料配比

原料	配比（质量份）			
	1#	2#	3#	4#
蛋壳膜	10	13	18	20
沸石粉	10	11	1.5	12
硫酸亚铁	2	2.5	2.8	3
二氧化钛	1	1.5	1.8	2
氧化钙	0.5	0.8	0.8	1
0.1mol/L 氢氧化钠溶液	200	—	—	300
0.5mol/L 氢氧化钠溶液	—	250	—	—
0.8mol/L 氢氧化钠溶液	—	—	280	—
乙基纤维素	5	3	10	15
聚丙烯酸树脂	5	8	12	15
水	20	32	48	60

制备方法

（1）从蛋壳内壁剥离蛋壳膜，用蒸馏水洗涤 3 次，置于 60～90℃烘箱中烘干，粉碎，获得粒度为 30～150 目的蛋壳膜碎片；

（2）将步骤（1）所得蛋壳膜分散于氢氧化钠溶液中，得到蛋壳膜分散液；

（3）向步骤（2）得到的蛋壳膜分散液中加入乙基纤维素，搅拌 3～5h，水洗得到骨架缓释材料；

（4）将聚丙烯酸树脂加入水中制成润湿剂，向润湿剂中加入沸石粉、硫酸亚铁、二氧化钛、氧化钙及步骤（3）得到的骨架缓释材料，混合均匀烘干得到污水处理剂。

产品特性 利用废弃物蛋壳膜，对其进行改性，改性后的蛋壳膜与改性聚羧酸盐和膦基聚马来酸酐形成骨架，利用聚丙烯酸树脂作为润湿剂，将其他材料均匀地附着在骨架材料上，制备的污水处理剂能够缓慢均匀地释放，高效处理污水中的氮、磷。

配方 145 活性炭废水处理剂

[原料配比]

原料		配比（质量份）			
		1#	2#	3#	4#
活性炭		40	42	46	50
沸石粉		4	5	7	8
膨润土		2	3	5	6
高温煤焦油	沥青含量大于55%	15	16	18	20
乳化剂		2	3	3	4
胶黏剂	水溶性胶黏剂	3	4	6	8
磷酸三丁酯		2	3	4	5
乳化剂	十二烷基苯磺酸钠	2	2	2	2
	单硬脂酸甘油酯	1	1	1	1
水		65	65	65	65

[制备方法]

（1）将活性炭、沸石粉、膨润土、磷酸三丁酯和高温煤焦油混合后加入水和乳化剂，搅拌条件下升温至70～80℃，继续搅拌8～10min，得到混合物。

（2）在混合物中加入胶黏剂，搅拌5～10min，然后转入挤出机中挤出成型，得到中间产品。

（3）将中间产品进行炭化，得到活性炭废水处理剂。炭化温度为400～500℃，炭化时间为3～5h。

[产品特性] 本品能够对重金属离子进行很好的吸附，同时对于氰化物和汞也具有良好的吸附性能，能够很好地应用于废水处理中。

配方 146 基于改性硅藻土的复合污水处理剂

[原料配比]

原料	配比（质量份）			
	1#	2#	3#	4#
三氯化铁	5	10	8	5
硫酸亚铁	15	10	12	15

续表

原料	配比（质量份）			
	1#	2#	3#	4#
羟基铁粉	3	5	5	3
硫酸镁	10	5	8	5
钠膨润土	10	12	12	11
氢氧化钠	8	12	10	10
改性硅藻土	20	30	25	22
二氧化硅颗粒	20	10	17	15
癸二酸二辛酯	3	5	5	3
大黄酸	5	10	8	5

制备方法

（1）混合：对预定份数的所述三氯化铁、硫酸亚铁、羟基铁粉、硫酸镁、钠膨润土、氢氧化钠、改性硅藻土进行研磨处理，过 50 目筛，制得混合粉体。

（2）活化：向所述混合粉体中加入预定份数的癸二酸二辛酯和大黄酸，搅拌均匀后，在 1.5～3.0MPa 的氮气环境下，对混合物料进行微波活化处理。所述微波活化处理频率为 2.5～4GHz，功率为 300～350W，活化时间为 3～8min。

（3）发酵：分为两个发酵阶段。所述第一发酵阶段，将二氧化硅颗粒加入至活化后混合物料中，搅拌均匀；在 0.03～0.05MPa 的富氧环境下，40～50℃保温发酵 36h，制得第一发酵物。第二发酵阶段，对所述第一发酵物继续进行发酵，在 3.0～5.0MPa 的富氧环境下，60～70℃保温发酵 48h。

（4）烘干：所述发酵后的物料自然冷却后，烘干至水分含量小于 50μg/g，制得所述基于改性硅藻土的复合污水处理剂。

原料介绍

所述羟基铁粉，粒径为 3～5μm，为规则球形。

所述钠膨润土，粒径为 60～75μm，水分质量分数小于 10%，吸蓝率为 32～35g/100g。

所述二氧化硅颗粒为固定有亚硝化球菌的二氧化硅颗粒。将所述二氧化硅颗粒及亚硝化球菌置入无菌活性培养基中，并加入葡萄糖、磷酸二氢钾、氯化铋，在 30℃环境下，120r/min 培养 20h，制得固定有亚硝化球菌的二氧化硅。所述二氧化硅颗粒、葡萄糖、磷酸二氢钾、氯化铋的质量份比值为（40～50）∶（5～7）∶（3～7）∶1。

所述改性硅藻土，将粒径 2～3μm 的硅藻土置入足量钛酸钡饱和溶液中，加热至 40～50℃，搅拌转速 30r/min 状态下，搅拌 3～5h 后，过滤，烘干至水分含量小于 1g/kg；然后采用等离子体发生装置对所述烘干后的硅藻土进行改性处理

(改性电压为25～30kV，改性时间为15～20min)，制得改性硅藻土。

[产品特性]

(1) 采用本品进行污水处理，COD去除率达99.31%，NH_3-N去除率达99.24%。处理后污水各项水质指标均满足水处理排放标准，并且能够满足工业生产中的回用要求，有效减少了水资源的浪费。

(2) 本品有效成分能够实现重复利用，在一次水处理完成后，仅补充原污水处理剂添加量的30%～40%，即可达到预定的处理效果，能够有效节约原料用量，节省企业废水处理成本，实现节能减排。

(3) 本品能够实现对污水的持续处理，其污水处理剂的每立方米的施用量较现有污水处理剂减少20%～30%，处理能力突出。

配方147 基于接枝纤维素的污水处理剂

[原料配比]

原料	配比（质量份）		
	1#	2#	3#
改性氯化铝	20	15	25
纳米聚合硫酸铁	15	10	20
接枝纤维素	20	15	25
硅藻泥	40	35	45
硅酸钠	2	1	3
保险粉	0.6	0.1	1
柠檬酸	15	10	20
去离子水	100	80	120
氯化钠	6	5	7

[制备方法] 将各组分原料混合均匀即可。

[原料介绍]

所述纳米聚合硫酸铁以硫酸铁、乙二醇和乙酸钠为原料，将$Fe_2(SO_4)_3$溶于乙二醇溶液中，在搅拌条件下于60℃的超声波反应器中缓慢滴加1mol/L乙酸钠溶液并调pH值至1.30，继续搅拌0.5h，转移反应液至水热反应釜中，150℃水热反应15h，洗涤、抽滤、60℃干燥，即得纳米聚合硫酸铁。

所述改性氯化铝以六水氯化铝和十八水硫酸铝结晶为原料，用45.26质量份$AlCl_3 \cdot 6H_2O$和2.72质量份$Al_2(SO_4)_3 \cdot 18H_2O$晶体混匀，加40体积份水后加热至80℃使之完全溶解制成铝盐溶液，称取20.25质量份$Na_2CO_3 \cdot 5H_2O$溶于

50 体积份水制成碳酸钠溶液，将碳酸钠溶液加入铝盐溶液中直至反应完全得聚羟基氯化铝，即改性氯化铝。

所述接枝纤维素以羧甲基纤维素、壳聚糖和丙烯酰胺为原料，在氮气的保护下，羧甲基纤维素溶液在 80～90℃反应 40min，冷却至 30～35℃加入质量分数为 2%的壳聚糖醋酸溶液，滴加引发剂引发 30min 后加入丙烯酰胺单体，在 55℃反应 3h 得纤维素-丙烯酰胺-壳聚糖接枝共聚物，即接枝纤维素。

[产品特性] 本品采用改性氯化铝、接枝纤维素和纳米聚合硫酸铁等改性成分，在提高产品去浊效果的基础上还增加了产品的稳定性，去污能力强、对环境安全、净水效果好、生产成本低。

配方 148 基于蒙脱石的污水处理剂

[原料配比]

原料	配比（质量份）				
	1#	2#	3#	4#	5#
蒙脱石	33	41	35	39	37
甲基四氢苯酐	11	19	13	17	15
二氧化硅	3	7	4	6	5
六次甲基四胺	18	26	20	24	22
醋酸乙烯酯	5	12	7	10	8
乙醇	适量	适量	适量	适量	适量
去离子水	适量	适量	适量	适量	适量

[制备方法]

（1）将甲基四氢苯酐与其质量 4.5～5 倍的乙醇混合，制得甲基四氢苯酐溶液；将六次甲基四胺与其质量 3～3.5 倍的去离子水混合，制得六次甲基四胺溶液。

（2）将蒙脱石、二氧化硅混合研磨 2.2～2.5h，过 150～200 目筛，然后加入六次甲基四胺溶液，密封后先升温至 68～72℃并在该温度下搅拌处理 1.5～1.6h，再升温至 80～82℃并在该温度下搅拌处理 50～55min，冷却至室温；然后与甲基四氢苯酐溶液混合，密封后先升温至 59～61℃并在该温度下搅拌处理 40～45min，升温至 120～124℃并在该温度下搅拌处理 48～52min，再升温至 158～162℃并在该温度下搅拌处理 30～40min，降至室温，过滤去除滤液，取沉淀物，洗涤干燥，制得混合物 A；加入六次甲基四胺溶液后的搅拌转速为 350～400r/min。加入甲基四氢苯酐溶液后的搅拌转速为200r/min。

（3）将混合物A与醋酸乙烯酯混合，在60～70℃的温度下搅拌1.5～1.6h制得混合物B。

（4）将混合物B在460℃的温度下煅烧4h即得。

［产品特性］ 本品耐高温、耐低温，且除油率、除固体悬浮物效率显著增加，沉降速度快、投加量少，处理水量大，处理速度快，耐冲击能力强，处理效果好，对设备无腐蚀性。本品原料简单易得，制备工艺简单、易操作，生产成本低廉，适于工业化生产，适用于工业废水领域，特别适用于会产生大量含有废油类的钢铁行业废水、稠油高温污水等的净化处理。

配方149 焦化废水处理剂

［原料配比］

原料		配比（质量份）		
		1#	2#	3#
脱色剂	双氰胺甲醛缩聚物	15	18	20
	表面活性剂	10	25	30
	水	70	60	50
净水剂	聚丙烯酰胺	8	12	15
	硅酸钠	13	15	18
	硫酸铁	16	20	22
	酒石酸	7	9	12
	硫酸铝	10	3	15
	水	10	30	15

［制备方法］ 将各组分原料混合均匀即可。

［产品特性］

（1）本品对焦化水的处理具有特效，使用时受温度影响小，在焦化废水处理中只投加本品经搅拌后流入沉淀池，可大大节约运行成本和化学药剂成本，原材料成本明显降低。

（2）本品对焦化废水进行源头处理后，可达到焦化洗焦和切焦用水指标，确保了污水处理场的稳定运行和废水的达标排放。

（3）本品去除废水中的有害物质范围广，可以处理废水中多种有害成分，兼具几种废水处理药剂的优点，化学性质稳定。

配方150 净化污水处理剂

原料配比

原料		配比（质量份）				
		1#	2#	3#	4#	5#
非离子聚丙烯酰胺		30	20	25	20	30
铝盐	硫酸铝	30	10	—	30	—
	明矾	—	—	15	—	—
	碱式氯化铝	—	—	—	—	30
氯化铁		15	10	15	15	10
硫酸镁		15	10	15	15	10
氧化钙		25	15	20	20	15
膨润土		20	10	15	20	15
脱色剂	活性炭	25	—	—	25	—
	高锰酸钾	—	10	—	—	—
	季铵型阳离子高分子化合物	—	—	20	—	15
吸附剂	硅胶	25	—	—	—	—
	活性氧化铝	—	10	—	—	—
	分子筛	—	—	15	25	—
	硅藻土	—	—	—	—	15
壳聚糖		10	5	8	5～10	8
次氯酸钠		15	5	15	10	10
铝酸钠柠檬酸		15	5	15	10	8
氯化镁		100	5	20	10	12
磷酸氢钠		15	5	10	10	10
氨水		25	1	10	20	15
沸石		50	20	30	30	20

制备方法 按比例称取非离子聚丙烯酰胺、铝盐、氯化铁、硫酸镁、氧化钙、膨润土、脱色剂、吸附剂、壳聚糖、次氯酸钠、铝酸钠柠檬酸、氯化镁、磷酸氢钠、氨水、沸石，常温下加入乙醇溶液形成混合溶液搅拌0.1～1h，烘干后研磨0.1～0.5h，并放置于真空干燥箱1～3h。所述真空干燥箱的干燥温度为50～85℃。

产品特性 本品具有效果好、成本低、适合大规模工业使用等优点。本品中非离子聚丙烯酰胺可加速悬浮液中粒子的沉降，有非常明显的加快溶液澄清、促进过滤等效果，对于各种工业废水的絮凝沉降、沉淀澄清处理效果显著，同时对于各种污水产生絮凝体的矾花大、污泥量小，同时污泥凝聚力更强，脱水无需投加助凝剂；还能直接处理悬浮物多的污水，污水处理效率极高。

配方 151　具有缓释功能的污水处理剂

原料配比

原料		配比（质量份）		
		1#	2#	3#
除磷絮凝剂		30	45	40
缓释剂纤维素醚		15	25	20
固体载体	壳聚糖和硅藻土的组合物	50	60	55
除磷絮凝剂	聚合硫酸铁	0.2	0.4	0.3
	聚二甲基二烯丙基氯化铵	10	20	15
羟基辛酸		1	5	3

制备方法

（1）向装有聚合硫酸铁的容器中，边搅拌边加入聚二甲基二烯丙基氯化铵和羟基辛酸，在高速搅拌机中混合搅拌；搅拌转速为 400～500r/min，搅拌时间为 20～30min。再向混合液中加入缓释剂纤维素醚，搅拌 30～45min 后，再加入固体载体，在搅拌转速为 200～300r/min 条件下，搅拌 20～30min，最后将搅拌后的混合物加入颗粒挤压机内成型造颗粒料。

（2）将制得的颗粒料干燥后得到所需具有缓释功能的污水处理剂颗粒料。

原料介绍

所述的纤维素醚为羟丙基甲基纤维素醚、甲基纤维素醚和羟乙基纤维素醚中的一种或多种的组合物。

所述固体载体的粒径≤0.2mm。

产品特性

（1）本品采用疏水性的油脂性纤维素醚作为缓释剂进行制备，与水接触后，纤维素醚在污水处理剂表面产生坚固的凝胶层，由凝胶层控制着除磷絮凝剂的释放，并且保护了除磷絮凝剂内部不受溶出溶剂的影响而发生崩解。随着缓释时间的延长，外层的凝胶层不断溶解，缓释污水处理剂内部形成凝胶层，再溶解直至污水处理剂内部的除磷絮凝剂完全溶于污水中，此时，除磷絮凝剂中的活性成分从污水水体的底部向四周、中上层逐渐溶解、扩散、吸附、沉降，药效持续时间较长，能持久、稳定地对污水处理池底部和中下层的含磷废水净化处理。

（2）本品设置有除磷絮凝剂，除磷絮凝剂中添加的羟基辛酸能阻隔污水中总磷的竞争离子、竞争基团先一步与聚合硫酸铁和聚二甲基二烯丙基氯化铵发生反应，从而减少聚合硫酸铁和聚二甲基二烯丙基氯化铵的损失，提高絮凝剂与总磷的反应转化率。

配方 152 聚丙烯酸钠污水处理剂

原料配比

原料		配比（质量份）				
		1#	2#	3#	4#	5#
聚丙烯酸钠	分子量为 2000	20	—	—	—	—
	分子量为 3000	—	22	—	—	—
	分子量为 4000	—	—	25	—	—
	分子量为 5000	—	—	—	28	30
壳聚糖	分子量为 8000	20	—	—	—	—
	分子量为 9000	—	22	—	—	—
	分子量为 10000	—	—	25	—	—
	分子量为 11000	—	—	—	28	—
	分子量为 12000	—	—	—	—	30
无机絮凝剂	聚合硫酸铝	40	—	—	—	—
	硫酸镁	—	45	—	—	—
	硫酸锌	—	—	50	—	—
	硫酸铁	—	—	—	55	60
助凝剂	活化硅酸	10	—	—	—	—
	活性碳酸钙	—	12	—	—	—
	活性炭	—	—	15	—	—
	海藻酸钠	—	—	—	—	20
	骨胶	—	—	—	18	—
表面活性剂	硬脂酸	5	—	—	9	—
	十二烷基苯磺酸钠	—	6	—	—	10
	聚山梨酯	—	—	8	—	—
缓蚀阻垢剂	乙二胺四亚甲基膦酸钠	1	—	—	4	—
	氨基三亚甲基膦酸	—	2	—	—	5
	羟基亚乙基二膦酸	—	—	3	—	—
水		150	160	170	180	200

[制备方法]

(1) 将表面活性剂、缓蚀阻垢剂和水加入反应釜中，以 100～200r/min 转速搅拌 5～10min 至溶解，得到溶液 A，备用；

(2) 将无机絮凝剂和助凝剂粉碎，过 150～200 目筛，球磨 120～150min，得到无机混合物，备用；

(3) 将步骤 (1) 所得溶液 A 升温至 70～75℃，加入步骤 (2) 所得无机混合物，以 80～100r/min 转速搅拌 100～120min 至混合均匀，得到溶液 B；

(4) 将步骤 (3) 所得溶液 B 降温至 50～55℃，加入聚丙烯酸钠和壳聚糖，以 150～200r/min 转速搅拌 40～60min 至混合均匀，即得聚丙烯酸钠污水处理剂。

[产品特性]

(1) 本品使用了有机絮凝剂和无机絮凝剂成分协同作为絮凝剂，并加入表面活性剂增强了有机絮凝剂与无机絮凝剂之间的融合性，使得污水处理剂具有优异的絮凝效果；

(2) 本品生产成本低，操作简单，反应速度快，反应过程中无有毒有害物质产生，且反应后的生成物稳定，不会再分解成有毒物质；

(3) 本品成本低廉，降低了废水处理的成本，SS 去除率最高达 99.8%，BOD 去除率最高达 98.0%，COD 去除率最高达 98.5%，pH 最佳值为 7.1，具有净化速度快、效果好、环保无毒等优点。

配方 153　聚丙烯酰胺污水处理剂

[原料配比]

原料		配比（质量份）				
		1#	2#	3#	4#	5#
聚丙烯酰胺	分子量为 700 万	40	—	—	—	—
	分子量为 800 万	—	45	—	—	—
	分子量为 900 万	—	—	50	—	—
	分子量为 1000 万	—	—	—	55	—
	分子量为 1200 万	—	—	—	—	60
无机絮凝剂	聚合氯化铝	30	—	—	38	40
	聚合氯化铁	—	32	—	—	—
	聚硅碳酸钠铝	—	—	35	—	—
吸附剂	硅藻土	20	—	—	—	30
	活性炭	—	25	—	—	—

续表

原料		配比（质量份）				
		1#	2#	3#	4#	5#
吸附剂	活性白土	—	—	30	—	—
	焦炭	—	—	—	35	—
增稠剂	羟丙基甲基纤维素钠	5	—	—	—	10
	羧甲基纤维素钠	—	6	—	—	—
	海藻酸钠	—	—	8	—	—
	海藻酸钾	—	—	—	9	—
pH 调节剂	石灰	1	—	—	4	—
	氢氧化钠	—	2	—	—	—
	碳酸钠	—	—	3	—	—
	醋酸钠	—	—	—	—	5
水		150	160	170	180	200

［制备方法］

（1）将增稠剂、pH 调节剂和水加入反应釜中，升温至 50～60℃，以 100～200r/min 转速搅拌 5～10min 至溶解，得到溶液 A，备用；

（2）将无机絮凝剂和吸附剂粉碎，过 100～150 目筛，球磨 150～180min，得到无机混合物，备用；

（3）向步骤（1）所得溶液 A 中加入步骤（2）所得无机混合物，以 80～100r/min 转速搅拌 100～120min 至混合均匀，得到溶液 B；

（4）向步骤（3）所得溶液 B 中加入聚丙烯酰胺，以 150～200r/min 转速搅拌 40～60min 至混合均匀，即得聚丙烯酰胺污水处理剂。

［产品特性］

（1）本品中聚丙烯酰胺能使悬浮物质通过电中和、架桥吸附作用起絮凝作用，从而将污水中的悬浮颗粒、不易溶于水的颗粒吸除。无机絮凝剂易溶于水，絮凝效果优异、产品稳定性好，且适用 pH 值范围广。吸附剂吸附力强，吸附选择性好，吸附容量大，吸附平衡浓度低，机械强度高，化学性质稳定，容易再生和可利用，且原料来源广泛，价格低廉。增稠剂增强了聚丙烯酰胺与无机絮凝剂之间的融合性，同时增加了污水处理剂的黏附性，使得最终得到的污水处理剂能够更加有效地发挥作用。pH 调节剂用于调节污水至中性，从而使其达到排放要求。

（2）本品使用了有机絮凝剂和无机絮凝剂成分协同作为絮凝剂，且增稠剂增强了有机絮凝剂与无机絮凝剂之间的融合性，使得污水处理剂具有优异的絮凝效果。

（3）本品生产成本低，操作简单，反应速度快，反应过程中无有毒有害物质产生，且反应后的生成物稳定，不会再分解成有毒物质；具有净化速度快、效果好、环保无毒等优点。

配方 154　可除去水中多种重金属的污水处理剂

原料配比

原料	配比（质量份）		
	1#	2#	3#
海泡石粉	5	8	10
改性黏土	25	30	35
聚丙烯酰胺	6	7	7
膨润土	15	18	20
交联累托石	20	23	25
壳聚糖	3	5	6
贝壳	5	8	10
花生壳	1	2	2
板栗壳	2	3	3
核桃壳	1	2	2
澳洲坚果壳	1	2	2
5%～10%的碳酸钠溶液	适量	适量	适量
5%～10%的醋酸溶液	适量	适量	适量
金属盐溶液	适量	适量	适量
水	适量	适量	适量

制备方法

（1）将贝壳置于质量分数为5%～10%的碳酸钠溶液中浸泡5～10h，取出，洗净，干燥粉碎后得第一粉末。

（2）将花生壳、板栗壳、核桃壳、澳洲坚果壳、第一粉末、膨润土混合粉碎后于温度为500～550℃下煅烧0.5～1h，然后以10～15℃/min升温速率升温至700～750℃并保持10～20min，再以6～8℃/min降温速率降温至400～450℃并保持20～30min，随后以12～15℃/min升温速率升温至1000～1100℃并保持2～3h，最后冷却至室温，得第二粉末。

（3）将第二粉末研磨粉碎，加入质量分数为5%～10%的醋酸溶液中浸泡5～10min，过滤，洗净，干燥，将干燥后的第二粉末加入金属盐溶液中于温度为400～500℃下反应15～20h，冷却，过滤，干燥得第三粉末。所述金属盐溶液为硫酸铁、硫酸亚铁、硫酸铜、硫酸镍的水溶液；金属盐溶液中铁离子、亚铁离子、铜离子、镍离子的摩尔比为1∶(0.2～0.3)∶(0.5～1)∶(0.4～0.8)。第二粉末加入金属盐溶液中并置于氮气或氩气保护环境下反应。

（4）将海泡石粉、改性黏土、交联累托石、400～450份水、第三粉末混合均匀配成悬浮液；将壳聚糖溶于水中配制成质量分数为3%～5%的壳聚糖溶液，将壳聚糖溶液加入悬浮液中，于温度为60～70℃下搅拌3～4h，冷却，过滤，烘干得到第五粉末。

（5）将聚丙烯酰胺、步骤（4）得到的第五粉末加入350～400份的水中于温度为60～65℃下搅拌3～4h，冷却，过滤，干燥即得污水处理剂。搅拌速率为400～600r/min。

原料介绍

所述改性黏土的制备方法包括以下步骤：

（1）将黏土以10～15℃/min升温速率由室温升温至500～550℃，并保持2～3h；然后以5～8℃/min升温速率升温至750～800℃，并保持10～15h，冷却至室温，洗涤至中性，干燥，过200目筛。

（2）将过200目筛后的黏土加入质量分数为5%～10%的盐酸溶液中于温度为60～70℃下搅拌8～12h，过滤，洗涤，干燥；将干燥后的黏土加入质量分数为15%～20%的碳酸钠溶液中于温度为30～35℃下搅拌3～4h，过滤，洗涤，干燥，然后以15～20℃/min的升温速率升温至500～550℃并保持3～4h，冷却至室温。

（3）将冷却后的黏土加入质量分数为60%～70%的乙醇溶液中，搅拌，加热至80～90℃，然后加入十六烷基三甲基溴化铵、双烷基聚氧乙烯基三季铵盐，搅拌反应5～10h，过滤，洗涤，干燥即得改性黏土。搅拌反应过程中每隔2～3h置于功率为250～300W的微波炉中反应3～5min。

所述黏土、十六烷基三甲基溴化铵、双烷基聚氧乙烯基三季铵盐的质量比为1∶(0.2～0.3)∶(0.1～0.3)。

产品特性

（1）本品通过对黏土变速升温处理再经过盐酸、碳酸钠处理后可增加黏土的孔密度，且能形成发达的微孔，使其可吸附多种金属；然后通过十六烷基三甲基溴化铵、双烷基聚氧乙烯基三季铵盐进一步对黏土改性，由于十六烷基三甲基溴化铵、双烷基聚氧乙烯基三季铵盐中含有机阳离子，其可覆盖在黏土表面使黏土表面由亲水性变为亲油性，使其还可以吸附污水中的油类物质；污水处理剂中海泡石粉具有非金属矿物中最大的比表面积和独特的孔道结构，吸附能力强；交联累托石具有较大的比表面积、离子交换容量和微孔孔径，吸附能力强；壳聚糖线形分子链上含有多个羟基和氨基，可与污水中金属离子螯合成稳定的内络盐，使之可去除水中多种有害金属离子，另外氨基可与水中H^+质子化形成阳离子型聚电解质，通过静电吸引和吸附将水中的粗细粒子凝聚成大絮体而沉降下来，从而去除水中COD和SS。

（2）本品将贝壳粉碎后与花生壳、板栗壳、核桃壳、澳洲坚果壳、膨润土混合分段变温煅烧，在煅烧过程中花生壳、板栗壳、核桃壳、澳洲坚果壳这些植物性壳一部分裂解气化生成活性炭，另一部分裂解气化氧化燃尽留下孔洞或通道，这样可以使膨润土、贝壳形成多孔，吸附过滤污水中有机、无机物；再将煅烧后的混合物溶于金属盐溶液中，可使混合物表面负载铁、铜、镍金属离子，这些金属离子具有催化活性，可催化某些有机物分解，催化与吸附协同作用显著提高了污水处理剂的去除效率。

配方 155　可处理铜金属超标污水的污水处理剂

［原料配比］

原料	配比（质量份）		
	1#	2#	3#
淀粉	5	8	9
聚合氯化铁	3	4	5
粒径不超过 20 目的沸石颗粒	3	4	5
粒径不超过 20 目的麦饭石颗粒	4	4	5
粒径不超过 50 目的高岭土	3	5	5
聚丙烯酰胺	2	1	3
自来水	55	64	61

［制备方法］　将各组分原料混合均匀即可。

［产品特性］

（1）使用生物制剂，原料无污染。

（2）主要采用附着沉降。

（3）质地轻薄、均匀，性能稳定，制作工艺简单。

配方 156　可净化印染废水的水处理剂

［原料配比］

原料	配比（质量份）		
	1#	2#	3#
聚丙烯酰胺	30	30	35
聚合氯化铝	18	18	25
聚酰胺树脂	30	30	35
六偏磷酸钠	18	18	20

续表

原料	配比（质量份）		
	1#	2#	3#
碳酸钠	18	18	20
硫化钙	5	5	8
絮凝剂	5	5	8
高岭土	10	10	14
高铁酸钠掺杂石膏	20	20	23
去离子水	80	100	90

制备方法

（1）将高岭土与高铁酸钠掺杂石膏进行粉碎研磨，得到高岭土粉末与高铁酸钠掺杂石膏粉末，而后将粉碎后的粉末进行筛网过滤，备用；过滤的筛网为60目筛网。

（2）将聚丙烯酰胺、聚合氯化铝、聚酰胺树脂、六偏磷酸钠、碳酸钠和一半量的去离子水加入反应釜中，进行混合搅拌，同时进行加热处理，得到化合溶液；混合搅拌时间为20min，加热温度为60℃。

（3）待反应釜自然降温后将硫化钙加入反应釜中，进行混合搅拌，将硫化钙溶解到化合溶液中；混合搅拌时间为5min。

（4）将高岭土粉末与高铁酸钠掺杂石膏粉末加入反应釜中，同时将剩余的离子水加入反应釜中，进行高速的混合搅拌，同时进行加热处理，彻底混合后向反应釜加入絮凝剂，而后进行搅拌，待冷却后得到可净化印染废水的水处理剂；混合搅拌时间为30min，加热温度为80℃。

（5）将可净化印染废水的水处理剂进行检测，将合格的产品进行灌装。

产品特性 本品在印染废水处理时可以有效地对印染废水达到高效的净化效果，同时不会造成二次污染，避免了在印染废水处理时因工序繁多与处理剂使用过多对环境与处理人员造成污染。

配方 157 可用于纸业污水处理的污水处理剂

原料配比

原料	配比（质量份）	原料	配比（质量份）
聚丙烯酰胺	40	竹炭纤维	4
乙酸丁酯	5	二氧化钛	4
诺氟沙星	3	膨润土	4
甲壳素	2	活性炭	2
过硫酸钾	6		

［制备方法］

（1）称取甲壳素、过硫酸钾、竹炭纤维和膨润土，送至球磨机中，球磨混合，并过 80 目筛，得混合物 A；

（2）称取聚丙烯酰胺和活性炭，送至超声设备，于 45℃下超声处理 30min，得到混合物 B；

（3）将混合物 A、混合物 B 一并送入反应釜，并同步加入无水乙醇混合反应，同时，逐步添加乙酸丁酯、诺氟沙星、二氧化钛，混合速率控制在 500r/min，同时温度控制在 40℃，直至混合反应完成，随后挤出，并蒸出无水乙醇，即得所述的一种可用于纸业污水处理的污水处理剂。

［原料介绍］

所述聚丙烯酰胺为高分子聚丙烯酰胺。

所述甲壳素为高分子甲壳素，分子量需达到 820 万以上。

所述二氧化钛为纳米二氧化钛。

所述竹炭纤维为土窑烧制法制得的高密度竹炭纤维。

所述的膨润土需过 110 目筛。

所述活性炭需过 160 目筛。

［产品特性］ 本品可用于污水净化的各个环节，一经使用，可快速吸附、过滤和置换造纸污水中的各种金属、非金属污染物，且生产成本都很低，适合大范围推广。

配方 158　可有效去除重金属离子的污水处理剂

［原料配比］

原料	配比（质量份）				
	1#	2#	3#	4#	5#
高岭土	10	20	12	18	15
蒙脱石	30	40	32	38	35
磷矿石	25	35	28	32	30
活性炭	20	40	25	35	30
二甲基二烯丙基氯化铵	10	20	12	18	15
硫酸亚铁	1	5	2	4	3
壳聚糖	5	10	6	10	8
乙二醇叔丁基醚	1	5	2	4	3
钛酸钡	1	5	2	4	3
水	适量	适量	适量	适量	适量

[制备方法]

（1）将高岭土、蒙脱石、磷矿石分别放入粉碎机中进行粉碎，过 180～220 目筛，将所得粉末混合在一起，得到混合粉末。

（2）将壳聚糖、乙二醇叔丁基醚混合在一起，再加入水，水浴加热搅拌 10～20min，得混合液；水浴加热温度为 35～40℃，搅拌时间为 15min。

（3）将混合粉末、活性炭、二甲基二烯丙基氯化铵、硫酸亚铁、钛酸钡加入混合液中，搅拌均匀，得到混合物。

（4）将混合物置于烤箱中烘烤 20～40min，冷却后得到污水处理剂半成品；烘烤温度为 550～600℃，烘烤时间为 30min。

（5）将污水处理剂半成品放入超微粉碎机中粉碎，过 300～400 目筛，即得。

[产品特性] 本品原料简单，成本低廉，制备工艺简单，通过添加乙二醇叔丁基醚、钛酸钡，处理污水中重金属离子的能力大大提高。

配方 159 邻、间氨基苯废水处理剂

[原料配比]

原料		配比（质量份）					
		1#	2#	3#	4#	5#	6#
络合剂萃取化合物	磷酸二异辛酯（P-204）	25	—	—	—	—	—
	2-乙基己基磷酸 2-乙基己基酯（P-507）	—	25	—	—	—	—
	磷酸三丁酯（TBP）	—	—	25	—	—	—
	磷酸三辛酯（TOP）	—	—	—	25	—	—
	三辛基氧膦（TOPO）	—	—	—	—	25	—
	二（2-乙基己基磷酸）（D2EHPA）	—	—	—	—	—	25
络合萃取剂稀释剂	煤油	75	—	—	—	—	75
	磺化煤油	—	75	—	—	—	—
	正己烷	—	—	75	—	—	—
	十二醇	—	—	—	75	—	—
	无规聚醚	—	—	—	—	75	—

[制备方法] 向反应釜中依次加入络合剂萃取化合物、络合萃取剂稀释剂，搅拌反应 10～100min，得到所述邻、间氨基苯废水处理剂。

［产品特性］

（1）本品处理效果好、效率高；络合萃取之后，只要改变温度或 pH 值，即可实现反萃，实现络合萃取剂重复使用，不会产生二次污染。

（2）本品处理方法操作简单，可实现快速去除污染物，处理后的废水可达到标准要求。

配方 160 绿色环保型水处理剂

［原料配比］

原料	配比（质量份）					
	1#	2#	3#	4#	5#	6#
聚丙烯酰胺	40	40	40	40	40	40
聚合硫酸铁	20	20	20	20	20	20
硫酸亚铁	3	3	3	3	3	3
聚合氯化铝	7	7	7	7	7	7
多孔陶瓷粉	25	—	—	—	—	—
改性多孔陶瓷粉	—	25	25	25	25	25
吸附凝胶	20	20	20	20	—	—
载酶吸附凝胶	—	—	—	—	20	20
水	85	85	85	85	85	85

［制备方法］

（1）将聚合硫酸铁、硫酸亚铁、聚合氯化铝、多孔陶瓷粉（或改性多孔陶瓷粉）混合均匀，得到混合料 A；

（2）将水加热至 65～75℃，加入聚丙烯酰胺，在 65～75℃、转速为 200～500r/min 条件下搅拌 40～80min，降温至 30～35℃，加入载酶吸附凝胶（或吸附凝胶），在 30～35℃、转速为 200～500r/min 下条件搅拌 20～50min，得到混合料 B；

（3）向混合料 B 中加入上述混合料 A，在 30～35℃、转速为 200～500r/min 条件下搅拌 60～120min，得到绿色环保水处理剂。

［原料介绍］

所述多孔陶瓷粉的制备方法如下：将凹凸棒土、滑石粉、铝矾土、红柱石、氧化铝按质量比为（6～8）∶（4～6）∶（2～4）∶（1～3）∶1 的比例混合，经磨粉机磨粉后过 100～300 目筛得到粉体，将粉体在 55～65℃下干燥 24～48h，以 3～5℃/min 的速率升温至 1000～1200℃，在 1000～1200℃煅烧 1～3h，再以 3～

5℃/min 的速率升温至 1300～1500℃，在 1300～1500℃煅烧 3～5h，自然冷却至室温后经气流粉碎得到 D97 粒径为 50～100μm 的多孔陶瓷粉。

所述改性多孔陶瓷粉的制备方法如下：将凹凸棒土、滑石粉、铝矾土、红柱石、氧化铝、改性剂按质量比为 (6～8)：(4～6)：(2～4)：(1～3)：1：(0.01～0.05) 的比例混合，经磨粉机磨粉后过 100～300 目筛得到粉体，将粉体在 55～65℃干燥 24～48h，以 3～5℃/min 的速率升温至 1000～1200℃，在 1000～1200℃煅烧 1～3h，再以 3～5℃/min 的速率升温至 1300～1500℃，在 1300～1500℃煅烧 3～5h，自然冷却至室温后经气流粉碎得到 D97 粒径为 50～100μm 的改性多孔陶瓷粉。所述改性剂为碳酸钙、氧化锌、四水乙酸镁的混合物，所述碳酸钙、氧化锌、四水乙酸镁的质量比为 (1～3)：(1～3)：(1～3)。

所述吸附凝胶的制备方法如下：

(1) 将 7～12 质量份海藻酸钠加入 350～500 质量份水中，在 25～30℃、转速为 1500～2000r/min 条件搅拌 12～15h，加入 5～8 质量份聚谷氨酸，继续在上述条件下搅拌 6～10h 备用；

(2) 将 85～100 质量份氯化钙加入 2000～2500 质量份水中，升温至 55～60℃，在 55～60℃、转速为 200～500r/min 条件下搅拌 30～50min，加入 2～5 质量份质量分数为 50%的戊二醛水溶液，继续在 55～60℃、转速为 200～500r/min 条件下搅拌 40～60min，冷却至 40～45℃，将冷却至 40～45℃的物料加入步骤 (1) 所得产物中，在 30～35℃、转速为 100～300r/min 条件下搅拌 20～40min，然后在 30～35℃静置 24～48h，得到吸附凝胶。

所述载酶吸附凝胶的制备方法如下：

(1) 将 7～12 质量份海藻酸钠加入 350～500 质量份水中，在 25～30℃、转速为 1500～2000r/min 条件下搅拌 12～15h，加入 5～8 质量份聚谷氨酸、1.2～2.8 质量份稳定剂，继续在上述条件搅拌 6～10h，加入 0.95～1.25 质量份组合酶，继续在上述条件下搅拌 1～4h 备用。

(2) 将 85～100 质量份氯化钙加入 2000～2500 质量份水中，升温至 55～60℃，在 55～60℃、转速为 200～500r/min 条件下搅拌 30～50min，加入 2～5 质量份质量分数为 50%的戊二醛水溶液，继续在 55～60℃、转速为 200～500r/min 条件下搅拌 40～60min，冷却至 40～45℃，将冷却至 40～45℃的物料加入步骤 (1) 所得产物中，在 30～35℃、转速为 100～300r/min 条件下搅拌 20～40min，然后在 30～35℃静置 24～48h，得到载酶吸附凝胶。所述组合酶为漆酶、谷氨酰胺酶、酸性蛋白酶、脂肪酶中两种或两种以上的混合物，所述组合酶进一步优选为漆酶、酸性蛋白酶、脂肪酶的混合物，所述漆酶、酸性蛋白酶、脂肪酶的质量比为 4：(1～2)：(1～2)。所述稳定剂为氧化铁和二氧化硅的混合物，所述氧化铁和二氧化硅的质量比为 (1～3)：(1～3)。

[**产品特性**] 本品净化效率高、净化速度快，不产生二次污染，经济环保，适合

大规模生产应用。绿色环保型水处理剂能有效降低生活污水、工业废水的COD、BOD、TN、TP值，能有效促进重金属离子的吸附沉淀，降低重金属离子的迁移，对色素染料和其他有机污染物、含油废水都具有良好的吸附、降解效果。

配方 161　绿色印染废水处理剂

[原料配比]

原料	配比（质量份）				
	1#	2#	3#	4#	5#
葫芦脲基有机硅类树脂	25	28	30	33	35
铝酸钠掺杂凹凸棒土	5	6	7	9	10
高铁酸钠掺杂石膏粉	5	7	8	9	10

[制备方法] 按比例将葫芦脲基有机硅类树脂、铝酸钠掺杂凹凸棒土、高铁酸钠掺杂石膏粉混合均匀后，粉碎球磨，烘干，过筛，得到绿色印染废水处理剂成品。

[原料介绍]

所述葫芦脲基有机硅类树脂的制备方法，包括如下步骤：

(1) 环氧氯丙烷改性羟基葫芦脲的制备：将羟基葫芦脲溶于高沸点溶剂中形成溶液，再向其中加入环氧氯丙烷和催化剂，在100～120℃下回流搅拌反应6～8h后旋蒸除去溶剂，并用丙酮洗涤产物4～6次，得到环氧氯丙烷改性羟基葫芦脲；所述羟基葫芦脲、高沸点溶剂、环氧氯丙烷、催化剂的质量比为1∶(10～15)∶(2～3)∶(0.5～1)。

(2) 有机硅基树脂的制备：将3-(甲基丙烯酰氧)丙基三甲氧基硅烷、L-乙烯基甘氨酸、乙烯基二茂铁、乳化剂、引发剂溶于二甲亚砜中，在55～65℃氮气或惰性气体氛围下搅拌反应2～3h后在丙酮中沉出，并置于真空干燥箱中75～85℃下烘12～18h，得到有机硅基树脂；所述3-(甲基丙烯酰氧)丙基三甲氧基硅烷、L-乙烯基甘氨酸、乙烯基二茂铁、乳化剂、引发剂、二甲亚砜的质量比为1∶1∶(0.2～0.5)∶(0.01～0.03)∶(0.01～0.03)∶(6～10)。

(3) 环氧氯丙烷改性羟基葫芦脲接枝有机硅基树脂的制备：将经过步骤(1)制备得到的环氧氯丙烷改性羟基葫芦脲、经过步骤(2)制备得到的有机硅基树脂溶于*N*,*N*-二甲基甲酰胺中，在60～80℃下搅拌反应4～6h后加入卤代烃，在40～50℃下继续搅拌反应2～3h后在乙醇中沉出，并置于真空干燥箱中70～80℃下烘10～15h，得到环氧氯丙烷改性羟基葫芦脲接枝有机硅基树脂；所述环氧氯丙烷改性羟基葫芦脲、有机硅基树脂、*N*,*N*-二甲基甲酰胺、卤代烃的质量比为(1～2)∶(2～3)∶(7～12)∶(2～3)。

（4）离子交换：将经过步骤（3）制备得到的环氧氯丙烷改性羟基葫芦脲接枝有机硅基树脂浸泡于质量分数为15%～25%聚天冬氨酸钠溶液中20～25h，然后取出用水洗4～8次后置于真空干燥箱85～95℃下烘15～24h。所述环氧氯丙烷改性羟基葫芦脲接枝有机硅基树脂、聚天冬氨酸钠溶液的质量比为1∶(50～80)。

所述高沸点溶剂为二甲亚砜、N,N-二甲基甲酰胺、N-甲基吡咯烷酮中的一种或几种。

所述催化剂为碳酸钾、氢氧化钠、三乙胺中的一种或几种。

所述引发剂为偶氮二异丁腈、偶氮二异庚腈中的一种或几种。

所述乳化剂为十二烷基苯磺酸钠、聚氧丙烯聚乙烯甘油醚、壬基酚聚氧乙烯醚中的一种或几种。

所述惰性气体为氦气、氖气、氩气中的一种或几种。

所述卤代烃为碘甲烷、碘乙烷、碘丙烷中的一种或几种。

所述铝酸钠掺杂凹凸棒土的制备方法，包括如下步骤：将凹凸棒土分散在质量分数为30%～40%的铝酸钠溶液中，并搅拌6～8h后离心，再置于真空干燥箱90～100℃下烘10～15h。所述凹凸棒土、铝酸钠溶液的质量比为（2～3）∶(70～100)。

所述高铁酸钠掺杂石膏粉的制备方法，包括如下步骤：将石膏粉分散在质量分数为30%～40%的高铁酸钠溶液中，并搅拌6～8h后离心，再置于真空干燥箱90～100℃下烘10～15h。所述石膏粉、高铁酸钠溶液的质量比为（2～3）∶(70～100)。

［**产品特性**］ 本品制备方法简单易行，原料易得，价格低廉，对设备和反应条件要求不高，适合大规模生产；克服了传统废水处理剂成本较高、对水体污染严重、脱色效果差、用药量大、功能单一等技术问题，具有较好的印染废水处理效果，具有较好的生物相容性和自降解能力，抗菌杀菌效果显著，对废水中重金属离子也有吸附作用，使用安全绿色环保。

配方162　毛皮染色废水处理剂

［**原料配比**］

原料		配比（质量份）				
		1#	2#	3#	4#	5#
还原剂	氯化亚锡	5	—	—	—	—
	甲醛合次亚硫酸锌/硼氢化钠	—	30	10	15	15
激活剂	碳酸钠	60	—	—	—	—
	碳酸钾	—	5	—	—	—
	碳酸钾/氢氧化钠	—	—	30	40	70

续表

原料		配比（质量份）				
		1#	2#	3#	4#	5#
稳定剂	乙二胺四乙酸二钠	0.5	4	3	3	3
	焦磷酸钠	0.5	6	4	4	4
助溶剂	二甲基苯磺酸钠	1	10	—	—	—
	二甲基苯磺酸钠/异丙苯磺酸钠	—	—	8	7	7
填充剂	碳酸氢钠	50	5	30	40	40
辅助激活剂	聚丙烯酰胺	—	1	5	3	3
	石墨烯粉	—	2	2	3	3
	负离子粉	—	2	2	2	2

［制备方法］ 将所有组分按照质量份数混合均匀后，出料即可。混合的速率控制在 100～200r/min 之间。混合的温度控制在 20～30℃之间。

［产品特性］ 该处理剂通过各个组分之间的协同配合，可快速降低色度，并能够显著降低染色废水的 COD，且该组分中不含有对环境不友好的物质，绿色环保，处理效果好。

配方 163 煤矿加工专用的污水处理剂

［原料配比］

原料	配比（质量份）		
	1#	2#	3#
改性膨润土	25	30	35
活性淤泥	20	25	30
竹炭	20	25	30
壳聚糖	5	7	8
十二烷基硫酸钠	1	2	2
水	适量	适量	适量

［制备方法］

（1）向改性膨润土和活性淤泥中加水得到混合浆体，随后进行超声处理（超声处理的温度为 145～148℃，时间为 42～52min），得到混合物；

（2）将混合物与竹炭、壳聚糖和十二烷基硫酸钠冰浴混匀搅拌（搅拌转速为 300～600r/min），随后进行微胶囊化处理并置于 2～6℃温度下低温烘干，得到煤矿加工专用的污水处理剂。

［原料介绍］

所述改性膨润土的制备方法为：

（1）将膨润土原土加入回转窑中，在534℃温度条件下烧制50～65min，出窑后粉碎成40～60目膨润土细粉；

（2）取步骤（1）所得的膨润土细粉真空干燥处理12h，随后置于吐温和氯化钙溶液中浸泡2～4h，使得膨润土细粉得到充分浸泡，过滤后进行低温烘干；

（3）取步骤（2）所得低温烘干后的膨润土细粉加入聚合釜中，随后依次添加聚乙烯醇、偶氮二异丁腈、吡啶硫酸锌、半乳糖、山梨醇脂肪酸酯和*N*,*N*-亚甲基双丙烯酰胺进行聚合反应（反应温度为58～60℃，反应时间为40～44min），得到改性膨润土。

［产品特性］ 本品能够使得煤矿加工的污水理化指标达到标准要求，且有效降低了COD、BOD、SS及金属离子含量；处理工艺简单，用药量少，处理效果良好，性能稳定，出水水质好，可有效地降低水处理的成本，具有很好的经济效益和社会效益。

配方164 煤泥水处理剂

［原料配比］

原料		配比（质量份）		
		1#	2#	3#
阳离子淀粉	阳离子玉米淀粉	2～3	—	—
	阳离子木薯淀粉	—	2～3	2～3
氯化钙		20～25	20～25	20～25
助凝剂	聚丙烯酰胺	1～1.5	1～1.5	1～1.5
水		加至100	加至100	加至100

［制备方法］

（1）将阳离子淀粉和适量水放在容器内，把阳离子淀粉和水充分搅拌混合均匀，得到淀粉乳；

（2）将氯化钙放入容器内的淀粉乳中；

（3）向容器内加余下水，并添加助凝剂；

（4）在搅拌下使容器内的氯化钙完全溶解，让淀粉在氯化钙水溶液中常温下糊化，得到煤泥水处理剂。

［原料介绍］ 所述阳离子淀粉是取代度为0.026～0.030的阳离子淀粉。

［产品特性］ 本品价格低廉，使用时，可以使煤泥水中的悬浮物快速絮凝沉降下来，煤泥水中悬浮物沉降下来后，沉降物中含水量较低。

配方 165 蒙脱土改性聚丙烯酸钠印染污水处理剂

［原料配比］

原料	配比（质量份）		
	1#	2#	3#
膨润土	48	38	43
硫酸铁	13	16	16
明矾	9	9	12
硫酸铝	1.1	0.98	0.95
改性椰壳活性炭粉	6.2	6.5	5
碱式氧化铝	5	4	4
硫酸亚铁	0.9	0.95	0.95
硝酸镍	0.35	0.35	0.4
壳聚糖	15.2	16	16
蒙脱土改性聚丙烯酸钠粉末	9	8.6	8.8
聚山梨酯	0.04	0.03	0.05
去离子水	适量	适量	适量

［制备方法］

（1）向聚丙烯酸钠水溶液中依次加入乙二胺四乙酸二钠、尿素、偶氮二异丁基脒盐酸盐和蒙脱土并混合均匀，通入氮气置换空气后加入过硫酸铵和甲醛次硫酸氢钠，密闭反应，取出胶体干燥、粉碎后得到蒙脱土改性聚丙烯酸钠粉末。聚丙烯酸钠水溶液 pH 值控制在 10.5～11.5。过硫酸铵、甲醛次硫酸氢钠、偶氮二异丁基脒盐酸盐、蒙脱土和聚丙烯酸钠的质量比为：37∶32∶83∶2500∶350000。

（2）将椰壳粉碎得到椰壳粉，将椰壳粉加入磷酸水溶液中浸泡后过滤，然后煅烧活化，冷却后洗涤至中性，干燥后研磨，然后加入硝酸铜和硝酸铈水溶液中浸泡，过滤、烘干、煅烧、粉碎得改性椰壳活性炭粉。在磷酸水溶液中浸泡温度为 70～90℃，浸泡时间为 20～30h，浸泡后煅烧温度为 500～700℃，煅烧时间为 2～3h。在硝酸铜和硝酸铈水溶液中浸泡时间为 20～30h，浸泡后煅烧温度为 200～400℃，煅烧时间为 2～3h。

（3）取膨润土、硫酸铁、明矾、硫酸铝、改性椰壳活性炭粉、碱式氧化铝、硫酸亚铁和硝酸镍，混合，粉碎成细粉。

（4）取壳聚糖，加入去离子水，加热溶解，然后加入蒙脱土改性聚丙烯酸钠粉末，搅拌、保温，得中间料；加热溶解的温度为50～70℃。

（5）将上述细粉和中间料混合，加入聚山梨酯，搅拌，即得到蒙脱土改性聚丙烯酸钠印染污水处理剂。搅拌条件为：温度40～60℃、3000～5000r/min搅拌10～20h。

[产品特性] 本品将蒙脱土改性聚丙烯酸钠替代传统的凝聚剂聚丙烯酸钠，由于蒙脱土改性增加了聚丙烯酸钠的特性黏数，用该蒙脱土改性聚丙烯酸钠复配的印染污水处理剂具备更高效的印染污水处理效果，能够显著提高印染污水的色度去除率、浊度去除率和COD_{Cr}去除率，性能优异。

配方166 棉纺织业退浆废水处理剂

[原料配比]

原料	配比（质量份）		
	1#	2#	3#
聚硅酸铁	30	40	35
铝酸钠	15	20	18
二烯丙基二甲基氯化铵	5	10	7
改性淀粉	5	25	15
钠基膨润土	5	10	8
聚氧乙烯聚氧丙醇胺醚	5	10	7
硼砂	10	20	15
醋酸钠	5	10	8

[制备方法] 将聚硅酸铁、铝酸钠、二烯丙基二甲基氯化铵、改性淀粉、钠基膨润土、聚氧乙烯聚氧丙醇胺醚、硼砂依次加入反应器中，将醋酸钠加入水中配制醋酸钠水溶液，边搅拌边将醋酸钠水溶液逐滴加入反应器中，恒温搅拌1～3h后，待溶液自然冷却即得。

[使用方法] 本品投入量为每升污水投入200～600mg。

[产品特性] 本品将各组分合理复配，使得该处理剂对各类染料退浆废水均具有较好的脱色效果和较高去除率，且本品的制备方法简单易行，可有效节约生产成本。

配方 167 耐高温复合水处理剂

原料配比

原料	配比（质量份）					
	1#	2#	3#	4#	5#	6#
植酸钙	20	45	35	45	38	38
木质素磺酸钠	25	60	35	55	42	47
聚合氯化铝	50	85	60	70	68	65
二甲基二烯丙基氯化铵	55	80	60	75	72	70
硫酸锌	20	35	25	32	28	28
双丙基二甲基氯化铵	45	30	36	42	40	37
聚丙烯酰胺	35	15	16	30	25	22
二甲基硅油	30	10	15	25	20	20
木质活性炭	30	15	15	20	18	18
亚硫酸铵	8	15	10	12	12	11
甘氨酸	5	10	8	10	9	10
去离子水	10	20	15	20	18	16

制备方法

（1）向反应釜中加入称取好的去离子水，然后依次加入称取好的硫酸锌、亚硫酸铵、木质素磺酸钠、植酸钙、聚合氯化铝，升温至55～90℃，搅拌均匀后依次加入二甲基二烯丙基氯化铵和甘氨酸，静置5～10h后，在150～220℃下干燥5～10h，粉碎，得到混合物料；

（2）向混合物料中依次加入双丙基二甲基氯化铵、聚丙烯酰胺、二甲基硅油和木质活性炭混合搅拌均匀，即可得到耐高温复合水处理剂。

产品特性 本品充分利用了水处理剂中絮凝剂、缓蚀剂、杀菌剂等的协同作用，提高水处理的能力。制备得到的水处理剂能够阻碍水中的钙、镁、盐类晶体形成，通过润湿、渗透、吸附等化学反应将已形成的污垢溶解吸附；其中双丙基二甲基氯化铵作为杀菌剂，对水质进行进一步净化，锌的引入能够有效延缓钢结构废水容器的腐蚀。本品制备过程简单，成本低廉，水处理过程安全无污染，热稳定性良好，能够将较高温度下工业废水中污染物去除得更全面彻底。

配方 168 能净化水质的污水处理剂

[原料配比]

原料	配比（质量份）	原料	配比（质量份）
$FeSO_4$	10	聚合氯化铝	10
芒硝	10	NaOH	10
催化剂	20	聚丙烯酰胺	10
$NaNO_2$	10	水	20

[制备方法]

（1）原料混合：将 $FeSO_4$、芒硝、催化剂、$NaNO_2$、聚合氯化铝、NaOH、聚丙烯酰胺和水依次倒入混合罐中，然后启动混合机构开始对原料进行混合；

（2）装桶：然后将混合后的物料通过专业的灌装机器分瓶进行灌装即可。

[产品特性] 本品对 COD 的去除有明显的效果，COD 能稳定达到国家排放标准，适用于任何 COD 超标的废水处理；对脱色也有一定辅助作用，同时对重金属离子也有一定的去除效果，适用于塑胶、五金化学镀、磷化酸洗、铝阳极氧化、不锈钢电解抛光、制药、造纸、农药、化肥厂等磷超标的水处理；适用于排放标准用传统除磷药剂无法稳定达标的水处理；具有强大螯合力，能有效地与重金属尤其是铜、镍、汞、镉等发生化学反应生成不溶物，不会反溶，对环境友好，操作安全，无毒、无危险性。

配方 169 染料废水处理剂

[原料配比]

原料	配比（质量份）	原料	配比（质量份）
聚合氯化铁	25～55	活性炭	2～8
硫酸铝	8～20	二氧化氯	1～6
双氧水	8～20	阳离子聚合物	3～8
活性硅酸	4～13	蒸馏水	加至 100
粉煤灰	5～30		

[制备方法] 将各组分原料混合均匀即可。

[原料介绍] 所述阳离子聚合物的组分包括双氰胺、甲醛和改性剂，且双氰胺和

甲醛的质量比为1∶1。

［产品特性］

（1）本品原料来源广泛，能有效去除水中的有机染料，处理有机染料彻底、处理成本低，无毒性、处理后无二次污染问题，有很高的实际应用价值。

（2）粉煤灰是燃煤电厂大量排放的一种固体废弃物，严重污染环境，它的化学组成和多孔性结构使其具有一定的吸附能力，因此，本品以废弃物粉煤灰作为吸附剂直接对染料废水进行处理，处理后的废水色度的去除率高达97%，COD的去除率在88%以上，对悬浮物的去除效果好，且使得废物再利用，降低成本。

配方170　染料污水处理剂

［原料配比］

原料		配比（质量份）	
		1#	2#
烷基醇酰胺		2	1
有机海泡石粉		70	60
硼砂		7	5
聚己二酸乙二醇		4	2
月桂醇硫酸钠		2	1
丁基硫醇锡		0.2	0.1
辛基异噻唑啉酮		2	1～2
硬脂酸		4	3
三乙醇胺硼酸酯		3	2
无水乙醇		适量	适量
去离子水		适量	适量
有机海泡石粉	海泡石	100	80
	三乙胺	4	3
	山梨醇酐单油酸酯	2	1
	甘露醇	3	2
	二甲基甲酰胺	12	10
	去离子水	适量	适量

［制备方法］

（1）取辛基异噻唑啉酮，加入其质量10～14倍的无水乙醇中，搅拌均匀，升高温度为55～60℃，保温搅拌20～30min，加入硼砂，搅拌至常温，得醇溶液；

（2）取烷基醇酰胺，加入其质量16～20倍的去离子水中，搅拌均匀，得酰胺溶液；

(3) 取硬脂酸，加入上述醇溶液中，搅拌均匀，送入到反应釜中，加入机海泡石粉，升高温度为 90～95℃，保温搅拌 1～2h，出料，加入上述酰胺溶液，搅拌至常温，得有机溶液；

(4) 取丁基硫醇锡，加入上述有机溶液中，超声 20～30min，加入剩余各原料，搅拌均匀，抽滤，将滤饼水洗，真空 65～70℃下干燥 1～2h，冷却至常温，即得。

[原料介绍]

所述有机海泡石粉的制备方法，包括以下步骤：

(1) 取海泡石，在 650～700℃下煅烧 1～2h，冷却至常温，磨成细粉，加入其质量 10～14 倍的去离子水中，加入三乙胺，在 55～60℃下保温搅拌 1～2h，得胺溶液；

(2) 取甘露醇，加入二甲基甲酰胺中，搅拌均匀，与上述胺溶液混合，在 65～70℃ 下保温搅拌 10～20min，加入山梨醇酐单油酸酯，搅拌至常温，抽滤，将滤饼水洗，常温干燥，即得。

[产品特性] 本品首先将海泡石采用三乙胺处理，然后分散到二甲基甲酰胺中，有效地改善了海泡石的表面活性，然后将其与硬脂酸、乙醇共混，高温酯化，进一步增强了其与各原料间的结合强度。本品还引入了辛基异噻唑啉酮，提高了成品处理剂的防腐性能，延长了成品的使用期限。本品的材料环保、吸附性好，综合性能优异。

配方 171 缫丝废水处理剂

[原料配比]

原料	配比（质量份）		
	1#	2#	3#
白矾	8	5	12
淀粉黄原酸酯	11	14	7
聚丙烯酸钠	6	4	8
高岭土	12	16	8
活性炭	16	11	18
角叉胶	6	3	8
单宁	11	16	7
聚合硫酸铁	4	3	5
交联剂	3	5	2
菌种	7	4	9

续表

原料	配比（质量份）		
	1#	2#	3#
聚丙烯酰胺	7	14	5
纳米二氧化硅	9	7	15
醋酸纤维素	5	6	3
β-环糊精	3	2	5
水	适量	适量	适量

[制备方法]

（1）将高岭土和白矾混合加水制浆，制成直径为0.5～1.5mm的颗粒；

（2）将颗粒置于400～500℃温度条件下灼烧4～9h，冷却至室温；

（3）将步骤（2）制得的颗粒与淀粉黄原酸酯、聚丙烯酸钠、角叉胶、单宁、聚合硫酸铁、聚沉剂、纳米二氧化硅、醋酸纤维素、β-环糊精加水混合，在温度为65～70℃的条件下混合搅拌2～3h；

（4）冷却至50℃，在步骤（3）所得混合液中加入交联剂混合反应，再升温至70℃，反应30～60min，然后将混合物在120～140℃条件下烘干；

（5）在烘干后的混合物中加入菌种和活性炭，搅拌混合均匀，得到缫丝废水处理剂。

[原料介绍]

所述聚沉剂为聚丙烯酰胺。

所述菌种为第三代硝化反硝化复合菌种。

所述交联剂为N,N'-二甲基亚丙烯酰胺。

[产品特性] 本品用于缫丝废水处理时，处理彻底，处理后污水的COD、BOD和SS（水中的悬浮物）含量大幅下降，总氮、总磷和氨氮含量也有不同程度的下降，减轻了污水后处理过程的负担。处理后的水可以重复利用，节约水资源。在其各组分有机结合的协同作用下，水质可达到排放标准，且制备方法简单，设备投资少。

配方172 纱线染织废水处理剂

[原料配比]

原料	配比（质量份）		
	1#	2#	3#
活性炭	6	5	8
有机改性沸石	7	6	9

续表

原料	配比（质量份）		
	1#	2#	3#
聚丙烯酰胺	5	4	7
赖氨酸芽孢杆菌菌粉	0.17	0.1	0.2
金黄杆菌菌粉	0.4	0.3	0.8
木脂素羟化酶	0.12	0.1	0.15
漆酶	0.12	0.09	0.19
环氧氯丙烷	6	2	7
浓硫酸	3	1	3
过氧化氢	4	3	6

［制备方法］ 将各组分原料混合均匀即可。

［产品特性］ 本品通过对染织废水进行复合处理，提高染织废水的处理效果，提升废水处理的工作效率。

配方 173 深度洁净污水处理剂

［原料配比］

原料		配比（质量份）		
		1#	2#	3#
纳米二氧化钛粉末		15	15	15
交联剂	环氧氯丙烷	2	2	2
表面活性剂		10	10	10
杀菌剂		10	10	10
水		加至 100	加至 100	加至 100
表面活性剂	2-氨基-2-甲基-1-丙醇	1	1	1
	三聚磷酸钠	1	1	1
杀菌剂	2,2-二溴-3-氮川丙酰胺	1	1	—
	化合物 M	2	1	10

［制备方法］ 按照配比准确取各组分，先将纳米二氧化钛粉末加入水中，再加入交联剂，加热升温至 80℃后搅拌 2h；再加入表面活性剂和杀菌剂，搅匀即得。

［原料介绍］

所述表面活性剂由 2-氨基-2-甲基-1-丙醇和三聚磷酸钠按质量比为 1∶1 构成。

所述杀菌剂中化合物 M 具有如下结构：

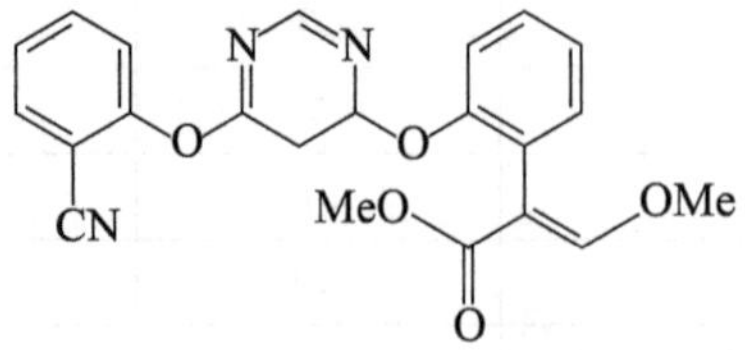

所述纳米二氧化钛粉末的粒径为 10～50nm。

［产品特性］

（1）针对现有技术中存在的纳米二氧化钛因特有的表面性质极易发生团聚进而影响整体杀菌效果的问题，本品选用 2-氨基-2-甲基-1-丙醇和三聚磷酸钠共同作为表面活性剂，充分利用有机表面活性剂 2-氨基-2-甲基-1-丙醇和作为无机表面活性剂的三聚磷酸钠能够发生协同分散促进作用，延缓纳米二氧化钛的团聚效应，最大限度发挥纳米二氧化钛的载体作用以及光催化作用，实现高杀菌效果的可延续性。

（2）本品由具有较大的比表面、较强的吸附性和热稳定性的纳米二氧化钛微颗粒作为载体，表面活性剂和杀菌剂作为主剂，该杀菌剂可随液流沉积于管壁、弯角等处，缓慢稀释出主剂，药效持久，对管线无腐蚀，加注 18 天后对硫酸盐还原菌、腐生菌和铁细菌的综合杀菌率仍达 95%以上，减缓了操作强度并降低了成本。

配方 174　生物增效污水处理剂

［原料配比］

原料		配比（质量份）				
		1#	2#	3#	4#	5#
微生物营养液	葡萄糖	5	5.5	6	6.5	7
	EDTA	0.1	0.2	0.3	0.4	0.5
	螯合剂	1	1.5	1.5	2	2
	铵盐	5	6	6	6.5	7
	水	适量	适量	适量	适量	适量
微生物混合液	荧光杆菌	2	3	3.5	2.5	4
	光合细菌	3	3.5	4	4.5	5

续表

原料		配比（质量份）				
		1#	2#	3#	4#	5#
微生物混合液	荧光假单胞菌	2	3	4	5	5
	硫化细菌	1	1.5	2	2.5	3
	蜡质芽孢杆菌	—	1	1.5	2	2
阳离子聚丙烯酰胺		10	11	12	13	13

［制备方法］

（1）营养物质配制：分别称取葡萄糖、EDTA、螯合剂和铵盐，并将其加入水中，搅拌混合均匀，得到微生物营养液。

（2）调整 pH 值：调整混合得到的营养液的 pH 值至 5～7。

（3）微生物培养：在微生物营养液中分别对荧光杆菌、光合细菌、荧光假单胞菌、硫化细菌和蜡质芽孢杆菌进行扩大培养，以得到大量的微生物。

（4）初步驯化培养：将培养后的荧光杆菌、光合细菌、荧光假单胞菌、硫化细菌和蜡质芽孢杆菌按比例选取，并投入步骤（3）混合后的混合液中，对微生物进行初步驯化培养，提高微生物含量，得到微生物混合液；初步驯化培养时间为 3～5d。

（5）混合絮凝剂：将阳离子聚丙烯酰胺加入微生物混合液中，并混合均匀得到生物增效污水处理剂。

［原料介绍］ 所述螯合剂为螯合铁和螯合钾的混合物，所述螯合铁和螯合钾的比例为 1∶5。

［使用方法］ 将本品投入在使用铝盐、铁盐等各种无机混凝剂、絮凝剂的污水处理系统中，投入量为 1～20μg/g，在污水中对微生物深度驯化 7～10d。

［产品特性］ 本品将对污水处理有益的微生物物质与其营养物质混合，通过葡萄糖和铵盐为微生物生长提供必要的碳源和氮源，维持微生物生长所必需的 C/N 比，以促进微生物生长，并且可以通过 EDTA 络合污水中的重金属离子，减少微生物的中毒风险，保护微生物的生长。同时可以通过螯合钾调节菌体电解质之间的平衡，促进微生物的生长代谢，并且可以通过螯合铁为微生物代谢提供电子载体，从而可以对微生物进行初步驯化培养。将微生物与阳离子聚丙烯酰胺结合，通过阳离子聚丙烯酰胺优良的絮凝沉降作用以及微生物将污水中呈溶解或胶体状态的有机物分解为稳定的无机物质，在提高污水沉降絮凝效果的同时对其中的污染物进行分解，并且在对污水处理的过程中，由于微生物的作用不产生其他化学物质，无二次污染。本品在对污水进行处理时，处理效果为：COD 去除率≥89%；BOD 去除率≥86%；SS 去除率≥92%；脱色率≥87%；

除臭率≥93%。处理后污水中的有益菌含量均>2亿个/g，同时本品有效地降低了污水处理成本。

配方175 水体深度除磷的污水处理剂

原料配比

原料	配比（质量份）
蛭石	1份
混合液	15（体积份）
分散助剂	0.01
碱液	适量

制备方法

（1）蛭石经焙烧预处理；焙烧的温度为300～400℃，时间为1～2h。

（2）将步骤（1）得到的蛭石加入镧盐和铝盐组成的混合液中，并加入分散助剂，搅拌浸渍30～60min。

（3）向步骤（2）所得物中加入碱液，调节体系的pH值为10～11，继续搅拌10～20min。

（4）将步骤（3）得到的混合液过滤，滤渣经干燥、320～450℃焙烧3～5h处理即可得到所述水体深度除磷的污水处理剂。

原料介绍

混合液的制备方法为：将镧盐和铝盐按照La^{3+}∶Al^{3+}的摩尔比为（3～5）∶1混合，并加入去离子水中形成La^{3+}浓度为0.03～0.06mol/L的混合液。所述镧盐为六水合氯化镧、六水合硝酸镧、八水合硫酸镧中的一种。

所述铝盐为氯化铝、硝酸铝和硫酸铝中的一种。所述分散助剂为草酸、聚乙烯醇中的一种。

所述碱液为0.1～0.5mol/L氢氧化钠溶液、碳酸氢钠溶液中的一种。

产品特性

（1）本品将蛭石经高温焙烧后作为金属盐的负载介质，高温焙烧后的蛭石表面积显著增加，层间空隙增多，吸附性能显著增加；

（2）以镧盐和铝盐作为复合金属负载剂，经高温焙烧后得到的双金属氧化物较单金属氧化物吸附性能大大提高；

（3）本品具有高效的除磷性能，对污水中磷的去除率达99%以上。

配方 176 丝绸加工专用的污水处理剂

原料配比

原料		配比（质量份）			
		1#	2#	3#	4#
螯聚凝集剂		20	30	20	25
活性污泥		40	50	45	45
吸附剂		5	10	10	7.5
消泡剂		5	10	6	6
pH 调节剂		10	20	18	15
分散剂		5	10	5	6
螯聚凝集剂	水	50	50	50	50
	树脂	50	50	50	50
	金属盐	0.02	0.04	0.03	0.03

制备方法

（1）向活性污泥中加入 pH 调节剂，将 pH 值调节至 8～9；

（2）加入螯聚凝集剂和吸附剂，搅拌速度为 80～100r/min、搅拌温度为 50～60℃条件下搅拌处理 20～30min，得到混合物 A；

（3）向混合物 A 中加入分散剂，搅拌速度为 80～100r/min、搅拌温度为 50～60℃条件下搅拌处理 10～20min，得到混合物 B；

（4）向混合物 B 中加入消泡剂，搅拌速度为 50～70r/min、搅拌温度为 50～60℃条件下搅拌处理 5～10min，得到半成品；

（5）待半成品冷却至常温后，采用造粒技术处理，烘干后得到污水处理剂颗粒。

原料介绍

所述的螯聚凝集剂包括水、树脂和金属盐；水、树脂和金属盐的组成比例为 50∶50∶(0.02～0.04)。所述螯聚凝集剂的树脂成分选用脲醛树脂。所述螯聚凝集剂的金属盐含有 Zn^{2+}、Cu^{2+}、Co^{2+} 和 Fe^{2+} 中的任意一种或多种离子。所述螯聚凝集剂的制备方法为：按照组成配比，称取水、树脂和金属盐；将树脂溶解在水中；加入金属盐；在 85℃的条件下水浴处理 3h，制得螯聚凝集剂。

所述吸附剂为改性膨润土。所述改性膨润土的制备方法为：制备含 10% CTMAB 的料浆溶液 100 份；称取钠化的 Ca 基膨润土 5 份；将料浆溶液和膨润土混合，加入 30 份的蒸馏水；在 95℃条件下水浴处理 2h，每 15min 搅拌一次；冷却至室温后采用离心技术去滤液；用蒸馏水多次洗涤滤渣，直至 $AgNO_3$ 检测无 Br^-；最后在 70℃下烘干，研磨过 200 目筛，制得有机改性膨润土。

所述的分散剂包括三乙基己基磷酸、十二烷基硫酸钠和甲基戊醇中的任意一种或多种。

所述的消泡剂为聚醚改性硅。

[使用方法] 本品在污水中的投放量为 1～1.5g/L。

[产品特性] 本品中采用螯聚凝集剂，其在 10min 内的 COD 去除率达到 60%左右，比常用的聚丙烯酰胺体系效果好；采用改性膨润土，提高了污水处理剂的吸附能力；采用活性污泥，污泥中的微生物（主要是细菌）以污水中的有机物为食料，进行代谢和繁殖，降低了污水中有机物的含量；最后配合消泡剂、pH 调节剂和分散剂，进一步增大污水处理剂的污水处理能力。本品制备工艺简单，能够显著降低丝绸加工污水中 COD、BOD、SS 及金属离子含量；可有效地降低水处理的成本；绿色环保，对环境污染小。

配方 177 天然复合废水处理剂

[原料配比]

原料	配比（质量份）		
	1#	2#	3#
硅藻土	15	10	5
高岭土	15	10	25
沸石	10	10	15
方解石	10	10	15
蛤壳	10	10	20
活性炭	15	15	15
石灰石	10	10	10
聚酯多元醇	10	15	15
异戊烷	5	10	10
去离子水	5	10	10
泡沫稳定剂	3	5	5

[制备方法]

（1）将天然硅藻泥土脱水，然后粉碎研磨成粉状，备用；

（2）将高岭土、沸石、方解石、蛤壳、活性炭、石灰石进行高温煅烧，粉碎，得到混合粉末；

（3）将聚酯多元醇、异戊烷、去离子水、泡沫稳定剂充分混合；

（4）将步骤（3）所得混合溶液与步骤（1）、步骤（2）所得粉末混合均匀，制得本废水处理剂。

［产品特性］ 该处理剂大部分原材料为天然物质，制作过程简单，处理成本低廉。可对工业生产废水进行净化，使排出的水不会污染环境。

配方 178 通用染料废水处理剂

［原料配比］

原料	配比（质量份）		
	1#	2#	3#
壳聚糖/活性炭	15	20	28
聚丙烯酰胺	40	30	35
聚合氯化铝	18	26	22
单宁	5	10	6
高岭土	35	25	30
去离子水	80	100	95

［制备方法］ 将各组分原料混合均匀即可。

［原料介绍］

所述壳聚糖/活性炭制备方法为：将壳聚糖与活性炭均匀混合后加入冰乙酸，搅拌溶胀一段时间后加入戊二醛于恒温水浴中进行搅拌交联，接着用氢氧化钠溶液进行洗涤，去除剩余的戊二醛，洗涤、干燥、碾磨、筛分最终制得所需的交联型壳聚糖/活性炭。

所述壳聚糖、活性炭、冰乙酸三者质量比为 3：2：1。

所述戊二醛的浓度为 5～30mg/L。

［产品特性］ 本品中添加了壳聚糖/活性炭，采用物理和化学吸附相结合的方式对染料废水进行吸附处理，吸附效果显著；同时添加了天然单宁，二者结合后产生了更强的去除效果。此外，本品处理剂均使用环保原料，处理后不会产生二次污染，具有良好的应用前景。

配方 179　涂装污水处理剂（1）

原料配比

原料	配比（质量份）				
	1#	2#	3#	4#	5#
聚丙烯酰胺	5	10	7	6	8
寒水石	8	16	12	11	15
淘米水	50	120	58	60	80
刺藜汁	10	20	15	12	18
苦丁茶提取物	5	10	7	6	8
椰壳活性炭	5	9	7	6	8
霸王花粉	5	10	8	6	9
罗汉果	3	6	4.6	4	5
花蕊石	4	11	9	8	10
鱼鳞粉	6	9	7.2	7	8
木瓜皮粉	8	12	10	9	11
维生素 E	1	2	1.6	1.5	1.8
樟脑油	1	3	1.8	1.5	2
甘草酸二钾	6	8	7.3	7.2	7.5
碳酸氢钠	3	5	4.3	4	4.5
磷酸二氢钠	2	6	4	3	5

制备方法

（1）称取各原料，备用；将寒水石与罗汉果、花蕊石混合，在 100～200℃下煅烧 1～2h，研磨过筛 200～300 目。

（2）将上步所得物与刺藜汁、维生素 E、樟脑油、苦丁茶提取物、淘米水混合，在 70～90℃下混合搅拌 10～20min。

（3）将甘草酸二钾、碳酸氢钠、聚丙烯酰胺、椰壳活性炭、霸王花粉、鱼鳞粉、磷酸二氢钠、木瓜皮粉与上步所得物混合，在 30～50℃下混合搅拌 20～40min，即得涂装污水处理剂。

产品特性　本品各原料发挥协同作用，不仅可以高效吸附涂装污水中的有机污染物和无机污染物，有效用于涂装污水的理化处理，而且制备过程简单，降低了生产成本，且有利于工业化生产。

配方 180 涂装污水处理剂（2）

原料配比

原料		配比（质量份）				
		1#	2#	3#	4#	5#
海螵蛸	粒径为 80 目	20	—	—	22	—
	粒径为 160 目	—	36	—	—	—
	粒径为 120 目	—	—	28	—	—
	粒径为 150 目	—	—	—	—	31
水		适量	适量	适量	适量	适量
升麻素		6	17	12	8	15
延胡索乙素		5	13	9	7	11
六方氮化硼	粒径为 200 目	6	—	—	8	—
	粒径为 300 目	—	15	—	—	—
	粒径为 250 目	—	—	11	—	—
	粒径为 260 目	—	—	—	—	12
白及粉		5	9	7	6	8
聚维酮		3	7	5	4	6
泊洛沙姆		1	4	2	2	3
仙人掌多糖		2	7	5	4	6

制备方法

（1）将海螵蛸与其 5～8 倍质量的水混合，然后加入泊洛沙姆和白及粉，在 105～115℃下搅拌混合 1～3h；

（2）将聚维酮和仙人掌多糖加入上步所得物中，在 125～135℃下混合搅拌 25～40min；

（3）将上步所得物与升麻素、延胡索乙素和六方氮化硼混合在 75～90℃下混合搅拌 25～40min，即得成品。

产品特性 本品可有效去除污水中的 COD 以及 Cu^{2+}、Ni^{2+} 和 Zn^{2+} 等重金属离子，出水水质好、可达到排放标准；制备工艺简单，有利于实现工业化生产。

配方 181 脱硫废水处理剂

原料配比

原料		配比（质量份）					
		1#	2#	3#	4#	5#	6#
凹凸棒土	白云石凹凸棒土	100	100	100	—	—	—
	蒙脱石凹凸棒土	—	—	—	100	100	100
有机絮凝剂	聚二甲基二烯丙基氯化铵	3	4	4	5	5	5
活性炭		5	10	15	15	10	15
碳酸钙		15	20	25	20	25	35
硫酸镁		5	6	8	6	8	10
活性氧化铝		10	15	20	15	20	25
氯化铁		10	12	15	12	20	15
硫酸钙		32	38	40	38	50	40
十八水硫酸铝		20	25	30	25	40	30

制备方法

（1）取凹凸棒土，向其中添加有机絮凝剂聚二甲基二烯丙基氯化铵、活性炭，混合均匀，配制成混合物 A。

（2）分别取碳酸钙、硫酸镁、活性氧化铝、氯化铁、硫酸钙、十八水硫酸铝混合均匀，配制成混合物 B；其中，硫酸钙为二水石膏加热到 150℃ 得到的烧石膏。

（3）将混合物 A 和混合物 B 均匀混合即配制成脱硫废水处理剂。

原料介绍

所述凹凸棒土为比表面积在 125～360m^2/g、可交换钙离子量为 11.5～23.5mmol/100g、可交换镁离子量为 9.5～17.5mmol/100g 的凹凸棒土，为白云石凹凸棒石黏土、蒙脱石凹凸棒石黏土或二者按照任意比例混合的混合物。

所述活性炭为粉状木质颗粒活性炭、破碎状煤质颗粒活性炭、柱状合成材料颗粒活性炭中的一种或几种的混合物。

使用方法

本品主要是一种用于对火电厂废水进行湿法脱硫的废水处理剂。

本品的投加量根据进水水质确定；含固量 20000mg/L 以下，投加量为 100mg/L；含固量 20000～50000mg/L，投加量为 100～300mg/L，不包括 100mg/L；含固量 50000～70000mg/L，投加量为 300～500mg/L，不包括 300mg/L。搅拌速度为 580～720r/min，搅拌时间根据出水水质确定，经检测的出水悬浮物含量需低于 70mg/L，有机物浓度低于 150mg/L。絮凝后的沉淀物和上清液采用外加磁场的形式进行分离，所述外加磁场下进行分离的水力停留时间为 3～5min。

[产品特性] 本品制备成本低，使用时不必先溶解而是采用直接投加的方式即可，利用氧化、还原、吸附、絮凝沉降等方法将溶解性物质转化成固相的颗粒态形式，然后通过絮凝剂将其从水中沉淀去除。由于硫酸钙、硫酸铝、氯化铁及凹凸棒土等成分的协同作用，可以有效将镉、铬、汞、铅、砷、镍、锌、铜、锰和钒等重金属通过物理吸附和化学吸附等作用去除，能快速改变污泥成分的微观状态，脱水絮凝剂与污泥颗粒快速形成较大絮凝体，并使原本与污泥分子吸附在一起的水分子脱稳。本品出水净化程度高，有利于后续处理，能够达到显著地降低悬浮物和重金属浓度的效果，最终通过泥水分离将污染物去除。加入的凹凸棒土、活性炭对絮体进行改性反应，随后在加入的硫酸铝、氯化铁、硫酸钙作用下进行絮凝反应。加入其中的聚二甲基二烯丙基氯化铵在进行分解和改性反应的时候，逐渐地溶解并开始絮凝和固化反应，另外，还可以在絮凝剂中加入碱性金属碳酸盐，以促进污水中的游离酸的中和及絮凝反应。

配方 182 污水处理剂（1）

[原料配比]

原料	配比（质量份）					
	1#	2#	3#	4#	5#	6#
三聚磷酸钠	50	57	50	50	60	55
聚丙烯酸钠	2	3	3	4	1	5
活性炭	28	20	22	25	24	15
改性分子筛	20	20	25	21	15	25

[制备方法] 将三聚磷酸钠、聚丙烯酸钠、活性炭和改性分子筛依次混合均匀即可。

[原料介绍]

所述聚丙烯酸钠的平均分子量较佳的为 500～700 万。

所述活性炭的形状可为颗粒状或粉末状。

所述改性分子筛的类型可为 3A 型、4A 型或 5A 型。

[使用方法] 将所述污水处理剂以溶液的形式加入至污水中；所述污水处理剂的溶液质量分数为 8%。

[产品特性] 将本品水处理剂应用在化工聚合污水二级处理阶段，经本品处理后

的高浓度化工聚合污水COD值可降至870mg/L以下，COD去除率可达33%以上，SS去除率可达25%以上，BOD/COD比值也得到了提高，从而避免了采用自来水和聚合污水混合后再实施二级生化处理缺陷，减少了调配的难度，同时后续二级生化处理压力也同步减轻。

配方183 污水处理剂（2）

［原料配比］

原料	配比（质量份）		
	1#	2#	3#
电厂煤渣	31	25	38
火碱	2	1	3
废铝屑	8	5	11
氧化钙粉末	10	7	12
膨润土	13	10	15
明矾	6	4	9
粉煤灰	11	7	14
立德粉	20	15	26
硅酸钠	3	1	6
聚乙二醇	6	2	10
石墨	10	6	14

［制备方法］ 将各组分原料混合均匀即可。

［产品特性］ 本品能有效净化污水，吸收、降解有害物质，治理污水效果显著，安全环保。

配方184 污水处理剂（3）

［原料配比］

原料	配比（质量份）					
	1#	2#	3#	4#	5#	6#
聚合硫酸铁	25	26	27	28.5	29	30

续表

原料		配比（质量份）					
		1#	2#	3#	4#	5#	6#
活性炭		15	14	13	12	11	10
碳酸钙		24	22	20	19.5	18	17
无机硅胶		8	9	10	0.5	11	12
腐殖酸树脂		16	17	18	18	19.5	19.5
活性氧化铝		8	7.5	7	6.5	6	5.5
分散剂	聚乙二醇	2.5	2.8	3	3	3.3	3.5
促进剂	活化硅酸	1.5	1.7	2	2	2.2	2.5

制备方法

（1）将相应质量份数碳酸钙和无机硅胶进行破碎，并混合搅拌均匀，得到混合料；搅拌速度为500～800r/min，温度为70～80℃，搅拌时间为40～70min。

（2）在混合料中依次加入相应质量份数的活性炭、聚合硫酸铁、腐殖酸树脂和活性氧化铝，进行搅拌混合，得到混合母料；搅拌速度为800～1000r/min，温度为25～30℃，搅拌时间为30～50min。

（3）在混合母料中依次加入相应质量份数的分散剂和促进剂，进行搅拌混合，得到初始料；搅拌速度为300～500r/min，温度为25～30℃，搅拌时间为10～30min。

（4）将初始料干燥后，用300～500目的筛网进行过滤，得到产物料和无法通过筛网的大颗粒初始料。

（5）将大颗粒初始料进行研磨粉碎，并重新加入产物料中，混合搅拌均匀，得到污水处理剂；搅拌速度为200～300r/min，温度为25～30℃，搅拌时间为5～10min。

（6）将得到的污水处理剂真空干燥后，进行密封包装，存储备用。

原料介绍

所述腐殖酸树脂进行改性处理，改性处理的步骤如下：

（1）将氢氧化钠和丙烯酸进行搅拌混合，得到丙烯酸钠溶液；温度为50～65℃，搅拌速度为300～400r/min。

（2）在丙烯酸钠溶液中加入腐殖酸树脂和环氧氯丙烷，在恒温下通氮反应1～2h，得到混合液；温度为60～65℃，搅拌速度为200～300r/min。

（3）在混合液中依次加入丙烯酰胺、无水乙酸钠和氧化二异丙苯进行混合搅拌，温度为30～45℃，搅拌速度为400～500r/min，搅拌时间为30～60min，得到混合母液。

（4）在混合母液中加入偶氮引发剂引发反应，在温度为50～60℃的条件下恒温反应1～2h，且在反应过程中不断搅拌，搅拌速度为400～600r/min，然后进行抽滤干燥，得到改性腐殖酸树脂。

［产品特性］ 本品颗粒大小均匀，且对黏附在一起的各原料进行研磨粉碎，并重新加入产物原料中，避免各组分原料粘接在一起导致其在使用过程中的效果不佳，且有利于使污水处理剂中的各原料混合均匀；在加入污水中时，能快速地分散开来并发挥作用，使污水中的COD降低，且能对污水起到良好的净化处理效果。

配方185 污水处理剂（4）

［原料配比］

原料		配比（质量份）					
		1#	2#	3#	4#	5#	6#
膨润土	有机改性膨润土	2	2.7	1.92	1.25	1.74	2.25
壳聚糖	季铵盐改性壳聚糖	1.5	1.56	1	0.575	0.6	1.035
壳聚糖-活性炭复合物		1.1	1.2	0.72	0.42	0.45	0.95
海藻酸钠		0.395	0.432	0.34	0.25	0.18	0.75
聚环氧琥珀酸		0.005	0.108	0.02	0.005	0.03	0.015
纯水		适量	适量	适量	适量	适量	适量
有机改性膨润土	膨润土	2	2	2	2	2	2
	水	100	100	100	100	100	100
	十六烷基三甲基溴化铵	0.8	0.8	0.8	0.8	0.8	0.8
壳聚糖-活性炭复合物	壳聚糖	0.1	0.06	0.21	0.1	0.1	0.1
	体积分数为2%的醋酸	100（体积份）	—	—	100（体积份）	100（体积份）	100（体积份）
	体积分数为4%的醋酸	—	50（体积份）	—	—	—	—
	体积分数为5.3%的醋酸	—	—	80（体积份）	—	—	—
	活性炭	1	1.14	0.51	1	1	1
季铵盐改性壳聚糖	壳聚糖	1.5	1.6	1	1.5	1.5	1.5
	体积分数为2%的醋酸	30（体积份）	—	—	30（体积份）	30（体积份）	30（体积份）

续表

原料		配比（质量份）					
		1#	2#	3#	4#	5#	6#
季铵盐改性壳聚糖	体积分数为4%的醋酸	—	25（体积份）	—	—	—	—
	体积分数为5.3%的醋酸	—	—	15（体积份）	—	—	—
	硫酸铈	0.15	0.08	0.08	0.15	0.15	0.15
	二甲基二烯丙基氯化铵	4.2	4.8	3.5	4.2	4.2	4.2

制备方法

（1）按照原料组分的配比称取各原料，将海藻酸钠和聚环氧琥珀酸溶解在纯水中，制得浸泡液。

（2）将膨润土、壳聚糖和壳聚糖-活性炭复合物混合均匀后磨粉，过60～100目筛，得混合料。

（3）将步骤（2）制得的混合料浸入步骤（1）得到的浸泡液中，超声处理5～15min，在温度为55～65℃下干燥，即得。

原料介绍

所述有机改性膨润土为以阳离子表面活性剂为改性剂，对钠基膨润土进行改性的有机改性膨润土。所述有机改性膨润土的改性剂为十六烷基三甲基溴化铵。

壳聚糖-活性炭复合物按照如下方法制备：将壳聚糖溶解在体积分数为2%～5.3%的醋酸中，向壳聚糖溶液中加入活性炭，搅拌40～75min后滴加质量分数为4%～6%的氢氧化钠溶液，滴加至pH值为9～11为止，抽滤并用去离子水多次洗涤沉淀，烘干后即得。

所述季铵盐改性壳聚糖的制备方法如下：将壳聚糖溶解于体积分数为2%～5.3%的醋酸中，向壳聚糖溶液中加入硫酸铈，搅拌均匀后加入二甲基二烯丙基氯化铵，保持45～55℃的温度2.5～3h，待溶液自然冷却后加入丙酮，抽滤后得到沉淀，用去离子水洗涤沉淀多次，在55～65℃下烘干，即得。

产品特性

（1）本品以有机改性膨润土为主要吸附剂、以季铵盐改性壳聚糖为主要絮凝剂，配以壳聚糖-活性炭复合物、海藻酸钠和聚环氧琥珀酸，通过物理吸附作用和絮凝作用除去污水中的污染源。膨润土是一种以蒙脱石为主要成分的非金属矿物，是由两层硅氧四面体夹一层铝氧八面体组成的2∶1型晶体结构，具有较大的比表面积和离子交换容量，能够将废水中的污染物吸附除去。膨润土的有机改性主要通过阳离子取代膨润土层间的可交换离子或与层间阳离子反应生成有机金属配合物等，得到层间距增大、疏水性增强的改性膨润土，有利于提高膨润土去除污水中有机物的能力。

（2）本品采用的成分来源广泛、安全环保，在水处理过程中不会产生二次污染，配方简单，同时具有吸附、絮凝、缓蚀、阻垢和抑菌效果，对污水的处理效率高、效果好。

配方 186　污水处理剂（5）

［原料配比］

原料	配比（质量份）				
	1#	2#	3#	4#	5#
聚合氯化铝	5	3	7	4	4
碱式氯化铝	7	6	9	5	10
三氯化铁	12	14	15	10	20
氯酸钠	18	15	16	25	15
聚季铵盐-7	6	9	6	10	5
次氯酸钠	12	12	10	12	15
水	加至 100	加至 100	加至 100	加至 100	加至 100

［制备方法］　将聚合氯化铝和碱式氯化铝混合后加入水中，搅拌均匀，再依次加入氯酸钠、聚季铵盐、次氯酸钠、三氯化铁搅拌均匀，密封包装即得污水处理剂。

［产品特性］

（1）本品各组分发挥协同作用，利用聚合氯化铝、碱式氯化铝和三氯化铁水解产生氢氧根离子和多价阴离子，通过氢氧根离子的桥架作用和多价阴离子的聚合作用形成絮凝体，其活性好，过滤性好，对水中胶体和颗粒物具有高度电中和及桥联作用，通过沉淀使废水中的污染物分离出来，通过混凝能够降低废水的浊度、色度，去除高分子物质、呈胶体的有机污染物、某些重金属和放射性物质，也可以去除磷等可溶性有机物；

（2）本品起效快，投入量较少，适用范围广，适用于生活污水、净化工业用水、工业废水、矿山、油田回注水、造纸水、冶金水、洗煤水、皮革水及各种化工废水的处理，处理后的污水生化需氧量（BOD）、化学需氧量（COD）、悬浮物（SS）与 NH_3-N 等的含量明显降低，pH 值升高。本品生产工艺简单，制备成本较低，适于推广应用。

配方 187 污水处理剂（6）

原料配比

原料		配比（质量份）				
		1#	2#	3#	4#	5#
蜂窝形多孔状碳纤维/纳米氧化锆复合材料	聚丙烯腈	2	5	3	4	4.5
	聚乙二醇	0.3	0.7	0.4	0.5	0.6
	二甲基甲酰胺（DMF）	100（体积份）	100（体积份）	100（体积份）	100（体积份）	100（体积份）
	异丙醇锆	1	1	1	1	1
	异丙醇	100（体积份）	100（体积份）	60（体积份）	70（体积份）	80（体积份）
	质量分数为20%的氨水溶液	30（体积份）	30（体积份）	30（体积份）	30（体积份）	30（体积份）
粗化坡缕石	坡缕石	1	1	1	1	1
	1mol/L 盐酸溶液	30（体积份）	60（体积份）	40（体积份）	50（体积份）	50（体积份）
聚多巴胺修饰坡缕石材料	浓度为0.01mol/L的三羟甲基氨基甲烷盐酸盐	50（体积份）	100（体积份）	60（体积份）	80（体积份）	80（体积份）
	粗化坡缕石	4	7	5	6	6
	盐酸多巴胺	1	1	1	1	1
蜂窝形多孔状碳纤维/纳米氧化锆复合材料		10	20	15	18	18
聚多巴胺修饰坡缕石材料		10	15	11	12	14
多孔沸石粉		15	30	17	18	25
聚合氯化铝		13	18	15	16	17
无水乙醇		30（体积份）	30（体积份）	30（体积份）	30（体积份）	30（体积份）

制备方法

（1）将聚丙烯腈、聚乙二醇溶于DMF中制得纺丝液；将上述纺丝液采用静电纺丝工艺进行纺丝；然后将纺丝得到的纤维置于水溶液中进行搅拌处理，制得多孔纤维。

（2）将异丙醇锆溶于异丙醇中，然后超声条件下缓慢滴加质量分数为20%的氨水溶液，滴加结束后进行间断超声处理，之后在室温下进行陈化处理10～20h，并加入上述制得的多孔纤维，−10～−5℃下冷冻干燥10～20h后置于马弗炉内煅烧，制得蜂窝形多孔状碳纤维/纳米氧化锆复合材料。所述氨水溶液的滴加速度为1～3mL/min。所述间断超声处理的具体条件为首先在100～200W下超声处理10min，然后在500～600W下超声1min，停止1min，如此重复，500～600W下总超声时间为1～2h，最后在100～200W下超声10min。所述煅烧的具体过程为：首先以1℃/min的速率升温至200～300℃预氧化处理30min；然后以5～10℃/min的升温速率升温至950～1100℃煅烧处理1～3h。

(3) 将坡缕石研磨过200目筛后加入1mol/L盐酸溶液中搅拌处理30～50min，之后过滤干燥，制得粗化坡缕石；制备浓度为0.01mol/L的三羟甲基氨基甲烷盐酸盐的缓冲溶液，pH值为8.5～10，然后加入粗化坡缕石、盐酸多巴胺，室温下连续剧烈搅拌处理3～5h，之后过滤，将固体进行干燥处理，制得聚多巴胺修饰坡缕石材料。

(4) 将上述制得的蜂窝形多孔状碳纤维/纳米氧化锆复合材料、聚多巴胺修饰坡缕石材料、多孔沸石粉、聚合氯化铝和无水乙醇混合研磨处理，之后干燥，制得污水处理剂。

产品特性

(1) 本品坡缕石材料对金属具有较强的吸附能力，多巴胺具有很好的亲水性和黏附性，多巴胺在坡缕石表面进行自组装形成一层聚多巴胺单分子层，大大提高了坡缕石对有机物的吸附率；沸石粉具有良好的吸附能力，具有很多的空洞和孔道，可有效吸附水中没有被絮凝沉淀的悬浮物，而且沸石粉也可以被吸附在絮凝体上提高絮凝体的沉淀速度；多孔沸石粉与聚合氯化铝相互协同，有效提高了污水中有机污染物的絮凝沉淀效率。蜂窝形多孔状碳纤维/纳米氧化锆复合材料比表面积大，表面吸附位点多，能有效除去污水中的有机污染物。

(2) 本品可有效除去污水中的污染物，对水体无二次污染。

配方188 污水处理剂（7）

原料配比

原料	配比（质量份）				
	1#	2#	3#	4#	5#
生物菌液	50	50	50	50	50
淀粉	90	130	100	120	110
聚硅硫酸铝	15	150	20	40	30
聚合硫酸铁	5	13	7	10	8
活性污泥	60	100	70	90	80
草木灰	20	60	30	50	40

续表

原料	配比（质量份）				
	1#	2#	3#	4#	5#
醋酸钠	18	36	24	24～30	27
聚丙烯酰胺	25	32	27	30	28
硼钠钙石	20	28	22	26	24
钠基膨润土	20	30	23	28	26
沸石粉	15	33	20	30	25
椰壳活性炭	16	41	20	30	25
硅藻土	3	19	8	15	12

[制备方法] 将各组分原料混合均匀即可。

[原料介绍]

所述生物菌液包括酵母菌、球红假单胞菌、纤维素酶和果胶酶。所述生物菌液中酵母菌和球红假单胞菌的个数比为（3～8）：1。每克所述生物菌液中酵母菌的个数大于1亿。所述生物菌液中纤维素酶的浓度为0.05～0.1g/mL，果胶酶的浓度为0.03～0.7g/mL。

[产品特性]

（1）本品中包含化学处理剂和生物处理剂，二者相互作用，相互配合，使得污水处理的效果大大提高。

（2）本品生物菌液中包含酵母菌、球红假单胞菌、纤维素酶和果胶酶，可加快微生物新陈代谢的速度，促进细胞分裂，加快微生物对水体的处理速度，提高水处理的效率。

（3）采取多种吸附剂进行优化组合，吸附水体中富余的营养成分，控制营养成分的释放，更适合微生物的生长繁殖，从而大大提高污水处理的速度。

配方189 污水处理剂（8）

[原料配比]

原料		配比（质量份）		
		1#	2#	3#
絮凝剂	硫酸铝钾	20	—	21
	硫酸铝	—	22	2
	聚合硫酸铁	3	2	—
	聚丙烯酰胺	4	6	6

续表

原料		配比（质量份）		
		1#	2#	3#
助凝剂	硫酸钙	60	56	—
	硫酸镁	1	—	55
	粉煤灰	—	5	2
	活性硅酸	3	—	4.9
调节剂	碳酸钠	8.92	—	6
	碳酸氢钠	—	8.94	3
污泥脱水剂	氯化锌	0.08	0.06	0.1

[**制备方法**] 将絮凝剂、助凝剂、调节剂及污泥脱水剂各原料去除杂质后混合搅拌均匀，研磨粉碎成粉末状，即得所述污水处理剂。

[**原料介绍**] 所述粉煤灰规格不小于800目。

[**产品特性**]

(1) 本品多能高效，因同时兼具絮凝剂、助凝剂、调节剂、污泥脱水剂等多种药剂功效，形成的絮体大而紧密，絮凝性能优，污水处理效率高，药耗量低，反应速度快。

(2) 本品不仅包含无机絮凝剂，还包含有机高分子絮凝剂聚丙烯酰胺，综合利用无机絮凝剂的电中和作用及有机絮凝剂的吸附架桥作用，大幅提升絮凝效果；污泥脱水剂不仅能够起到污泥脱水的作用，还可以用来杀菌消毒，而所述碳酸钠作为pH值调节剂，使所述污水处理剂不受水体pH值变化的影响，提高了本品的适应性。

配方190 污水处理剂(9)

[**原料配比**]

原料	配比（质量份）					
	1#	2#	3#	4#	5#	6#
高分子聚合物絮凝剂	10	25	15	20	10	10
无机絮凝剂	15	25	20	20	25	25
菌类营养物质	5	15	5	7	8	7
好氧复合菌群	8	15	10	10	10	12
兼性复合菌群	2	10	8	5	10	8

续表

原料	配比（质量份）					
	1#	2#	3#	4#	5#	6#
厌氧复合菌群	5	15	15	10	12	12
无机纳米材料	0.1	0.2	0.2	0.1	0.1	0.1

［制备方法］ 将各组分原料混合均匀即可。

［原料介绍］

所述的高分子聚合物絮凝剂为聚硅酸絮凝剂、聚硅酸硫酸铁絮凝剂、聚磷氯化铝絮凝剂、聚硅酸铁絮凝剂、聚合硫酸氯化铁铝絮凝剂、聚合聚铁硅絮凝剂中的一种或几种的混合物。

所述的无机絮凝剂为氯化铁、氯化铝、硫酸铝、硫酸铁中的一种或几种的混合物。

所述的无机纳米材料包括如下质量份数的组分：纳米二氧化钛 95 份、纳米氧化锌 2 份、纳米碳酸钙 2 份、纳米锡锑 0.2 份和纳米氧化铜 0.8 份。

所述的菌类营养物质包括如下质量份数的组分：矿物质材料 5 份和生物复合酶 2 份。所述的矿物质材料为石墨、高岭土、地开石、云母、硅灰石、硅线石、硅藻土、膨润土、皂石、海泡石、凹凸棒石、金红石、长石中的一种或几种的混合物；所述的生物复合酶为蛋白酶、纤维素酶、淀粉酶和脂肪酶中一种或几种的混合物。

所述的好氧复合菌群包括如下质量份数的组分：乳酸菌 14 份、丝状霉菌 10 份、产碱杆菌属 7 份、芽孢杆菌属 7 份、黄杆菌属 12 份、假单孢菌属 6 份、动胶菌属 5 份、无色杆菌 5 份、诺卡氏菌 10 份、蛭弧菌 6 份、硝化细菌 8 份、大肠埃希氏菌 10 份。

所述的兼性复合菌群包括如下质量份数的组分：酵母菌 91 份，地衣孢杆菌 8 份，大肠杆菌 1 份。

所述的厌氧复合菌群包括如下质量份数的组分：嗜碳暗杆菌、布氏梭菌和产乙酸菌 AX3 的复合菌群 10 份，巴氏甲烷八叠球菌 10 份，EM 菌群 60 份，反硝化菌 20 份。

［使用方法］ 本品可直接用于黑臭水体处理，也可将其制成包覆处理剂后用于黑臭水体处理。污水处理剂处理黑臭水体的方法，包括：按污水处理剂：黑臭水体＝（1～5）：1000 的比例向黑臭水体中直接投加污水处理剂；或按包覆处理剂：黑臭水体＝（0.5～1）：1000 的比例向黑臭水体中投加污水处理剂制成的包覆处理剂。

［产品特性］

（1）本品能有效地治理黑臭水体，治理效果理想，对环境不造成破坏且治理后水质不会反弹。

(2) 无机纳米材料有高效的吸附能力、过滤能力及光催化能力，通过在污水处理剂中加入无机纳米材料后使本品可选择性地吸附污染物，特别是重金属离子，还能大大加快有机物的氧化速度。

(3) 本品中的菌群细菌种类多、代谢类型多样，能够分解自然界中存在的绝大部分有机物。同时，由于细菌具有巨大的变异能力，对某些难以降解的甚至有毒的人工合成有机化合物，菌群可通过变异或共代谢将其作为碳源利用，并进行降解；通过好氧菌群、厌氧菌群及兼性复合菌群配合使用，三类菌群能在不同环境下选择性生存并净化水质，能全方位地对黑臭水体进行综合治理。

配方 191 污水处理剂 (10)

原料配比

原料	配比（质量份）				
	1#	2#	3#	4#	5#
聚丙烯酰胺	25	30	22	20	28
聚乙烯亚胺	7	6	9	8	5
聚合硫酸铁	21.6	18	19.2	25	22.6
EDTA	6.3	9	8	5	4
硫酸锌	3.4	4.3	2.9	5	2
滑石粉	13	15	11	10	14
膨润土	23	21	25	24	20
硅酸钠	2.6	3.7	3	2	1.8
海藻酸钠	3.2	2.4	4	4.5	2
明矾	10.3	8	9.6	11.5	13
活性炭	4.8	5.5	6.5	3	4
去离子水	加至100	加至100	加至100	加至100	加至100

制备方法

(1) 按组分配比称取各原料，取硫酸锌、滑石粉、硅酸钠、膨润土、明矾、活性炭混合后过研磨机，循环研磨粉碎 3～4 次，得混合粉碎物。

(2) 取聚合硫酸铁、EDTA 投入反应釜中，加入去离子水混合搅拌均匀溶解后，再加入聚丙烯酰胺、聚乙烯亚胺、海藻酸钠，在搅拌速度为 800～1000r/min、升温速率为 1～1.5℃/min 下升温至 70～80℃，加入所述混合粉碎物，继续搅拌 30～40min，搅拌结束后进行超声处理，即得。超声功率为 500～600W，超声时间为10～15min。

【产品特性】

(1) 本品中聚丙烯酰胺和聚乙烯亚胺两者相互协同，提高了水处理剂的絮凝、吸附、降阻等性能；添加的膨润土、滑石粉、硅酸钠有效地将污水中的油脂等转化为凝胶，便于进一步除去污水中的油类、有机溶剂等，增强了处理剂的处理能力；海藻酸钠表面微溶，由于海藻酸钠的水合作用使其表面具有黏性，在明矾、活性炭的吸附作用下，杂质颗粒会迅速吸附黏合在海藻酸钠上，提高了污水处理剂对微粒杂质的处理能力。

(2) 本品原料易得，制备工艺简单，生产成本低，易于保存，稳定性好；对污水处理能力强，安全稳定，适宜推广生产。

配方192 污水处理剂(11)

【原料配比】

原料	配比（质量份）		
	1#	2#	3#
磁性铁粉	15	20	13
聚合三氯化铁	35	48	35
聚丙烯酰胺	12	15	12
聚合硅酸铝铁	19	30	25
硫酸锌	30	48	30
膨润土	30	40	30
活性炭	15	20	15

【制备方法】

(1) 磁性铁粉退磁：将磁性铁粉在惰性氛围下加热退磁，得到无磁性磁粉；退磁温度为300～400℃，退磁时间为2～4h。

(2) 混合：将得到无磁性磁粉与聚合三氯化铁、聚丙烯酰胺、聚合硅酸铝铁、硫酸锌、膨润土及活性炭均匀混合。

(3) 磁化：将制得的混合物置于充磁机中进行充磁得到磁化的污水处理剂。磁化后的污水处理剂磁感应强度为200～400G。

【产品特性】

(1) 通过退磁能够避免磁性铁粉发生聚团，使其均匀分布到污水处理剂中，磁化后磁性铁粉能够有效快速地吸引污水处理剂中的带电微粒使其聚团，配合聚丙烯酰胺及聚合硅酸铝铁使用能够达到快速沉降的目的。

（2）本品通过对污水进行絮凝、磁化吸附及物理吸附三种方式实现污水的处理，处理效果好；能去除水源中常见的有机物、重金属等复合型污染物，降低水的色度和浊度。

配方 193　污水处理剂（12）

［原料配比］

原料	配比（质量份）		
	1#	2#	3#
聚丙烯酸钠	14	14	14
罗布麻纤维束	45	31	34
聚合硫酸铁	6	15	10
硫酸铝	0.9	1.3	0.5
三氯化铁	1.3	0.5	1
壳聚糖	17	12	20
聚乙二醇	4.2	10	2
植物秸秆	7.5	4	3
聚山梨酯	0.05	0.02	0.08
竹炭粉末	3	3	3
沸石粉	加至100	加至100	加至100

［制备方法］　将各组分原料混合均匀即可。

［产品特性］　本品处理污水效果好，吸收、降解有害物质，对污水中的重金属、污水沉淀均能很好处理。

配方 194　污水处理剂（13）

［原料配比］

原料			配比（质量份）			
			1#	2#	3#	4#
改性聚丙烯酰胺	第一混合物	二甲基二烯丙基氯化铵	80	100	80	120
		丙烯酰胺	80	120	80	100
		乙二胺四乙酸	6	10	6	12

续表

原料			配比（质量份）			
			1#	2#	3#	4#
改性聚丙烯酰胺	第一混合物	聚丙烯醇	—	—	4	11
改性聚丙烯酰胺	第一混合物	聚乙二醇	4	12	—	—
改性聚丙烯酰胺	第一混合物	脂肪胺	10	20	10	20
改性聚丙烯酰胺	第一混合物	羟丙基甲基纤维素钠	20	60	—	—
改性聚丙烯酰胺	第一混合物	羟甲基纤维素钠	—	—	20	40
改性聚丙烯酰胺	第一混合物	水	20	20	22	22
改性聚丙烯酰胺	第二混合物	聚合氯化铝	240	320	240	300
改性聚丙烯酰胺	第二混合物	聚丙烯酰胺	180	240	180	300
改性聚丙烯酰胺	第二混合物	氧化锌	20	60	—	—
改性聚丙烯酰胺	第二混合物	氧化锶	—	—	20	60
改性聚丙烯酰胺	第二混合物	膨润土	20	60	20	60
改性聚丙烯酰胺	第二混合物	水	50	50	56	56
第四混合物	第三混合物	焦磷酸钠	10	20	—	—
第四混合物	第三混合物	六偏磷酸钠	—	—	10	20
第四混合物	第三混合物	二氧化钛	60	100	60	100
第四混合物	第三混合物	氯化钙	80	120	80	120
第四混合物	第三混合物	壳聚糖	80	120	80	120
第四混合物	第三混合物	水	800	800	800	800
第四混合物	磷酸氢二钾		适量	适量	适量	适量
改性玻璃纤维	第四混合物		6	10	6	10
改性玻璃纤维	氧化物	氧化锗	20	30	—	—
改性玻璃纤维	氧化物	氧化钙	—	—	8	8
改性玻璃纤维	氧化物	氧化钡	—	—	8	8
改性玻璃纤维	氧化物	氧化硼	25	35	50	40
改性玻璃纤维	氧化物	氧化镁	—	—	8	6
改性玻璃纤维	氧化物	氧化镓	25	35	—	—
改性玻璃纤维	氧化物	氧化碲	—	—	14	24
改性玻璃纤维	氧化物	氧化硅	—	—	6	4
改性聚丙烯酰胺			55	60	60	55
改性玻璃纤维			8	12	8	10
硅藻土			8	12	12	10
羟甲基丙烯酰胺			6	8	6	8
甲氧基苯甲酸甲酯			6	8	6	8

续表

原料		配比（质量份）			
		1#	2#	3#	4#
甘油硬脂酸酯		4	6	4	5
辅助添加剂	三甲铵乙酸盐	1	1.5	1	1
	过硫酸钾	1	1.5	—	—
	过硫酸铵	—	—	1	1
	羟丙基淀粉磷酸钠	0.5	0.6	0.5	0.5
	聚二噻唑	0.5	0.6	—	—
	2-巯基苯并噻唑	—	—	0.5	0.5
	聚乙烯基咪唑	0.5	0.8	—	—
	月桂醇聚醚硫酸酯钠	0.5	1	—	—
	1-乙烯基咪唑	—	—	0.5	0.5
	十二烷基苯磺酸钠	—	—	0.5	0.5

［制备方法］

（1）将二甲基二烯丙基氯化铵、丙烯酰胺、乙二胺四乙酸、聚乙二醇、聚丙烯醇、脂肪胺、羟丙基甲基纤维素钠（或羟甲基纤维素钠）和水加入反应釜，在40～50℃的温度条件下混合搅拌2～4h，获得第一混合物；

（2）将聚合氯化铝、聚丙烯酰胺、氧化锌、氧化锶、膨润土和水在40～50℃的温度条件下混合搅拌0.5～1h，获得第二混合物；

（3）将通过步骤（1）获得的所述第一混合物和通过步骤（2）获得的所述第二混合物混合搅拌均匀，获得改性聚丙烯酰胺；

（4）将焦磷酸钠、六偏磷酸钠、二氧化钛、氯化钙、壳聚糖和水在60～70℃的温度条件下混合搅拌0.5～1h，获得第三混合物；

（5）在30～40kV的静电场作用下，向通过步骤（4）获得的所述第三混合物中加入磷酸氢二钾并搅拌，对获得的沉淀物进行过滤、洗涤和烘干，获得第四混合物，其中，按钙/磷为1∶1.2的摩尔比，根据步骤（4）中所述氯化钙的添加量，确定所述磷酸氢二钾的滴加量；

（6）将通过步骤（5）获得的所述第四混合物、氧化物混合均匀后加热至700～750℃保温1～1.5h后冷却，获得玻璃体；

（7）在320～350℃的温度条件下，将通过步骤（6）获得的所述玻璃体拉制成直径1～20mm的改性玻璃纤维；

（8）将通过步骤（3）获得的所述改性聚丙烯酰胺、通过步骤（7）获得的所述改性玻璃纤维、硅藻土、羟甲基丙烯酰胺、甲氧基苯甲酸甲酯、甘油硬脂酸酯、辅助添加剂在70～80℃的温度条件和30～40MPa的压力条件下混合30～40min，卸压冷却，获得所述污水处理剂。

［使用方法］ 本品主要用于生活污水或工业污水处理。

［产品特性］ 本品通过低温烧结和低温拉丝获得玻璃纤维，使得附着沉积有二氧化钛的多孔微球结构在玻璃材料中完好保存，保证二氧化钛与有机物或微生物的接触面积。本品可避免二氧化钛流失浪费。

配方 195 污水处理剂（14）

［原料配比］

原料	配比（质量份）			
	1#	2#	3#	4#
质量分数为 20%的 TiO_2 溶液	100	—	—	100
质量分数为 30%的 TiO_2 溶液	—	100	—	—
质量分数为 25%的 TiO_2 溶液	—	—	100	—
分散剂六偏磷酸钠①	0.1	0.2	0.15	0.2
氧化铝	0.1	0.3	0.2	0.1
分散剂六偏磷酸钠②	0.1	0.2	0.15	0.1
SiO_2	0.01	0.03	0.02	0.03
硫酸铝	适量	适量	适量	适量
硅酸钠溶液	适量	适量	适量	适量

［制备方法］ 向 TiO_2 溶液中加入分散剂①，硫酸铝调节 pH 值至 9～10 进行预分散，在 40～50℃下，添加氧化铝（三氧化二铝），陈化 2～3h；然后在保温条件下加入分散剂②，搅匀，用硅酸钠溶液调节 pH 值至 8.5～9.5，加入 SiO_2，陈化 2～3h，过滤，干燥，即得。

［使用方法］ 在生活污水处理厂（采用活性污泥处理工艺）的进水口投放污水处理剂，当污水进水 COD>100mg/L 时，每吨污水投放 5～10kg；当污水进水 COD 为 50～100mg/L 时，每吨污水投放 2～5kg；当污水进水 COD 为 30～50mg/L 时，每吨污水投放 0.5～2kg。

［产品特性］ 本品采用多层包覆工艺，可层层缠住丝状菌触手，大大减少丝状菌比表面积，遏制丝状菌与菌胶团的竞争，保持菌胶团在底物竞争中的有利地位，提高污泥处理效率，从而有效预防和遏制污泥膨胀。

配方 196 污水处理剂（15）

[原料配比]

原料		配比（质量份）					
		1#	2#	3#	4#	5#	6#
聚合氯化铝		10	15	18	14	26	30
聚丙烯酰胺		5	7	6	5	8	9
松香油		21	28	27	24	29	35
有机硅消泡剂		10	16	18	15	20	18
电石渣		31	41	33	35	45	49
石灰乳		20～30	28	28	22	31	34
动物皮胶	马皮胶	—	7	—	10	10	—
	羊皮胶	—	—	13	—	—	—
	猪皮胶	5	—	—	—	5	—
	牛皮胶	—	—	—	—	—	14

[制备方法]

（1）将电石渣、石灰乳、动物皮胶混合，在 100～150 ℃下混合 20～40min，然后粉碎过 40～75 目筛。

（2）把温度降至 60～80℃后依次加入聚合氯化铝、聚丙烯酰胺继续搅拌 20～30min。

（3）最后加入有机硅消泡剂、松香油，继续搅拌 20～30min，冷却至常温。

[产品特性] 本品原料来源广泛，不仅速度快，而且处理彻底，既可达到排放标准也可循环利用，节约水资源本品各组分完美配合，更加有效地发挥协同作用，同时制备工艺简单，且制备过程中不会产生污染。

配方 197 污水处理剂（16）

[原料配比]

原料	配比（质量份）					
	1#	2#	3#	4#	5#	6#
聚丙烯酰胺	20	35	25	40	30	40

续表

原料	配比（质量份）					
	1#	2#	3#	4#	5#	6#
柠檬酸	10	15	12	18	12	15
玉米淀粉	10	15	12	18	12	15
焦炭渣粉	5	10	8	12	8	10
活性炭	5	8	6	10	6	8
海藻酸钠	20	25	22	28	25	28
乳酸菌	5	7	6	10	6	8
放线菌	5	8	6	10	6	10
酵母菌	6	8	6	12	6	10
双歧菌	6	8	6	12	6	10
光合细菌	5	10	6	12	8	12
芽孢杆菌	5	8	5	8	6	8
土著菌	5	10	5	12	6	10

制备方法

（1）将乳酸菌、放线菌、酵母菌、双歧菌、光合细菌、芽孢杆菌和土著菌分别进行活化、扩大培养；

（2）将上述活化、扩大培养的各菌种接种到混合菌种培养基中培养48～96h，得到复合菌液；

（3）复合菌液经过离心分离得到复合微生物；

（4）将步骤（3）所得的复合微生物与聚丙烯酰胺、柠檬酸、玉米淀粉、焦炭渣粉、活性炭和海藻酸钠混合得到所述污水处理剂。

产品特性

（1）本产品能对分散于溶液中的悬浮粒子进行架桥吸附，有着极强的絮凝作用。

（2）本品反应速度快，反应过程无有毒物质产生，可实现污水生态化、资源化处理，无需再设污泥处理系统，无二次污染，污水悬浮物去除率达到99.9%，BOD去除率为99%，COD去除率为99.1%，处理效果稳定。

配方 198　污水处理剂（17）

［原料配比］

原料	配比（质量份）			
	1#	2#	3#	4#
絮凝剂	20	25	23	25
微孔载体	2	5	3	—
二氧化钛	2	3	2	3
膨润土	1	2	1.5	2
硅酸钠	2	5	2	—
淀粉	30	50	40	40

［制备方法］　将各组分原料混合均匀即可。

［原料介绍］

所述微孔载体为陶瓷微孔载体。

所述絮凝剂由下述方法制备而得：

（1）纤维素过水清洗；

（2）将纤维素浸入 pH 值为 7.5～8 的溶液中，浸提 1～2h，过水清洗 2～3 次；

（3）将步骤（2）处理完成的纤维素置于－10～－5℃环境中冷冻；

（4）将步骤（3）处理完成的纤维素取出置于 pH 值为 6.5～7 的酸性溶液中，浸泡，待回温至 5～10℃时，取出过水清洗 2～3 次；

（5）将步骤（4）清洗完成的纤维素烘干、破碎成粉末状；

（6）将粉末置于 0～4℃水中；

（7）保持温度为 0～4℃，搅拌，同时缓慢加入碱性试剂调节 pH 值为 7.3～7.5 得到均匀、透明溶液；

（8）将上述溶液加入真空密封釜中，加入氧化剂，升温至 40～50℃反应 2～3h；

（9）将步骤（8）处理后的溶液旋转蒸发、干燥。

所述氧化剂为高碘酸钠。

所述纤维素为毛竹、稻秆、豆渣和麦秆来源纤维素。

［产品特性］　本品安全环保，抑菌可降解，具有良好的絮凝效果，浊度去除率高，COD 去除率高，30 天降解率高。

配方 199 污水处理剂（18）

原料配比

原料		配比（质量份）				
		1#	2#	3#	4#	5#
镁铝混合物	氢氧化镁粉末	17.5	18.33	16.61	17.47	17.47
	氢氧化铝粉末	7.8	7.8	7.8	7.8	7.8
硬脂酸钠的澄清溶液	去离子水	450（体积份）	500（体积份）	400（体积份）	450（体积份）	400（体积份）
	乙醇	100（体积份）	100（体积份）	100（体积份）	100（体积份）	100（体积份）
	硬脂酸钠	6.12	7.65	2.3	6.12	4.6
硬脂酸钠的澄清溶液		379（体积份）	344（体积份）	207（体积份）	474（体积份）	316（体积份）

制备方法

（1）将氢氧化镁粉末和氢氧化铝粉末在100～300r/min的转速下机械球磨1～3h制得镁铝混合物；

（2）将去离子水和乙醇混合配制成混合溶剂，将硬脂酸钠溶解在混合溶剂中配成澄清溶液；

（3）将镁铝混合物在搅拌状态下加入澄清溶液中制得悬浮液；

（4）将悬浮液经一次水热、冷冻处理、二次水热、离心和干燥后制得硬脂酸钠插层Mg,Al-OHLDHs。一次水热和二次水热在搅拌下进行，且搅拌速度为120～240r/min。一次水热为：以1～3℃/min的升温速率升温至90～100℃后保温24～36h。冷冻处理为：将一次水热之后得到的悬浮液置于－15℃，并保持30min。二次水热为：以1～3℃/min的升温速率升温至100～120℃后保温2～4h，然后以2～4℃/min的降温速率降温至30℃。

产品特性 本品利用硬脂酸钠，并采用一次水热、冷冻处理和二次水热的方法对传统污水处理剂Mg_2Al-OHLDHs进行改性。硬脂酸钠的疏水基为烃基，亲水基为羧基。在水热反应下，磺酸基能够通过静电引力和氢键作用插入到Mg_3Al-OHLDHs层间，使其层间形成疏水区，大大提高了对疏水性有机污染物的吸附能力。

配方 200 污水处理剂（19）

原料配比

原料			配比（质量份）				
			1#	2#	3#	4#	5#
组分 A	生物改性沸石粉		30	25	20	35	40
	非离子型聚丙烯酰胺		16	15	12	10	23
组分 B	碳掺杂改性二氧化钛		12	16	18	8	10
	聚合氯化铝		8	8	6	5	9
	氨基三亚甲基膦酸		6	8	4	3	5
	硅酸盐	硅酸铝	3	10	—	—	5
		硅酸铁	4	—	15	—	3
		硅酸镁	4	—	—	12	—
组分 A			1	1	1	1	1
组分 B			2	2	2	2	2

制备方法

（1）将生物改性沸石粉和非离子型聚丙烯酰胺按比例混合，搅拌均匀后得到组分 A，包装待用；

（2）将碳掺杂改性二氧化钛、聚合氯化铝、氨基三亚甲基膦酸、硅酸盐按比例混合，搅拌均匀后得组分 B，包装待用。

原料介绍

所述生物改性沸石粉的制备方法包括以下步骤：

（1）将天然沸石粉原料加入十二烷基三甲基溴化铵溶液中，在温度 30～40℃、搅拌速度 120～180r/min 条件下，反应 24h 后取出沸石粉，并用蒸馏水洗涤至沸石粉中不含有十二烷基三甲基溴化铵，放入烘干箱中烘干备用，得改性沸石粉；十二烷基三甲基溴化铵溶液浓度为 0.03～0.05mol/L，烘干箱中烘干温度为 60～70℃。

（2）将步骤（1）得到的改性沸石粉加入以磷酸盐缓冲液为溶剂的芽孢杆菌菌悬液中，在温度 30～40℃、搅拌速度 80～120r/min 条件下，反应 2h 后静置，待改性沸石粉沉淀后，过滤掉上层清液，将下层改性沸石粉放于温度为 30～37℃烘干箱中烘干，得生物改性沸石粉。芽孢杆菌菌悬液中芽孢杆菌浓度为 1.6×10^{9}cfu/mL，pH 值为 7～7.5，改性沸石粉与芽孢杆菌菌悬液的质量体积比为（0.8～1）g∶（70～90）mL。

所述碳掺杂改性二氧化钛的制备方法包括以下步骤：

（1）将聚丙烯腈热膨胀微球加入75%硫酸溶液中，在65℃下水解15min，然后将聚丙烯腈热膨胀微球取出水洗至中性后，将其浸泡在钛酸四丁酯与45%乙醇按体积比1∶1组成的混合溶液中，浸泡10h后取出，然后置于水与45%乙醇按体积比1∶1组成的混合溶液中，浸泡1h后，经离心干燥后得到固体物备用；

（2）将步骤（1）得到的固体物在氮气保护下，经480℃煅烧1.5h后得到碳掺杂改性二氧化钛。

［使用方法］ 本品主要用于处理城市生活污水。使用时，先将组分A投入污水中，处理4～6h后，然后将B组分投入污水中继续处理10～12h。该污水处理剂中组分A和组分B的质量比为1∶2。污水处理剂的添加量为0.03%。

［产品特性］ 本品对污水中的染料、有机污染物、氨氮、悬浮物、总磷、重金属等均有优异的去除效果，处理过的废水可达一级排放标准，尤其是原料中的生物改性沸石粉、碳掺杂改性二氧化钛、非离子型聚丙烯酰胺对去除污水中的染料、有机污染物、氨氮、悬浮物等作用效果显著。

配方201 污水处理剂（20）

［原料配比］

原料	配比（质量份）		
	1#	2#	3#
改性氯化铝	15	5	25
膨润土	12	8	15
聚丙烯酸钠	7	5	10
硫酸钠	2	1	3
聚合硫酸铁/聚硅酸	15	10	20
活性炭	3	1	5
去离子水	100	80	120
聚丙烯酰胺	35	30	40
柠檬酸	20	10	30
改性淀粉	20	15	25

［制备方法］ 将各组分原料混合均匀即可。

［原料介绍］

所述改性氯化铝以六水氯化铝和十八水氧化铝结晶为原料，将45.26质量份$AlCl_3 \cdot 6H_2O$和2.72质量份$Al_2(SO_4)_3 \cdot 18H_2O$晶体混匀，加40质量份水后加热至80℃使之完全溶解制成铝盐溶液，称取20.25质量份$Na_2CO_3 \cdot 5H_2O$溶于50质量份水制成碳酸钠溶液，将碳酸钠溶液加入铝盐溶液中直至反应完全得聚羟基氯化铝，即改性氯化铝。

所述聚合硫酸铁/聚硅酸以硅酸钠溶液、硫酸和聚合硫酸铁为原料，硅酸钠溶液用水稀释后并用硫酸调节pH值至4～5，得到聚硅酸，其中SiO_2含量为3.36%，按硅铁比为1∶30将聚硅酸加入聚合硫酸铁中，充分搅拌后静置陈化2h，即得聚合硫酸铁/聚硅酸。

所述改性淀粉是以阳离子淀粉、壳聚糖醋酸溶液和丙烯酰胺为原料，以硝酸铈铵为引发剂，在氮气的保护下，阳离子淀粉在80～90℃糊化40min，冷却至30～35℃加入质量分数2%的壳聚糖醋酸溶液，滴加定量的硝酸铈铵引发40min后加入丙烯酰胺单体，在60℃反应3h得阳离子淀粉-壳聚糖与丙烯酰胺的接枝共聚物，即为改性淀粉。

[产品特性] 本品采用改性氯化铝、改性淀粉和聚合硫酸铁/聚硅酸等改性成分，在提高产品去浊效果的基础上还增加了产品的稳定性，去污能力强、对环境安全、净水效果好、生产成本低。

配方202 污水处理剂（21）

[原料配比]

原料	配比（质量份）			
	1#	2#	3#	4#
芝麻粉	11	10	12	11
草木灰	25	20	30	22
羧甲基纤维素	5	3	8	7
聚丙烯酰胺	15	10	20	18
硫酸亚铁	15	10	20	12
聚合氯化铝	8	5	10	7
竹炭纤维	7	6	8	6
乙酸丁酯	15	10	20	11
碳酸钠	20	10	30	19
醋酸钠	13	3	20	15
六偏磷酸	2	2	3	2
明矾	33	30	40	32
没食子酸月桂酯	15	10	20	18
十八烷基三甲基氯化铵	15	10	20	19

续表

原料	配比（质量份）			
	1#	2#	3#	4#
改性丙烯腈-丁二烯-苯乙烯共聚物	35	30	40	33
水	55	50	60	53

［制备方法］

（1）将芝麻粉、草木灰、竹炭纤维混合均匀，水升温到80～90℃时，将上述混合物加入其中，浸泡50～55min；

（2）加入羧甲基纤维素、没食子酸月桂酯、十八烷基三甲基氯化铵、改性丙烯腈-丁二烯-苯乙烯共聚物，升温至100～200℃反应3～4h，洗涤后烘干，得到混合物一；

（3）硫酸亚铁、聚合氯化铝加入粉碎机粉碎至过100目筛，再加入聚丙烯酰胺，得到混合物二；

（4）将乙酸丁酯、碳酸钠、醋酸钠、六偏磷酸、明矾依次加入混合物二中，搅拌12min，加入混合物一，在1600W的超声波下振动20min，即可得到成品。

［原料介绍］ 所述的改性丙烯腈-丁二烯-苯乙烯共聚物的制备方法：玉米秸秆木质素于90℃真空干燥48h，加入丙烯腈-丁二烯-苯乙烯共聚物，于150～200℃条件下加热1h，加入稀释剂和聚酰胺固化剂，高速搅拌机搅拌，真空脱泡，室温静置24h，升温至100℃固化3h。

［使用方法］ 本品是一种重金属污水处理剂。

［产品特性］ 本品中的改性丙烯腈-丁二烯-苯乙烯共聚物和芝麻粉均可以明显提高本品对Cu、Pb、Cr、Hg的去除效果。

配方203　污水处理剂（22）

［原料配比］

原料	配比（质量份）		
	1#	2#	3#
木质素磺酸盐的氧化改性产物	35	39	38
聚丙烯酰胺及其衍生物	20	25	22
硅藻土	10	12	14
硫脲	8	11	12
丙烯醛	5	9	7

续表

<table>
<tr><th colspan="3" rowspan="2">原料</th><th colspan="3">配比（质量份）</th></tr>
<tr><th>1#</th><th>2#</th><th>3#</th></tr>
<tr><td colspan="3">胺化凹凸棒土</td><td>23</td><td>27</td><td>28</td></tr>
<tr><td colspan="3">环氧丙烷</td><td>13</td><td>13</td><td>15</td></tr>
<tr><td colspan="3">蒸馏水</td><td>适量</td><td>适量</td><td>适量</td></tr>
<tr><td rowspan="5">木质素磺酸盐的氧化改性产物</td><td colspan="2">木质素磺酸盐</td><td>100</td><td>100</td><td>100</td></tr>
<tr><td colspan="2">氧化剂</td><td>19.5</td><td>22</td><td>20.5</td></tr>
<tr><td colspan="2">引发剂</td><td>0.35</td><td>0.53</td><td>0.42</td></tr>
<tr><td rowspan="2">木质素磺酸盐</td><td>木质素</td><td>1</td><td>2</td><td>2</td></tr>
<tr><td>亚硫酸钠</td><td>4</td><td>3.2</td><td>3.5</td></tr>
</table>

［**制备方法**］ 将胺化凹凸棒土与蒸馏水以料液比1∶(12～15)的比例混合，配制成悬浮液；按质量份向悬浮液中加入木质素磺酸盐的氧化改性产物、聚丙烯酰胺及其衍生物、硅藻土、硫脲、丙烯醛和环氧丙烷，在速度220～280r/min、温度90～95℃的条件下搅拌3.5～4h，抽滤并洗涤后，于115～125℃下干燥1～1.5h，即得污水处理剂。

［**原料介绍**］

所述木质素磺酸盐的氧化改性产物是通过将木质素磺酸盐在碱存在的环境下，以过氧化氢为氧化剂，以三甲胺盐酸盐和5-氨基乙酰丙酸为引发剂，进行氧化改性得到的。所述的木质素磺酸盐的氧化改性产物具有酚羟基、醇羟基、羧基、羰基、磺酸基等官能团，羧基和磺酸基是絮凝功能团。

所述木质素磺酸盐的氧化改性产物的制备步骤如下：取木质素磺酸盐配制成水溶液后，调节pH值至8～11，加热至75～85℃，然后加入氧化剂和引发剂，保温并在400～500r/min的速度下搅拌反应1～1.5h，即可得。所述的木质素磺酸盐水溶液的质量分数为26%～30%，氧化剂和引发剂的加入量分别为木质素磺酸盐质量的19.5%～22.5%和0.35%～0.55%，上述引发剂中三甲胺盐酸盐和5-氨基乙酰丙酸的质量比为2∶(3～3.5)。所述的木质素磺酸盐是按质量比为1∶(4～5)的比例向木质素中加入亚硫酸钠，在pH值为10～12、温度为90～100℃的条件下反应3～4h制得的。

胺化凹凸棒土是通过预处理、配制试剂、接枝反应步骤制备的。预处理步骤为：向凹凸棒土中加8～10倍量水，然后超声分散15～20min，过滤，烘干，研磨，焙烧；然后按料液比1∶(21～23)的比例加入浓度为1～2mol/L的盐酸溶液，在85～95℃下超声分散6～7h后，过滤并烘干，得到预处理的凹凸棒土，备用。所述的配制试剂步骤为：取等量的硅烷偶联剂和胺化试剂溶于8～10倍量的甲醇溶液后，在氮气的保护下于85～95℃反应7～12h，然后过滤，取滤液浓缩至

35%～40%，得到溶液A。接枝反应步骤为：将预处理的凹凸棒土加入7～8倍量的甲苯溶液中，超声分散以后，再加入溶液A，在105～115℃下搅拌反应12～18h后，抽提，于60～80℃下干燥，研磨，即得胺基化凹凸棒土。

所述的硅烷偶联剂为乙烯基三乙氧基硅烷，胺化试剂为乙二胺、三乙烯四胺、四乙烯五胺中的至少一种，硅烷偶联剂和胺化试剂的添加量为预处理凹凸棒土质量的15%～20%。

［**产品特性**］ 本品絮团强度高、稳定性和活性高、疏水性好、耐化学腐蚀性和耐热性优良、无腐蚀性、使用量小、处理效率高、处理成本低。

配方204 污水处理剂（23）

［**原料配比**］

原料		配比（质量份）		
		1#	2#	3#
壳聚糖固化单宁		8	11	20
钠基膨润土负载菌剂	地衣芽孢杆菌、硝化细菌	30	—	—
	枯草芽孢杆菌、硝化细菌、酵母菌	—	32	—
	枯草芽孢杆菌、反硝化细菌、酵母菌、乳酸菌	—	—	35
石墨烯		15	20	23
生物复合酶	淀粉酶、果胶酶	3	—	—
	纤维素酶、脂肪酶	—	5	—
	淀粉酶、果胶酶、纤维素酶、蛋白酶、脂肪酶	—	—	10
有机-无机絮凝剂		20	28	35
有机-无机絮凝剂	羧甲基纤维素钠	3	—	—
	海藻酸钠	—	4	—
	聚合氯化铝	1	—	—
	聚合氯化铝、磷酸二氢钠	—	1	—
	淀粉黄原酸酯、魔芋胶葡甘露聚糖	—	—	5
	聚合硫酸铁	—	—	2
絮凝助剂	聚丙烯酰胺、聚环氧氯丙烷	20	—	—
	聚环氧氯丙烷	—	—	35
	聚丙烯酰胺	—	28	—
亚硫酸氢钠		20	22	25

续表

原料	配比（质量份）		
	1#	2#	3#
椰壳粉	12	14	15
木屑	12	15	20

[制备方法]

（1）制备壳聚糖固化单宁：32～40份水解单宁溶于300～350份水中，用氢氧化钠调节pH值至7，搅拌溶解后加入15～20份的壳聚糖，常温下反应1～2h，50～55℃下反应1～6h，过滤干燥后制得壳聚糖固化单宁。

（2）制备钠基膨润土负载菌剂：将氯化钠溶解于50%乙醇水溶液中，取膨润土混合均匀，静置30～60min使膨润土充分润湿，功率为2000～2500W微波辐射0.5～2.5min，制得钠基膨润土；取20～30份所述钠基膨润土加入180～250份菌剂中，用氢氧化钠或冰醋酸调节pH值，35～45℃恒温搅拌1～1.5h，离心取沉淀物干燥后，制得钠基膨润土负载菌剂。

（3）制备污水处理剂：将木屑和椰壳粉混合均匀，加入絮凝助剂，浸泡1～2h后，干燥研磨，制得混合物a；将生物复合酶经功率为1000～1200W微波辐射8～10s后，加入所述混合物a中，再加入壳聚糖固化单宁、钠基膨润土负载菌剂、石墨烯、有机-无机絮凝剂以及亚硫酸氢钠，混合均匀，制得污水处理剂。

[原料介绍] 壳聚糖固化单宁，是由壳聚糖作为固化介质与水解单宁以共价方式结合而成。壳聚糖分子结构中有许多的游离氨基和羟基，其对过渡金属具有稳定的配位作用，且壳聚糖在戊二醛的交联作用下形成微球，具有较大的比表面积，单宁分子容易均匀填充、稳定固化；单宁分子结构中的两个相邻酚羟基，其以氧负离子的形态与金属离子发生络合反应，形成稳定的五元环螯合物。二者都可与金属离子螯合，通过二者协同，提高了壳聚糖固化单宁对金属离子的吸附容量。

钠基膨润土负载菌剂的制备过程中，采用了50%乙醇水溶液溶解氯化钠，因乙醇黏度较低、易挥发，容易渗透至膨润土分子间，产物易干燥，用Na^{+}置换出在膨润土中含量很高的Mg^{2+}、Ca^{2+}等；采用微波辐射法，加快了氯化钠中Na^{+}在膨润土内的传递速度；乙醇在微波加热下汽化膨胀，使膨润土层间距增大，分子扩散速度提高，加速了离子交换反应，制备的钠基膨润土效率高、效果好。同时，钠基膨润土层间距的扩大，增大了孔隙的体积和孔隙率，有利于菌剂在层间扩散并负载于其上，在有效提高吸附能力的同时，还可提高菌剂的稳定性，菌剂生物降解能力更高更持久。

[产品特性] 本品各组分协同，可有效去除污水中的大部分重金属以及配合物、有机物，可有效降低污水中的氮、磷含量，净化水体，高效环保，不会造成二次污染。

配方 205 污水处理剂（24）

原料配比

原料		配比（质量份）				
		1#	2#	3#	4#	5#
淀粉	木薯淀粉	20	20	20	20	20
水		1000	1000	1000	1000	1000
氢氧化钠		1	1.3	1.2	1.1	1
纤维素	水溶性纤维素	5	3	6	4	5
星形聚合物		12	11	10	11	11
丙烯酸		6	8	7	6	7
丙烯酰胺		21	18	23	19	18
过硫酸铵		0.38	0.36	0.35	0.38	0.35
亚硫酸钠		0.19	0.21	0.2	0.21	0.19
无机絮凝剂	硫酸铝钾	3	—	2	1	1
	氯化铝	—	2.5	—	—	—
	硫酸铁	—	—	—	1	1
	氯化铁	—	—	—	—	1
N,*N*-亚甲双丙烯酰胺		0.45	0.035	0.04	0.045	0.032～0.045

制备方法 按质量份数计，将淀粉加入水中在 78～83℃下糊化，然后将温度降至 50～55℃，依次加入氢氧化钠、纤维素、星形聚合物、丙烯酸、丙烯酰胺、过硫酸铵、亚硫酸钠，搅拌 20～30min 后加入无机絮凝剂、*N*,*N*-亚甲双丙烯酰胺，搅拌 30min 后停止反应，然后在温度为 60～90℃下烘干，粉碎得到污水处理剂。

原料介绍 星形聚合物的制备方法：

将 0.8mol 丙烯酸钠、0.3～0.5mol 丙烯酰胺加入 1L 水中，室温水浴，保持 300～500r/min 的转速搅拌并通入氮气，加入氢氧化钠调节 pH 值至 12.8～13.5，然后加入 0.002～0.0028mol 二羟基二过碘酸合铜（Ⅲ）钾，将水浴温度升至 65～68℃反应 45～60min，然后冷却并加入质量分数为 20%～25%的盐酸至溶液 pH 值为 3～4，继续搅拌 20～25min 后用甲醇和丙酮交替洗涤 3 次，干燥得到星形聚合物。各原料量可按比例缩放。

产品特性

（1）以淀粉和纤维素为基体，制备出的污水处理剂具有良好的生物相容性，对水体中的生物毒性低，絮凝后容易被水中微生物分解，降低了对环境的影响。

（2）本品通过将聚合物、单体与淀粉、纤维素接枝共聚，形成一个网络结构，其中纤维素中含有大量的刚性链，刚性链能有效减少长链之间糅合的现象，同时也能减少结晶区的形成，有利于网络结构在水中的展开。

配方 206 污水处理剂（25）

［原料配比］

原料		配比（质量份）		
		1#	2#	3#
聚合氯化铝		16	8	12
改性膨润土		5	10	7
聚丙烯酸钠		10	6	8
硫酸钠		1.8	1.2	1.4
改性活性炭		15	25	10
两性螯合剂	木质素磺酸钙丙烯酸季铵盐改性产物	1.2	1	—
	木质素磺酸钙羧酸季铵盐改性产物	—	1.34	—
	木质素磺酸钙膦酸季铵盐改性产物	—	—	1
	木质素磺酸钠膦酸季铵盐改性产物	—	—	1

［制备方法］ 将各组分原料混合均匀即可。

［原料介绍］

所述改性膨润土的制备方法为：按照铝/膨润土比为5～10mmol/g、有机改性剂与膨润土质量比为（1.8～2.3）∶100取各原料，将有机改性剂和氯化铝加入去离子水，料液比为（0.03～0.05）∶1，充分溶解，然后加入在200～300℃下焙烧1～3h的膨润土，在搅拌速率为150～200r/min、温度为40～50℃下搅拌反应50～70min后，离心、洗涤，在温度为100～110℃下干燥，研磨过150～250目筛，即得改性膨润土。有机改性剂为质量比为1∶（0.6～0.8）∶（0.01～0.02）的八烷基多糖苷季铵盐、十二烷基多糖苷季铵盐和N-溴代丁二酰亚胺的混合物。

所述的两性螯合剂选自木质素磺酸钙膦酸季铵盐改性产物、木质素磺酸钠膦酸季铵盐改性产物、木质素磺酸钙丙烯酸季铵盐改性产物、木质素磺酸钠丙烯酸季铵盐改性产物、木质素磺酸钙羧酸季铵盐改性产物、木质素磺酸钠羧酸季铵盐改性产物。

所述改性活性炭的制备方法为：按料液比为1∶（2～4）将树叶粉末加入30%～50%的磷酸溶液中，再加入纳米铜和8-羟基喹啉铜，树叶粉末、纳米铜和8-羟基喹啉铜的质量比为1000∶（0.7～1.2）∶（0.03～0.05），搅拌均匀，浸渍8～10h，然后在温度为400～500℃、微波功率为500～900W的条件下微波炭化

40～50min，结束后自然冷却至室温，用去离子水反复洗涤至中性，烘干，研磨，过筛，即得改性活性炭。

［产品特性］ 该污水处理剂处理成本低，无毒性、无污染，各成分能够协同作用，通过吸附作用和絮凝效应能有效地去除污水中的氮、磷等有害物质，使杂质和富营养物质等经絮凝沉淀下来，同时具有较好的表面性能和较大的比表面积，对有机污染物和重金属离子的吸附效果好，处理后的污水可达到规定的排放标准。

配方 207 污水处理剂（26）

［原料配比］

原料	配比（质量份）		
	1#	2#	3#
聚合氯化铝	15	30	25
聚丙烯酰胺	10	20	15
聚乙烯亚胺	5	10	8
膨润土	30	50	40
活性炭	15	20	18
氯化钠	5	15	10
石灰	0.5	10	5
吸附物	5	15	10
碳酸钠	1	5	3
氯化铁	1	5	3
水	30	80	50

［制备方法］ 将各组分原料混合均匀即可。

［产品特性］ 本品具有净化速度快、效果好、环保无毒等优点。

配方 208 污水处理剂（27）

［原料配比］

原料	配比（质量份）				
	1#	2#	3#	4#	5#
聚合氯化铝	28	26	28	25	25

续表

原料	配比（质量份）				
	1#	2#	3#	4#	5#
羧甲基淀粉钠	18	17	15	18	15
聚丙烯酸钠	25	23	25	22	22
硫酸亚铁	10	9	8	10	8
高铁酸钾	8	7	8	5	5
甘草酸二钾	5	4	3	5	3
丝瓜络	28	27	28	25	25
竹茹	12	11	10	12	10
玉米须	7	6	7	5	5
沸石	25	23	20	25	20
电气石粉	12	11	12	10	10
高岭石	15	12	10	15	10

［制备方法］

(1) 将沸石、电气石粉和高岭石混匀后，研磨成细粉，再加入粒度为50～100目干燥的丝瓜络、竹茹和玉米须，搅拌混匀，得到混合物Ⅰ；

(2) 将混合物Ⅰ用去离子水浸泡后，加入聚合氯化铝、羧甲基淀粉钠、聚丙烯酸钠、硫酸亚铁和甘草酸二钾，在120～150r/min的转速下搅拌混合1～1.5h，得到固液混合物Ⅱ，再对所得的固液混合物Ⅱ进行冷冻干燥处理，得到干燥物料；

(3) 将步骤(2)所得的干燥物料研磨成粒度为50～100目的粉末后，加入高铁酸钾，搅拌混匀即为所述的污水处理剂。

［产品特性］ 本品兼具絮凝、氧化、吸附、灭菌等多重功能，不仅能够高效地去除污水中有害的有机物质、无机物质以及重金属离子，还能够有效地杀灭水中的细菌等微生物，避免其过量繁殖而引起水体更严重的污染；同时，采用本品进行污水处理，还有利于实现后续的污泥资源化利用。

配方 209 污水处理剂（28）

［原料配比］

原料	配比（质量份）		
	1#	2#	3#
硅藻土	155	135	125

续表

原料	配比（质量份）		
	1#	2#	3#
无水二氯化钙	115	105	90
十二硅烷基硫酸钠	6	11	10
硫酸铝	7	2	4
活性炭	65	75	60
硅酸钠	2	3	4
活性氧化锌	15	10	16

[制备方法] 将各组分原料混合均匀即可。

[产品特性] 本品适用于工业污水处理，不仅提高了污水处理的质量，而且降低了水处理的成本。

配方 210 污水处理剂（29）

[原料配比]

原料	配比（质量份）		
	1#	2#	3#
介孔二氧化硅	15	10	12.5
纳米级玉米淀粉	6	1	3.5
碳素纤维颗粒	10	1	5.5
纳米活性炭纤维	7	5	6
复合微生物菌群	6	3	4.5

[制备方法]

（1）将称取的介孔二氧化硅超声分散于 6 倍量的去离子水中，搅拌状态下，加入称取的纳米级玉米淀粉、碳素纤维颗粒、纳米活性炭纤维，混合均匀后，造粒，干燥至含水量低于 1%，得粒径为 3～5mm 的颗粒；

（2）将复合微生物菌群溶于 3 倍量的去离子水中，搅拌均匀后，喷涂在所得的颗粒表面，50～60℃干燥至含水量低于 1%，即得。

[产品特性] 本品具有比表面积大、孔径适中、吸附速度快、易再生的优点，在具有超强的吸附性能的同时，可实现 COD、氨氮等的快速有效去除。

配方 211　污水处理剂（30）

【原料配比】

原料	配比（质量份）		
	1#	2#	3#
十二烷基甜菜碱	30	35	40
2-膦酸丁烷-1,2,4-三羧酸	24	25	20
聚丙烯酰胺	11	12.5	7.5
聚合硅酸铝铁	10	12.5	7.5
高锰酸钾	4	5	2.5
硫酸锌	18	20	15
活性炭	13	15	10

【制备方法】 将各组分原料混合均匀即可。

【产品特性】

(1) 本品中的2-膦酸丁烷-1,2,4-三羧酸和硫酸锌组合成膜快速而且致密牢固，缓蚀增效作用更为明显，从而提高了缓蚀性能，有效降低了有腐蚀性水质的腐蚀性，大大降低了无机磷投加量，避免了以往因大量使用无机磷引起的磷酸钙垢沉积以及菌藻大量滋生。

(2) 本品利用了有机物与无机物结合来净化污水，适用于工业污水处理，不仅提高了污水处理的质量，而且降低了水处理的成本。

配方 212　污水处理剂（31）

【原料配比】

原料	配比（质量份）		
	1#	2#	3#
玉米淀粉	10	13	15
聚丙烯酰胺	8	10	11
3-氯-2-羟丙基三甲基氯化铵	7	8	9
聚合硫酸铁	10	12	14
聚乙烯亚胺	7	8	9
膨润土	5	7	8

续表

原料	配比（质量份）		
	1#	2#	3#
氯化钠	6	7	8
硅藻泥	15	18	20
绿矾	6	7	8
水	30	33	35

［制备方法］ 将各组分原料混合均匀即可。

［产品特性］ 本品成本低廉，处理效果好，高效快速，不会对水质造成二次污染。

配方 213 污水处理剂（32）

［原料配比］

原料	配比（质量份）	原料	配比（质量份）
河道污泥	45	膨润土	20～25
玉米秸秆	30	草木灰	4
银杏叶	3	草酸	1
仙人掌	18	石墨粉	17
葡萄叶	8	聚丙烯酰胺	22
芦苇叶	18	聚合氯化铝	28
白糖	7	海藻酸钠	4

［制备方法］

（1）河道污泥与水混合均匀，使河道污泥的含水率为 75%～85%，后加入经过粉碎的玉米秸秆混合均匀，于 45℃下静置 36～40h 得混料；粉碎后的玉米秸秆过 400～500 目筛。

（2）将银杏叶、仙人掌、葡萄叶、芦苇叶搅碎并加入白糖和水得混合物，混合物于酵素桶中发酵 30～36h，发酵液过滤得植物酵素提取液；白糖与水的质量比为 1：(30～40)。

（3）将膨润土于盐酸溶液中浸渍 12～15h，过滤后于 560～580℃下煅烧 5～6h 得改性膨润土；盐酸溶液为 0.3～0.5mol/L 的盐酸溶液。

（4）将草木灰、草酸、石墨粉、步骤（1）所得混料、步骤（2）所得植物酵素提取液和步骤（3）所得改性膨润土混合均匀并于 60℃下搅拌 3h 得第一混料。

（5）第一混料、聚丙烯酰胺、聚合氯化铝、海藻酸钠混合均匀并于室温下超声30～45min得第二混料；超声的超声波频率为30000～32000Hz。

（6）第二混料于80～85℃下干燥至含水率小于1%即得污水处理剂。

[使用方法] 将污水经过筛网过滤后引入处理池，向处理池中加入污水处理剂并搅拌1h，后静置3h至污水分层，上层清液引入二次处理池，向二次处理池中加入污水处理剂搅拌0.5h，后静置至二次处理池中上清液的色度小于5时将上清液排放或转移至蓄水池备用。所述处理池中污水处理剂的投放量为1～1.5g/L。

[产品特性] 本品制备工艺简单，可操作性强。本品将各原料复配，通过各原料的协同作用将污水处理为无色、无味、COD值低的可直接排放的水。

配方214 污水处理剂（33）

[原料配比]

原料	配比（质量份）	原料	配比（质量份）
改性聚丙烯酰胺	25～35	交联累托石	10～15
硫酸镁	5～15	壳聚糖-石墨烯材料	20～30
竹炭	10～15	氧化钙	20～35

[制备方法] 将各组分原料混合均匀即可。

[原料介绍]

所述的改性聚丙烯酰胺的制备方法：将丙烯酰胺、二甲基二烯丙基氯化铵及水混合后放入反应釜搅拌并加热，而后加入氨水和硫酸钠并升温，当反应溶液变为黏稠状时停止反应。所述反应釜内前期温度为50～55℃，升温后为80～85℃。所述反应釜内为真空环境或充入惰性气体。丙烯酰胺、二甲基二烯丙基氯化铵及水混合后所得溶液中丙烯酰胺的浓度为80～95mg/L、二甲基二烯丙基氯化铵的浓度为200～250mg/L。

[产品特性]

（1）本品采用竹炭材料作为吸附物同时配合改性聚丙烯酰胺等絮凝物料，可有效将污水净化处理，因竹炭材料非常轻，可大量吸附杂质沉淀后下沉。

（2）通过加入改性聚丙烯酰胺使本品具有阳离子特性，可以对水中带有负电荷的微粒进行电荷中和以及架桥吸附，从而使本品具有良好的除浊、脱色以及强化固液分离作用。

配方 215 污水处理剂（34）

［原料配比］

原料	配比（质量份）				
	1#	2#	3#	4#	5#
聚合氯化铝	5～10	6～8	6.5	7.1	7
聚丙烯酰胺	3～8	4～7	5	4.3	5
膨润土	10～20	15～18	13	12.8	16
黏土	5～15	7～11	8.2	9.9	10
活性炭	1～8	3～5	4.7	4.3	4.5
硅藻泥	6～9	7～8	7.1	7.6	7.2

［制备方法］ 将各组分原料混合均匀即可。

［产品特性］ 本品配方合理，污水处理效果好，降低了二次污染以及使用化学剂对环境的危害，处理后的污水经过检测能够达到排放标准，配方原料来源广泛、成本低。

配方 216 污水处理剂（35）

［原料配比］

原料		配比（质量份）			
		1#	2#	3#	4#
核心层	麦饭石粉	5	8	7	6
	淀粉	0.1	0.3	0.2	0.2
	菌菇下脚料活性炭	1	1	1	1
内壳层	羧甲基壳聚糖	5	10	6	8
	氯化亚铁	1	1	1	1
	聚乙二醇	4	8	5	3
外壳层	硅藻土	100	100	100	100
	蛭石粉	50	60	54	55
	过硫酸钾	0.1	0.5	0.2	0.3
	海藻酸钠	5	10	6	8

［制备方法］ 将各组分原料混合均匀即可。

［原料介绍］

所述的菌菇下脚料活性炭按照以下步骤制备得到：将菌菇下脚料粉碎至50～100目，过筛后在200～250℃下碳化1～2h。

所述内壳层由羧甲基壳聚糖、铁盐和聚乙二醇按照质量比（5～10）：1：（4～8）混合得到；所述铁盐为氯化亚铁或硫酸亚铁。

所述外壳层为硅藻土-海藻酸钠-蛭石复合材料；所述外壳层按照以下步骤制备得到：将硅藻土和蛭石粉在400～500℃下煅烧活化1h后，降温至50℃以下，加入引发剂过硫酸钾和海藻酸钠搅拌反应0.5～1h，最后研磨成粉末状，制成外壳层；其中硅藻土、蛭石粉、过硫酸钾和海藻酸钠的质量比为100：（50～60）：（0.1～0.5）：（5～10）。

所述核心层按照以下步骤制备得到：

（1）将麦饭石粉在200～300℃下煅烧活化处理至少30min，冷却至室温后，将麦饭石粉、淀粉、菌菇下脚料活性炭和水按照（5～8）：（0.1～0.3）：1：（1～2）的质量比混合均匀，经球粒机捏合成直径1.5～3cm的球胚，放在阴凉通风环境中阴干。

（2）球胚阴干至水分含量10%以下后放在耐火陶瓷盘上，放入电气炉膛中密封，设置温度450～500℃，通电加热，按照100～300mL/min的速度缓慢通空气，烧结活化30～60min。

［使用方法］ 本品主要是一种三层核壳结构的污水处理剂。

［产品特性］

（1）本品能有效吸附污水中的各种污染物，降低污水中各类污染物的含量，处理效率高，效果好，处理后的污水能达到污水排放标准；

（2）本品从内到外依次为核心层、内壳层和外壳层，各层能起到较好的协同作用，对于污水中尤其是重度污水中的污染物和重金属污染物具有少量添加一次去除的效果，并且吸附污染物后能依旧保持颗粒状，相比常规的污水处理剂吸附后的凝胶状态，更容易过滤和后处理。

配方217　污水处理剂（36）

［原料配比］

原料	配比（质量份）			
	1#	2#	3#	4#
聚合氯化铝	50	55	60	70
硅藻土	30	35	40	50

续表

原料	配比（质量份）			
	1#	2#	3#	4#
生石灰	25	30	35	40
蒙脱石	20	23	26	30
聚合硫酸铁	15	18	21	25
聚合磷酸铝	15	18	21	25
过硫酸钾	10	13	16	20
硫酸铝	10	13	16	20
聚丙烯酰胺	2	4	6	8
三氧化二铝	1	2	3	5

［**制备方法**］ 将聚合氯化铝、硅藻土、生石灰、蒙脱石、聚合硫酸铁、聚合磷酸铝、过硫酸钾、硫酸铝、聚丙烯酰胺、三氧化二铝在40℃的条件下搅拌均匀，然后升温至60～80℃，1～2h后自然冷却后出料。

［**产品特性**］ 本品沉淀效果好，出水水质好，处理成本低，适用于采油厂的含油污水。污水中加入该药剂后，悬浮物立刻絮凝，生成的矾花大，沉淀快速，效率高，絮团强度高，疏水性能好，利于压滤。该污水处理药剂纯度高、无杂质、无粉尘。

配方 218 污水处理剂（37）

［**原料配比**］

原料	配比（质量份）		
	1#	2#	3#
亚硫酸氢钠	10	20	15
聚硅硫酸铝	20	40	30
聚丙烯酰胺	40	60	50
醋酸钠	15	30	23
柠檬酸	20	40	30
去离子水	50	100	80
辉石安山玢岩粉末	10	20	15
氯化钠	3	5	4
白矾	5	10	8

续表

原料	配比（质量份）		
	1#	2#	3#
高锰酸钾	10	15	13
漂白粉	15	20	17

［制备方法］

（1）按照配比量取原材料，在搅拌机内加入去离子水；

（2）将亚硫酸氢钠、氯化钠、辉石安山玢岩粉末和白矾加入搅拌机，搅拌溶解；

（3）将柠檬酸缓慢加入搅拌机内搅拌；

（4）将聚硅硫酸铝、聚丙烯酰胺加入搅拌机，缓慢搅拌溶解，温度控制在50℃以下，温度过高时应放慢加料速度或者停止加料；

（5）缓慢投入醋酸钠和高锰酸钾，温度控制在50℃以下，温度过高时应放慢加料速度或者停止加料；

（6）缓慢加入漂白粉，搅拌均匀，停止搅拌，产品检验包装。

［产品特性］ 本品制备工艺简单，生产速度快，成本低，无三废排放。用该污水处理剂处理污水操作简便，效率高，无毒害物质产生，设备投资少，处理快速，彻底。

配方 219 污水处理剂（38）

［原料配比］

原料	配比（质量份）		
	1#	2#	3#
改性蛭石	37	30	50
膨润土	26	20	40
聚合氯化铝	15	10	20
聚合硫酸铁	15	10	20
活性炭	9	8	16
十二烷基苯磺酸钠	4	2	6
高铁酸钾	8	5	10

［制备方法］

（1）将膨润土于420～480℃下高温焙烧2.5～3h，自然冷却后取出；

（2）将处理后的膨润土按配方量与其他原料混合搅拌均匀，粉碎至粒径为80～120目，即可得到所述污水处理剂。

［原料介绍］

所述改性蛭石为酸改性蛭石。所述酸改性蛭石的制备方法为：将蛭石经300～400℃烧结1～2h，然后加入浓度为0.5～1.5mol/L的酸液搅拌30～60min，离心，滤渣经水洗至洗液为中性，干燥，即可得到酸改性蛭石。

［产品特性］ 本品的蛭石经高温焙烧膨胀后再经酸液处理，使得其层间的空隙增大，并使得其对蛭石层间有机阳离子的作用力增强，吸附作用增强。本品制备工艺简单，成本低，对污水中的杂质进行絮凝的效果显著，处理后污水中COD去除率为98%以上，总磷去除率为98%以上，总氮去除率为96%以上，NH_3-N去除率为95%以上。

配方 220 污水处理剂（39）

［原料配比］

原料		配比（质量份）				
		1#	2#	3#	4#	5#
改性膨润土	钠基膨润土	20	20	20	20	20
	20%的盐酸	2	4	3	2	2.5
	1.6%的十二烷基硫酸钠溶液	50	—	—	—	—
	1.5%的十二烷基硫酸钠溶液	—	50	—	50	50
	2%的十二烷基硫酸钠溶液	—	—	50	—	—
插层膨润土	壳聚糖	4	3	5	4	5
	1.2%的醋酸水溶液	50	—	—	—	50
	1.1%的醋酸水溶液	—	50	—	50	—
	1%的醋酸水溶液	—	—	50	—	—
	改性膨润土	12	10	13	11	13
聚合种子	过硫酸铵	0.13	0.12	0.14	0.14	0.12
	去离子水	6	6	6	6	6
	插层膨润土	20	19	18	18	19
氢氧化钠		0.41	0.36	0.32	0.32	0.32
水		50	50	50	50	50
丙烯酸		3	4	3.5	3.2	3
丙烯酰胺		7	6	8	7	8

续表

原料		配比（质量份）				
		1#	2#	3#	4#	5#
马来酸酐		0.04	0.03	0.02	0.04	0.03
阻聚剂	对苯二酚	0.002	—	0.026	—	0.002
	1,1-二苯基-2-苦基肼	—	0.003	—	0.002	—
聚合种子		20	20	20	20	20
亚硫酸钠		0.11	0.09	0.11	0.08	0.08
硫酸铜		0.5	0.6	0.5	0.55	0.5
N,*N*-亚甲基双丙烯酰胺		0.05	0.04	0.05	0.02	0.02

[制备方法]

(1) 按质量份数计，将20份钠基膨润土和2～4份质量分数为20%的盐酸加入50份质量分数为1.5%～2%的十二烷基硫酸钠溶液中，然后在76～82℃下超声30～45min，超声结束后过滤，再洗涤至中性，干燥后得到改性膨润土。

(2) 按质量份数计，将3～5份壳聚糖加入50份质量分数为1%～1.2%的醋酸水溶液中，搅拌20～30min，然后加入10～13份改性膨润土，在85～90℃下搅拌1.5～2h，然后过滤、洗涤、干燥、粉碎得到插层膨润土。

(3) 按质量份数计，将0.12～0.14份过硫酸铵加入6份去离子水中溶解，然后再加入18～20份插层膨润土，搅拌均匀后密闭静置20～35min，得到聚合种子；所述静置的过程中，温度为15～30℃，同时保持避光。

(4) 按质量份数计，将0.32～0.41份氢氧化钠加入50份水中，再依次加入3～4份丙烯酸、6～8份丙烯酰胺、0.02～0.04份马来酸酐、0.002～0.003份阻聚剂，在50～55℃下持续搅拌，然后依次加入20份聚合种子、0.08～0.11份亚硫酸钠、0.5～0.6份硫酸铜，反应5～8min后加入0.02～0.05份*N*,*N*-亚甲基双丙烯酰胺，继续反应50～60min，然后过滤，先用脱附液清洗，然后再用水清洗至中性，最后干燥粉碎得到污水处理剂。

[原料介绍]

所述脱附液为质量分数为7%～10%的乙二胺四乙酸二钠水溶液，乙二胺四乙酸二钠水溶液的pH值为1～2。

所述插层膨润土的粒径为0.1～1mm。

[产品特性] 本品以壳聚糖插层膨润土，使得壳聚糖固定在膨润土的层片结构之间，壳聚糖是一种生物质材料，具有良好的生物相容性和大量的活性基团，有利于提高与高分子之间的接枝率。本品以丙烯酸、丙烯酰胺和马来酸酐为单体与壳聚糖进行接枝共聚，从而使得高分子复合物与无机材料膨润土连接上，高分子以链状方式连接在膨润土层间的壳聚糖上，避免膨润土本体被高分子包裹，从而使

得膨润土本体的吸附性能得到保护。本品放入水中后，膨润土不会从处理剂中剥离出来，具有沉降速度均衡的优点。无机高分子初始时的吸附效率高，弥补了高分子初始吸附效率低的缺点。本品无机物质膨润土吸附性能强，有利于提高净水效率。

配方 221 污水处理剂（40）

原料配比

原料		配比（质量份）			
		1#	2#	3#	4#
草炭		8	5	10	6
阳离子淀粉		16	10	20	12
絮凝剂	聚合氯化铝	55	—	—	—
	聚合硫酸铁	—	60	—	—
	硫酸铁	—	—	50	—
	聚合氯化铁	—	—	—	54
碱性物	氢氧化钠	6	—	—	—
	氢氧化钙	—	10	5	8
交联剂	丙烯酰胺	10	10	10	15
吸附剂	氧化铝	5	—	5	—
	硅酸钠	—	5	—	—
	海藻酸钠	—	—	—	5

制备方法

（1）首先将草炭烘干，然后进行粉碎并过 70～80 目筛，最后再次进行烘干，备用；

（2）按照质量比 55∶25∶25∶15∶1 的比例分别量取玉米淀粉、水、乙醇、2,3-环氧丙基三甲基氯化铵和氢氧化钠，并在 80℃下进行充分混匀，制得阳离子淀粉，备用；

（3）将步骤（1）得到的烘干粉碎后的草炭与步骤（2）得到的阳离子淀粉按照 1∶2 进行充分混合；

（4）向步骤（3）得到的混合物中加入碱性物的饱和溶液，并在 240℃下进行高温处理；

（5）步骤（4）得到的产物冷却到室温后，依次加入絮凝剂、交联剂、吸附剂和适量的水，并进行充分的混匀；

(6) 调节步骤 (5) 得到的产物至中性;

(7) 对步骤 (6) 得到的产物进行烘干处理，得到污水处理剂粉剂;

(8) 对步骤 (6) 得到的产物进行烘干处理，直至使其成糊状，并利用造粒机将其挤压成颗粒状，然后对得到的颗粒物继续进行烘干处理，得到污水处理剂颗粒剂。

[产品特性] 在污水处理剂中使用了草炭，草炭中含有大量的纤维丝状物，具有较大的表面积，可以增加与交联剂和吸附剂等的结合程度，进一步提高污水处理剂的吸附效果和絮凝效果。另外，草炭易得，成本低。

配方 222 污水处理剂(41)

[原料配比]

原料	配比(质量份)				
	1#	2#	3#	4#	5#
聚合三氯化铁	35	20	25	30	35
醋酸钠	45	50	45	40	30
聚丙烯酰胺	15	10	13	15	20
去离子水	120	150	140	130	115
草酸	0.7	0.5	0.6	0.7	0.9
过氧化钙	18	20	18	17	15
活性炭	18	10	12	14	16
膨润土	10	25	23	20	16

[制备方法]

(1) 按上述配比将原料聚合三氯化铁、醋酸钠、聚丙烯酰胺、草酸、过氧化钙、活性炭和膨润土混合均匀得到混合料 a;

(2) 接着将上述的混合料 a 加入至配方量的去离子水中搅拌均匀得到产品。

[产品特性]

(1) 本品能够使有害物质不溶出，而且絮凝颗粒大、沉淀时间短、污泥较少，进而实现彻底的污水处理，处理率能够达 95%以上，保障处理后的再生水源无危害；处理后所得水不仅能够达排放标准而且还利于水资源回收再利用，适于在生活及工业废水综合治理相关领域推广应用。

(2) 本品污水处理剂中的各个原料组分相互作用，相互配合，使得污水处理的效果大大提高。

配方 223 污水处理剂（42）

原料配比

原料	配比（质量份）				
	1#	2#	3#	4#	5#
氢氧化锌	20	25	35	45	50
硫酸亚铁	20	25	30	35	40
玉米淀粉	80	90	95	100	120
丙烯酰胺	40	48	50	65	70
石灰	15	20	20	30	35
腐殖酸钠	25	30	35	60	65
聚硅硫酸铝	10	30	35	35	40
维生素 E	20	22	25	28	30
冰片	30	33	35	36	40
碳酸氢钠	10	12	18	28	30
活性炭	40	35	30	20	10
棉籽壳	200	25	30	45	60
硅藻土	80	75	65	55	50
聚山梨酯	20	22	25	28	30
乙二胺四乙酸	40	45	50	55	60
羟丙基甲基纤维素钠	25	30	35	40	45
柠檬酸钠	20	25	30	35	40
尿素	15	20	25	35	45

制备方法

（1）取石灰、腐殖酸钠、聚硅硫酸铝、棉籽壳、硅藻土加 8～15 倍水静置 12～24h，取出置于阴凉处摊开晾晒至水分含量为 5%～10%，得物料 A。

（2）取碳酸氢钠加入柠檬酸钠在 150～180℃下煅烧 15～20min 后，粉碎至 200～300 目，加入氢氧化锌、硫酸亚铁、活性炭、聚山梨酯、乙二胺四乙酸、羟丙基甲基纤维素钠、尿素在 40～50℃下混合搅拌 25～30min，得物料 B；搅拌速度为 180～200r/min。

（3）取玉米淀粉在 80～90℃下糊化 25～30min，然后加入丙烯酰胺 45～55℃下反应 15～25min，沉淀，真空干燥至恒重，得物料 C。

（4）将步骤（1）制得的物料 A、步骤（2）制得的物料 B、步骤（3）制得的物料 C 与维生素 E、冰片搅拌混合 2～3h，即得所述污水处理剂。搅拌速度为 100～120r/min。

[产品特性]

(1) 本品能够明显降低污水COD、BOD_5、悬浮物的含量，处理过的污水各项指标均达到国家二级以上标准。

(2) 本品具有无毒、高效、环保的优点，制备方法简单，易操作，制备过程中无有害物质产生。

配方224 污水处理剂(43)

[原料配比]

原料	配比(质量份)	原料	配比(质量份)
硫酸亚铁	50～70	硫酸铝	6～7
酸水	15～20	甘氨酸	4～9
酸泥	3～8	氢氧化钙	20～35

[制备方法] 将各组分原料混合均匀即可。

[产品特性] 本品原料来源广泛，天然环保，处理后的水可回收利用，节约水资源，节约成本。

配方225 污水处理剂(44)

[原料配比]

原料		配比(质量份)				
		1#	2#	3#	4#	5#
聚丙烯酸钠	黏均分子量为4000	10	—	—	—	—
	黏均分子量为6000	—	10	—	—	—
	黏均分子量为5000	—	—	10	10	10
淀粉		5	25	15	10	20
膨润土		30	50	40	35	45
硫酸铁		5	15	10	8	12
明矾		5	15	10	8	12
硫酸铝		0.5	1.5	1	0.8	1.2
活性炭		1	9	5	3	7
碱式氯化铝		1	7	4	2	6

续表

原料		配比（质量份）				
		1#	2#	3#	4#	5#
硫酸亚铁		1	1.5	1	0.8	1.2
硝酸镍		0.2	0.8	0.5	0.4	0.6
壳聚糖	分子量为 8000	10	—	—	—	—
	分子量为 12000	—	20	—	—	—
	分子量为 10000	—	—	15	—	—
	分子量为 9000	—	—	—	12	—
	分子量为 11000	—	—	—	—	18
聚山梨酯		0.02	0.08	0.05	0.04	0.06

［制备方法］

（1）取膨润土、硫酸铁、明矾、硫酸铝、活性炭、碱式氧化铝、硫酸亚铁和硝酸镍，混合，粉碎成细粉。

（2）取壳聚糖，加入一定量的纯水，加热溶解，然后加入聚丙烯酸钠和淀粉，搅拌，保温，得中间料；加热温度为 50～70℃。

（3）将上述细粉和中间料混合，加入聚山梨酯，搅拌，即得。搅拌条件为：温度 40～60℃，3000～5000r/min 搅拌 10～20h。

［产品特性］ 本品工艺简单，成本低，能够显著提高对于印染污水的色度去除率、浊度去除率，性能优异。

配方 226 污水处理剂（45）

［原料配比］

原料		配比（质量份）					
		1#	2#	3#	4#	5#	6#
沸石		34	46	42	30	50	38
硫酸铝		15	10	14	13	12	11
复合微生物		3.7	4.2	3.4	4.6	3	5
纤维素醚	羧甲基纤维素	5.5	—	—	—	—	7
	乙基纤维素	—	7.5	—	—	—	—
	羟乙基纤维素	—	—	5	—	—	—
	苄基氰乙基纤维素	—	—	—	8	—	—
	羧甲基羟乙基纤维素	—	—	—	—	6	—

续表

原料		配比（质量份）					
		1#	2#	3#	4#	5#	6#
腐殖酸钠		2	4	2.7	3.2	2.4	3.2
柠檬酸		1.4	1.3	1	2	1.7	1.6
石竹烯		4.3	4.7	5	3	3.6	3.3
竹炭		5.6	5.2	4	4.7	4.3	6
有机改性膨润土	有机改性膨润土	8	—	—	—	—	—
	CTMAB 改性膨润土	—	10	—	9.5	—	11
	8-羟基喹啉改性膨润土	—	—	8.5	—	7	—
海泡石纤维		2	4	2.3	3.7	2.6	3.3
乙二胺四乙酸二钠		1.4	1.2	1	2	1.6	1.8
羧甲基淀粉钠		6	5	4.5	6.5	4	7
复合微生物	硝化细菌	0.8	0.7	0.9	0.9	1	0.7
	反硝化细菌	0.5	0.5	0.6	0.6	0.4	0.7
	光合细菌	0.4	0.4	0.4	0.3	0.5	0.3
	泾阳链霉菌	0.7	0.6	0.5	0.7	0.5	0.5
	粪肠球菌和长双歧杆菌	1.3	1.1	1	1.4	1	1

[制备方法]

(1) 将沸石、硫酸铝、竹炭、海泡石纤维、羧甲基淀粉钠加入水中，在 40～50℃下搅拌 40～60min，得到第一混合物；所述水的加入量是所述沸石、硫酸铝、竹炭、海泡石纤维、羧甲基淀粉钠总质量的 4～6 倍。

(2) 向步骤 (1) 得到的第一混合物中加入纤维素醚、腐殖酸钠、柠檬酸、石竹烯、有机改性蒙脱土、乙二胺四乙酸二钠，在 60～80℃下搅拌 30～40min，得到第二混合物。

(3) 将步骤 (2) 得到的第二混合物冷却至室温后，再加入复合微生物，搅拌 20～30min 后，进行冷冻干燥，并将干燥后的物质研磨，得到粒径为 200～400 目的污水处理剂。

[使用方法] 本品主要用于生活及工业废水的处理。

[产品特性]

(1) 本品能有效去除污水中的污染物，处理污水彻底、处理成本低，无毒性、无污染，处理后的污水满足国家污水综合排放标准的要求而且还利于回收利用，适于在生活及工业污水综合治理相关领域推广应用。

（2）本品制备工艺简单且原料取材方便、成本低，效果好，适合大规模生产。

配方 227 无磷水处理剂

原料配比

原料	配比（质量份）	原料	配比（质量份）
十二烷基二甲基苄基氯化铵	0.5～0.7	聚乙烯基吡咯烷酮	0.5～0.6
聚天冬氨酸	0.3～0.4	烷基环氧羧酸钠润滑剂	0.5～0.7
甲基苯并三氮唑	0.3～0.5	钼酸盐	0.4～0.6
聚合氯化硫酸铁铝	0.4～0.6	去离子水	1.1～1.3
异噻唑啉酮	0.1～0.4	硫黄	0.7～0.9
海藻酸钠	0.3～0.5		

制备方法

（1）首先预备反应釜，将反应釜按照生产标准进行消毒，随后将十二烷基二甲基苄基氯化铵、聚天冬氨酸、甲基苯并三氮唑以及离子水倒入反应釜，得到反应后的液体。

（2）将液体放入锅炉中进行加热，随后通过搅拌棒进行搅拌，随后将液体倒入冷却罐自然冷却；搅拌速度为 3600r/min，搅拌时间为 0.2～0.3h。

（3）冷却完成后在液体中兑入聚乙烯基吡咯烷酮、烷基环氧羧酸钠润滑剂、钼酸盐聚合氯化硫酸铁铝、异噻唑啉酮、海藻酸钠及硫黄，进行搅拌后制得所需要的无磷水处理剂。

原料介绍

所述海藻酸钠在萃取前通过设备压碎成粉末状，萃取后需经氯化钙沉淀得带色的海藻酸钙，酸处理后得到海藻酸钠。

所述钼酸盐结构形式为 ABO_4 型，结构为四面体，其钼离子位于四面体的对称中心。

所述聚天冬氨酸由聚琥珀酰亚胺和聚天冬氨酸碱溶液精制，经沉淀、干燥得聚天冬氨酸固体粉末。

所述水处理剂的 pH 值在 3.0～5.5 之间。

产品特性 该无磷水处理剂制备方法简单，工作效率高不仅仅有絮凝功能和脱色功能，而且具有去除重金属离子、杀菌等功能，还提高了水净化效果，不会对环境造成污染，成本低。

配方 228　洗煤污水处理剂

［原料配比］

原料		配比（质量份）
聚丙烯酰胺		40～50
聚丙烯酸镁聚合物		30～50
氯化镁		20～500
氯化钙		10～200
聚丙烯酸镁聚合物	氢氧化镁	5～8
	丙烯酰胺	20～28
	氢氧化钠	5～10
	阳离子糊化淀粉	2～5
	丙烯酸	3～4
	水	适量

［制备方法］

（1）按质量份数称量氢氧化镁 5～8 份、丙烯酰胺 20～28 份、氢氧化钠 5～10 份、阳离子糊化淀粉 2～5 份、丙烯酸 3～4 份，将各部分混合，得到混合物；将混合物与水混合，得到混合液；将混合液蒸干，得到聚丙烯酸镁聚合物；将该聚合物粉碎成 50～80 目颗粒。

（2）按质量份数称量氯化镁、氯化钙、聚丙烯酰胺，并加入步骤（1）得到的聚合物中，混合均匀，得到洗煤污水处理剂。

［原料介绍］

所述氯化镁、氯化钙的含水量为 4%～8%。所述氯化镁为直径 0.2～2mm 颗粒。所述氯化钙为直径 0.2～2mm 颗粒。

［产品特性］

（1）聚丙烯酸镁聚合物是由氢氧化镁、氢氧化钠、丙烯酸、丙烯酰胺、阳离子糊化淀粉共聚而成的一种共聚物，该聚合物的分子量相对较小，为立体线性结构，其侧基的立体结构使得聚合物与煤泥颗粒结合后形成松散的立体状结构，不让其压紧压实，当有轻微扰动时，便可以悬浮松散开，扰动停止即可下沉。淀粉的加入还使得聚合物具有很好的亲水融合性。

（2）本品中使用无机盐氯化镁，其作用是利用镁离子的阳离子电荷使得胶体溶液态脱离稳定，促进快速絮凝。

（3）氯化钙的加入是因为氯化钙溶解于水中呈现弱碱性，可以将微酸性的洗煤水中和为中性，一方面利于保护管道，另一方面钙离子形成微小的钙盐不溶物，帮助吸附细小悬浮颗粒，促进洗煤污水的沉降。

配方 229 橡胶加工专用的污水处理剂

［原料配比］

原料	配比（质量份）		
	1#	2#	3#
改性陶瓷颗粒	45	50	55
盐碱土	20	25	30
竹炭	20	25	30
壳聚糖	5	7	8
十二烷基硫酸钠	1	2	2
水	适量	适量	适量

［制备方法］

（1）向改性陶瓷颗粒和盐碱土中加水得到混合浆体，随后进行超声处理，得到混合物；超声处理的温度为 120～130℃，时间为 30～40min。

（2）将混合物与竹炭、壳聚糖、十二烷基硫酸钠进行冰浴混匀搅拌，随后进行微胶囊化处理并置于 2～6℃温度下低温烘干，得到橡胶加工专用的污水处理剂；搅拌转速为 300～600r/min。

［原料介绍］

所述改性陶瓷颗粒的制备方法为：

（1）将陶瓷颗粒原土加入回转窑中，在 850℃温度条件下烧制 30～60min，出窑后粉碎成 40～60 目陶瓷颗粒细粉；

（2）取步骤（1）所得的陶瓷颗粒细粉真空干燥处理 12h，随后置于已二酸四乙酸钠中浸泡 2～4h，使得陶瓷颗粒细粉得到充分浸泡，过滤后进行低温烘干；

（3）取步骤（2）所得低温烘干后的陶瓷颗粒细粉加入聚合釜中，随后依次添加聚乙烯醇、偶氮二异丁腈、聚磷氯化铝、甲醇、苯乙烯和 N,N-亚甲基双丙烯酰胺，得到改性陶瓷颗粒；反应温度为 73～78℃，反应时间为 36～40min。

［产品特性］ 本品能够使得橡胶加工的污水处理后理化指标达到国家标准要求，且有效降低了 COD、BOD、SS 及金属离子含量；处理工艺简单，用药量少，处理效果良好，性能稳定，出水水质好，可有效地降低水处理的成本，具有很好的经济效益和广泛的社会效益。

配方 230　新型工业污水处理剂

［原料配比］

原料	配比（质量份）	原料	配比（质量份）
黏土	65～75	硫酸盐	1～2
绿矾	10～15	膨润土	6～8
改性硅藻土	5～10	沸石	2～3

［制备方法］　将各组分原料混合均匀即可。

［原料介绍］　所述硫酸盐为硫酸铝、硫酸铁、硫酸镁、硫酸锌、硫酸镍、硫酸镉、硫酸银和硫酸锰中的一种。

［产品特性］　本品可对工业污水进行处理，效率高、成本低，不仅能够可持续处理色度、浓度均较高的工业污水，同时使处理后的印染污水无色、无味；处理后的污水能够达到排放标准，絮团强度高，无二次污染。

配方 231　新型污水处理剂（1）

［原料配比］

原料	配比（质量份）		
	1#	2#	3#
硫酸钠	16	10	18
聚丙烯酰胺	8	5	9
氯化铝	18	16	20
硫酸铝	6	3	8
硫酸铁	18	12	20
氯化铁	17	15	20
四氯化钛	10	8	12
无机酸	14	13	15

［制备方法］　分别将硫酸钠、聚丙烯酰胺、氯化铝、硫酸铝、硫酸铁、氯化铁、四氯化钛、无机酸粉碎后过 200 目筛，混合均匀后，即得污水处理剂。

［产品特性］　本品新型污水处理剂选用的聚合氯化铝易溶于水、混凝效果优异。本品稳定性好，适用 pH 值范围广，处理后水的 pH 值降低不大，同时使用无机物与有机物成分协同作为混凝剂，使得本品具有优异的絮凝效果。本品具有净化速

度快、效果好、环保无毒等优点。

配方 232 新型污水处理剂（2）

〔原料配比〕

原料	配比（质量份）					
	1#	2#	3#	4#	5#	6#
聚合硫酸铁	50	55	60	60	60	65
硫酸铝	30	25	30	25	28	22
三氯化铁	20	20	10	15	12	13

〔制备方法〕 将各组分原料混合均匀即可。

〔产品特性〕 该水处理剂针对工业废水，除磷、除氨氮和降COD效果好，出水水质好，处理成本低。污水中加入该药剂后，磷和氨氮会迅速被除去，效率高，絮团强度高，疏水性能好，利于压滤。该污水处理药剂纯度高、无杂质、无粉尘。

配方 233 絮凝灭菌双功能水处理剂

〔原料配比〕

原料	配比（质量份）		
	1#	2#	3#
壳聚糖	15	10	20
柠檬酸	13	10	16
聚合硫酸铁	20	15	25
羧乙基纤维素	11	7	15
十二烷基二甲基苄基氯化铵	7.5	5	10
聚二甲基二烯丙基氯化铵	7.5	5	10
硅酸钠	10	5	15
煤矸石	25	20	30
氧化铝	12.5	10	15
稳定剂次亚磷酸钠	2	1	3
速凝剂氯酸钠	2	1	3
稀硫酸	10	5	15
去离子水	100	90	110

【制备方法】

（1）按比例称取煤矸石总质量的1/2、无机酸和去离子水总质量的1/4，共同加入振荡器中，调节振荡器内温度为25℃，对混合液振荡3h，取出振荡液并加入去离子水总质量的1/4清洗，洗去无机酸和漂浮物，得改性煤矸石A，备用；

（2）按比例称取煤矸石总质量的1/2和杀菌灭藻剂，在75～80℃的水浴条件下，以180～200r/min的转速搅拌2h，随后进行真空抽滤，滤干后，在80～85℃的条件下烘干2h，烘干后研磨，过110～120目筛，得改性煤矸石B，备用；

（3）按比例称取壳聚糖、柠檬酸、聚合硫酸铁、羧乙基纤维素、硅酸钠、氧化铝、稳定剂、速凝剂和剩余的去离子水，并在65～70℃的条件下，与改性煤矸石A、改性煤矸石B，以750～780r/min的转速搅拌2～3h，即得絮凝灭菌双功能水处理剂。

【原料介绍】

所述稳定剂为硫代硫酸铵、次亚磷酸钠、硫氢化钠、焦亚硫酸钠、二乙氨基二硫代甲酸钠中的一种。

所述杀菌灭藻剂包括十二烷基二甲基苄基氯化铵、聚二甲基二烯丙基氯化铵。

所述无机酸为稀盐酸或稀硫酸。

【产品特性】 该絮凝灭菌双功能水处理剂具有良好的絮凝效果，对金属离子具有良好的去除作用，同时具有良好的杀灭细菌的功能。

配方234 氧化锌/四氧化三铁/活性炭纳米废水处理剂

【原料配比】

原料		配比（质量份）		
		1#	2#	3#
四氧化三铁/活性炭纳米复合材料	$FeCl_3 \cdot 6H_2O$	0.0569	0.06828	0.07397
	$FeCl_2 \cdot 4H_2O$	0.0837	0.1004	0.1088
	去离子水	30（体积份）	35（体积份）	50（体积份）
	活性炭	0.1	0.1	0.1
六水合硝酸锌		0.2	0.2	0.2

【制备方法】

（1）按照$FeCl_2 \cdot 4H_2O$与$FeCl_3 \cdot 6H_2O$的质量比为1.47∶1称量混合，向$FeCl_2 \cdot 4H_2O$和$FeCl_3 \cdot 6H_2O$中加去离子水使其全部溶解，按照活性炭与$FeCl_3 \cdot 6H_2O$的质量比为1∶(0.5～1.0)加入活性炭，超声处理15～30min，再

用质量分数为15%～30%的氨水调节pH值≥11，随后转入到水热反应釜中，100～150℃反应3～5h，反应结束后冷却至室温，经去离子水洗涤后得到四氧化三铁/活性炭纳米复合材料；

(2) 按照六水合硝酸锌与活性炭质量比为(2～1)∶1，向步骤(1)得到的四氧化三铁/活性炭纳米复合材料中加入六水合硝酸锌[$Zn(NO_3)_2 \cdot 6H_2O$]，用质量分数15%～30%的氨水调节pH≥11，超声分散0.5～1h后转入水热反应釜中，160～200℃下反应10～12h，反应结束冷却至室温，依次用去离子水和无水乙醇洗涤，干燥后即可得到氧化锌/四氧化三铁/活性炭纳米废水处理剂。

[使用方法] 按照本品与有机污染物的质量比为(20～50)∶1，向含有机污染物(亚甲基蓝、甲基橙等常见的有机污染物)的水溶液中加入废水处理剂，振荡15～30min，使废水处理剂达到吸附和脱附平衡后，用波长365nm的紫外光光照15～30min对水中的有机染料进行光降解，用磁铁对混合溶液中的废水处理剂进行磁性分离，回收再利用。

[产品特性]

(1) 本品具有高吸附性能和光催化性能，且仅通过外加磁场的作用即可实现对该新型纳米废水处理剂的回收；具有良好的再生性能，非常适用于污水中有机污染物的治理，对环境保护和可持续发展有重要意义。

(2) 本品解决了单一地以活性炭吸附存在的回收难、后续活化处理烦琐和以氧化锌等为代表的光催化降解效率低的问题。

(3) 工艺简单易行，采用水热法和共沉淀法相结合的方法。

(4) 使用方便，对废水中常见的亚甲基蓝、甲基橙等有机污染物具有很好的处理效果。

配方 235 医疗废水处理剂（1）

[原料配比]

原料	配比（质量份）				
	1#	2#	3#	4#	5#
改性多孔 Ti-Ho-Sb-O-B	20	25	30	35	40
吸附树脂	100	100	100	100	100
纳米微孔活性硅	10	10	10	10	10
偶氮二异丁腈	2	2	2	2	2
1,1'-砜基双[4-(2-丙烯)氧基苯]	10	10	10	10	10

［制备方法］ 将改性多孔 Ti-Ho-Sb-O-B、吸附树脂、纳米微孔活性硅、偶氮二异丁腈、1,1′-砜基双[4-(2-丙烯)氧基苯] 混合均匀后得到混合料，然后将混合料加入双螺杆挤出机中挤出成型，切粒，得到医疗废水处理剂。所述挤出成型控制螺杆转速为 50～70r/min，挤出温度为 190～200℃。

［原料介绍］

（1）多孔 Ti-Dy-Sb-O-B 的制备：将四氯化钛、硝酸镝、三氯化锑和硼酸钠依次加入醇溶剂中，搅拌 0.5～1h，然后缓慢加入醋酸钠，继续搅拌 1～2h 后形成溶液，再将溶液转移到聚氟乙烯内衬的水热反应釜中，在 220～240℃下水热反应 18～22h，接着将水热反应釜取出并自然冷却至室温，将水热反应釜中的粗产物用去离子水和无水乙醇依次洗净后，在 70～80℃的真空干燥箱中干燥 10～16h，得到前驱体颗粒，最后将前驱体颗粒于 550～650℃马弗炉中恒温预烧 8～12h 后冷却至室温，过 100～300 目筛，得到多孔 Ti-Dy-Sb-O-B；所述四氯化钛、硝酸镝、三氯化锑、硼酸钠、醇溶剂、醋酸钠的质量比为 1∶(0.03～0.06)∶0.05∶0.01∶(3～5)∶1.5。

（2）改性多孔 Ti-Ho-Sb-O-B 的制备：将经过步骤（1）制备得到的多孔 Ti-Dy-Sb-O-B 分散于有机溶剂中，再向其中加入乙氧基三苯基硅烷，在 60～80℃下搅拌反应 3～5h 后抽滤，干燥，得到改性多孔 Ti-Ho-Sb-O-B；所述多孔 Ti-Dy-Sb-O-B、有机溶剂、乙氧基三苯基硅烷的质量比为 1∶(3～5)∶0.3。

（3）吸附树脂的制备：将 2-乙酰氨基丙烯酸甲酯、烯丙基三乙基锗烷、三苯氧基乙烯基硅烷、引发剂加入高沸点溶剂中，在氮气或惰性气体氛围中，于 70～80℃下搅拌反应 3～5h 后在水中沉出，再用乙醇洗涤，最后干燥，得到吸附树脂；所述 2-乙酰氨基丙烯酸甲酯、烯丙基三乙基锗烷、三苯氧基乙烯基硅烷、引发剂、高沸点溶剂的质量比为 1∶0.2∶0.5∶(0.01～0.02)∶(6～10)。

所述有机溶剂为乙醇、二氯甲烷、四氢呋喃中的至少一种。

所述醇溶剂为乙醇、乙二醇、异丙醇中的至少一种。

所述引发剂为偶氮二异丁腈、偶氮二异庚腈中的至少一种。

所述高沸点溶剂为 *N*,*N*-二甲基甲酰胺、*N*-甲基吡咯烷酮、二甲亚砜、*N*,*N*-二甲基乙酰胺中的至少一种。

所述惰性气体为氦气、氖气、氩气中的一种。

［产品特性］

（1）本品制备成本低廉，制备用原料来源丰富，制备工艺易操作，适合规模化生产，具有较高的推广应用价值。

（2）本品克服了现有废水处理剂处理效果差、见效慢、使用量大、本身通常就存在污染问题会对环境造成一定影响的技术问题，具有只需掺加很少的量就能起到较好的废水处理效果，且处理效率高、性能稳定性佳、使用安全环保无污染的优点。

配方 236 医疗废水处理剂（2）

原料配比

原料			配比（质量份）		
			1#	2#	3#
组分 A	金属化陶瓷		45	45	45
	过硫酸盐	过硫酸氢钾	50	50	50
	杀菌剂		5	5	5
	杀菌剂	2,2-二溴-3-次氮基丙酰胺	2	2	2
		异噻唑啉酮	1	1	1
组分 B	硝基甲烷衍生物	硝基甲烷	1	—	—
		2-硝基丁醇	—	1	—
		硝基化合物	—	—	1
	氢氧化钠		2	2	2
组分 C	次氯酸钠水溶液		1（mol）	1（mol）	1（mol）
	2-甲基-2-丁烯		10（mol）	10（mol）	10（mol）

制备方法 将各组分原料混合均匀即可。

原料介绍

所述次氯酸钠水溶液浓度为 0.15～0.30mol/L。

所述金属化陶瓷为表面附着一层金属薄膜的陶瓷片。所述的陶瓷片为氧化铝陶瓷片、氮化铝陶瓷、氮化硅陶瓷、氧化锆陶瓷、碳化硅陶瓷中的任意一种。所述金属薄膜由铝镁合金、铝锆合金、铝锰合金或铝钪合金构成。所述的金属化陶瓷制备方法为：将金属合金放入石墨坩埚中通入 5～10L/min 的氮气，加热至 750～800℃，将陶瓷片以 50～60mm/min 的速度垂直插入金属合金熔液中，在全部浸没后保持 2～5min 后取出，在氮气保护下冷却凝固，即得金属化陶瓷。

使用方法 本品针对医疗废水的无臭处理方法，步骤如下：

（1）先在废水池中放入组分 A，放入医疗废水，搅拌 10～30min；组分 A 的用量为每升废水添加 0.5～2g。

（2）加入组分 B 至废水 pH 值为 10～11，搅拌 10～30min。

（3）加入医疗废水总质量 0.5%～1.5%的组分 C 至废水中，搅拌 10～30min。

产品特性 本品用量少，效果好；金属化陶瓷可以作为过硫酸盐的促进剂，加快形成氢氧根自由基，发挥出过硫酸盐的最大功效；组分 B 中的硝基甲烷和/或其衍生物主要可以除臭，医疗废水中臭味物质主要为醛类、挥发酚和不饱和烷烃，其中不饱和烷烃会被组分 A 形成的氢氧根自由基分解，酚类也容易被氧化，氢氧根自由基对醛类化合物影响不大，在组分B中使用硝基甲烷和/或其衍生物可以减少醛类化合物，减少臭味，同时也可以分解废水中残留的一部分药物分子；组分C中的次氯酸钠用于调节pH值，同时再次进行杀菌灭毒。在处理完成后金属化陶瓷仍可取出循环使用多次。使用本品处理剂一次处理后即可达到预处理标准。

配方237 医疗废水处理剂（3）

［原料配比］

原料	配比（质量份）					
	1#	2#	3#	4#	5#	6#
二氧化钛	—	50～180	100	40	—	50
二氧化硅	—	20～100	230	90	—	80
乙酸锌	50～130	10～60	77	40	10～40	100
丙酸钾	15～45	10～30	—	—	15～40	33
丙酸钙	5～35	—	—	17	5～30	—
肉桂酸钾	—	—	—	—	5～30	40

［制备方法］ 将各组分原料混合均匀即可。

［使用方法］ 本品主要用于各种需要蒸发水分子的领域，比如石化炼油废水处理、金属冶炼废水处理、火电厂医疗废水处理、火电厂脱硝废水处理、农药厂废水处理、印染厂废水处理、电镀厂废水处理、油气田含硫废水处理等。

废水处理剂加入量为每吨水加入500～7000g。

医疗废水的处理方法，步骤如下：

（1）燃烧产生的废气首先经过热交换部件和空气换热，得到降温后的废气和热空气；

（2）医疗废水中加入生石灰，将步骤（1）降温后的废气通入其中，反应后产生沉淀；

（3）向经过上述步骤处理后的废水中加入废水处理剂，用步骤（1）产生的热空气对废水进行吹脱，吹脱产生的废气和水蒸气再次用于燃烧；

（4）对步骤（3）处理后的废水进行固液分离，分离后的废水回用于步骤（2）。

步骤（2）的另一种方案是在密闭的环境下将废气通入石灰水，收集石灰水处理后的废气和步骤（3）中的废气一起通入燃烧室，再次燃烧。因为废气中的粉尘、CO_2、SO_2等大部分气体被吸收，只有少量的有害气体难以被溶液处理，这些有害气体进入燃烧室被 C、H_2、CO 还原处理，有害物在还原气氛下被分解，实现无害处理。

步骤（3）是在密闭的环境下用热空气对废水进行吹脱，并收集吹脱废气回用于燃烧。

［产品特性］

（1）本品制备工艺简单、处理成本低、安全系数高；利用废气余热提高燃烧效率和炉膛导热效率来提高燃烧的整体热效率。所述的废水处理剂可以加速水分蒸发，通过降低水-水相互作用降低需要用于蒸发水分子的能量。

（2）本品可以处理多种废水，适应性广，使用方便；不需要根据医院性质、规模、污水排放去向和地区差异对医院污水处理进行分类指导、分类处理。

配方 238 医药废水处理剂（1）

［原料配比］

原料	配比（质量份）				
	1#	2#	3#	4#	5#
高岭石纳米管改性含钛硅凝胶	10	15	11	14	13
多孔陶粒负载锰铈复合物	5	10	6	8	8
硫酸铝	5	8	6	7.5	6
聚丙烯酰胺	10	20	12	15	18
聚合氯化铝铁	5	15	7	15	13

［制备方法］ 将高岭石纳米管改性含钛硅凝胶、多孔陶粒负载锰铈复合物、硫酸铝、聚丙烯酰胺、聚合氯化铝铁混合研磨处理，制得医药废水处理剂。

［原料介绍］

高岭石纳米管改性含钛硅凝胶制备方法：将高岭石粉末分散于二甲基亚砜（DMSO）溶液中，快速搅拌 10～20h，之后离心处理，固体采用甲醇洗涤多次后重新分散于十六烷基三甲基溴化铵（CTMAB）的溶液中，继续搅拌 20～30h，之后超声辐射处理，制得高岭石纳米管；将钛源和硅源溶于无水乙醇中，然后加入高岭石纳米管，并滴加去离子水，超声条件下水解，然后滴加 0.1mol/L 盐酸溶液，超临界干燥处理，制得高岭石纳米管改性含钛硅凝胶。搅拌的转速为 800～1500r/min。超声辐射处理的条件为 400～500W 下处理 10～15min。高岭石粉末、CTAB 的质量比为 1∶(0.15～0.35)。所述钛源为钛酸四丁酯；所述硅源为正硅酸乙酯。所述钛源、硅源、高岭石纳米管的用量比为 1mol∶1mol∶10g。

多孔陶粒负载锰铈复合物制备方法：将粉煤灰、果壳、黏土、高岭土、碳酸锰、碳酸铈、水混合制得球形坯料，然后烘干在680～710℃下进行烧结处理，制得多孔陶粒负载锰铈复合物；所述粉煤灰、果壳、黏土、高岭土、碳酸锰、碳酸铈、水的质量比为5：(1～3)：3：5：(1～2)：(1～2)：(3～5)。烧结处理的条件为：首先以3℃/min的升温速率升温至400℃保温10min，然后以10℃/min的升温速率升温至700℃，保温20min。

［**产品特性**］ 本品首先甲醇以甲氧基的形式插入到高岭石的片层间；然后采用CTAB进行修饰；在转化过程之后，高岭石薄片转变为具有片状结构的纳米卷，制得的高岭石纳米管具有多孔结构，其表面具有较多的吸附位点，将其加入钛源和硅源的混合溶液中，搅拌水解，高岭石纳米管交叉分散在硅、钛水解物形成的三维空间网络结构中，超临界干燥后，制得具有互穿多通道高岭石纳米管改性含钛硅凝胶材料，其比表面积大，吸附性能好；本品以粉煤灰、果壳、黏土、高岭土、碳酸锰、碳酸铈、水为原料，合理控制制备工艺，制得的多孔陶粒负载锰铈复合物具有较多的多孔结构，吸附能力大，且有一定的催化活性。本品稳定性好，用于水处理时效果好，无毒、环保，对水体无二次污染。

配方239 医药废水处理剂（2）

［**原料配比**］

原料	配比（质量份）		
	1#	2#	3#
木质纤维素	15	15	20
甲醇	40	46	44
葡萄糖	15	18	16
氢氧化钙	25	37	34
高锰酸钾	6	7	6
活性炭	25	30	25
聚丙烯酰胺絮凝剂	30	39	30

［**制备方法**］ 将各组分原料混合均匀即可。

［**产品特性**］ 本品原料来源广泛，制备工艺简单，使用方法简单，适用于大规模工业化生产，污水处理效率高，吸附、絮凝和沉淀过程高效快捷，对COD的去除效果明显，是一种性能非常稳定的综合性医药废水处理剂。

配方 240 环保型生物复合污水处理剂

[原料配比]

原料	配比（质量份）			
	1#	2#	3#	4#
壳聚糖	5	20	10	5
聚合硫酸铁	10	10	8	10
蚝壳粉	50	200	50	50
蒸馏水	120	120	100	100

[制备方法] 将各组分原料混合均匀即可。

[产品特性] 本品可以同时处理陆源污水、海洋污水及海水养殖废水，处理效果良好，对 SS 和浊度的去除率达 85%，其中强化去除率超过 75%；COD 的去除率为 72.5%，其中强化去除率为 63.8%；BOD_5 的去除率为 56.4%，其中强化去除率为 43.5%。强化效果明显。对印染废水的 COD 也有较高的去除率：对阴离子型染料的 COD 去除率大于 95%，对其他染料废水的 COD 去除率也达 92%以上。本品中的蚝壳粉具有多孔性，同时具有杀菌作用。

配方 241 印染纺织业用污水处理剂

[原料配比]

原料		配比（质量份）		
		1#	2#	3#
椰壳活性炭/壳聚糖复合物		35	30	40
聚合氯化铝		8	10	5
硝酸镍		3	5	1
气凝硅胶		7	10	5
聚合硫酸铁		4	5	3
聚丙烯酰胺		6	8	5
硝化细菌		8	5	10
混合助剂		8	10	5
椰壳活性炭/壳聚糖复合物	壳聚糖	26	30	20
	椰壳活性炭	16	10	20

续表

原料		配比（质量份）		
		1#	2#	3#
椰壳活性炭/壳聚糖复合物	乙酸	12	10	15
	氢氧化钠	4	5	3
	盐酸	6	8	5
	椰壳活性炭	8	10	5
	醋酸钠	4	3	5
	海藻酸钠	7	5	10
	石膏粉	7	10	5
	植物纤维	6	10	5

［制备方法］

（1）将椰壳活性炭/壳聚糖复合物、聚合氯化铝、硝酸镍、气凝硅胶、聚合硫酸铁、聚丙烯酰胺和混合助剂分别于粉碎机中粉碎至粒径为80～100目备用，将椰壳活性炭/壳聚糖复合物放入反应釜中，加入聚合氯化铝和硝酸镍，150～165℃、300～350r/min条件下混合搅拌30～40min，得到初步混合物料；

（2）将上述初步混合物料放入超声振荡机中，加入聚合硫酸铁和聚丙烯酰胺，在160～170℃下超声振荡10～15min，得到预处理剂；

（3）将预处理剂、气凝硅胶和混合助剂加入螺旋加料机，制备得到半成品处理剂；

（4）将上述半成品处理剂放入搅拌器中，向搅拌器中加入硝化细菌，转速设为300～350r/min，温度为70～75℃，混合搅拌10～15min，冷冻干燥2h后研磨，得到粒径为300～350目的印染纺织业用污水处理剂。

［原料介绍］

所述椰壳活性炭/壳聚糖复合物由下述步骤制备得到：

（1）以质量份计，取20～30份壳聚糖和10～20份椰壳活性炭于粉碎机中粉碎至80～100目备用，将粉碎好的物料放入250mL的三颈烧瓶中，向三颈烧瓶中逐滴加入10～15份乙酸，加热至80～85℃并保持该温度10～15min，使壳聚糖在乙酸中溶解，然后向三颈烧瓶中加入3～5份氢氧化钠和5～8份盐酸，搅拌10～15min后，得到壳聚糖水溶液；

（2）将上述壳聚糖水溶液放入反应釜中，向反应釜中加入5～10份椰壳活性炭，反应温度为85～90℃，混合搅拌20～30min后，向反应釜中加入3～5份醋酸钠，制造偏酸性溶液环境，继续混合搅拌反应15～20min后，得到预处理液；

（3）将上述预处理液加入加热搅拌机中，向加热搅拌机中加入5～10份海藻酸钠、5～10份石膏粉，设定转速为300～350r/min，搅拌时间为25～35min，温度为 140～150℃，各物料混合反应后，得到预复合物；

(4) 将上述预复合物放于混合机中，加入 5～10 份植物纤维进行熔融混合，设置转速为 250～300r/min，混合温度为 170～185℃，混合 20～30min 后，再经造粒机切割造粒，得到短棒状的椰壳活性炭/壳聚糖复合物。

所述混合助剂为高岭土，所述盐酸浓度为 0.1～0.2mol/L，所述椰壳活性炭的比表面积为 2300～2350m^2/g，孔径分布在 60～80μm。

[产品特性]

(1) 本品在制备过程中添加的高岭土具有从周围介质中吸附各种离子及杂质的性能，并且在溶液中具较弱的离子交换性质；气凝硅胶具凝胶的性质，具膨胀作用，增加该污水处理剂的吸附空间，能使其高效吸附印染纺织污水中的大量有机污染物；加入硝化细菌能对污水中的含氮有机物进行分解，使水体得到高效净化，无二次污染。

(2) 本品采用的椰壳活性炭/壳聚糖复合物，以壳聚糖为主要载体，壳聚糖分子中含有大量的—NH_2，通过配位键螯合形成高分子螯合剂具有良好的絮凝特征，在乙酸条件下溶解，通过氢氧化钠和盐酸改变壳聚糖表层的电子状态；以椰壳活性炭为主要活性物质，椰壳活性炭的深度活化比表面积大，活性炭内孔丰富，密度小，具有较大的吸附空间与良好的吸附能力，能与有机物、杂质充分接触并吸附，起到净化作用。添加椰壳活性炭使其均匀附着在壳聚糖上，得到预处理液，进而向预处理液中加入海藻酸钠和石膏粉，各物料混合反应后，得到预复合物，加入植物纤维进行交联改性，提高壳聚糖的稳定性和絮凝能力。

配方 242 印染废水处理剂（1）

[原料配比]

原料		配比（质量份）	
		1#	2#
N,*N*-二甲基二烯丙基氯化铵-丙烯酰胺共聚物		10	10
聚合三氯化铁（PFC）		55	55
聚硅酸铝铁硼镁复合絮凝剂		60	65
硅藻土		52	52
稻壳炭		18	18
石墨粉		10	10
芬顿试剂		30	30
芬顿试剂	H_2O_2	1（mol）	1（mol）
	$FeSO_4 \cdot 7H_2O$	0.5（mol）	0.6（mol）

［制备方法］ 将各组分原料混合均匀即可。

［原料介绍］ 所述的*N*,*N*-二甲基二烯丙基氯化铵-丙烯酰胺共聚物，其制备方法为：*N*,*N*-二甲基二烯丙基氯化铵与丙烯酰胺按摩尔比（2～3)：(3～5）混合，然后加入蒸馏水，充分搅拌溶解，用10%盐酸水溶液调节pH＝4～5。在氮气保护下，升温，滴加引发剂；引发剂占*N*,*N*-二甲基二烯丙基氯化铵与丙烯酰胺总质量的0.5%，滴加温度（60±5)℃，滴加时间（3±0.5）h。恒温至少3.5h，冷却出料，即得共聚物黏稠溶液。

［使用方法］

（1）用盐酸调节待处理废水的pH值为5～6；

（2）先将*N*,*N*-二甲基二烯丙基氯化铵-丙烯酰胺共聚物、聚合三氯化铁投加到pH值调节后的待处理废水中，搅拌反应后，再向其中投加聚硅酸铝铁硼镁复合絮凝剂、硅藻土、稻壳炭、石墨粉搅拌均匀后，最后向其中投加芬顿试剂，进行搅拌反应。每种投加物质的搅拌反应时间至少为30min；1L待处理的废水，所述印染废水处理剂的添加量为0.05～0.08kg。

［产品特性］ *N*,*N*-二甲基二烯丙基氯化铵-丙烯酰胺共聚物、聚合三氯化铁在硅藻土表面大孔内壁形成了牙状絮体，且硅藻土表面的Si－OH基团可能存在失羟基的过程；吸附剂对阳离子染料废水和一般印染废水均具有较高的脱色率。用于处理印染污水具有用量少、配伍性好、适用pH范围宽等优点。

配方243　印染废水处理剂（2）

［原料配比］

原料	配比（质量份）		
	1#	2#	3#
聚丙烯酰胺	30	25	35
聚合氯化铝	25	15	30
活性膨润土	10	15	10
硅藻土	10	15	10
麦麸	15	20	10
活性炭	20	25	15
聚合硫酸铁	1	1	3
硫酸钙	3	3	5
絮凝剂	10	5	10
去离子水	80	100	80

［制备方法］

（1）称取麦麸，烘干并研磨，获得麦麸粉，备用；

（2）将聚丙烯酰胺、聚合氯化铝、一半去离子水加入，进行混合搅拌，同时进行加热处理，得到化合溶液；

（3）待步骤（2）所得化合溶液降温到室温，将聚合硫酸铁、硫酸钙加入进行混合搅拌；

（4）将活性膨润土、硅藻土、活性炭、絮凝剂与步骤（1）所制得的麦麸粉加入步骤（3）所得溶液，再加入剩余的去离子水，加热并搅拌均匀。

［原料介绍］ 所述硅藻土为淡水硅藻土、海水硅藻土或淡水硅藻土与海水硅藻土二者的任意比例的混合物。

［产品特性］ 本品可以对印染废水进行高效的净化，避免了在印染废水处理时因工序繁多与处理剂使用过多，使得对环境与处理人员造成污染。

配方 244 印染污水处理剂（1）

［原料配比］

原料	配比（质量份）				
	1#	2#	3#	4#	5#
聚丙烯酸钠	10	10	10	10	10
淀粉	5	25	15	10	20
膨润土	30	50	40	35	45
硫酸铁	5	15	10	8	12
明矾	5	15	10	8	12
硫酸铝	0.5	1.5	1	0.8	1.2
活性炭	1	9	5	3	7
碱式氧化铝	1	7	4	2	6
硫酸亚铁	0.5	1.5	1	0.8	1.2
硝酸镍	0.2	0.8	0.5	0.4	0.6
壳聚糖	10	20	15	12	18
聚山梨酯	0.02	0.08	0.05	0.04	0.06

［制备方法］

（1）取膨润土、硫酸铁、明矾、硫酸铝、活性炭、碱式氧化铝、硫酸亚铁和硝酸镍，混合，粉碎成细粉；

（2）取壳聚糖，加入一定量的纯水，加热溶解，然后加入聚丙烯酸钠和淀粉，搅拌，保温，得中间料；

(3) 将上述细粉和中间料混合，加入聚山梨酯，搅拌，即得。

［原料介绍］

所述聚丙烯酸钠的黏均分子量为4000～6000。

所述壳聚糖的分子量为8000～12000。

［产品特性］ 本品工艺简单，成本低，能够显著提高对于印染污水的色度去除率、浊度去除率和COD_{Cr}去除率，性能优异。

配方245 印染污水处理剂（2）

［原料配比］

原料	配比（质量份）		
	1#	2#	3#
接枝改性阳离子纸浆纤维	26	27.5	28
接枝共聚阳离子纸浆纤维	24	27	26
海泡石粉	18	15	14
聚合氯化铝	19	19	20
木质磺酸盐	13	15	14
乙二胺四乙酸二钠	5	4	5
明矾	11	8	9
羟基亚乙基二膦酸	4	8	6

［制备方法］ 取海泡石粉、木质磺酸盐、乙二胺四乙酸二钠、明矾粉碎过120～150目筛后，加水混匀，然后升温至40～45℃，搅拌10～15min后，再加入羟基亚乙基二膦酸和聚合氯化铝，再搅拌5～10min后，加入接枝改性阳离子纸浆纤维和接枝共聚阳离子纸浆纤维搅拌均匀后，超声振荡5～10min，降温，即得到处理剂。

［原料介绍］

所述的接枝改性阳离子纸浆纤维中的氮元素含量和纸浆表面电荷密度分别为1.2%～1.5%和1.7～2.1mmol/g。所述的接枝改性阳离子纸浆纤维的制备步骤如下：将碱性过氧化氢（APMP）纸浆调节至8.5%～11%后，加入基于纸浆质量7%～9%的氢氧化钠混匀，再加入基于纸浆质量21%～25%的单体3-氯-2-羟丙基三甲基氯化铵（CHPTAC）、0.47%～0.63%的盐酸羟胺和0.34%～0.46%的硝酸胍混匀，然后将其置于温度为45～55℃的水浴中反应2.5～3h，结束后用蒸馏水洗涤干净，再置于温度为60～65℃的烘箱中干燥22～24h即得。

所述的接枝共聚阳离子纸浆纤维中的氮元素含量和纸浆表面电荷密度分别为1.5%～1.8%和2.5～2.9mmol/g。所述的接枝共聚阳离子纸浆纤维的制备步骤为：向APMP纸浆中加入基于纸浆质量20%～30%的丙烯酰胺、40%～45%的甲基丙烯酰氧乙基三甲基氯化铵和11%～15%的硝酸铈铵混匀，然后调节浆液至9%～12%，再将浆液置于温度为45～50℃的水浴中反应2～3h，然后加入基于纸浆质量5%～8%的苯二酚溶液中止反应，再进行洗涤并干燥，即得。

[产品特性]

(1) 该处理剂制备方法简单，反应条件温和，易于操作和控制，产物的产率和纯度高，且副产物产生量少，资源利用率高。

(2) 该污水处理剂用于处理印染污水，通过原料的复配发挥协同作用，脱色效果和去除COD效果好，且处理后色泽不会还原，能使污水中的带电荷基团失稳、沉淀，实现多种杂物的去除，在各种pH环境的污水中都能使用。

(3) 本品性能稳定，除杂去污效果好，对悬浮物、污染物的絮凝、沉淀快速，疏水性能好，且出水水质好，处理后的水资源可循环利用。

配方246 荧光废水处理剂

[原料配比]

原料	配比（质量份）		
	1#	2#	3#
改性活性白土	50	60	52
聚丙烯酰胺	20	10	12
聚合氯化铝	20	25	30
活性炭	10	5	6

[制备方法] 将所述改性活性白土加热至70～80℃保持50～70min，加入所述聚丙烯酰胺，混合造粒，再与其他配比成分混合。

[原料介绍] 所述改性活性白土，由活性白土加热至70～80℃保持1h而得。

[使用方法] 在荧光废水中，直接加入1‰～7‰的所述荧光废水处理剂，以800～1000r/min的速度搅拌15～30min。

[产品特性]

(1) 改性活性白土具有很强的吸附性，可去油、破乳、脱色和去除COD；聚合氯化铝是一种新型无机高分子混凝剂，可有效去除荧光废水中的悬浮颗粒；聚丙烯酰胺是水溶性高分子聚合物，具有良好的絮凝性，可促进荧光废水中污染物快速凝聚成大颗粒物加速沉降；活性炭可吸附荧光废水中的有机颗粒、重金属离子且可脱色除味，具有较好的脱色和去除COD的效果。

(2) 在荧光废水处理过程中仅需一次性投加荧光废水处理剂即可完成破乳、絮凝、沉降、脱色、去除COD，处理过程简单。该处理剂具有使用方便、使用成本低、对荧光废水处理效果好的特点。

配方 247 用于电镀生产的高效污水处理剂

［原料配比］

原料	配比（质量份）		
	1#	2#	3#
消石灰	15	20	17
聚合硫酸铁	30	50	40
硫酸铝	3	12	7
黏土	15	20	17
硅藻土	15	20	17
聚丙烯酰胺	10	15	13
聚合氯化铝	10	15	13
废铁粉	5	10	7

［制备方法］ 将各组分原料混合均匀即可。

［产品特性］ 本品在处理电镀污水中重金属的同时，也可对其中的磷和氨氮进行处理，处理效果佳；该处理剂对电镀污水中的各种有害物质处理效果好。

配方 248 用于啤酒工业的污水处理剂

［原料配比］

原料	配比（质量份）		
	1#	2#	3#
氯化钠	14	10	15
壳聚糖	8	5	10
脱色剂	7	3	8
聚马来酸酐	14	12	15
咪唑啉	15	13	8

续表

原料	配比（质量份）		
	1#	2#	3#
有机胺盐	14	12	15
聚环氧乙烷十八胺	18	15	20
十二烷基二甲基苄基氯化铵	17	13	19

[制备方法] 将各组分原料混合均匀即可。

[产品特性] 本品根据啤酒工业废水的特性对化学及生物处理剂进行优化组合，具有高效的处理效果，使得废水达标排放，且成本低廉，经济效益显著。

配方 249 用于涂料生产的污水处理剂

[原料配比]

原料	配比（质量份）		
	1#	2#	3#
竹炭	15	17	20
改性硅藻泥	20	28	30
活性炭	30	43	50
多聚羟基氯化铝硅	3	4.5	5
无水三氯化铁	3	4.5	5
羟苯基淀粉	3	3.9	5
硫酸镁	1	2.4	3
有机硅油	3	3.6	5
壳聚糖	2	2.4	3
改性膨润土	25	29	35
水	适量	适量	适量

[制备方法]

（1）将改性膨润土和改性硅藻泥混合后加入水得到混合浆。

（2）使用高速分散机将混合浆进行搅拌分散处理。

（3）将混合浆与竹炭、活性炭、多聚羟基氯化铝硅、无水三氯化铁、羟苯基淀粉混合搅拌，搅拌速度为 100～200r/min，搅拌温度为 10～12℃。

（4）将硫酸镁、有机硅油、壳聚糖加入继续混合搅拌，搅拌速度为 400～500r/min，温度为 28～30℃。

（5）将混合物静置4～5h后，进行微胶囊化处理，处理完成后进行低温高湿度干燥。干燥分为两个阶段，第一阶段干燥时温度为3～3.5℃，湿度为70～80；第二阶段干燥时温度为1～2℃，湿度为40～50。

［**原料介绍**］ 所述改性膨润土的制备方法包括以下步骤：

（1）将膨润土原土加入回转窑中，在425～435℃的条件下烧制70～85min，冷却后粉碎成20～30目的改性膨润土细粉；

（2）将膨润土细粉置于次氯酸钾溶液和木质素磺酸钠溶液中浸泡30～40min（膨润土先置入次氯酸钾溶液中浸泡10～20min后，再置入木质素磺酸钠溶液中浸泡）；

（3）将膨润土置于吐温和氯化钙溶液中浸泡1～3h，过滤后进行真空低温烘干；

（4）将膨润土细粉加入聚合釜中，随后依次添加山梨醇脂肪酸酯、过氧化十二酰、过硫酸铵、羟丙基甲基纤维素醚进行聚合反应，反应温度为61～62℃，反应时间为36～38min。

所述改性硅藻土的制备方法包括以下步骤：

（1）将硅藻泥粉碎成30～40目的硅藻泥细粉；

（2）将硅藻泥细粉置于六偏磷酸钠溶液和木质素磺酸钠溶液中浸泡30～40min（硅藻泥细粉先在六偏磷酸钠溶液中浸泡10～20min后，再置入木质素磺酸钠溶液中浸泡）；

（3）将硅藻泥细粉置于吐温和氯化钙溶液中浸泡1～3h，过滤后进行真空低温烘干；

（4）然后将硅藻泥细粉加入聚合釜中，随后依次添加山梨醇脂肪酸酯、过氧化十二酰、过硫酸铵、羟丙基甲基纤维素醚进行聚合反应，反应温度为61～62℃，反应时间为36～38min。

［**产品特性**］ 本品能够对涂料生产过程中产生的污水进行有效的处理使得最后排放的污水满足国家标准，同时有效地降低了COD、BOD、SS及金属离子含量；处理工艺简单，处理效果良好，性能稳定，处理速度快，同时可有效地降低了水处理的成本，具有很好的经济效益和广泛的社会效益。

配方250 用于造纸废水的污水处理剂

［**原料配比**］

原料	配比（质量份）				
	1#	2#	3#	4#	5#
煤渣	40	42	45	48	50

续表

原料	配比（质量份）				
	1#	2#	3#	4#	5#
硅藻土	26	27	28	29	30
膨润土	12	13	14	15	16
活性碳酸钙	12	12	13	14	15
硫酸亚铁	8	8.5	9	9.5	10
氯酸钠	6	6.5	8	8.5	9
聚合硫酸铝	10	11	12	12.5	13
聚丙烯酸钠	7	7.5	8	8.5	9
硫酸镁	4	4.5	5	5.5	6
硫酸锌	2	3.5	4	4.5	5
聚丙烯酰胺	7	7.5	8	9.5	10
玉米淀粉	10	11	13	14	15
活性炭	10	11	13	14	15
醋酸钠	10	11	13	14	15

[制备方法]

（1）称取硫酸亚铁，加入30～50倍量的水，搅拌溶解后，加入氯酸钠和聚丙烯酰胺，搅拌混合1～2h，获得第一混合液，备用；

（2）称取煤渣、硅藻土、膨润土、活性碳酸钙、玉米淀粉和活性炭，粉碎后，过180～200目筛，并球磨混合3～4h，获得混合物，备用；

（3）将第一混合液升温至65～70℃，加入混合物，搅拌混合均匀后，降温至45～55℃，称取并加入硫酸镁和硫酸锌，搅拌混合均匀，得到第二混合液；

（4）将第二混合液冷却至20～25℃，加入聚合硫酸铝、聚丙烯酸钠及醋酸钠，搅拌混合均匀，获得用于造纸废水的污水处理剂。

[产品特性] 本品处理效果好，经过处理后的造纸废水各项指标均达到了国家排放标准。另外，本品成本低廉，有利于降低中小型造纸企业的环保压力，提高企业的经济效益。

配方 251 用于重金属污染的污水处理剂

[原料配比]

原料	配比（质量份）	
	1#	2#
聚乙烯亚胺	10	15

续表

原料	配比（质量份）	
	1#	2#
二硫化碳	3	5
氢氧化钠	5	8
淀粉黄原酸	3	6
胶质芽孢杆菌	4	5
石决明粉末	5	6
改性沸石粉	8	10
改性膨润土	2	3
海藻酸钠	2	4
腐殖酸	3	6
三氯化铁	4	5
纳米二氧化钛	2	4
纤维素	1	2
硫酸亚铁	3	4
光催化剂	2	4
高效除镍剂	1	2
壳聚糖改性高分子絮凝剂	0.3	0.6
助凝剂	0.5	0.7
葡聚糖凝胶	0.5	0.6
去离子水	60	70

制备方法

(1) 制备混合液 A：将高分子化合物聚乙烯亚胺先用适量的温去离子水溶解成无结块、无沉淀的黏稠状液体；接着在聚合釜中加入剩余去离子水，加热至 60～80℃，在 240～260r/min 速度搅拌下再加入二硫化碳和氢氧化钠，至液体 pH 值大于或等于 10 时慢慢加入聚乙烯亚胺液体，搅拌 40～60min 制成混合液 A；

(2) 制备混合液 B：将淀粉黄原酸、石决明粉末、改性沸石粉、改性膨润土、海藻酸钠、腐殖酸、三氯化铁、纳米二氧化钛、纤维素和硫酸亚铁依次加入搅拌机中，并且加入混合物总量 2～4 倍的去离子水，在温度为 50～60℃、400～450r/min 的转速下搅拌 10～15min，制成混合液 B；

(3) 污水处理剂成型：将混合液 A 和混合液 B 混合均匀后，再依次加入胶质芽孢杆菌、光催化剂、高效除镍剂、壳聚糖改性高分子絮凝剂、助凝剂和葡聚糖凝胶，混合均匀后，得到污水处理剂。

原料介绍

所述海藻酸钠的制备方法为将新鲜海带洗净、晒干、切段，放进转化罐内，加入干海带质量10%的甲醛浸泡，再将含碱溶液加进转化罐，搅拌反应，得到糊状胶液；将糊状胶液加水冲稀，将稀释好的胶液经发泡机发泡后，流进漂浮沉降池，收集中下部清液放入脱钙罐，同时加入稀盐酸溶液，使絮状海藻酸钙变为不溶性的海藻酸；将海藻酸碎末在中和机内加入纯碱溶液，加碱量为海藻酸质量的10%～20%，经搅拌反应，得到海藻酸钠溶液；最后在烘干机内低温下烘干得到海藻酸钠。

所述改性沸石粉的制备方法为取沸石置于640～680℃下煅烧2～3h，冷却至室温后放入10%～15%的盐酸溶液中微沸煎煮20～30min，过滤，滤渣用蒸馏水洗涤干净，烘干，粉碎，过100～150目筛；接着向过筛后的沸石粉中加入3%～5%的烟末、2%～3%的苦楝皮粉、1%～2%的罗勒叶粉、3%～4%的油桐壳粉和2%～3%的石榴皮粉，混合均匀，然后水打浆制成固含量为50%～60%的浆液，水浴加热至80～90℃，保温40～60min，再加入5%～10%的凹凸棒土、3%～5%的纳米碳、2%～3%的乙酸钙、4%～6%的三聚磷酸钠、3%～5%的聚乙烯吡咯烷酮、1%～2%的羧甲基纤维素和2%～3%的竹醋液，高速研磨15～20min，喷雾干燥成粉末；最后将上述制得的粉末加入2%～3%的聚天冬氨酸、1%～2%的风油精和2%～3%的玉石粉，搅拌均匀，烘干即可制成改性沸石粉。

所述改性膨润土的制备方法为将锆交联剂滴加到3%的膨润土料浆中，调节pH值至10～12，搅拌3h，静置2h，再将镍交联剂滴加到膨润土料浆中，继续搅拌3h，静置24h，过滤、干燥，制得镍锆交联膨润土，再将镍锆交联膨润土配成3%的镍锆交联膨润土料浆，加入无机柱化剂，在70～80℃下搅拌8h，静置24h，过滤、干燥、活化、研磨后过100目筛，制得镍锆-无机柱撑膨润土，即改性膨润土。

所述壳聚糖改性高分子絮凝剂的制备方法为首先将壳聚糖和乙酸溶液加入反应器中，搅拌溶解，得到壳聚糖-乙酸溶液；接着对得到的壳聚糖-乙酸溶液通惰性气体并升温至70～80℃，然后加入引发剂水溶液，5～10min后再加入异丙基丙烯酰胺，在70～80℃的温度下反应2～3h，得到壳聚糖-*g*-聚异丙基丙烯酰胺粗产物；最后对得到的壳聚糖-聚异丙基丙烯酰胺粗产物进行沉淀提纯并清洗，即可得到壳聚糖改性高分子絮凝剂。

所述三氯化铁的制备方法为将失去活性的铁催化剂与铵盐按照化学反应的计量比混合加热，反应制得三氯化铁、氨气以及水。其中，混合加热为加热温度达到115～130℃时停止加热，之后保持该温度21～25min。反应过程中，氨气和水以气体状态逸出，将氨气和水蒸气通入一定浓度的酸中回收铵盐；反应制得的三氯化铁接着经加水溶解和过滤制备成饱和三氯化铁溶液，最后将饱和三氯化铁溶液经加热、沸腾、冷却以及结晶得到高纯度三氯化铁晶体。

［产品特性］ 本品通过添加聚乙烯亚胺、二硫化碳、氢氧化钠、壳聚糖改性高分子絮凝剂、助凝剂和葡聚糖凝胶，对各类重金属离子有很好的絮凝效果，能有效去除污水中的重金属；淀粉黄原酸、胶质芽孢杆菌、石决明粉末、改性沸石粉和改性膨润土的添加，使本品具有良好的吸附效果，便于吸附污水中的重金属离子，通过吸附和絮凝的双重配合，有效去除污水中的重金属离子，有效提升了使用的方便性。

配方 252 用蔗渣制备的废水处理剂

［原料配比］

原料		配比（质量份）					
		1#	2#	3#	4#	5#	6#
蔗渣		100	100	100	100	100	100
微生物菌剂		0.5	0.2	0.3	0.5	0.5	0.5
漆酶		—	—	—	—	0.3	—
微生物菌剂	白腐菌	5.5	4	7	5.5	5.5	5.5
	乳酸菌	14	16	12	14	14	14
	酵母菌	9	10	8	9	9	9
干燥成粉后的蔗渣和其他辅料	蔗渣	50	40	60	50	50	50
	膨润土	6	8	4	6	6	6
	氧化铁	3.5	5	2	3.5	3.5	3.5
	硅粉	7	9	5	7	7	7
	稻壳	10	12	8	10	10	10
	椰糠	7	8	6	7	7	7
	草木灰	3	4	2	3	3	3
壳聚糖		—	—	—	—	—	2.5

［制备方法］

（1）将蔗渣经破碎机进行破碎，然后 200～300℃高温处理 6～8h。将蔗渣经破碎机进行破碎，是破碎至粒度为 0.5～2mm。高温处理是在马弗炉中进行。高温处理时通入惰性气体进行保护。

（2）将破碎后的蔗渣分散到水中，加入蔗渣质量 0.2%～0.3%的微生物菌剂，搅拌均匀，放置 3～5d；放置过程中 16～20h 翻搅物料 1 次。还可加入蔗渣质量 0.1%～0.5%的漆酶。所述微生物菌剂是由如下质量份的微生物混合后得到：白腐菌 4～7 份、乳酸菌 12～16 份、酵母菌 8～10 份。

（3）将经过微生物处理的蔗渣干燥成粉。

（4）将干燥成粉后的蔗渣和其他辅料按照如下质量份进行混合：蔗渣 40～60 份、膨润土 4～8 份、氧化铁 2～5 份、硅粉 5～9 份、稻壳 8～12 份、椰糠 6～8 份、草木灰 2～4 份；混合均匀，在温度为 500～700℃下碳化 10～30min，研磨至质地细腻，搅拌均匀。还可在碳化结束后向混合物中加入壳聚糖，所加壳聚糖的量是混合物的 1.5%～3.5%。

（5）将混合物干燥，过筛，制成合适的大小即得。过筛，是过 250～350 目的筛。制成合适的大小，是制成粒径为 0.3～1mm 的颗粒。

［产品特性］ 本品将蔗渣破碎后高温处理，再用由白腐菌、乳酸菌、酵母菌组成的微生物菌剂进行处理，分解蔗渣中的部分木质素、纤维素，并减少蔗渣中的糖等杂质，并利用微生物代谢产生的物质，进一步提升废水处理剂对废水中杂质的吸附效率，提升对废水的净化效果，然后加入膨润土、氧化铁、硅粉、稻壳、椰糠、草木灰等辅料共同进行适度碳化，最后加入壳聚糖粉碎过筛制粒得到。处理步骤简单，对废水的净化效果较好，且对废水中氨氮化合物吸附效果较好。

配方 253 油漆废水处理剂

［原料配比］

原料		配比（质量份）		
		1#	2#	3#
缓蚀剂	羟基亚乙基二膦酸	8	10	15
	葡萄糖酸钙	2	3	4
	烷基环氧羧酸钠	1	1.5	2
	碘化钾	0.5	0.8	1
	明胶	2	2.5	3
阻垢剂	磷酸三钠	7	10	12
	单宁	1	1.5	2
	腐殖酸钠	1	1.5	2
	磺酸类共聚物	2	3	5
	TH-0100 型反渗透阻垢剂	3	5	8
杀菌剂	高锰酸钾	0.5	0.7	0.8
	双十二烷基二甲二苄基氯化锡铵	1.3	1.4	1.5
	纳米氧化锌	0.5	0.7	0.8

续表

原料		配比（质量份）		
		1#	2#	3#
絮凝剂	二甲基二烯丙基氯化铵	3	5	6
	阳离子聚丙烯酰胺	2	5	8
	羧甲基壳聚糖	3	7	9
	季铵型阳离子淀粉	2	5	8
	聚合硫酸铁	8	10	13
	硅藻土	2	2	3
辅助药剂	聚天冬氨酸	1	2	3
	烷基环氧羧酸盐	2	3	5

［**制备方法**］

（1）将羟基亚乙基二膦酸、葡萄糖酸钙、烷基环氧羧酸钠、碘化钾、明胶、磷酸三钠、单宁、腐殖酸钠、磺酸类共聚物、TH-0100 型反渗透阻垢剂、高锰酸钾、双十二烷基二甲二苄基氯化锡铵、纳米氧化锌、二甲基二烯丙基氯化铵、阳离子聚丙烯酰胺、羧甲基壳聚糖、季铵型阳离子淀粉、聚合硫酸铁、硅藻土充分搅拌混合，并在混合搅拌的同时不间断地加水调匀；

（2）加入聚天冬氨酸和烷基环氧羧酸盐混合搅拌均匀，并移到烘箱中，逐渐升温至 80～90℃，保温烘焙 6～10h；

（3）取出经处理的混合物，冷却、研磨、筛分，留取 30～35 目颗粒，即得产品。

［**产品特性**］ 本品添加了羟基亚乙基二膦酸作为阻垢缓蚀剂，其能与铁、铜、锌等多种金属离子形成稳定的配合物，能溶解金属表面的氧化物，并且在高温下仍能起到良好的缓蚀阻垢作用，在高 pH 值下仍很稳定，不易水解，在一般光热环境下不易分解，而且耐酸碱性、耐氧化性能较其他有机磷酸盐好。对油漆废水的处理更有效，对管道和设备内壁氧化物的清理也具有良好的效果。

配方 254 油田含硫污水处理剂

［**原料配比**］

原料		配比（质量份）	
		1#	2#
WPJS-A 剂	氧化剂	40	50
	稳定剂	1.0	1.5

续表

原料		配比（质量份）	
		1#	2#
WPJS-A 剂	增效剂	5	8
	缓冲剂	0.2	0.3
	水	加至 100	加至 100
WPJS-B 剂	絮凝剂	15	20
	自由基激活剂	5	8
	增效剂	0.2	0.3
	缓蚀剂	0.5	1
	水	加至 100	加至 100
WPJS-C 剂	助凝剂	1～2	1～2
	水	加至 100	加至 100

［制备方法］

（1）WPJS-A 剂的制备：按照上述 WPJS-A 剂的配方备料，将增效剂和稳定剂溶解在水中后加入氧化剂，再用缓冲剂调 pH 值至 1～2 即得所述 WPJS-A 剂；

（2）WPJS-B 剂的制备：按照上述 WPJS-B 剂的配方备料，将增效剂、缓蚀剂和自由基激活剂溶解在水中后加入絮凝剂即得所述 WPJS-B 剂；

（3）WPJS-C 剂的制备：按照上述 WPJS-C 剂的配方备料，将助凝剂溶解在水中即得。

［原料介绍］

所述 WPJS-A 剂中的氧化剂采用混合三聚硫酸盐。所述混合三聚硫酸盐为过硫酸氢钾、硫酸氢钾和硫酸钾组成的混合物。

所述自由基激活剂采用七水合硫酸亚铁。

所述 WPJS-A 剂中的稳定剂为苯酚磺；所述 WPJS-A 剂中的增效剂为小分子有机酸，是柠檬酸、苹果酸、酒石酸、水杨酸中的任何一种或任何组合；所述 WPJS-A 剂中的缓冲剂为非氯离子酸，是硫酸、磷酸、硝酸中的任何一种或任何组合。

所述 WPJS-B 剂中的絮凝剂为无机高分子混凝剂，是聚合硫酸铁；所述 WPJS-B 剂中的增效剂为聚二甲基二烯丙基氯化铵；所述 WPJS-B 剂中的缓蚀剂包括如下质量分数组分：钼酸钠 60%～80%，正磷酸盐 20%～40%。

所述 WPJS-C 剂中的助凝剂为聚丙烯酰胺。

［使用方法］ 采用上述油田含硫污水处理剂即 WPJS-A、WPJS-B、WPJS-C 剂，在含油量 350mg/L 和硫化物含量 200mg/L 的油田污水中，投加 10～30mg/L 的 A 剂，搅拌一定时间后，再投加 15～30mg/L 的 B 剂，搅拌一定时间后，再加入 1.5～2mg/L 的 WPJS-C 剂，静置分离后的上清液即为处理后水质稳定的净水。

[产品特性]

(1) 所述处理剂性质稳定，操作简单，运输储存安全性高，不会发生诸如泄漏或爆炸等危险性事件，能够同时起到破乳、絮凝、缓蚀阻垢、杀菌、净水的作用，除油除杂率高且处理后水质稳定。特别适用于旋流反应工艺的油田污水净化处理。

(2) 可适应的 pH 范围较广（pH＝2～10），净化后原水的 pH 值与总碱度变化幅度小；对处理设备腐蚀性小。

(3) 除浊，脱色，脱油，脱水，除菌，除藻，除硫化物、甲硫醇（CH_3SH）、甲基硫 [$(CH)_3S$]、氨气（NH_3）等恶臭物质，去除水中 COD、BOD 及重金属离子等功效显著。

(4) 混凝性能优良，矾花密实，沉降速度快、污泥残渣量小。

(5) 净水效果优良，出水质好，不含铝、氯及重金属离子等有害物质，亦无铁离子的水相转移，无毒，无害，安全可靠。

配方 255　油田回注水用水处理剂

[原料配比]

原料		配比（质量份）				
		1#	2#	3#	4#	5#
C_9 石油树脂		16	20	10	13	14
聚丙烯酰胺		24	20	26	30	25
N,*N*′-双月桂酰基乙二胺二乙酸钠		6.5	5	7	5	6
沸石		27	30	23	27	25
膨润土		8.5	6.5	5	10	7
气相二氧化硅		8	10	5	7	7.5
微生物菌剂		1.4	1.6	2	1	1.5
无机盐	氯化钠	3	—	—	5	—
	硫酸铝	—	3.5	—	—	4
	氯化铁	—	—	4.5	—	—
缓蚀剂		1.6	2	1	1.3	1.4
阻垢剂		1.7	1	2	1.4	1.5
微生物菌剂	脱氮硫杆菌	1.8	1	2	1.2	1.5
	浮游球衣菌	0.45	0.5	0.3	0.35	0.4
	黄孢原毛平革菌	0.65	0.8	0.6	0.75	0.7

续表

原料		配比（质量份）				
		1#	2#	3#	4#	5#
缓蚀剂	硅酸钠	0.65	0.7	0.55	0.5	0.6
	柠檬酸钠	1	2	1.2	1.7	1.5
	氯化钙	2	1	1.8	1.3	1.5
	壳聚糖	0.9	1.1	1.2	0.8	1
	鱼腥草素	0.55	0.45	0.4	0.6	0.5
阻垢剂	马丙共聚物	0.6	0.7	0.8	0.5	0.65
	十二烷基胺聚氧乙烯醚	1.3	1.7	1	2	1.5
	聚丙烯酸钠	1.4	1.2	1.3	1.5	1.35
	丙烯酸羟丙酯	0.6	0.4	0.45	0.55	0.5
	乙二醇	1.1	1.3	1	1.5	1.25

［**制备方法**］ 将C_9石油树脂、聚丙烯酰胺、N,N'-双月桂酰基乙二胺二乙酸钠、沸石、膨润土、气相二氧化硅、微生物菌剂、无机盐、缓蚀剂、阻垢剂在40～50℃下搅拌4～6h，即得油田回注水用水处理剂。

［**产品特性**］ 本品各组分之间科学配伍，利于各组分充分、高效地发挥作用，从而使得水处理剂同时具备良好的阻垢能力和杀菌能力，提高水质净化能力，利于油田开采工作，同时避免了环境污染。

配方 256 油田污水处理剂

［**原料配比**］

原料	配比（质量份）				
	1#	2#	3#	4#	5#
硫酸铝	20	30	23	24	28
聚丙烯酸钠	10	18	15	15	13
茶皂素晶体	10	15	12	13	11
羟基化卵磷脂	7	16	12	11	14
苹果酸钠	7	16	14	14	8
乙二胺四乙酸二钠	5	10	8	8	9
氯化钠	2	6	4	4	3
葡萄柚皮粉	2	5	3	3	4

续表

原料		配比（质量份）				
		1#	2#	3#	4#	5#
瓜尔胶		2	6	4	4	3
十二烷基硫酸钠		1	3	2	2	2.3
重氮咪唑烷基脲		1	3	2	2	2.2
生物菌剂	酵母菌	3	—	—	4	—
	枯草芽孢杆菌	—	5	—	—	3.6
	乳酸菌	—	—	4.2	—	—

［制备方法］

（1）按照质量份称取原料，打开容器，加入硫酸铝、聚丙烯酸钠、重氮咪唑烷基脲和茶皂素晶体，超声波振动10～20min；

（2）将葡萄柚皮粉、羟基化卵磷脂、乙二胺四乙酸二钠、苹果酸钠、氯化钠加入容器中，每种原料添加均间隔1～2min，边添加边搅拌；

（3）将瓜尔胶、十二烷基硫酸钠加入容器中，搅拌10～15min，然后加入生物菌剂，在30～40℃下静置发酵5～15h后，即得成品。

［产品特性］ 本品用量小，除油率高，净水效果十分明显，处理后水能够达标回注地层及综合排放，能够减少环境污染；原料毒性小，避免二次污染，更加环保。

配方257 油田用油污水处理剂

［原料配比］

原料	配比（质量份）		
	1#	2#	3#
氢氧化钠	0.2	0.5	0.3
除重金属剂	1	2	1.5
双氧水	1.5	2	1.7
聚乙烯亚胺	0.1	1.5	0.12
硫酸铝	0.8	1.5	1.2
次氯酸钙	0.1	0.3	0.2
纳米二氧化钛	0.5	1	0.7
薄荷提取物	0.1	0.3	0.2
沸石	0.3	0.5	0.4

续表

原料	配比（质量份）		
	1#	2#	3#
二甲基硅油	0.2	0.4	0.3
水	加至100	加至100	加至100

[**制备方法**] 将各组分原料混合均匀即可。

[**原料介绍**] 所述除重金属剂包括氧化钙60%、亚硫酸氢钠40%。

[**使用方法**] 本品药剂添加量3%。

[**产品特性**] 本品油田含油污水处理剂除重金属、降有机物、脱色净化，絮凝沉淀等效果显著；油田含油污水经本品处理后通过配合四级精细过滤环节，可以用低能耗的压滤系统代替高能耗的离心系统，使水达标回用或回注，大大降低了处理成本。

配方258 油脂类污水处理剂

[**原料配比**]

原料	配比（质量份）	原料	配比（质量份）
全细胞脂肪酶	50	聚丙烯酸钠	15
多亚乙基多胺聚氧丙烯聚氧乙烯醚	15	烷基磺酸钠	12
		二甲基双十二烷基硝酸铵	15
环氧乙烷	5	环氧丙烷	10
氢氧化钾	5	羟基亚乙基二膦酸	6
明矾	12	亚硫酸钠	5

[**制备方法**] 将各组分原料混合均匀即可。

[**使用方法**]

(1) 根据含油污水的种类不同，取水样进行小试，方法如下：将油脂类污水处理的化学药剂取5g加250mL水溶解成净化剂水溶液，然后取含油水样100mL，放入混凝器，将配好的净化剂水溶液逐渐向含油水样中计量投加，并观察投加结果；开始混凝器内有絮状絮体，并集结成团，当看到水体内絮体与水逐渐分离，水质透明时停止投放，此时计算确定不同含油污水需要加入油脂类污水处理的化学药剂用量比例。

(2) 再根据需要处理含油污水的水量，结合上述用量，确定油脂类污水处理的化学药剂用量和净化剂水溶液用量；确定匹配的混合絮凝设备。

（3）将需要处理的含油污水用泵泵入或自流进入混合絮凝设备，通过管道混合器将配好的净化剂水溶液按小试计量比例同时加入，分离和絮凝在混合絮凝设备内发生，完成对含油污水的净化。

［产品特性］ 本品能够彻底打破水体中“油包水”“水包油”的存在形式，快速去除大量 SS、油脂、COD，效率高，无腐蚀性，对后期污水不会造成二次污染，降低处理成本。本品适用于处理油脂类的含油污水，污水中加入本品处理剂后，悬浮物立刻絮凝，沉淀快速，絮团强度高、疏水性能好，利于压滤，压滤后的滤饼含水率低、质量优。

配方 259 有机废水处理剂

［原料配比］

原料	配比（质量份）				
	1#	2#	3#	4#	5#
膨润土	100	100	100	100	100
十四烷基磺基甜菜碱	4	4	3.6	—	—
异丙基二硬脂酰氧基铝酸酯	0.4	—	0.4	4	0.4
十六烷基三甲基溴化铵	—	—	—	—	4
水	60	60	60	60	60

［制备方法］

（1）将膨润土、十四烷基磺基甜菜碱、十六烷基三甲基溴化铵和异丙基二硬脂酰氧基铝酸酯混合；

（2）加水搅拌均匀；

（3）在 100～120℃烘干至恒重，再粉碎成 100～300 目颗粒。

［使用方法］ 有机废水处理剂与废水的质量比为（0.1～5）：1000。

［产品特性］

（1）本品是以膨润土为核心原料，采用两性表面活性剂十四烷基磺基甜菜碱并结合异丙基二硬脂酰氧基铝酸酯对其进行改性，达到提高对有机污染物的吸附效果。

（2）两性表面活性剂十四烷基磺基甜菜碱，结构中同时带有阴离子基团和阳离子基团，能够撑大膨润土所含蒙脱石的层间距和比表面积，以利于对大分子有机污染物的吸附、沉淀及分离。异丙基二硬脂酰氧基铝酸酯在有机废水净化处理中能更好地吸附有机污物，改善其疏水性能，并加速颗粒沉淀和分离。

配方 260 有机-无机复合污水处理剂

原料配比

原料	配比（质量份）		
	1#	2#	3#
明胶	6	7	8
半胱氨酸	9	16.5	24
巯基乙酸	9	16.5	24
木质素磺酸钠	20	22	24
羧甲基壳聚糖	22	24	26
尿素	12	12.5	13
石灰石粉末	25	26	27
海泡石	14	15	16
膨润土	28	29	30
粉煤灰	50	55	60
生石灰	24	26	28
麦饭石	13	14	15
硫酸铝	13	14	15
氯化铁	15	16	17
聚乙烯亚胺基黄原酸	12	13	14
去离子水	适量	适量	适量

制备方法

（1）明胶复合物溶液的制备：取明胶加入适量去离子水中，在55～75℃下加热溶解，配成5%～20%的明胶溶液，向其中逐滴加入半胱氨酸和巯基乙酸的混合溶液搅拌反应0.5～1h，获得明胶复合物溶液，待用。

（2）复合矿物质浆料的制备：

①将海泡石、膨润土、粉煤灰、生石灰、麦饭石分别粉碎过300～400目筛，得到粉体，备用；

②取所述质量份数的膨润土、海泡石、粉煤灰、生石灰、麦饭石粉末混合，分散于去离子水中，再向其中依次加入硫酸铝溶液和氯化铁溶液，于140～150℃加热搅拌反应4～6h，冷却后，获得复合矿物浆料。

（3）向步骤（1）的明胶复合物溶液中加入所述质量份数的羧甲基壳聚糖、木质素磺酸钠，于40～60℃搅拌溶解，冷却至室温，加入所述质量份数的尿素，搅拌反应6～12h，获得混合物A。

（4）将所述质量份数石灰石粉末加入步骤（3）所得混合物A中，搅拌反应

3～6h，发泡后，加入所述质量份数的聚乙烯亚胺基黄原酸搅拌混合均匀获得混合物B，向其中加入步骤（2）所得复合矿物质浆料，搅拌均匀，获得混合物C，将混合物C注入模具中，于60～80℃真空干燥箱中干燥即可获得有机-无机复合污水处理剂。

［原料介绍］

所述的聚乙烯亚胺基黄原酸是通过向聚乙烯亚胺溶液中加入CS_2，于30～45℃恒温反应6～12h获得。聚乙烯亚胺与CS_2的摩尔比为1∶(100～500)。

所述聚乙烯亚胺的重均分子量为25000，聚乙烯亚胺溶液的质量分数为18%～32%。

所述半胱氨酸和巯基乙酸的混合溶液中半胱氨酸和巯基乙酸的质量分数均为30%。

所述硫酸铝溶液的质量分数为10%～25%，所述氯化铁溶液的质量分数为10%～20%。

所述石灰石粉末的粒径为300～400目。

［产品特性］

（1）该处理剂结合了无机矿物质的吸附能力和有机絮凝剂螯合絮凝能力，具有处理废水稳定性强、效率高、工艺简单、处理剂易分离且不会造成二次污染的理想污水处理效果。

（2）本品对复合污染污水中的重金属、有机物、悬浮物具有较好的处理效果，对重度污染污水中重金属、COD、SS、TP、TN的去除率均达到了95%以上。

（3）本品自身具有化学稳定性，耐候性强，具有耐酸碱性，在处理污水时，不受污水酸碱性的影响，适合多种污水处理，充分吸附污染物后，自身不会松散，且会悬浮在水体中，易于后续处理剂分离处理，简化污水处理工艺。

（4）本品不仅对污水中的污染物具有良好的去除效果，还对污水中的微生物具有显著的清除效果。是兼具有污水净化、杀菌抑菌功能的处理剂。

配方261　造纸厂污水处理剂

［原料配比］

原料	配比（质量份）				
	1#	2#	3#	4#	5#
聚丙烯酰胺	40	60	47	45	52
左旋乳酸	30	45	39	34	42
甘露聚糖	5	10	8	7	9

续表

原料	配比（质量份）				
	1#	2#	3#	4#	5#
柞蚕丝素	6	15	11	8	13
聚对二氧环己酮	5	10	7	6	8
脂肪酰二乙醇胺	3	7	5	4	6
水	适量	适量	适量	适量	适量

［制备方法］

（1）按照上述配方称取聚丙烯酰胺、左旋乳酸、甘露聚糖、柞蚕丝素、聚对二氧环己酮和脂肪酰二乙醇胺，备用；

（2）将左旋乳酸、甘露聚糖和柞蚕丝素混合，在40～55℃下搅拌20～30min；

（3）然后向上步所得物中加入聚对二氧环己酮和脂肪酰二乙醇胺，升温至65～80℃，搅拌10～25min；

（4）将聚丙烯酰胺与上步所得物混合，加入80～100份的水，45～75℃下混合搅拌1～2h，然后置于78～90℃下烘干，即得。搅拌速度为500～1100r/min。

［产品特性］ 本品可有效处理造纸厂污水，处理后的水质可达到循环使用标准；同时还可用于重金属废水处理，能有效降低废水中的多种重金属离子，处理效果好，用量少，原料降解率高，不易造成二次污染，值得推广。

配方262 造纸废水处理剂（1）

［原料配比］

原料			配比（质量份）				
			1#	2#	3#	4#	5#
二茂铁基亚乙基双油酸酰胺类化合物			20	23	25	28	30
1-氯甲酰基丁二酰亚胺改性壳聚糖			30	33	35	38	40
尿苷-5′-三磷酸			5	7	7	9	10
二茂铁基乙撑双油酸酰胺类化合物	亚乙基双油酸酰胺		10	10	10	10	10
	二茂铁基己硫醇		10	10	10	10	10
	有机溶剂	乙醚	40	—	—	30	80
		乙酸乙酯	—	55	—	45	—
		二氯甲烷	—	—	65	—	—
	催化剂	三苯基膦	5	—	—	1.48	—
		三乙胺	—	6	—	2.22	—
		四丁基溴化铵	—	—	7	3.7	8

续表

原料			配比（质量份）				
			1#	2#	3#	4#	5#
1-氯甲酰基丁二酰亚胺改性壳聚糖	壳聚糖		30	35	40	45	50
	1-氯甲酰基丁二酰亚胺		3	3	3	3	3
	溶剂	无水二氯甲烷	100	—	—	—	150
		四氢呋喃	—	120	—	145	—
		甲苯	—	—	135	—	—
	催化剂	三乙胺	5	—	—	2.25	—
		4-二甲氨基吡啶	—	6	—	3.75	8
		无水吡啶	—	—	7	1.5	—

[制备方法] 将各成分按比例混合均匀后超细粉碎至粒径为0.1～1μm，得到造纸废水处理剂。

[原料介绍]

所述二茂铁基亚乙基双油酸酰胺类化合物是由亚乙基双油酸酰胺、二茂铁基己硫醇发生迈克尔加成反应制得。所述二茂铁基亚乙基双油酸酰胺类化合物的制备方法，包括如下步骤：将亚乙基双油酸酰胺、二茂铁基己硫醇溶于有机溶剂中形成溶液，再向溶液中加入催化剂，在60～80℃下搅拌反应6～8h，然后旋蒸除去溶剂，得到二茂铁基亚乙基双油酸酰胺类化合物。所述亚乙基双油酸酰胺、二茂铁基己硫醇、有机溶剂、催化剂的质量比为1∶1∶(4～8)∶(0.5～0.8)。所述有机溶剂为乙醚、乙酸乙酯、二氯甲烷、甲苯中的一种或几种。所述催化剂为三苯基膦、三乙胺、四丁基溴化铵中的一种或几种。

所述1-氯甲酰基丁二酰亚胺改性壳聚糖的制备方法，包括如下步骤：将壳聚糖、1-氯甲酰基丁二酰亚胺加入溶剂中，再向其中加入催化剂，在40～60℃下搅拌反应10～12h后在乙醇中沉出，用乙醇洗涤产物3～5遍，并置于真空干燥箱70～80℃下烘12～18h，得到1-氯甲酰基丁二酰亚胺改性壳聚糖。所述壳聚糖、1-氯甲酰基丁二酰亚胺、有机溶剂、催化剂的质量比为(3～5)∶0.3∶(10～15)∶(0.5～0.8)。所述溶剂为无水二氯甲烷、四氢呋喃、甲苯中的一种或几种。所述催化剂为三乙胺、4-二甲氨基吡啶、无水吡啶中的一种或几种。

[产品特性]

(1) 本品制备方法步骤简单、操作容易，对设备依赖性不高，价格低廉，适合大规模生产。

(2) 本品克服了现有废水处理剂性能不稳定、功能单一、使用量大、废水处理效果不明显的技术问题，同时具有絮凝、吸附重金属离子、抗菌等功能，对造纸废水处理效果更显著，投加量更小，废水处理效率更好，使用更加安全环保。

（3）本品通过添加1-氯甲酰基丁二酰亚胺改性壳聚糖，提高了絮凝和脱色能力，且具有杀菌消毒作用，壳聚糖上没有与1-氯甲酰基丁二酰亚胺反应的氨基与尿苷-5′-三磷酸反应成盐，各成分协同作用，提高造纸废水处理剂处理效果和效率；反应过程中无有毒有害气体产生，且壳聚糖易自降解，使用更加安全环保；反应前后对人体安全，对设备无腐蚀；使用方法简便，无需增加设备和附加材料。

（4）本品通过引入二茂铁，与其他材料协同作用，不仅能提高废水的絮凝沉淀净化能力，还由于处理剂中含有较多的磷、羟基，具有优异的络合螯合作用和吸附架桥作用，能有效提高对重金属离子吸附和稳定作用；另外，此废水处理剂对有机物的分解具有催化作用，从而进一步提高废水处理效果。

配方 263 造纸废水处理剂（2）

原料配比

原料	配比（质量份）				
	1#	2#	3#	4#	5#
三嗪基丙烯酰胺类离子共聚物	40	43	45	48	50
甲氧基三甲基硅氧基取代山梨糖醇酯	20	23	25	28	30
聚合氯化铝铁	10	12	13	14	15
羧甲基倍他环糊精钠盐	10	11	13	14	15

制备方法 将各组分原料混合均匀即可。

原料介绍

所述三嗪基丙烯酰胺类离子共聚物是由1,3,5-三丙烯酰基-1,3,5-三嗪、丙烯酰氧乙基三甲基氯化铵、*N*-三羟甲基甲基丙烯酰胺通过溶液聚合，再与木质素磺酸钠通过离子交换反应制得。

所述三嗪基丙烯酰胺类离子共聚物的制备方法，包括如下步骤：

（1）将1,3,5-三丙烯酰基-1,3,5-三嗪、丙烯酰氧乙基三甲基氯化铵、*N*-三羟甲基甲基丙烯酰胺、引发剂溶于高沸点溶剂中，在氮气或惰性气体氛围下，60～70℃水浴反应3～5h，后在丙酮中沉出，过滤后置于真空干燥箱70～80℃下烘10～15h，得到中间产物；所述1,3,5-三丙烯酰基-1,3,5-三嗪、丙烯酰氧乙基三甲基氯化铵、*N*-三羟甲基甲基丙烯酰胺、引发剂、高沸点溶剂的质量比为0.5∶1∶2∶(0.02～0.04)∶(8～10)。所述高沸点溶剂为*N*,*N*-二甲基甲酰胺、*N*-甲基吡咯烷酮、二甲亚砜中的一种或几种；所述惰性气体为氦气、氖气、氩气中的一种或几种；所述引发剂为过氧化叔戊酸叔丁基酯、过氧化二碳酸二环已酯、偶氮二异丁腈、偶氮二异庚腈中的一种或几种。

（2）将步骤（1）制备得到的中间产物浸泡在50～60℃下质量分数为10%～20%的木质素磺酸钠水溶液中20～30h，取出并用水洗4～6遍，再置于真空干燥箱100～110℃下烘12～15h，得到三嗪基丙烯酰胺类离子共聚物。所述中间产物、木质素磺酸钠水溶液的质量比为1∶(30～50)。

所述甲氧基三甲基硅氧基取代山梨糖醇酯是单-9-十八烯酸-D-山梨糖醇酯与1-甲氧基-3-(三甲基硅氧基)-1,3-丁二烯发生狄尔斯-阿尔德（Diels-Alder）反应制得。

所述甲氧基三甲基硅氧基取代山梨糖醇酯的制备方法，包括如下步骤：在氮气氛围下，将单-9-十八烯酸-D-山梨糖醇酯与1-甲氧基-3-(三甲基硅氧基)-1,3-丁二烯溶于*N*-甲基吡咯烷酮中形成溶液，将溶液加入装有回流冷凝管、电动搅拌器的三口瓶中，在115～125℃下回流搅拌反应5～7h后在正己烷中沉出，过滤后再置于真空干燥箱70～80℃下烘18～24h，得到改性聚乙二醇甲基丙烯酸酯。单-9-十八烯酸-D-山梨糖醇酯、1-甲氧基-3-(三甲基硅氧基)-1,3-丁二烯、*N*-甲基吡咯烷酮的质量比为2.6∶1∶(8～12)。

［产品特性］

（1）该废水处理剂使用方法简单易行，对设备依赖性不高，价格低廉，克服了现有废水处理剂功能单一、处理成本较高、性能不稳定、处理效果不明显、处理工艺流程复杂、设备多、操作过程繁杂、药剂投加量大的技术问题，具有处理效果更显著、投加量更小、废水处理效率更高、使用更加安全环保、对设备无腐蚀、使用方法简便的优点。

（2）本品各成分协同作用，不仅能对废水进行絮凝沉淀净化，还具有杀菌消毒、对重金属离子吸附、抗污垢作用。引入羧甲基倍他环糊精钠盐，环糊精上多羟基和空腔结构，使得本品能对有毒有机物和重金属离子具有好的吸附作用，且其具有可生物降解性能，使用更加安全环保；引入三嗪结构的聚合物，其分子链上有较多的氨基和羟基，使本品具有较好的螯合分散、钙容忍和阻垢性能，又增强了本品的吸附架桥作用，使其对重金属离子具有更加良好的稳定作用。

配方264　造纸废水处理剂（3）

［原料配比］

原料	配比（质量份）	原料	配比（质量份）
次氯酸钠	20～40	钙基膨润土	10～20
乙二胺四乙酸二钠	30～40	硫酸亚铁	5～10
二氧化硅	10～15	硝酸镍	2～5
碱式氯化铝	2～7	硅藻土	20～30

［制备方法］ 将各组分原料混合均匀即可。

［产品特性］ 本品制备方法简单，易操作，稳定性好，安全性高，可快速去除各种污染物，使水体得到高效净化，而且不会产生二次污染。

配方 265 造纸废水处理剂（4）

［原料配比］

原料	配比（质量份）				
	1#	2#	3#	4#	5#
聚合硫酸铁	50	60	53	53	55
硅藻土	17	14	16	16	15～16
椰壳活性炭	10	12	11	11	11
聚丙烯酰胺	11	10	9	9	9
聚酰胺树脂	6	9	8	8	8
甲壳素	5	3	4	4	4
硫酸亚铁	3	5	4	4	4
腐殖酸钠	6	4	5	5	5
聚天冬氨酸	1	3	2	2	2
1-己基-3-甲基咪唑双（三氟甲基磺基）亚胺	1	0.5	0.6	0.6	0.8
三正丁基十四烷基氯化磷	0.3	0.6	0.5	0.5	0.45
巯基苯并噻唑	—	—	—	0.2	0.15
碳酸钠	—	—	—	1	1.5

［制备方法］ 将硅藻土、椰壳活性炭粉碎，过 150 目筛，再加入其他组分混合均匀即可。

［使用方法］ 将所述的造纸废水处理剂加入待处理的废水中，搅拌 3～10min，沉淀后过滤，检测。

［产品特性］

（1）本品各原料协同增效，不仅能够可持续处理浓度均较高的造纸废水，同时使处理后的造纸废水 COD、BOD 以及 SS 量明显降低，经过处理后的造纸废水各项指标均达到了国家排放标准；

（2）本品使用范围广，处理工艺简单，用药量少，处理效果良好，性能稳定，有效地降低了水处理的成本，具有很好的经济效益和广泛的社会效益。

配方 266　造纸废水处理剂（5）

［原料配比］

原料		配比（质量份）
絮凝剂 A	膨润土	0.4
	氧化石墨烯	0.1
	蒸馏水	100（体积份）
絮凝剂 B	聚合氯化铝	5
	蒸馏水	95
凝聚剂 C	阳离子型聚丙烯酰胺	1
	蒸馏水	1000（体积份）

［制备方法］

（1）絮凝剂 A 的配制：称取膨润土、氧化石墨烯，加入蒸馏水，搅拌直至完全溶解，形成 5‰的改性膨润土水溶液。

（2）絮凝剂 B 的配制：称取聚合氯化铝，加入蒸馏水，搅拌使其完全溶解，配制成质量分数 5%聚合氯化铝水溶液。

（3）凝聚剂 C 的配制：称取阳离子型聚丙烯酰胺加入 200 份的蒸馏水并搅拌，再加入 800 份的蒸馏水，在振荡器上振荡至聚丙烯酰胺完全溶解，即配制成质量分数为 1‰的凝聚剂 C 的水溶液。

［原料介绍］　絮凝剂 A 中的膨润土具有强的吸湿性和膨胀性，可吸附 8～15 倍于自身体积的水量，体积膨胀可达数倍至 30 倍；在水介质中能分散成胶凝状和悬浮状，这种介质溶液具有一定的黏滞性、触变性和润滑性；有较强的阳离子交换能力；对各种气体、液体、有机物质有一定的吸附能力，最大吸附量可达 5 倍于自身的质量；它与水、泥或细沙的掺和物具有可塑性和黏结性。具有表面活性的酸性漂白土（活性白土、天然漂白土-酸性白土）能吸附有色离子。絮凝剂 B 是一种无机絮凝剂。凝聚剂 C 为分子量在 800 万～1200 万的酰胺类阳离子聚合物，具有很强的凝聚作用，可将小的絮粒凝结在一起形成更大更致密的絮体，并使聚合度和凝聚力大大增强，从而使本品沉降速度和吸附效率大大提高。

［使用方法］　本品处理造纸废水时，各物质的体积比为：造纸废水∶絮凝剂 A∶絮凝剂 B∶凝聚剂 C＝1000∶（2～5）∶3∶15。

先调节造纸废水 pH 值至 6～9，然后向造纸废水中加入絮凝剂 A，快速搅拌，然后再加入絮凝剂 B 缓慢搅拌，直至有小微团产生时，再加入凝聚剂 C，缓慢搅拌，形成大的絮体后静置，分离循环水中的絮体物，造纸废水得到处理后进入下一个循环处理。加入絮凝剂 A 后，搅拌速率保持在 200～400r/min，沿同一方向搅拌 1～2min。加入絮凝剂 B 后，搅拌速率保持在 50～100r/min，沿同一方向搅拌 5～10min。加入絮凝剂 C 后，搅拌速度为 50～100r/min，沿同一方向搅拌，直至有大的絮块形成后停止搅拌。

［产品特性］

（1）本品对混凝-气浮段的造纸废水处理效果好，对混凝-气浮段的 COD_{Cr} 去除率达到 72%左右，浊度去除率达到 85%左右；

（2）本品配制及使用方法简单，处理效果好。

配方 267　造纸废水处理剂（6）

［原料配比］

原料	配比（质量份）		
	1#	2#	3#
活性炭	15	20	25
膨润土	7	10	15
表面活性剂	3	5	8
絮凝剂	10	15	20
碳纳米管/聚丙烯酰胺复合材料	5	8	10
水	适量	适量	适量

［制备方法］　将活性炭和膨润土经球磨机磨碎得到混料，将表面活性剂加入混料中，再加水制成浆料，加入絮凝剂以及碳纳米管/聚丙烯酰胺复合材料，搅拌均匀后烘干、研磨，得造纸废水处理剂。

［原料介绍］

所述碳纳米管/聚丙烯酰胺复合材料的制备方法为：将 10g 功能性碳纳米管分散于 100mL 有机溶剂中，并加入 0.1mol 可聚合缩水甘油醚、0.1mol 丙烯酰胺和 1mmol 引发剂，充氮气置换出瓶中的空气，在 60～70℃的油浴锅中搅拌反应 2～3h，反应结束后减压蒸馏除去溶剂，固体真空干燥后研磨即得到碳纳米管/聚丙烯酰胺复合材料。各原料用量可根据需要缩小或放大。所述功能性碳纳米管的浓度为 0.1g/mL；所述可聚合缩水甘油醚、丙烯酰胺和引发剂的摩尔比为 1∶1∶0.01，所述丙烯酰胺与功能性碳纳米管的质量比为（0.5～1.5）∶1。

所述功能性碳纳米管为羟基化碳纳米管或氨基化碳纳米管。所述可聚合缩水甘油醚为烯丙基缩水甘油醚、甲基丙烯酸缩水甘油酯、4-羟基丁基丙烯酸缩水甘油醚中的一种。所述有机溶剂为 N,N-二甲基甲酰胺、四氢呋喃、1,4-二氧六环和二甲亚砜中的一种；所述引发剂为偶氮二异丁腈或过氧化苯甲酰。所述絮凝剂由硫酸亚铁、聚合氧化铝、聚合硫酸铝铁以及聚二甲基二丙烯基氯化铵按照 2∶1∶2∶1 的质量比复配而成。

所述表面活性剂为改性纤维素，其由羟乙基纤维素和对甲苯磺酰氯制得。

［产品特性］

(1) 碳纳米管/聚丙烯酰胺复合材料是将有机高分子絮凝剂聚丙烯酰胺接枝到具有多孔结构的碳纳米管表面，碳纳米管可以有效吸附水体中的有机物，随后通过表面聚丙烯酰胺的协同作用，达到快速絮凝沉降目的。

(2) 本品各成分配比合理，处理工艺简单，能够有效降低水中的 BOD 和 COD，处理时间短，处理效果佳，处理后的水质能够达到排放标准。

配方 268　造纸废水处理剂（7）

［原料配比］

原料	配比（质量份）			
	1#	2#	3#	4#
聚合氯化铝	15	15～20	18	16
聚合硫酸铁	5	10	8	6
硫酸锌	8	15	10	13
醋酸钠	10	20	15	8
聚磷氯化铁	15	30	17	25
两性离子聚丙烯酰胺	2	10	5	8
二氧化硅	20	25	20	23
硅藻土	5	8	6	7
聚丙烯酰胺	10	15	12	14
絮凝剂 NOC-1	20	30	25	22

［制备方法］　将各组分原料混合均匀即可。

［产品特性］　本品能够大大降低废水中的 COD、BOD 等，而且造价较低，使用方便，仅仅添加到废水中搅拌即可，提高了水质、保护了环境；通过不同组分的相互协同作用，大大降低了废水的 BOD，处理后的废水各项指标均符合标准要求。

配方 269 造纸废水处理剂（8）

原料配比

原料		配比（质量份）				
		1#	2#	3#	4#	5#
硫酸铝		20	22	25	28	30
醋酸钠		8	9	10	11	12
聚合硫酸铁		15	16	18	19	20
聚合氯化铝		6	7	9	11	12
吡罗克酮乙醇胺		4	5	6	7	8
壳聚糖		6	7	9	11	12
硅藻土		10	11	12	14	15
膨润土		8	9	10	11	12
海泡石		5	8	7	6	10
二氧化硅		5	9	8	7	10
活性炭	椰壳活性炭	6	10	9	8	12
聚丙烯酸钠		4	7	6	5	8
聚乙烯亚胺		3	6	5.5	5	7
邻苯二甲酸烷基酰胺		2	4	3.5	3	5
复合醇		7	9	8.5	8	10
水		适量	适量	适量	适量	适量

制备方法

（1）将硫酸铝、醋酸钠、壳聚糖、硅藻土、膨润土、海泡石、二氧化硅、活性炭混合后粉碎，过 200～300 目筛，获得混合粉末；

（2）向步骤（1）获得的混合粉末中加入混合粉末总质量 2～3 倍的水，升温至 60～70℃，搅拌均匀后保温 1～2h，加入聚合硫酸铁、聚合氯化铝、吡罗克酮乙醇胺，搅拌均匀，冷却，获得混合物Ⅰ；

（3）向步骤（2）获得的混合物Ⅰ中加入聚丙烯酸钠、聚乙烯亚胺、邻苯二甲酸烷基酰胺、复合醇，在 600～800r/min 的转速下搅拌 20～30min，调节 pH 值至为 3～5，获得混合物Ⅱ；

（4）对步骤（3）获得的混合物Ⅱ进行烘干，边烘干边搅拌，获得固体结晶物；

（5）将步骤（4）获得的固体结晶物粉碎后过 100～200 目筛，即可。

原料介绍

所述活性炭采用椰壳活性炭。

所述复合醇由乙二醇、丙三醇和异丙醇按质量比 3∶1∶1 组成。

［产品特性］ 本品能够有效去除造纸废水中的悬浮物及 BOD、COD 等，废水处理效果好、适用范围广，且废水处理速度较快，处理效率高，可有效节省废水处理时间；本品制备方法简单，制造成本较低，提高了造纸的整体经济效益。

配方 270　造纸废水处理剂（9）

［原料配比］

原料		配比（质量份）			
		1#	2#	3#	4#
铁离子絮凝剂	聚合硫酸铁	2	—	3	—
	聚合氯化硫酸铁	—	2	—	3
聚丙烯酰胺絮凝剂	阴离子聚丙烯酰胺	3	—	—	—
	阳离子聚丙烯酰胺	—	3	4	4
活性炭		0.2	0.2	0.2	0.2
层状硅酸盐	膨润土	4	—	—	—
	硅藻土	—	4	—	—
	十六烷基三甲基溴化铵处理的累托石	—	—	3	
	十六烷基三甲基溴化铵处理的钠基蒙脱土	—	—	—	3
水		适量	适量	适量	适量

［制备方法］ 将铁离子絮凝剂、聚丙烯酰胺絮凝剂、活性炭、层状硅酸盐和水等加入带搅拌的反应釜中加热搅拌 5～60min 混合均匀。搅拌速率 200～400r/min，加热温度 40～90℃。

［原料介绍］ 所述的聚丙烯酰胺絮凝剂，由非离子、阴离子、阳离子、两性离子絮凝剂等中的一种或几种组成，可以是溶液、乳液或粉剂，分子量为 500 万～1800 万。

［使用方法］

（1）在造纸废水中加入石灰乳，调节 pH 值至 7～11，然后加入造纸废水处理剂进行搅拌；

（2）当废水中形成大的絮团体时，停止搅拌，静置沉淀，分离循环水中的絮体物，处理后的废水进入下一个循环处理。

［产品特性］

（1）本品将无机絮凝剂和有机絮凝剂相结合，兼具无机絮凝剂的快速破胶和凝结作用以及有机高分子絮凝剂的吸附架桥和絮凝能力，利用不同絮凝剂的不同功能，通过复配形成多功能的絮凝剂，增强絮凝剂的絮凝效率，降低絮凝剂的用量和水处理成本。

(2) 本品能对造纸废水进行絮凝沉淀净化和杀菌消毒，还能去除有害物质，处理效果好，经过处理后的废水化学需氧量（COD）、悬浮物（SS）含量和色度明显降低，能够达到造纸工业水污染物排放标准的要求，并实现了企业废水较高比例的回用。

配方 271 造纸污水处理剂（1）

原料配比

原料		配比（质量份）				
		1#	2#	3#	4#	5#
阳离子改性微生物产絮凝剂	阳离子改性红串红球菌产絮凝剂	70	—	—	—	—
	阳离子改性苏云金杆菌产絮凝剂	—	90	—	—	—
	阳离子改性酵母菌产絮凝剂	—	—	75	—	—
	阳离子改性克雷伯氏菌产絮凝剂	—	—	—	85	—
	阳离子改性大肠杆菌产絮凝剂	—	—	—	—	82
植物精油复合抗菌剂	薄荷油复合抗菌剂	40	—	—	—	—
	马郁兰精油复合抗菌剂	—	60	—	—	—
	薰衣草油复合抗菌剂	—	—	45	—	—
	百里香油复合抗菌剂	—	—	—	55	—
	香柠檬油复合抗菌剂	—	—	—	—	50
乳化剂	月桂醇聚氧乙烯醚	10	—	—	—	—
	三苄基酚聚氧乙烯醚	—	20	—	—	—
	苯乙基酚聚氧丙烯聚氧乙烯醚	—	—	12	—	—
	硬脂酸聚氧乙烯酯	—	—	—	16	—
	壬基酚聚氧乙烯醚	—	—	—	—	15
稳定剂	受阻酚	5	—	—	—	—
	环氧大豆油	—	15	—	—	—
	硬脂酸锌	—	—	7	—	—
	硬脂酸铝	—	—	—	13	10
硅藻土		15	30	18	25	22
油酸		10	15	11	14	13
木质素		10	20	12	16	15

续表

原料	配比（质量份）				
	1#	2#	3#	4#	5#
碳酸钠	5	10	6	8	7
去离子水	80	120	92	110	103

［制备方法］ 将阳离子改性微生物产絮凝剂、植物精油复合抗菌剂、乳化剂、硅藻土、油酸、木质素、碳酸钠和去离子水混合，70～100℃搅拌反应2～4h，继续加入稳定剂，搅拌均匀，恒温干燥箱内烘至恒重。

［原料介绍］

所述阳离子改性微生物产絮凝剂由以下方法制备：

(1) 微生物产絮凝剂的制备：无菌条件下，从微生物保存平板上挑取单克隆置于灭菌的种子液培养基中，将该体系于30～40℃、150r/min条件下恒温振荡培养15～20h得种子液，在无菌工作台中，将该种子液按1%～5%接种量接种于发酵培养基中，于30～40℃、150r/min下恒温发酵24～48h。所述的微生物为苏云金杆菌、红串红球菌、大肠杆菌、克雷伯氏菌、酵母菌中的一种或几种。

(2) 微生物产絮凝剂的提取及纯化：将发酵液于4℃、5000～10000r/min条件下离心15min，弃菌体，上清液按照体积比为1∶(4～5)与无水乙醇混合，摇匀后静置，离心，倾去上清液，用少量去离子水溶解，乙醇洗涤固体，得微生物产絮凝剂。

(3) 阳离子改性微生物产絮凝剂的制备：将三(2-吡啶基甲基)胺与乙醇溶液按一定比例进行混合，加入微生物产絮凝剂，于室温下搅拌2～5h，放入30～40℃恒温箱中反应6～10h，反应完毕后，按体积比1∶1加入乙酸乙酯反复萃取，减压旋蒸除去溶剂，将所得固体于60℃下干燥，即得阳离子改性微生物产絮凝剂。

所述植物精油复合抗菌剂由以下质量分数原料组成：65%植物精油、17%无机抗菌剂和18%天然抗菌剂。所述的植物精油为薰衣草油、迷迭香油、柠檬油、香柠檬油、丁香油、薄荷油、肉桂油、百里香油和马郁兰精油中的一种或几种；所述无机抗菌剂为氧化锌、氧化铜、磷酸二氢铵、碳酸锂、沸石载银、活性炭载银、磷酸铜载银、磷酸钙载银、硅胶载银、磷酸锆载银和羟基磷灰石载银中的一种或几种；所述天然抗菌剂为甲壳素、壳聚糖、芥末、蓖麻油、山葵、昆虫抗菌性蛋白质、芦荟多糖、艾蒿胆碱和桧柏油中的一种或几种。

［产品特性］

(1) 本品通过添加阳离子改性微生物产絮凝剂，不需要加入阳离子助凝，不会造成二次污染，且操作简单，结构稳定，可长时间使用，能够大大降低污水中的COD、BOD、SS和金属离子含量等各指标，而且造价较低，经本品污水处理剂处理后的污水其各项指标均符合标准要求，有利于保护环境。

（2）本品添加了复合的抗菌成分，包括植物精油和抗菌剂，能同时对污水进行杀菌，提高了水质，减少了污水恶臭。

（3）本品回收方便，制备工艺简单、易操作，原料简单、取材广，适于大规模生产。

配方 272 造纸污水处理剂（2）

原料配比

原料		配比（质量份）		
		1#	2#	3#
粉煤灰		60	65	70
蒙脱石粉		50	55	60
钛酸四丁酯		45	50	55
丙烯酸正丙酯		40	45	50
甲基丙烯酰氧乙基三甲基氯化铵		25	28	30
聚环氧琥珀酸钠		20	24	26
脂肪醇聚氧乙烯醚		16	18	20
聚二甲基硅氧烷二季铵盐		8	10	12
硫酸镍		6	7	8
纳米二氧化钛		6	7	8
木瓜蛋白酶		4	5	6
辣根过氧化物酶		4	5	6
甜菜碱		2	3	4
木醋杆菌菌粉		2	3	4
无水乙醇		适量	适量	适量
蒸馏水		适量	适量	适量
引发剂	过氧化苯甲酰	3	—	—
	亚硫酸氢钠	—	4	—
	聚氧乙烯	—	—	5
偶联剂	1,3-二环己基碳二亚胺	3	—	—
	双-3-三乙氧基甲硅烷基丙基四硫化物	—	4	—
	3-四甲基铵四氟硼酸盐	—	—	5

［制备方法］

（1）将钛酸四丁酯、丙烯酸正丙酯、甲基丙烯酰氧乙基三甲基氯化铵、聚环氧琥珀酸钠和脂肪醇聚氧乙烯醚中加入质量为该5种原料8～10倍的无水乙醇，在85～90℃下超声处理45～50min，得超声处理混合物；超声功率为800～900W。

（2）将粉煤灰、蒙脱石粉、硫酸镍和纳米二氧化钛充分混合，先于85～95℃下干燥6～8h，再于450～500℃下煅烧2～3h，得煅烧处理混合物。

（3）将步骤（1）所述的超声处理混合物与步骤（2）所述的煅烧处理混合物混合，加入球磨机，再加入聚二甲基硅氧烷二季铵盐，混合均匀后球磨至细度为25～35mm，得球磨混合物。

（4）向步骤（3）的球磨混合物中加入甜菜碱、引发剂和偶联剂，混合均匀后微波处理15～20min，随后加入反应釜中，升温至150～180℃，以250～350r/min的转速搅拌25～35min，冷却至室温后加入木瓜蛋白酶、辣根过氧化物酶和木醋杆菌菌粉，得中间混合物。

（5）按照每克中间混合物喷洒蒸馏水0.1mL的标准进行喷洒操作，然后加入造粒机进行造粒，粒径为1～3mm，再将造粒所得颗粒在烘箱中低温干燥，出料后得成品造纸污水处理剂。干燥温度为40～50℃，干燥时间为90min。

［产品特性］ 本品具有综合生物处理剂的优点，可以有效改善造纸行业污水的COD、SS、B/C等指标，能够满足行业的要求。

配方273 造纸污水处理剂（3）

［原料配比］

原料	配比（质量份）		
	1#	2#	3#
玉米淀粉	15	18	20
聚丙烯酰胺	8	10	11
醋酸钠	7	8	9
三氯化铁	6	7	8
硫酸铝	7	9	11
中层矿物黏土	14	15	16
氧化钙	8	11	14
膨润土	10	12	14
过硫酸盐	9	11	13
水	30	32	34

[制备方法] 将各组分原料混合均匀即可。

[产品特性] 本品处理效果好，沉淀快速，效率高，成本低廉，净化水质好。

配方 274 造纸污水处理剂（4）

[原料配比]

<table>
<tr><th colspan="2" rowspan="2">原料</th><th colspan="3">配比（质量份）</th></tr>
<tr><th>1#</th><th>2#</th><th>3#</th></tr>
<tr><td colspan="2">辛基酚聚氧乙烯醚</td><td>26</td><td>28</td><td>30</td></tr>
<tr><td colspan="2">次氮基三乙酸</td><td>24</td><td>26</td><td>28</td></tr>
<tr><td colspan="2">脂肪醇聚氧乙烯醚硫酸钠</td><td>24</td><td>26</td><td>28</td></tr>
<tr><td colspan="2">苯甲酸</td><td>22</td><td>24</td><td>26</td></tr>
<tr><td colspan="2">椰子油脂肪酸</td><td>24</td><td>26</td><td>28</td></tr>
<tr><td colspan="2">十四烷基二甲基苄基氯化铵</td><td>24</td><td>26</td><td>28</td></tr>
<tr><td colspan="2">对羟基苯甲酸</td><td>22</td><td>24</td><td>26</td></tr>
<tr><td colspan="2">过氧乙酸</td><td>24</td><td>26</td><td>28</td></tr>
<tr><td colspan="2">山梨酸钙</td><td>24</td><td>26</td><td>28</td></tr>
<tr><td colspan="2">羟基喹啉</td><td>22</td><td>24</td><td>26</td></tr>
<tr><td colspan="2">十二烷基苯磺酸钠</td><td>22</td><td>24</td><td>26</td></tr>
<tr><td colspan="2">石油磺酸钠</td><td>22</td><td>24</td><td>26</td></tr>
<tr><td colspan="2">月桂酰基肌氨酸钠</td><td>24</td><td>26</td><td>28</td></tr>
<tr><td colspan="2">亚硫酸钠</td><td>22</td><td>24</td><td>26</td></tr>
<tr><td colspan="2">DL-蛋氨酸</td><td>20</td><td>22</td><td>24</td></tr>
<tr><td colspan="2">苛性碱</td><td>24</td><td>26</td><td>28</td></tr>
<tr><td colspan="2">粉煤灰</td><td>22</td><td>24</td><td>26</td></tr>
<tr><td colspan="2">活性炭</td><td>20</td><td>22</td><td>24</td></tr>
<tr><td rowspan="2">椰子油</td><td>黏度在25℃为160mPa·s</td><td>—</td><td>—</td><td>26</td></tr>
<tr><td>黏度在25℃为140mPa·s</td><td>22</td><td>24</td><td>—</td></tr>
<tr><td colspan="2">叔丁醇</td><td>14</td><td>16</td><td>18</td></tr>
<tr><td colspan="2">乙醚</td><td>14</td><td>16</td><td>18</td></tr>
<tr><td colspan="2">煤油</td><td>14</td><td>16</td><td>18</td></tr>
<tr><td colspan="2">丙烯酸异丙酯</td><td>14</td><td>16</td><td>18</td></tr>
</table>

续表

原料		配比（质量份）		
		1#	2#	3#
丹宁酸		14	16	18
木质素		14	16	18
过氧化氢叔丁基		14	16	18
单巯基乙酸甘油酯	黏度在25℃为80mPa·s	14	—	—
	黏度在25℃为140mPa·s	—	16	—
	黏度在25℃为120mPa·s	—	—	18
双丙酮丙烯酰胺		14	16	18
异佛尔酮		14	16	18
去离子水		2000	3000	4000
粉煤灰	粒径目数为30～50目	3	8	12
	粒径目数为50～80目	4	6	8
	粒径目数为80～100目	1	1	1
木质素	粒径目数为30～50目	3	6	9
	粒径目数为50～80目	2	5	8
	粒径目数为80～100目	1	1	1

［**制备方法**］

（1）将所述质量份数的辛基酚聚氧乙烯醚、次氮基三乙酸、脂肪醇聚氧乙烯醚硫酸钠、苯甲酸、椰子油脂肪酸、十四烷基二甲基苄基氯化铵、对羟基苯甲酸、过氧乙酸、山梨酸钙、羟基喹啉、十二烷基苯磺酸钠、石油磺酸钠、月桂酰基肌氨酸钠、亚硫酸钠、DL-蛋氨酸、苛性碱、粉煤灰、活性炭、椰子油加入上述质量份数的去离子水中，超声高速分散；超声波频率为20～40kHz，分散速度为5000～5400r/min，分散时间为30～60min。

（2）加入所述质量份数的叔丁醇、乙醚、煤油、丙烯酸异丙酯、丹宁酸，超声高速分散；超声波频率为20～35kHz，分散速度为4800～5200r/min，分散时间为30～50min。

（3）加入所述质量份数的木质素、过氧化氢叔丁基、单巯基乙酸甘油酯、双丙酮丙烯酰胺、异佛尔酮，超声高速分散，混合均匀后制得本品；超声波频率为20～30kHz，分散速度为4600～4800r/min，分散时间为20～40min。

［**产品特性**］ 本产品反应速度快，过程中无有毒有害气体产生；反应后的生成物稳定，不会再分解成有毒物质；高效、无毒，对人体安全，对物件无腐蚀；针对污水处理效率高。

配方 275 造纸污水处理剂（5）

[原料配比]

原料	配比（质量份）			
	1#	2#	3#	4#
25%的钙基膨润土浆液	100	200	500	800
焦磷酸钠	0.2	0.45	1	1.6
氯化铝	3.5	7	18	28
十二烷基季铵盐	12	25	60	98
硅藻土	33	68	170	265
水	适量	适量	适量	适量

[制备方法]

（1）将25%的钙基膨润土浆液经振动筛除杂，并加热至60℃；

（2）按配比加入焦磷酸钠，高速搅拌30～60min进行表面电荷改性；

（3）加入氯化铝作为柱撑改性剂，高速搅拌60min进行柱撑改性；

（4）将柱撑改性后的膨润土浆液用水稀释至4%～5%，并将稀释后的浆液加热至80℃；

（5）向膨润土浆液加入十二烷基季铵盐，搅拌60min进行插层改性；

（6）将改性后的膨润土浆液烘干后磨粉，获得改性膨润土；

（7）将改性膨润土同硅藻土均匀混合，获得造纸污水处理剂。

[产品特性] 本品可用于吸附造纸回用水中的污染物和阴离子胶黏物，以防止胶黏物吸附在纸机成形网、压榨辊、烘缸等部件上。本品性价比优势明显，降低造纸企业吨水处置成本的同时，能高效地降低回用水的浊度和胶黏物含量，并可以有效吸附造纸污水中的悬浮物、降低色度。

配方 276 造纸用污水处理剂

[原料配比]

原料	配比（质量份）	原料	配比（质量份）
硅藻土	65	炭黑	5
高岭土	30	絮凝剂粉	15
贝壳粉	10		

【制备方法】

（1）将硅藻土和高岭土加入球磨机中，球磨混合，直至充分混合，得到混合物 A；

（2）将混合物 A 加入回转窑中，在 800℃温度条件下烧制 50min，随后出窑，自然冷却，并粉碎，过 100 目筛，得到混合物 A 粉料；

（3）将混合物 A 粉料与贝壳粉、炭黑、絮凝剂粉一并混合充分，即得造纸用污水处理剂。

【原料介绍】

所述硅藻土为煅烧硅藻土粉体，并过 130 目筛。

所述高岭土中加入占高岭土总质量 30%的石英砂。

所述贝壳粉的粒径小于 3.5mm。

所述絮凝剂粉为聚合氯化铝、聚合氯化铁、聚丙烯酰胺阴离子中的一种。

【产品特性】 本品具有无毒无害的特点，安全环保，同时处理效果明显，反应效率高，有助于加快处理进程，而且无温度要求，无臭味，成本低廉。

配方 277 针对高 COD 污水的多功能污水处理剂

【原料配比】

原料	配比（质量份）			
	1#	2#	3#	4#
海泡石原矿粉	50	70	40	80
聚合硫酸铁粉	20	15	30	10
无水三氯化铁粉	33	35	30	40
聚合氯化铝	15	25	30	10
氢氧化钠	15	10	20	17

【制备方法】 将各组分原料混合均匀即可。

【使用方法】 向污水中加入污水质量 0.1%～0.25%的多功能污水处理剂，搅拌混匀；加入 pH 调节剂，将 pH 值调至 6.7～7.4；静置，去沉淀。所述 pH 调节剂为 NaOH。所述搅拌时间为 3～5min。静置时间为 3～5min。所述污水为 COD 含量在 1300mg/L 以上的污水。所述污水包括城市垃圾填埋场渗漏液，化工废水，印染废水，造纸废水，皮革废水，电镀废水，养殖废水，食品废水。

【产品特性】 本品污水综合处理能力优异，除污效率高，脱色效果优，沉淀速度快，适用水温及 pH 值范围广，能有效去除污水中 COD、SS、色度、有机磷、总磷、重金属等，对除臭也有显著效果，是一种集脱色、絮凝、除臭、去除 COD、去除 BOD 等多功能于一身的综合性较强的混凝处理剂，效果优于传统单一的絮凝剂、混凝剂、脱色剂。同时本品污水处理剂制备工艺简单，适应性强，降低了生产成本，减少了人力资源及其他各项基本建设资源的投资。

配方 278 纸业污水处理剂

原料配比

原料	配比（质量份）	原料	配比（质量份）
聚丙烯酰胺	30	聚合硫酸铁	5
过硫酸钾	10	膨润土	7
竹炭纤维	5.5	活性炭	4
二氧化钛	4		

制备方法

（1）称取过硫酸钾、竹炭纤维和膨润土，送至球磨机中球磨混合，并过 100 目筛，得粉体混合物 A；

（2）称取聚丙烯酰胺和聚合硫酸铁，送至超声设备，于 50℃ 下超声处理 20min，得到混合物 B；

（3）将粉体混合物 A、混合物 B 以及其他剩余组分一并送入反应釜，并同步加入无水乙醇混合反应，混合速率控制在 300r/min，同时温度控制在 40℃，直至混合反应完成，随后挤出，并蒸出无水乙醇，即得纸业污水处理剂。

原料介绍

所述聚丙烯酰胺为高分子聚丙烯酰胺和中分子聚丙烯酰胺以 1∶2 的质量比混合而成。

所述二氧化钛为纳米二氧化钛。

所述竹炭纤维为土窑烧制法制得的高密度竹炭纤维。

所述的膨润土粒径小于 8mm。

所述活性炭的粒径小于 2.5mm。

产品特性 本品可用于污水净化的各个环节，一经使用，可快速吸附和置换造纸污水中的各种金属、非金属污染物，且原料购置、生产成本都很低，适合大范围推广。

配方 279 重金属废水处理剂（1）

［原料配比］

原料	配比（质量份）			
	1#	2#	3#	4#
水	60	65	70	80
β-环糊精	40	45	50	60
聚丙烯酰胺	20	25	30	35
胡敏酸钠	20	25	30	35
海泡石	15	20	25	30
氧化钙	10	13	16	20
氧化镁	10	13	16	20
氧化铁	5	8	11	15
碳酸钠	5	8	11	15

［制备方法］ 将上述配比的β-环糊精、聚丙烯酰胺、胡敏酸钠、海泡石、氧化钙、氧化镁、氧化铁、碳酸钠加入水中并在40℃的条件下混合均匀，然后升温至70～90℃，1～2h后自然冷却后出料。

［产品特性］ 本品反应速度快，试剂处理过程的稳定性高，固液分离效果好，能够促进重金属由高生物可利用态向低生物可利用态转化，从而降低水体中重金属的有效性和迁移活动性，还可以有效抑制作物对重金属的富集和转运，减轻了重金属的毒害。

配方 280 重金属废水处理剂（2）

［原料配比］

原料	配比（质量份）		
	1#	2#	3#
丙烯酸高分子吸水树脂	65	55	75
失水山梨醇脂肪酸酯	64	60	68
硅藻土	42	38	47
壳聚糖	27	25	31
羟乙基纤维素	20	15	24

续表

原料	配比（质量份）		
	1#	2#	3#
乙二胺四乙酸二钠（苯基二甲基硅氧烷）甲基硅醇	13	10	17
N,*N*-二甲基甲酰胺	7	4	9
过硫酸铵	5	3	8
碳酸钡	8	5	11
石英石粉	5	3	7
茶籽粉	7	5	10
康氏木霉	4	2	6
地衣芽孢杆菌	4	3	5
亚硫酸氢钠	2	1	3
1,3-二环己基碳二亚胺	3	2	4

[**制备方法**] 将各组分原料混合均匀即可。

[**产品特性**] 本品能够显著降低废水中的重金属离子含量，并且原料廉价，环保安全，适于大规模工业化运用，实用性强。

配方 281 重金属废水处理剂（3）

[**原料配比**]

原料	配比（质量份）					
	1#	2#	3#	4#	5#	6#
油橄榄果渣	20	30	20	30	30	25
油橄榄锯末	10	20	20	10	15	15
硝基腐殖酸树脂	5	15	5	15	15	10
二硫代羧基化胺甲基聚丙烯酰胺	5	15	15	5	10	10
生物炭	4	12	4	12	12	8
吡咯烷二硫代甲酸铵螯合纤维素	3	8	8	3	6	6
淀粉黄原酸盐	3	8	6	8	8	6
十二烷基磺酸钠	5	10	10	5	5	7
交联剂	1	3	1	3	12	2
磺化硫杂环芳烃	5	10	10	5	5	8
717 阴离子交换树脂	5	10	5	10	10	8

续表

原料	配比（质量份）					
	1#	2#	3#	4#	5#	6#
改性丝胶	4	8	8	4	6	6
聚天冬氨酸	2	6	2	6	6	4
β-环糊精	3	9	9	3	3	6
硫代卡巴肼	1	5	1	5	5	3
促进剂	1	4	4	1	2	2
聚（氯化二烯丙基铵-丙烯酰胺）基二硫代氨基甲酸钠	2	8	2	8	6	6

［**制备方法**］ 将各组分原料混合均匀即可。

［**原料介绍**］

所述油橄榄果渣通过下述方式处理得到的：

(1) 将油橄榄湿果渣置于75～85℃烘箱中干燥至含水量低于5%，粉碎至粒径为0.1～0.3mm，然后置于索氏提取器中用石油醚作为脱脂溶剂回流脱脂7～9h，得到脱脂油橄榄果渣；

(2) 将脱脂油橄榄果渣与8%质量分数的氢氧化钠溶液在温度为45～55℃下按料液比1g∶15mL混合浸泡50～70min，然后以3500～4500r/min的速度离心过滤，收集上清液和滤渣；

(3) 将上清液减压浓缩后加入4倍体积95%的乙醇醇沉，然后用95%的乙醇洗涤至中性，在温度为50℃下真空干燥至质量恒定；

(4) 将滤渣水洗至中性，在温度为50℃下热风干燥至质量恒定；

(5) 将步骤(3)和步骤(4)所得产物混合后粉碎处理即得。

所述油橄榄锯末通过下述方式处理得到：将油橄榄锯末加入氢氧化钠溶液中室温下浸泡4～6h后过滤，然后用蒸馏水洗涤至中性且洗涤液变为无色，过滤后在温度为50～60℃下干燥8～10h。

所述改性丝胶通过接枝2,5-二硫二脲改性处理得到。

所述生物炭通过下述方式制备：将核桃青皮用超纯水清洗后自然风干并粉碎过20目筛，然后置于马弗炉中，在限氧条件下450～550℃热解5～7h，待自然冷却至室温后取出过100目筛。

所述交联剂为1-乙基-(3-二甲基氨基丙基)碳二亚胺盐酸盐、*N*-羟基琥珀酰亚胺、1,4-丁二醇二缩水甘油醚按质量比3∶2∶1混合而成。

所述促进剂为二月桂酸二丁基锡、辛酸亚锡按质量比2∶1混合而成。

［**产品特性**］ 本品针对实际污染废水中各组分之间的相互作用非常复杂，吸附机理、吸附容量、吸附顺序往往与单一重金属离子体系不同的情况，采用络合-沉淀-

混凝-吸附多种方式协同耦合集成处理重金属废水，并采用物理吸附、生物吸附和化学吸附相结合的方式对废水中的重金属实现多级、全方位的立体交叉吸附处理。本品采用油橄榄果渣为主要原料并与其他物质配合能够形成立体网状结构，具有絮团粗大、沉淀快、捕集力强的特性，能够处理废水中的 Cu^{2+}、Cd^{2+}、Hg^{2+}、Pb^{2+}、Mn^{2+}、Ni^{2+}、Zn^{2+} 和 Cr^{3+} 等各种重金属，还能去除部分 COD、氨氮、磷和 Cr^{6+}。

配方 282 重金属废水处理剂（4）

原料配比

原料	配比（质量份）			
	1#	2#	3#	4#
活化硅藻土	25	25	30	30
钠基膨润土	20	20	15	22
改性高岭土	25	25	28	25
改性甘蔗渣	38	38	32	37
氧化钙	20	20	20	18
氧化镁	16	16	10	16
淀粉黄原酸酯	4	4	3	5
聚合氯化铝	2	2	3	2

制备方法 将各组分原料混合均匀即可。

原料介绍

所述改性甘蔗渣的制备包括以下步骤：

（1）将甘蔗渣烘干粉碎成甘蔗渣粉末，将甘蔗渣粉末放入质量分数为 15%～20%的氢氧化钠溶液中，在 40～60℃下浸泡 4～6h，过滤、洗涤、烘干得到预处理的甘蔗渣粉末；

（2）将巯基乙酸、乙酸酐、乙酸和浓硫酸充分混合得到混合液，将预处理的甘蔗渣粉末加入混合液中，在 80～100℃下反应 4～6h，过滤、洗涤，50～65℃下真空干燥得到改性甘蔗渣。巯基乙酸、乙酸酐、乙酸和浓硫酸的体积比为 5：(3～3.5)：(1～2)：(0.007～0.008)。甘蔗渣粉末的质量与混合液的体积比为 1g：(10～13)mL。

所述改性高岭土由以下方法制备而成：将高岭土在 500～650℃下煅烧 2～3h 冷却至室温，然后与腐殖酸钠混合得到混合物，在混合物中加蒸馏水配制成悬浊液，调节悬浊液 pH 值为 5～7，超声处理 3～4h，离心去除上清液，收集沉淀，洗涤、烘干，研磨成 150～300 目粉末，得到改性高岭土。所述腐殖酸钠的质量为所述高岭土质量的 0.5%～2%，所述蒸馏水的加入量为所述混合物质量的 10～20 倍。

[使用方法] 1L 重金属废水加入本品 2～6g，调节废水 pH 值为 5～7，搅拌混合 0.5～1h，静置 1～2h，经沉淀、过滤去除沉淀物，完成重金属废水处理。

[产品特性]

(1) 本品由不同组分复配而成，含有多种活性基团，加入重金属废水中，与废水中的重金属进行吸附、络合、螯合、吸附、离子交换等物理化学反应，吸附、絮凝、沉淀去除废水中的重金属离子。在各组分之间协同作用下，加快了对重金属的吸附沉降速度，减少了废水处理剂的使用量。本品能够有效去除废水中的 Cu^{2+}、Cd^{2+}、Pb^{2+} 等多种金属离子，处理效果好，处理后的废水能够达到排放标准。

(2) 本品稳定性好，使用操作简单，直接加入重金属废水中，条件易于控制，药剂用量较小，吸附絮凝能力强，沉降速度快，具有较高的应用价值。

配方 283　重金属废水处理剂（5）

[原料配比]

原料		配比（质量份）					
		1#	2#	3#	4#	5#	6#
二硫代氨基甲酸盐和/或其衍生物	二硫代氨基甲酸钠	40	—	—	—	—	40
	二硫代氨基甲酸钾	—	36	—	—	—	—
	二甲基二硫代氨基甲酸钾	—	—	30	—	—	—
	二乙基二硫代氨基甲酸钠	—	—	—	40	—	—
	二丁基二硫代氨基甲酸钠	—	—	—	—	52	—
环糊精和/或其衍生物	羧甲基-α-环糊精	15	—	—	—	—	—
	甲基-β-环糊精	—	30	—	—	—	15
	羧甲基-γ-环糊精	—	—	20	—	—	—
	羟丙基-β-环糊精	—	—	—	20	—	—
	磺丁基-β-环糊精	—	—	—	—	16	—
	β-环糊精	—	—	—	—	10	—
	γ-环糊精	—	—	—	—	—	5
水		45	34	50	40	22	40

［制备方法］ 将各组分原料混合均匀即可。

［使用方法］

（1）采用15%的氢氧化钠溶液调节待处理废水的pH值为7；

（2）分别称取18mg和33.9mg重金属废水处理剂加入1L的废水中，搅拌，然后进行第一接触（5min）；

（3）将步骤（2）得到的混合物与3mg非离子聚丙烯酰胺混合，搅拌，然后进行第二接触（20min），静置10min。

［产品特性］ 本品特别适用于重金属废水的处理，将其应用于重金属废水的处理过程中，不仅能够满足重金属废水的处理要求，还降低了重金属废水处理剂中药剂的用量，不但成本低，且具有更好的沉淀分离效果，同时能够去除浊度和部分COD，处理后废水中重金属达到排放标准。本品尤其适用于重金属铜和镍的处理。

配方284 重金属废水处理剂（6）

［原料配比］

原料	配比（质量份）				
	1#	2#	3#	4#	5#
乙二胺四乙酸二钠	30	34	38	42	46
粒径为5μm的膨润土	20	25	30	35	40
高锰酸钾	30	26	22	19	15
活性炭	15	17	19	21	23
硫酸亚铁	25	21	17	13	10
烷基糖苷	18	15	13	10	8

［制备方法］ 将各组分原料混合均匀即可。

［使用方法］ 只需要常温下投入水中去除沉淀即可，投入量为每升废水中投入0.5～0.9kg本品，搅拌20～40min。

［产品特性］ 通过本品处理废水中的重金属，快速高效，不受其他环境因素的影响，且使用方法简单，常温下就能够实施，也不会产生二次污染，处理后的废水可达到污水综合排放标准。

配方 285 重金属废水处理剂（7）

［原料配比］

原料	配比（质量份）	原料	配比（质量份）
次氯酸钠	30～50	聚山梨酯	2～5
苯甲酸	15～30	聚丙烯酰胺	20～30
椰子油脂肪酸	10～20	聚合氯化铝	20～35
蚝壳粉	5～12		

［制备方法］ 将各组分原料混合均匀即可。

［产品特性］ 本品制备方法简单，易操作，稳定性好，安全性高，可快速去除各种污染物，使水体得到高效净化，而且不会产生二次污染。

配方 286 重金属废水处理剂（8）

［原料配比］

原料		配比（质量份）					
		1#	2#	3#	4#	5#	6#
水溶性金属硫化物	硫化钠	10	15	8	12	15	12
纤维素和/或其衍生物	纤维素	10	—	—	—	—	12
	羧甲基纤维素	—	45	—	—	—	—
	羟乙基纤维素	—	—	24	—	—	—
	羟丙基纤维素	—	—	—	12	30	12
三巯基三嗪化合物	三巯基三嗪三钠	40	—	—	24	45	36
	三巯基三嗪单钠	—	30	32	—	—	—
水		40	10	36	52	10	28

［制备方法］ 将各组分原料混合均匀即可。

［产品特性］

（1）该废水处理剂以三巯基三嗪化合物和其他物质进行复配，降低了三巯基三嗪化合物用量；将其用于含汞和含铅废水处理过程中，形成的絮体粗大；不但成本低，且具有更好的沉淀分离效果；处理后废水中重金属可达到排放标准，可以满足重金属废水的处理要求。

（2）本品特别适用于含汞含铅重金属废水的处理，将其应用于含汞含铅重金属废水的处理过程中，不仅能够降低药剂用量，降低成本，且具有更好的沉淀分离效果。

配方 287　重金属废水处理剂（9）

［原料配比］

原料	配比（质量份）	原料	配比（质量份）
聚丙烯酰胺	3	氧化钙	3
聚磷氯化铁	15	氢氧化铝	12
石膏	12	氯化钙	3
沸石	20	活性炭	5
木质素磺酸钠	10	硫酸钾铝	12
聚合磷酸铁	6	硅藻土	5
水	50		

［制备方法］

（1）取聚丙烯酰胺、聚磷氯化铁、聚合磷酸铁、氯化钙、木质素磺酸钠、沸石放入高压蒸锅内通入水蒸气后保持 4.5 个大气压进行压蒸反应，生成混合物 A。

（2）将石膏、氧化钙、氢氧化铝、活性炭、硫酸钾铝、硅藻土与水混合，并进行超声处理，制得混合物 B；超声功率为 900～1000W，超声时间为 45～50min。

（3）保持在雷诺数高于 6000 的高速搅拌情况下将混合物 A 置入混合物 B 中，同时将混合物用水冷却，以使混合物的温度保持在 35～40℃，制得重金属废水处理剂。

［产品特性］　本品在各原料的共同作用下，对重金属有螯合作用，沉淀时间短、效果好、成本低、处理完全，能降解水中的有害物质，尤其对能对高浓度的重金

属废水进行有效的处理，可广泛用于重金属废水处理领域，处理后的水可实现循环使用。本品配方简单、成本低廉、性能优良，适合规模化生产。

配方 288　重金属污水处理剂（1）

［原料配比］

原料		配比（质量份）				
		1#	2#	3#	4#	5#
聚丙烯酰胺		15	25	20	17	22
芥酸酰胺		14	18	16	15	17
阿散酸		11	18	14	12	15
氯化胆碱		4	15	10	6	13
绿藻粉		3	9	5	4	7
硅酸锂		4	8	6	5	7
白水泥	粒径为 100 目	2	—	—	—	—
	粒径为 200 目	—	7	—	—	—
	粒径为 150 目	—	—	4	—	—
	粒径为 120 目	—	—	—	3	—
	粒径为 180 目	—	—	—	—	5

［制备方法］

（1）将白水泥与其 10～20 倍质量的水混合，然后加入聚丙烯酰胺和硅酸锂，在 70～80℃下搅拌混合 1～2h；

（2）将阿散酸和氯化胆碱加入上步所得物中，在 90～105℃下混合搅拌 10～30min；

（3）将上步所得物与绿藻粉和芥酸酰胺混合，在 80～95℃下混合搅拌 10～20min，然后置于 65～80℃下干燥、研磨过 100～200 目筛，即得成品。

［产品特性］ 本品不仅能有效降低重金属污水中的 COD、SS 含量，还可有效降低 Zn^{2+}、Cu^{2+}、Pd^{2+}、Cd^{2+}、铬和锰等多种重金属离子的含量；制备工艺简单，有利于实现工业化。

配方 289 重金属污水处理剂（2）

[原料配比]

原料	配比（质量份）				
	1#	2#	3#	4#	5#
胡敏素	10	12	18	20	20
氢氧化钠	10	18	15	20	15
聚丙烯酰胺	0.5	1.5	0.8	2	1.8
羧甲基壳聚糖	10	14	13	20	16
2,3-环氧丙基三甲基氯化铵	5	6	8	10	7
氧化镁粉	5	12	18	20	18
三巯基三嗪三钠盐	3	4	4.5	5	3.5
环氧乙烷	5	7	8	10	8
三乙醇胺	5	7	9	10	8
膦基聚马来酸酐	5	7	7	10	8
丙烯酸-丙烯酸酯-磺酸盐共聚物	5	13	9	15	12
活性炭	10	11	13	15	15
水	适量	适量	适量	适量	适量

[制备方法]

（1）将氢氧化钠配制成浓度为 0.3～0.5mol/L 的氢氧化钠溶液，将胡敏素加入氢氧化钠溶液中，密闭反应后冷却，得到羧基-羟基改性胡敏素；反应为 200～250 ℃下恒温反应 6～12h。

（2）向步骤（1）得到的羧基-羟基改性胡敏素中加入 2,3-环氧丙基三甲基氯化铵、三巯基三嗪三钠盐、丙烯酸-丙烯酸酯-磺酸盐共聚物和膦基聚马来酸酐，搅拌 3～5h，烘干得到絮凝剂；烘干温度为 95～120℃。

（3）将环氧乙烷和三乙醇胺加入水中，在 70～85℃下搅拌 2～4h，加入活性炭搅拌 1～3h，得到脱色剂。

（4）将氧化镁粉、羧甲基壳聚糖、聚丙烯酰胺、步骤（2）得到的絮凝剂和骤（3）得到的脱色剂混合，超声搅拌 2～3h，烘干得到污水处理剂。

[产品特性] 本品对工业生产副产物胡敏素进行改性，并与 2,3-环氧丙基三甲基氯化铵、三巯基三嗪三钠盐、改性聚磺酸盐和膦基聚马来酸酐进行复配，发挥协同作用，可去除水中大量的重金属离子，同时能够减少结垢与缓蚀。本品对重金属的去除率达到 94.5%～99.5%。同时污水处理剂能够对高色度重金属污水进行处理，环氧乙烷、三乙醇胺和活性炭相互配合，去除废水色度。

配方 290 重金属污水处理剂（3）

［原料配比］

原料	配比（质量份）		
	1#	2#	3#
方解石	100	120	110
黏土	20	25	22
膨润土	20	25	23
铝酸钠	15	20	17
活性炭	15	20	18
二氧化硅	15	20	16
岩砂晶	3	4	3.5
沙土	10	15	12

［制备方法］

（1）按照质量份量取原料，将方解石、膨润土、铝酸钠、二氧化硅、岩砂晶加入粉碎机，粉碎至100～150目，得到混合颗粒；

（2）将混合颗粒、黏土、活性炭加入容器中，搅拌均匀；

（3）加入沙土，超声波振动10～20min，即得所述重金属污水处理剂。

［产品特性］

（1）本品能够可持续处理浓度较高的重金属污水，同时使处理后的水可反复循环利用。

（2）本品可反复使用。

（3）本品使用范围广，制备及处理工艺简单，处理效果良好，性能稳定，出水水质好；能有效地降低水处理的成本。

配方 291 重金属治理水处理剂

［原料配比］

原料	配比（质量份）			
	1#	2#	3#	4#
活性炭	14	16	15	15

续表

原料	配比（质量份）			
	1#	2#	3#	4#
氯化钙	3	5	4	4
醋酸钠	1	3	2	2
聚丙烯酸钠	10	12	11	11
累托石粉	5	7	6	6
聚天冬氨酸	0.6	1	0.8	0.8
聚合氯化铝	5	7	6	6
去离子水	70	90	80	80

［制备方法］

(1) 按照质量份称取活性炭与累托石粉，加入去离子水搅拌混合均匀，然后进行超声波振荡混合，得物料 A；所述超声波振荡混合的功率为 80W，时间为 80min。

(2) 按照质量份称取聚合氯化铝与聚丙烯酸钠，机械搅拌混合均匀，得物料 B。

(3) 将步骤 (1) 得到的物料 A 加入至步骤 (2) 得到的物料 B 中混合均匀，然后依次加入氯化钙、醋酸钠与聚天冬氨酸搅拌均匀，得物料 C。

(4) 将步骤 (3) 得到的物料 C 在 60℃下静置陈化 4h 后放入烘箱中进行干燥，然后放入粉碎机中进行粉碎，过 150 目筛，收集颗粒，即得。所述干燥的温度为 80℃，时间为 6h。

［原料介绍］ 所述累托石粉的生产方法是按照质量份称取适量的累托石放入高温炉中，在 250℃下干燥 1h 后取出放入粉碎机中粉碎成 400 目的粉末，然后向前述粉末中加入 6 倍质量的无水乙醇混合均匀，再放入微波真空干燥机中真空干燥 8h，然后研磨至 600 目，即得所述累托石粉；所述真空干燥的温度为 85℃。

［产品特性］

(1) 通过对累托石进行多次处理后制成累托石粉，所形成的累托石粉被分离成纳米级微片，进而具有纳米效应，用于制备重金属治理水处理剂，可有效提高对重金属的吸附效果。通过超声波振荡混合，有效提高了物料的分散效果，有利于提高物料之间相互作用，进而有利于提高对重金属污水的处理效果。

(2) 本品对重金属污水具有良好的处理效果，对于 Cu^{2+}、Hg^{2+}、Pb^{2+}、Cr^{3+} 和 Cd^{2+} 具有优异的去除效果，解决了目前传统的污水处理剂对重金属污水的处理效果不佳且无法同时将多种重金属离子处理彻底的问题。

配方 292 重油废水处理剂

[原料配比]

原料	配比（质量份）	原料	配比（质量份）
天然高分子微球	1～5	壳聚糖	10～20
改性牡蛎壳粉	40～50	茶皂素	5～10
聚丙烯酸钠	10～15	月桂酰基肌氨酸钠	5～10
活性炭	30～50	亚硫酸钠	10～20

[制备方法] 将各组分原料混合均匀即可。

[产品特性] 本品制备方法简单，易操作，稳定性好，安全性高，可快速去除各种污染物使水体得到高效净化，而且不会产生二次污染。

配方 293 重质自沉降污水处理剂

[原料配比]

原料	配比（质量份）	
	1#	2#
饱和十八碳酰胺	2	1
硅藻土	120	100
十二烷基硫醇	5	3
聚甘油-10 油酸酯	1	0.8
十六烷基三甲基氯化铵	2	1
顺丁烯二酸酐	5	3
氧化聚乙烯蜡	7	5
正硅酸乙酯	30	20

[制备方法]

(1) 取顺丁烯二酸酐，加入其质量 14～20 倍的去离子水中，搅拌均匀，得酸溶液；

(2) 取硅藻土，送入到 0.5～1mol/L 的氢氧化钠溶液中，浸泡 1～2h，过滤，将沉淀水洗，与十二烷基硫醇混合，加入混合料质量 3～4 倍的去离子水中，超声 10～15min，得硅藻土分散液；

(3) 取氧化聚乙烯蜡，加入其质量3～4倍的二甲基甲酰胺中，在65～70℃下保温搅拌20～30min，得酰胺分散液；

(4) 取上述酸溶液、硅藻土分散液混合，搅拌均匀，升高温度为90～95℃，保温搅拌1～2h，加入上述酰胺分散液，搅拌至常温，得改性分散液；

(5) 取十六烷基三甲基氯化铵、正硅酸乙酯混合，加入混合料质量20～30倍的去离子水中，搅拌3～4h，加入饱和十八碳酰胺，搅拌均匀，得溶胶分散液；

(6) 取上述改性分散液、溶胶分散液混合，搅拌均匀，加入聚甘油-10油酸酯，升高温度为60～65℃，保温搅拌1～2h，过滤，将沉淀水洗，送入烘箱中，在65～75℃下干燥1～2h，出料冷却，即得所述重质自沉降污水处理剂。

[产品特性] 本品将硅藻土分散到碱溶液中，有效地改善了其微孔结构的稳定性，然后将其分散到十二烷基硫醇的水溶液中，与顺丁烯二酸酐水溶液共混，高温酯化，得有机改性的硅藻土，然后以正硅酸乙酯为前驱体，通过分散到饱和十八碳酰胺水溶液中水解，将得到的溶胶与有机改性的硅藻土共混，有效地提高了硅藻土、溶胶间的相容性，从而提高了成品处理剂的稳定性强度。本品安全环保性好，重复利用率高，综合性能优异。

配方294 自沉降污水处理剂

[原料配比]

原料	配比（质量份）	
	1#	2#
八水氧氯化锆	30	20
三聚磷酸钠	0.2	0.1
二丙酮醇	8	6
磷酸二氢铝	4	3
丙烯酰胺	14	10
引发剂	0.5	0.4
十二烷基苯磺酸钠	1	0.8
纳米碳粉	50	40
吡啶硫酮锌	2	1
壳聚糖	4	3

[制备方法]

(1) 取八水氧氯化锆，加入其质量30～40倍75%～80%的磷酸溶液中，搅拌均匀，送入到40～50℃的恒温水浴中，保温搅拌4～6h，出料，将沉淀水洗，常温干燥，得磷化填料；

（2）取磷酸二氢铝，加入其质量10～15倍的去离子水中，加热到75～80℃，保温搅拌20～30min，加入十二烷基苯磺酸钠，搅拌至常温，得水分散液；

（3）取吡啶硫酮锌，加入其质量3～4倍的无水乙醇中，搅拌均匀，加入二丙酮醇，超声2～5min，得醇分散液；

（4）取引发剂，加入上述醇分散液中，搅拌均匀，得引发剂溶液；

（5）取丙烯酰胺，加入上述水分散液中，搅拌均匀，送入到反应釜中，通入氮气，调节反应釜温度为65～70℃，滴加上述引发剂溶液，滴加完毕后保温搅拌3～4h，出料，得聚合物溶液；

（6）取纳米碳粉、磷化填料混合，搅拌均匀，加入上述聚合物溶液中，送入到50～60℃的恒温水浴中，保温搅拌10～13h，出料冷却，得聚合物插层溶液；

（7）取壳聚糖，加入上述聚合物插层溶液中，搅拌均匀，加入三聚磷酸钠，超声10～20min，蒸馏除去乙醇，送入到烘箱中，在65～70℃下干燥完全，冷却至常温，即得所述自沉降污水处理剂。

［**原料介绍**］ 所述的引发剂为过氧化二异丙苯。

［**产品特性**］

（1）本品通过采用十二烷基苯磺酸钠与高分子聚合物共混插层磷酸锆，可以起到很好的插层分离效果，而将其与壳聚糖、三聚磷酸钠共混，壳聚糖具有吸附作用，三聚磷酸钠与溶于水中的Ca^{2+}、Mg^{2+}、Fe^{3+}等金属离子络合，部分吸附和络合后的物料可以分散到插层磷化锆的表面和层间，然后通过将成品处理剂在污水中分离，达到去除和净化的效果。

（2）本品中的磷酸锆可以帮助成品处理剂实现在污水中自沉降，有效地降低了处理剂的分离难度。本品稳定性好，不会造成二次污染，重复利用率高，不易分解，使用寿命长。

配方 295　综合电镀废水处理剂

［**原料配比**］

原料	配比（质量份）		
	1#	2#	3#
海泡石粉	15	23	19
重金属离子捕集剂	13	17	15
偏铝酸钠	6	12	9
淀粉黄原酸酯	13	25	19

续表

原料	配比（质量份）		
	1#	2#	3#
生姜提取液	14	18	16
交联累托石	13	19	16
水玻璃	6	8	7
三巯基三嗪三钠盐	7	11	9
球纹星球藻	13	15	14
粉煤灰	12	15	13
海菜粉	4	8	6
聚丙烯酸钠	14	18	16
动物皮胶	5	9	7
还原剂	13	24	19
白刚玉微粉	6	11	8
苦茶粕	5	8	6
复合维生素	4	8	6
硼砂	2	8	5
海桐皮	5	9	7
透辉石	3	6	5
炭黑	1	4	2

[**制备方法**] 将各组分原料混合均匀即可。

[**产品特性**]

（1）本品对重金属废水中的 Zn^{2+}、Cu^{2+}、Pd^{2+}、Cd^{2+}、铬、锰具有良好的去除效果，且具有环保、节能、无毒性、对操作工人无影响、处理后水无二次污染的优点；同时制备方法简单，原料易得，成本更低。

（2）本品能与电镀废水中的重金属离子强力螯合，生成不溶物，且形成絮凝体，达到去除重金属离子的目的。不论废水中的重金属离子浓度高低，均能发挥去除效果；多种重金属离子共存时，也能同时去除；对重金属离子以络合盐形式（EDTA 盐、柠檬酸盐等）存在的情况，也能发挥良好的去除效果。

3 市政/饮用水处理剂

配方1 城市生活污水处理剂

[原料配比]

原料		配比（质量份）			
		1#	2#	3#	4#
聚合氯化铝		9	9	9	9
聚合硫酸铁		19	19	19	19
硅酸钠		2	2	2	2
活性炭		6	6	6	6
沸石粉		5	5	5	5
有机吸附絮凝剂	功能化瓜尔胶	7.2	7.2	—	7
	功能化淀粉	—	—	7.2	0.2
消泡剂	聚二甲基硅氧烷乳液消泡剂	1	1	1	1
表面活性剂	十二烷基苯磺酸钠	3	—	—	—
	非离子型聚氨酯 Gemini 表面活性剂	—	3	3	3
去离子水		加至100	加至100	加至100	加至100

[制备方法] 将聚合氯化铝、聚合硫酸铁、硅酸钠、消泡剂、表面活性剂加入去离子水中，在温度为20～30℃下以转速为100～300r/min搅拌10～20min，再加入活性炭、沸石粉、有机吸附絮凝剂，在温度为20～30℃下以转速为100～300r/min搅拌5～10min，得到混合物；将混合物在温度为35～45℃、绝对压强为0.01～0.02MPa下真空干燥至含水率为5%～11%，粉碎过40～50目筛，即得。

[原料介绍]

所述有机吸附絮凝剂为功能化瓜尔胶、功能化淀粉中的至少一种。

所述功能化瓜尔胶的制备方法为：将瓜尔胶9.5～10.5质量份、水1000～2000质量份加入平底烧瓶中以转速为90～150r/min搅拌50～70min，再加入120～160质量份丙烯酰胺、0.7～1.3质量份2-二乙氨基氯乙烷盐酸盐、0.05～

0.15 质量份三氯化铈以转速为 90～150r/min 搅拌 20～30min，接着往平底烧瓶中充氮气 30～50min 以除去水中溶解氧，然后水浴加热至温度为 65～75℃，加入 1.5～2.5 质量份过硫酸钾保持温度为 65～75℃以转速为 90～150r/min 搅拌反应 3～5h，得到反应混合物；将体积分数为 80%～90%的乙醇水溶液加入反应混合物中使反应后的瓜尔胶沉淀，抽滤，然后用体积分数为 80%～90%的乙醇水溶液洗涤 2～5 次，在温度为 50～60℃、绝对压强为 0.01～0.02MPa 下真空干燥至含水率为 5%～11%，粉碎过 40～50 目筛，即得。

所述功能化淀粉的制备方法为：将 500～1000 质量份马铃薯淀粉在氮气氛围中在微波功率为 300～500W、微波频率为 2400～2500MHz 条件下微波处理 4～7min，将微波处理后的马铃薯淀粉、三聚磷酸钠、柠檬酸、水按质量比为 1∶(0.01～0.03)∶(0.01～0.03)∶(15～25) 混合，在温度为 30～50℃以转速为 100～300r/min 搅拌 3～7h，然后以转速为 3000～9000r/min 离心 20～40min，弃上清液取沉淀真空干燥，得到预处理淀粉；将预处理淀粉加入预处理淀粉质量 3～4 倍的质量分数为 20%～25%的乙醇水溶液中以转速为 100～300r/min 搅拌 10～30min，再加入预处理淀粉质量 14～18 倍的质量分数为 3.4%～3.8%的氢氧化钠水溶液，在转速为 100～300r/min 搅拌下以 6～7℃/min 升温速率加热至 60～65℃，再加入预处理淀粉质量 8.1%～8.3%的环氧氯丙烷，保持温度为 60～65℃以转速为 100～300r/min 搅拌反应 4～6h，然后加入预处理淀粉质量 5%～5.5%的 N,N'-亚甲基双丙烯酰胺保持温度为 60～65℃以转速为 100～300r/min 搅拌反应 2.5～3h，最后在温度为 50～60℃、绝对压强为 0.01～0.02MPa 条件下真空干燥至含水率为 5%～11%，粉碎过 40～50 目筛，即得。

[产品特性] 本品原料来源广泛，活性炭具有较强的吸附作用可有效吸附水体中的无机盐，聚合氯化铝和聚合硫酸铁具有较强的絮凝作用，可显著降低污水中的悬浮物与小颗粒；制备工艺简单，使用方法简单，具有很好的吸附、絮凝和沉淀作用，污水处理效率高，是一种性能非常稳定的综合性污水处理用药剂。本品污水处理高效，对水体中总氮、总磷、氨氮、COD、BOD、SS 均有优异的去除效果，不会造成二次污染。

配方 2 城市污水处理剂（1）

[原料配比]

原料	配比（质量份）		
	1#	2#	3#
铝酸钙	10	12	14

续表

原料	配比（质量份）		
	1#	2#	3#
三氯化铁	8	9	10
磷酸二氢钾	11	13	14
高岭石	10	11	12
聚乙烯亚胺	12	14	15
氯化钠	8	10	11
石灰	8	9	10
碳酸钠	4	6	7
氯化铁	11	12	14
膨润土	6	8	10

[制备方法] 将各组分原料混合均匀即可。

[产品特性] 本品处理效果好，净化彻底，高效快捷，净化水水质好，不会造成二次污染。

配方 3 城市污水处理剂（2）

[原料配比]

原料	配比（质量份）		
	1#	2#	3#
高岭土	16	15	17
玄武岩	8	5	12
植物秸秆	6	3	9
明矾	11	7	16
硅藻土	18	12	24
膨润土	12	5	20
硫化锌	5	3	8
硫酸钡	5	1	9
粉煤灰	7	5	10
石墨	17	10	23
石膏	10	5	15
去离子水	50	45	55

[制备方法] 将各成分混合均匀后于42～57℃下保温反应7～10h，冷却即得。

［产品特性］ 本品可以有效净化城市污水，原料价格低廉且安全环保。

配方 4 城市污水处理剂（3）

［原料配比］

原料	配比（质量份）		
	1#	2#	3#
河沙	60	65	62
黏土	20	25	22
铝酸钠	20	25	23
聚合硫酸铁	15	20	17
活性炭	15	20	18
二氧化硅	15	20	16
活性氧化铝	3	4	3.5
活性白土	10	15	12

［制备方法］

（1）将河沙、铝酸钠、聚合硫酸铁、二氧化硅、活性氧化铝加入粉碎机，粉碎至 100～150 目，得到混合颗粒；

（2）将混合颗粒、黏土、活性炭加入容器中，搅拌均匀；

（3）加入活性白土，超声波振动 10～20min，即得所述城市污水处理剂。

［产品特性］

（1）本品能够可持续处理浓度较高的城市污水，同时使处理后的水可反复循环利用。

（2）本品能有效地起到抑制藻类生长的作用。

（3）本品使用范围广，制备及处理工艺简单，处理效果良好，性能稳定，出水水质好；能有效地降低水处理的成本。

配方 5 城市污水处理剂（4）

［原料配比］

原料	配比（质量份）	原料	配比（质量份）
硫酸亚铁	20～30	辛基酚聚氧乙烯醚	10～15

续表

原料	配比（质量份）	原料	配比（质量份）
高岭土	30～40	膨润土	30～45
聚合氯化铝	10～15	壳聚糖	8～18
硅灰	10～20	pH 调节剂	5～8

［制备方法］ 将各组分原料混合均匀即可。

［产品特性］ 本品制备方法简单，易操作，稳定性好，安全性高，可快速去除各种污染物使水体得到高效净化，而且不会产生二次污染。

配方 6　城市污水处理剂（5）

［原料配比］

原料	配比（质量份）	原料	配比（质量份）
膨润土	50	三氯化铁	30
海泡石	10	磷酸钾盐	18
聚丙烯酰胺	40	无机高分子絮凝剂	9

［制备方法］ 将各组分原料混合均匀即可。

［原料介绍］

所述的磷酸钾盐由三聚磷酸钾、焦磷酸钾、磷酸三钾混合而成，所述三聚磷酸钾、焦磷酸钾、磷酸三钾的质量比为（1～3）：（1～3）：（1～3）。

所述的无机高分子絮凝剂由聚合氯化铝、聚合硫酸铝、聚合硅酸铝铁混合而成，所述聚合氯化铝、聚合硫酸铝、聚合硅酸铝铁的质量比为（1～3）：（1～3）：（1～3）。

［产品特性］ 本品反应速度快，过程中无有毒有害气体产生；反应后的生成物稳定，不会再分解成有毒物质；高效、无毒，反应前后对人体安全，对物件无腐蚀。

配方 7　城乡河流用污水处理剂

［原料配比］

原料	配比（质量份）				
	1#	2#	3#	4#	5#
聚丙烯酰胺	10	20	18	15	19

续表

原料	配比（质量份）				
	1#	2#	3#	4#	5#
元明粉	10	18	16	14	17
木醋液	15	27	22	18	25
烟草下脚料	6	12	8	7	10
桉叶	5	15	11	8	12
黏土糊	4	8	6	5	7
羧甲基淀粉钠	2	5	3	2.5	4
珊瑚粉	5	10	8	6	9
硼砂	4	6	5	4.5	5.2
仙人球提取物	4	8	6	5	7
镁橄榄石粉	2	5	3	2.6	4
薰衣草粉	2	4	3	2.2	3.5
阿拉伯胶	2	5	3	2.6	4
碳酸钠	1	2	1.5	1.2	1.8
水	50	100	65	55	80

［制备方法］

（1）将桉叶粉碎过 100～300 目筛，然后放入炒锅中，用中火炒制 1～5min；再向锅中加入水，煮沸后关火冷却至室温。

（2）将聚丙烯酰胺、木醋液、羧甲基淀粉钠、元明粉与上步所得物混合，搅拌 15～30min，得到混合物 A；搅拌速度为 100～200r/min。

（3）将碳酸钠、烟草下脚料、黏土糊、珊瑚粉、硼砂、镁橄榄石粉和薰衣草粉混合，在 200～500℃下煅烧 1～2h，取出后冷却至室温，研磨过 200～400 目筛，得到混合物 B。

（4）将上步所得混合物 B 与步骤（2）所得混合物 A、仙人球提取物和阿拉伯胶混合，球磨 30～50min。

（5）将上步所得物干燥，过 80～150 目筛，即得成品。

［原料介绍］

所述珊瑚粉的粒度为 100～200 目。

所述薰衣草粉的粒度为 80～100 目。

所述镁橄榄石粉的粒度为 50～100 目。

［产品特性］ 本品能有效降低污水中的 COD、BOD 以及 SS 等含量；原料不会对操作人员造成影响，大量使用也不会对环境造成影响，不会造成二次污染，更加环保；污水处理工艺简单，使用方便，而且生产成本更低，污水处理的效果较好，

具有较好的经济价值和社会价值。

配方 8　城镇生活污水处理剂

原料配比

原料	配比（质量份）			
	1#	2#	3#	4#
硅藻土	20	20	30	40
活性淤泥	20	20	25	30
石英砂	20	20	25	30
改性木薯淀粉	15	20	20	25
山梨醇脂肪酸酯	2	3	3	4
醋酸钠	40	45	50	60
竹炭	20	25	25	30
聚丙烯酰胺	10	15	15	20
磺基琥珀酸	2	3	3	3
氯化铁	0.1	0.3	0.3	0.5
羧甲基纤维素	20	20	23	25
吐温	5	8	8	10
微生物生物膜	10	10	15	20
水	适量	适量	适量	适量

制备方法

（1）向硅藻土和活性淤泥中加水得到混合浆体，使其含水率为 60%～90%，随后将石英砂加入，挤压制成 5～10mm 直径的颗粒；

（2）将颗粒与改性木薯淀粉、山梨醇脂肪酸酯、醋酸钠、竹炭混合均匀，堆积 12～24h 后得到混合物Ⅰ；

（3）混合物Ⅰ进行超声波-微波联合处理，超声波-微波处理的温度为 100～110℃，时间为 2～6h，得到混合物Ⅱ；

（4）将混合物Ⅱ与聚丙烯酰胺、磺基琥珀酸、氯化铁、羧甲基纤维素、吐温搅拌混匀制浆，每种原料添加均间隔 3～5min，得到混合物Ⅲ；

（5）将混合物Ⅲ与微生物生物膜混匀并进行低温喷雾干燥处理，得到城镇生活污水处理剂。

原料介绍

所述石英砂的颗粒大小为 30～100 目。

所述微生物生物膜是由固氮菌、恶臭假单胞菌在活性炭上经 48h 以上的挂膜培养所得。

[产品特性] 本品能够使得城镇生活污水的理化指标达到国家标准要求，且有效降低了 COD、BOD、SS 及金属离子含量；处理工艺简单，用药量少，处理效果良好，性能稳定，出水水质好，可有效地降低水处理的成本，具有很好的经济效益和广泛的社会效益。

配方 9 村镇生活污水处理剂

[原料配比]

原料	配比（质量份）		
	1#	2#	3#
白矾	8	5	12
聚乙烯醇	11	14	7
硼酸	6	4	8
硅藻土	12	16	8
活性炭	16	11	18
葡萄糖酸钙	6	3	8
单宁	11	16	7
立德粉	4	3	5
活性炭	13	9	15
菌剂	7	4	9
聚丙烯酰胺	7	14	5
纳米二氧化硅	9	7	15
淀粉黄原酸酯	5	6	3
硫酸铝钾	3	2	5
交联剂	适量	适量	适量
水	适量	适量	适量

[制备方法]

（1）将硅藻土和白矾混合加水制浆，制成直径为 0.5～1.5mm 的颗粒；

（2）将颗粒置于 400～500℃温度条件下灼烧 4～9h，冷却至室温；

（3）将步骤（2）制得的颗粒与聚乙烯醇、硼酸、葡萄糖酸钙、单宁、立德粉、聚沉剂、纳米二氧化硅、淀粉黄原酸酯、硫酸铝钾加水混合，在温度为 65～70℃的条件下混合搅拌 2～3h；

（4）冷却至50℃，在步骤（3）所得混合液中加入交联剂混合反应，再升温至70℃，反应30～60min，然后将混合物在120～140℃条件下烘干；

（5）在烘干后的混合物中加入菌种和活性炭，搅拌混合均匀，得到村镇生活污水处理剂。

［原料介绍］

所述聚沉剂为聚丙烯酰胺。

所述菌种为硝化细菌、反硝化细菌或第三代硝化反硝化复合菌种。

所述交联剂为 N,N'-二甲基亚丙烯酰胺。加入交联剂的量为硅藻土质量的1%～5%。

［产品特性］ 本品用于污水处理时，处理彻底，处理后污水的COD、BOD和SS（水质中的悬浮物）含量大幅下降，总氮、总磷和氨氮含量也有不同程度的下降，减轻了污水后处理过程中的负担。处理后的水可以重复利用，节约水资源，且制备方法简单，设备投资少。

配方10 低成本生活污水处理剂

［原料配比］

原料	配比（质量份）		
	1#	2#	3#
聚合三氯化铁	8	5	10
聚丙烯酰胺	7	2	8
聚乙烯亚胺	4	3	5
膨润土	11	8	12
氯化钠	5	3	6
石灰	3	2	5
木炭	5	3	8
碳酸钠	5	1	6
混凝剂	7	6	10
高分子絮凝剂	6	3	7
聚合氯化铝	4	3	6

［制备方法］ 将各组分原料混合均匀即可。

［产品特性］ 本品可将污水中的悬浮颗粒、不易溶于水的颗粒吸除。本品生产成本低，操作简单，无需设备投资，只需一至两个污水处理池，且具有净化速度快、效果好、环保无毒等优点。

配方 11 复合水处理剂

[原料配比]

原料	配比（质量份）			
	1#	2#	3#	4#
二氧化氯	5	15	8	3
次氯酸钠	5	15	8	20
高铁酸钾	20	5	6	1
高锰酸钾	15	5	6	25
聚合硫酸铁	15	25	15	10
聚丙烯酰胺	5	25	20	30
普鲁兰	5	1	2	1
壳聚糖	5	1	2	8
单宁酸	1.5	1	1	1
硅藻土	10	20	22	38
石灰	13.5	15	10	0.5

[制备方法] 将各组分原料混合均匀即可。

[使用方法] 本品主要用于饮用水、生活污水和再生回用水等水体处理。

本品可以根据实际水体污染程度及主要污染物，调配适合的复合水处理组分并将各组分充分混合均匀，以一定剂量（每吨水 0.5～10g 处理剂）投加于待处理水体中并充分搅拌，调节水中 pH 值在适当范围（pH 值小于 8），慢速搅拌 2～10min，根据需要进行后续处理或直接使用。

[产品特性]

(1) 对于含有藻类和有机污染物的水体，本品对藻类和有机污染物的去除率均达到 85%以上，对悬浊物去除率达到 95%以上，同时有显著的杀菌、抑菌效果，而且出水色度低于 5 度。此水处理剂可以单独使用，也可以作为预处理剂用于水处理工艺前端。另外，其制备工艺简单、成本低、运行操作简便，安全无毒，尤其适用于饮用水、生活污水和再生回用水等水体处理。

(2) 本品各组分之间内部优势互补，强化了针对不同类型的藻类和有机污染物的氧化能力，使污染物的去除范围更广，同时可改变藻类细胞形态，降低胶体表面负电性，与后续絮凝组分合用具有协同增效的作用，且本品的絮凝剂组分同时又可以显著降低氧化剂组分的用药比例，降低预氧化的制备成本。

(3) 本品各组分相互配合，发挥了显著的协同增效作用，具有显著的杀菌抑菌效果，能够显著提高预氧化阶段和后续絮凝和沉淀阶段对水中藻类、有机污染物、细菌及浊度的去除效率，同时降低有毒副产物的生成量，净水效率高且净水效果显著。

配方 12 复合型生活污水处理剂

［原料配比］

原料		配比（质量份）				
		1#	2#	3#	4#	5#
改性坡缕石/活性炭粉	平均粒径 D50 为 350μm 的坡缕石粉	3	—	—	—	—
	平均粒径 D50 为 300μm 的坡缕石粉	—	5	—	—	5
	平均粒径 D50 为 400μm 的坡缕石粉	—	—	15	—	—
	平均粒径 D50 为 500μm 的坡缕石粉	—	—	—	5	—
	平均粒径 D50 为 450μm 的坡缕石粉	—	—	—	—	—
	平均粒径 D50 为 200μm 的活性炭粉	1	2	4	—	2
	平均粒径 D50 为 300μm 的活性炭粉	—	—	—	1	—
	平均粒径 D50 为 150μm 的活性炭粉	—	—	—	—	—
	8%的醋酸溶液Ⅰ	24	35	133	—	—
	10%的醋酸溶液Ⅰ	—	—	—	42	—
	6%的醋酸溶液Ⅰ	—	—	—	—	28
壳聚糖酸溶液	壳聚糖（脱乙酰度为 82%）	18	—	16	—	—
	壳聚糖（脱乙酰度为 78%）	—	16	—	—	—
	壳聚糖（脱乙酰度为 85%）	—	—	—	20	—
	壳聚糖（脱乙酰度为 80%）	—	—	—	—	15
	壳聚糖（脱乙酰度为 75%）	—	—	—	—	—
	2%的醋酸溶液Ⅱ	2600	—	2500	3000	—
	1.8%的醋酸溶液Ⅱ	—	2200	—	—	—
	1.5%的醋酸溶液Ⅱ	—	—	—	—	2000
干凝胶混合物	改性坡缕石/活性炭粉	130	150	120	150	100
	壳聚糖酸溶液	2618	2216	2516	3020	2015
	酚化木质素	10	6	8	10	5
	煤炭腐殖酸	10	8	9	10	11
	1.8%的戊二醛溶液	38	40	—	—	—
	2%的戊二醛溶液	—	—	40	38	28
干凝胶混合物		10	5	5	11	10
无机絮凝剂		1.5	1	1	1	0.5

[制备方法]

(1) 将坡缕石粉、活性炭粉按质量比混合后，置于搅拌罐中，加入醋酸溶液Ⅰ，边搅拌边缓慢升温至60～75℃，搅拌1.5～2.5h后停止搅拌，并冷却至室温，放置10～15h后过滤，将所得固体烘干，得改性坡缕石/活性炭粉。

(2) 将壳聚糖溶于醋酸溶液Ⅱ中，制得壳聚糖酸溶液，然后加入改性坡缕石/活性炭粉、酚化木质素、腐殖酸，边搅拌边进行超声分散，10～20min后缓慢加入戊二醛溶液，缓慢升温至40～45℃，边搅拌边超声分散60～90min；将所得物采用去离子水洗涤至中性，并置于烘箱内进行干燥，得干凝胶混合物。

(3) 将干凝胶混合物、无机絮凝剂混合后，置于球磨机中进行球磨，球磨完成后即得所述生活污水处理剂。球磨时间为1～2h，球料比为(8～12)∶1，转速为200～500r/min。

[原料介绍]

所述的酚化木质素由以下方法制备得到：将100份碱木质素、35份苯酚、350份质量分数为3%的氢氧化钠溶液投入至反应釜中，搅拌0.5h后，将混合物溶液在(85±5)℃下恒温搅拌反应2.5h后，然后用1mol/L盐酸酸化至pH值为2.5±0.5，之后抽滤，并使用(95±5)℃的热水洗涤滤饼直到无游离苯酚存在，即得所述酚化木质素。

所述的腐殖酸为煤炭腐殖酸或霉菌腐殖酸。

所述的无机絮凝剂为聚合氯化铁、聚合氯化铝、聚合硫酸铝中的一种或多种。

[产品特性] 本品性能稳定全面，在加入少量的情况下，可对生活污水的pH值进行调节，使之趋于中性，可使生活污水中的悬浮物含量、COD、BOD、氨氮含量等得到有效降低，出水水质优良。本品污水处理剂制备方法简单，生产成本较低，且其本身多采用天然原料，易于降解，不会产生新的污染，环保性强。

配方13 改进型生活污水处理剂

[原料配比]

原料	配比(质量份)		
	1#	2#	3#
聚丙烯酰胺	37	45	41
柠檬酸	5	8	7
活性炭	3	7	4
海藻酸钠	11	18	16
复合菌	20	30	25

续表

原料		配比（质量份）		
		1#	2#	3#
复合菌	放线菌	1	1	1
	酵母菌	3	3	3
	双歧菌	5	7	6
	光合细菌	3	3	3
	芽孢杆菌	4	4	4

［**制备方法**］ 将放线菌、酵母菌、双歧菌、光合细菌、芽孢杆菌分别培养活化之后，接种到混合培养基上混合培养 36h，离心分离，得到复合菌；将复合菌与聚丙烯酰胺、柠檬酸、活性炭、海藻酸钠按照质量份，拌和均匀，即得。

［**使用方法**］ 本品用于对生活污水进行处理，将生活污水的温度控制在 30～40℃时，每升生活污水加入 200～600mg 该改进型生活污水处理剂，在搅拌速度为 200～600r/min 搅拌处理 10～30min，即可。

［**产品特性**］ 经过对原料成分进行选取，控制各原料成分之间的使用量，减少原料种类，避免成本较高的淀粉等的大量应用和具有污染性原料焦炭渣粉的加入，降低了污水处理剂的成本，而且该污水处理剂加入污水之中后，悬浮物去除率达到了 99.8%以上，BOD 去除率达到了 99.7%以上，COD 去除率达到了 99.4%以上，处理效果稳定，适宜广泛应用。

配方 14　高效生活污水处理剂

［**原料配比**］

原料	配比（质量份）		
	1#	2#	3#
固体物质	80	85	90
硫酸铝	10	12	15
次氯酸钙	10	15	20
碳酸钙	5	8	10
氢氧化铝	5	8	10
聚丙烯酰胺	10	15	20
丙烯酰胺	10	15	20
EDTA	5	8	10
膨润土	10	12	15

［制备方法］ 将固体物质与硫酸铝、次氯酸钙、碳酸钙、氢氧化铝、聚丙烯酰胺、丙烯酰胺、EDTA、膨润土混合后进入造粒机造粒，即得产品。

［原料介绍］ 所述固体物质制备方法如下：

(1) 将多种生物原料与水按质量比 1∶5 搅拌混合均匀，过滤；搅拌速度为 100～200r/min，搅拌时间为 20～30min，过滤用的滤网为 80～100 目。所述的多种生物原料包含有大米粉、牛肉粉、红茶粉、淡竹叶粉、辣椒粉、干贝粉、花生粉，其质量比为 10∶3∶10∶10∶5∶8∶10。

(2) 向步骤 (1) 所得滤液中加入 10%的丁酸，调节 pH 值为 2～4，同时加入三氟化钴固体，搅拌均匀后，离心分离。加入三氟化钴的总溶液质量分数为 3%。搅拌速度为 100～200r/min，搅拌时间为 20～30min，离心速度为 3000r/min，离心时间为 10min。

［产品特性］ 本品通过将多种生物原料进行处理后再与其他助剂进行混合，操作简单，成本低，对污水中的杂质进行絮凝的效果显著。本品悬浮物去除率达到 93%以上，BOD 去除率为 92%以上，COD 去除率为 92%以上。

配方 15 环境友好型生活污水处理剂

［原料配比］

原料	配比（质量份）					
	1#	2#	3#	4#	5#	6#
沸石	36	38	42	44	46	48
海藻粉	25	28	29	30	34	37
玉米淀粉	24	26	28	28	30	32
焦炭渣粉	18	20	21	21	23	25
柠檬酸	11	13	15	15	17	19
活性炭	9	10	11	10.5	11	12
石英砂	9	10	10	10	11	12
膨润土	7	8	8	7	9	10
硫酸钾	3	4	4.5	4	5	6

［制备方法］

(1) 称取沸石，送入煅烧炉中，先在 600℃的高温下煅烧 2.5h，然后将煅烧温度从 600℃逐渐升至 1000℃（升温速率为 20℃/min），然后在 1000℃下再煅烧 3h，保温 1h，然后自然冷却出料；

(2) 将步骤 (1) 所得经煅烧处理的沸石进行粉碎，过 300 目筛，得到沸石粉；

(3) 称取海藻粉、玉米淀粉和硫酸钾，将三者混合，然后在 80℃的温度下搅拌 1.5h，待搅拌均匀后进行冷却，得到混合物 A；

(4) 称取焦炭渣粉、活性炭、石英砂和膨润土，将四者混合，在 200℃的温度下搅拌 2h，然后将混合物 A 加入其中，降至常温，继续搅拌 1h，得到混合物 B；

(5) 将沸石粉和混合物 B 混合加入反应釜中，在 120℃下反应 3h，将柠檬酸加入其中，反应结束，即得成品。柠檬酸分三次加入，且三次加入的量逐渐增加。

[产品特性] 本品环保无毒、净化速度快且净化效果好，在净化污水的过程中对环境十分友好，不会造成二次污染，可实现生活污水处理的绿色化高效处理。

配方 16 聚合硫酸氯化铝水处理剂

[原料配比]

原料	配比（质量份）				
	1#	2#	3#	4#	5#
氢氧化铝	13	10	14	11.5	12
盐酸	18	16	20	17	17
硫酸铝液体	12	14.5	12	14	15
水	16	18	17	18	50
聚乙二醇 600	0.03	0.02	0.045	0.035	0.04
十六烷基三甲基溴化铵	0.035	0.03	0.025	0.04	0.03
壳聚糖	0.07	0.06	0.05	0.085	0.075

[制备方法]

(1) 氢氧化铝、盐酸在高温高压下反应 2～4h，制得氯化铝液体；高温高压反应是在 130～150℃、0.4～0.6MPa 下反应。

(2) 在氯化铝液体中加入硫酸铝液体和水先反应 1～2h，再加入聚乙二醇 600 和十六烷基三甲基溴化铵反应 1～2h，得硫酸氯化铝混合溶液。

(3) 在硫酸氯化铝混合溶液中加入壳聚糖，加热至 50～70℃并搅拌 30～60min，再经过压滤，干燥，包装，即得聚合硫酸氯化铝水处理剂。干燥为采用超临界流体干燥。超临界流体干燥是以二氧化碳为干燥介质，在温度为 40～60℃、压力为 5～10MPa 下干燥。

[产品特性] 本品具有大比表面积，很好的吸附性能、絮凝性能，且稳定性良好，

能够快速去除浊度、色度、重金属离子、COD等，在污水或饮用水处理中具有广泛的应用前景。

配方 17 可生物降解的水处理剂

原料配比

原料		配比（质量份）		
		1#	2#	3#
聚乙二醇马来酸单酯	马来酸酐	98	98	98
	甲苯	150	150	150
	聚乙二醇 600	630	—	—
	聚乙二醇 400	—	440	—
	聚乙二醇 200	—	—	200
	酯化催化剂浓硫酸	0.8	0.8	0.8
聚乙二醇马来酸单酯		200	200	200
天然化合物	衣康酸	40	—	40
	改性淀粉	—	40	—
去离子水		200	200	200
引发剂	过硫酸铵溶液	10	10	10

制备方法

（1）将马来酸酐、甲苯、聚乙二醇和催化剂投入反应釜中，充分搅拌溶解后，使物料在回流状态下发生酯化反应。

（2）蒸馏出甲苯，得到聚乙二醇马来酸单酯。

（3）搅拌下将步骤（2）得到的聚乙二醇马来酸单酯加入反应釜中，再将天然化合物和去离子水加入反应釜中。

（4）搅拌下滴加引发剂使得聚乙二醇马来酸单酯与天然化合物发生聚合反应，所得到的聚合物即为可生物降解的水处理剂。聚合反应的温度为80～90℃。

原料介绍

所述的天然化合物为衣康酸和改性淀粉中的一种或两种。

所述的聚乙二醇是相对分子量为200、400和600的不同类型中的一种。

产品特性

（1）本品无磷且可生物降解性能较好，符合国家环保要求。

（2）本品中引入天然化合物，不仅增加了含有多羟基的支链结构，而且增强了产物对水体中金属离子的分散性能，阻碳酸钙的性能也有明显的提升作用。

配方 18　生活废水处理剂

原料配比

原料	配比（质量份）		
	1#	2#	3#
多种生物原料	0.005	0.02	0.015
N,*N*-二甲基甲酰胺	20（体积份）	50	50
硝酸银	1	1.25	1.2
氯化铁	1	1.5	1.15
乙醇和水的混合溶液	30（体积份）	30（体积份）	30（体积份）

制备方法

（1）将多种生物原料加入 *N*,*N*-二甲基甲酰胺中，超声使多种生物原料完全分散；

（2）将硝酸银加入上述步骤（1）所得到的溶液中，不断搅拌；

（3）将氯化铁加入乙醇和水的混合溶液中，乙醇和水的体积比为（1∶3）～（3∶1），不断搅拌；

（4）将步骤（3）所得到的溶液加入上述步骤（2）所得的溶液中，搅拌30min后，将所得的反应溶液在60℃水浴中保温2h，反应后产生沉淀，将沉淀过滤，洗涤，于60℃下真空干燥6h，即得到生活废水处理剂。

原料介绍　所述的多种生物原料包含有松木粉、牛肉粉、茉莉花粉、面粉、地瓜粉、鱿鱼粉、花生粉，其质量比为10∶3∶10∶10∶5∶8∶10。

产品特性　本品操作简单，成本低，对废水中的杂质进行絮凝的效果显著。本品处理后生活废水悬浮物去除率达到93%以上，BOD去除率为92%以上，COD去除率为93%以上。

配方 19　生活垃圾渗滤液用复合水处理剂

原料配比

原料	配比（质量份）				
	1#	2#	3#	4#	5#
聚丙烯酰胺	45	50	42	50	42
聚合硫酸铝	35	40	34	34	40

续表

原料	配比（质量份）				
	1#	2#	3#	4#	5#
聚丙烯酸钠	35	40	34	40	34
壳聚糖	28	30	25	25	30
高铁酸钾	25	26	23	26	23
膨胀石墨	28	30	25	25	30
叶蜡石	28	30	25	30	25
麦饭石	28	30	25	25	30
粉煤灰	28	30	25	30	25
改性棕榈皮	35	36	33	33	36
椰壳活性炭	35	36	33	36	33
辣木树皮粉	20	22	18	18	22

制备方法

（1）取膨胀石墨、叶蜡石、麦饭石、粉煤灰、改性棕榈皮、椰壳活性炭和辣木树皮粉混匀后，研磨成细粉，得到混合物Ⅰ；

（2）将混合物Ⅰ用去离子水浸泡后，加入聚丙烯酰胺、聚合硫酸铝、聚丙烯酸钠和壳聚糖，在160～165r/min的转速下搅拌混合0.5h，再将所得物料升温至35℃，以580～600r/min的速度恒温振荡1.5～2h，得到固液混合物Ⅱ，然后对所得的固液混合物Ⅱ进行冷冻干燥处理，得到干燥物料；

（3）将步骤（2）所得的干燥物料研磨成细粉后，加入高铁酸钾，搅拌混匀，即得所述的生活垃圾渗滤液用复合水处理剂。

原料介绍

所述改性棕榈皮的制备方法，包括如下步骤：

（1）先将干燥的棕榈皮粉碎成粉末，然后以质量比为（9～10）：100向反应器中加入过硫酸铵和所得的棕榈皮粉末，再加入适量水浸泡反应器中的物料，同时不断通入氮气，以排出反应器中的空气。

（2）将反应器加热至60～70℃，并以160～165r/min的转速搅拌反应器中的物料40～45min，然后向反应器中加入丙烯酸与丙烯酰胺的混合物以及N,N-亚甲基双丙烯酰胺，加入后继续以160～165r/min的转速搅拌反应150～160min，之后停止搅拌，待反应器中物料冷却至室温后，倒出过滤，并收集滤渣。丙烯酸与丙烯酰胺的混合物的加入量为棕榈皮粉末质量的3～4倍，N,N-亚甲基双丙烯酰胺的加入量为棕榈皮粉末质量的3%～3.5%；在丙烯酸与丙烯酰胺的混合物中，丙烯酸与丙烯酰胺的质量比为1：1。

（3）将所得滤渣先用蒸馏水洗涤3次，再用无水乙醇清洗3次，然后用8%的氢氧化钠溶液浸泡12h，之后再用去离子水反复冲洗，直至清洗液显示为中性为止。

（4）将洗净后的滤渣在60～65℃条件下干燥至恒重，即为改性棕榈皮。

［产品特性］本品兼具絮凝、氧化、吸附、灭菌等多重功能，不仅能够高效地去除生活垃圾渗滤液中有害的有机物质以及重金属离子，还能够有效地杀灭渗滤液中的细菌等微生物，减轻长期填埋过程中垃圾渗滤液中存在的大量细菌、高浓度有机物及重金属盐对后续的处理工艺产生的负担和影响。

配方20 生活污水处理剂（1）

［原料配比］

原料	配比（质量份）		
	1#	2#	3#
改性六环石	16	28	23
7-三羟基异黄酮	8	15	10
十二烷基三甲基氯化铵	10	16	12
牛血清蛋白	5	11	8
谷胱甘肽	5	10	7
α-烯基磺酸钠	4	11	8
汉生胶	6	10	7
蚕茧壳粉	5	10	8
凹凸棒石黏土	4	8	5
海藻灰	3	6	4
鼠李糖	2	5	4
冰片	2	5	3
硅酸钠	1	3	2
麦饭石粉	1	3	2
硼酸	1	3	2

［制备方法］

（1）将改性六环石、牛血清蛋白、谷胱甘肽、蚕茧壳粉、凹凸棒石黏土、海藻灰、麦饭石粉和硼酸混合放入反应釜中，以2000～5000r/min的转速搅拌0.5～1h；

（2）将步骤（1）所得物与7-三羟基异黄酮、十二烷基三甲基氯化铵混合，以3000～7000r/min的转速搅拌1～2h；

（3）将步骤（2）所得物与α-烯基磺酸钠、汉生胶、鼠李糖、冰片和硅酸钠混合，以5000～8000r/min的转速搅拌2～5h，即得。

［原料介绍］

所述改性六环石的粒径为300～400目。所述改性六环石的制备包括以下步骤：将六环石、纳米级氧化铝混合，置于300～550℃下煅烧1～2h，冷却后研磨过100～200目筛，然后与竹粉按照质量比1∶1混合，再加入其总质量5倍的清水中，然后加入硅烷偶联剂、碳酸钠和海藻酸钙，在80～105℃下混合搅拌15～30min，干燥，即得。

［产品特性］ 本品可有效降低生活污水中的COD，BOD，SS、NH_3-N、Pb的含量，污染物脱除率高，处理后的水可达到国家规定的污水排放标准，且可反复循环利用；治理效果好，治理周期短，处理方法简单，具有较好的经济价值和社会价值。

配方21 生活污水处理剂（2）

［原料配比］

原料		配比（质量份）		
		1#	2#	3#
改性石料		10	20	15
助剂	石英砂	5	—	—
	黏土	—	10	—
	石英砂、黏土、膨润土	—	—	7
水		40	50	45
复合絮凝成分		12	20	16
植物提取成分		10	15	13

［制备方法］ 取改性石料、助剂、水混合搅拌，升温至60～70℃，持续20～30min，加入复合絮凝成分、植物提取成分，超声波分散20～30min，即得生物污水处理剂。

［原料介绍］

改性石料制备方法如下：取海泡石、蛭石、火山石，用去离子水冲洗3～4次，干燥，于400～450℃煅烧1～2h，冷却至室温，得煅烧物；取煅烧物按质量比1∶3浸于丙三醇溶液中，加入煅烧物质量5%～10%的辅剂，混合，静置1～2h，过滤，取滤渣按质量比1∶(3～4)用无水乙醇洗涤，于60～70℃干燥2～3h，粉碎过筛，得过筛颗粒，即为改性石料。所述辅剂为十六烷基三甲基溴化铵、蒙脱石粉、无水乙醇按质量比3∶(1～2)∶(6～8)混合得到。

植物提取成分制备方法如下：取樟树叶、银杏树叶按质量比1∶1混合，干燥，粉碎过筛，收集过筛颗粒B；取过筛颗粒B按质量比1∶(4～5)加入质量分数为50%的乙醇，于250W超声提取2～4h，过滤，取滤液旋转蒸发，减压浓缩，得浓缩物；取浓缩物按质量比1∶(4～5)加入乙酸乙酯萃取2～4h，得萃取液，按质量比1∶(2～3)加入甲醇，混合搅拌，静置3～5h，得沉淀，干燥，得植物提取成分。

复合絮凝成分制备方法如下：于20～25℃，按质量比1∶(3～5)∶1取壳聚糖与盐酸溶液、煤炭灰，混合搅拌，升温至50～60℃，得混液；取混液按质量比3∶1∶1加入聚乙烯硫酸钾、十六烷基三甲基溴化铵混合搅拌，超声波分散20～25min，得复合絮凝成分。

［产品特性］

(1) 本品所用改性石料对疏水性微生物病菌有很强的吸附作用，并且可吸附生活污水所产生的异味分子，使被吸附的异味分子立体构型发生改变，削弱了异味分子中的化合键，从而使得异味分子的不稳定性增加，容易被其他分子和植物液中的酸性缓冲液所氧化生成无味、无毒的物质，如硫化氢在植物液的作用下反应生成硫酸根离子和水，氨在植物液的作用下生成氮气和水；粉煤灰可以起到絮凝、吸附和沉淀作用，使废水中的有毒害物质絮凝沉淀，去除COD、色度、重金属、有机磷、无机磷等。

(2) 本品以壳聚糖、聚乙烯硫酸钾、十六烷基三甲基溴化铵为原料制备复合絮凝成分，可先削弱污水中的有机物与微气泡之间的静电斥力，最终形成适合分离的气泡-絮体的聚集体，强化共聚气浮强化混凝与共聚气浮的优点；复合絮凝成分与助剂相配合，强化微絮体、微气泡、溶解性有机物间的气-液-固三相共聚过程，从而达到更加高效地去除污水中有机物，尤其是腐殖酸和颗粒物的目的，可实现对腐殖酸的进一步利用。

配方22 生活污水处理剂(3)

［原料配比］

原料	配比（质量份）				
	1#	2#	3#	4#	5#
聚丙烯酸钠	25	40	32	28	36
蒙脱石	11	15	13	12	14
红薯淀粉	10	20	15	12	17
碳酸钾	5	11	8	6	10

续表

原料	配比（质量份）				
	1#	2#	3#	4#	5#
雪硅钙石	5	10	8	7	9
水玻璃	6	12	8	7	1
硼酸钠	2	5	4	3	5
荷叶粉	1	6	3	2	5
栗子壳粉	2	5	3	2	4
淘米水	40	60	50	45	55
茶枯粉	5	10	7	6	8
芒硝	1	5	3	2	4

制备方法

(1) 将聚丙烯酸钠、水玻璃、硼酸钠、芒硝和淘米水混合，35～45℃下搅拌10～20min，搅拌速度为128～300r/min；

(2) 将荷叶粉、红薯淀粉和碳酸钾加入上步所得物中，48～55℃下搅拌10～15min，搅拌速度为220～350r/min；

(3) 将上步所得物置于95～100℃下烘干；

(4) 将蒙脱石、雪硅钙石、栗子壳粉和茶枯粉混合，65～75℃下搅拌15～30min，搅拌速度为220～350r/min；

(5) 将步骤(3)所得物与步骤(4)所得物混合均匀，粉碎过200～300目筛，即得。

产品特性 本品原料易得环保，通过上述原料复配，发挥协调作用，能够可持续处理浓度均较高的生活污水，使处理后的生活污水COD、BOD以及SS量明显降低；使用范围广，制备及处理工艺简单，处理效果良好，性能稳定，出水水质好，有效地降低了水处理的成本。

配方23 生活污水处理剂（4）

原料配比

原料	配比（质量份）					
	1#	2#	3#	4#	5#	6#
三氯化铁	18	10	25	18	10	25
硫酸亚铁	18	10	25	18	10	25
膨润土	16	10	20	16	10	20

续表

原料	配比（质量份）					
	1#	2#	3#	4#	5#	6#
聚丙烯酰胺	13	5	18	13	5	18
木屑、稻壳的混合物	10	5	15	10	5	15
NaOH	5	3	8	5	3	8
乳酸菌、放线菌、酵母菌的混合物	6	2	10	6	2	10
柠檬酸	5	2	8	5	2	8
改性硅藻土	9	5	16	9	5	16

［制备方法］

（1）按照质量份量取原料，将三氯化铁、硫酸亚铁、膨润土、吸附物、改性硅藻土加入粉碎机，粉碎成 160～200 目粉体，加入聚丙烯酰胺、柠檬酸、pH 调节剂，边添加边搅拌，直至搅拌均匀，得混合物；

（2）将复合微生物中的各个菌种分别进行活化、扩大培养，并将各个菌种接种到混合菌种培养基中培养 40～54h，得到复合菌液，复合菌液经过离心分离得到复合微生物；

（3）将步骤（1）得到的混合物与步骤（2）得到的复合微生物混合，并用超声波振动 25～35min，制得生活污水处理剂。

［原料介绍］

所述 pH 调节剂为 NaOH。

所述复合微生物为乳酸菌、放线菌、酵母菌、光合细菌中的一种或几种的混合物。

所述吸附物为木屑、稻壳、秸秆等中的一种或几种。

［产品特性］ 本品反应速率快，对污水的处理净化效果较好，且反应过程中没有有毒物质产生，能够实现对于生活污水的生态化处理。本品对于生活污水中的悬浮物去除率可以达到 95%以上，对 BOD 的去除率可以达到 95%以上，对 COD 的去除率可以达到 98%以上，具有较好的生活污水处理效果。

配方 24 生活污水处理剂（5）

［原料配比］

原料	配比（质量份）		
	1#	2#	3#
纳米磁性陶瓷材料	55	58	70

续表

原料	配比（质量份）		
	1#	2#	3#
胶岭石	6	8	9
活性 α-氧化铝	0.5	1	1.5
硅钙渣	8	10	11
聚合三氯化铝	4	5	6
碱式氯化铁	4	6	9
硅氟化钠	2	2.5	3
聚丙烯酰胺	0.4	0.8	1
硅酸铝镁	0.5	0.8	1
海绵岩	11	13	14
活性炭	5	8	10

［制备方法］

（1）纳米磁性陶瓷材料的制备：

① 将二氧化锆、菱镁石、硬脂酸锌-钙、弗罗里硅土、氧化镧、氟硼酸钴、氧化锌和二乙二醇混合物置于高能球磨机中球磨 6～8h；

② 在步骤①的产物中依次加入充分球磨的四氧化三铁、四氧化三锰、五氧化二铌、碳酸钙纤维和环氧大豆油，采用喷雾流化床方式造粒，再用滚筒成球方式成型，在 1280～1450℃下烧结 1～3h，得到磁性陶瓷材料。

（2）将纳米磁性陶瓷材料、胶岭石、活性 α-氧化铝、硅钙渣、聚合三氯化铝、碱式氯化铁、硅氟化钠、硅酸铝镁、海绵岩按质量比混合，加水制浆，析浆成型，并在 110℃下烘 24h。

（3）将步骤（2）的产物置于 700～900℃下煅烧 2～4h，冷却至室温，并用对辊破碎机破碎。

（4）将步骤（3）破碎的物料置于高温电炉中在氮气氛围中于 1200～1400℃下烧结 1～3h，得物料 A。

（5）向物料 A 中加入聚丙烯酰胺、活性炭，混合均匀，即制得生活污水处理剂。

［产品特性］ 本品按处理水量及排放要求制作成普快滤池即可。污水处理剂对污染物中总磷的吸附效率高，生物系统出水无需进行化学絮凝除磷处理即可达标排放，操作简单，处理效果好，运行费用低，所用原料廉价易得且部分原料为工业废渣，工艺具有普适性，工艺操作简单，对废水处理效率高，并且节能环保，适于大规模工业化运用。

配方 25　生活污水处理剂（6）

[原料配比]

原料		配比（质量份）		
		1#	2#	3#
高黏度壳聚糖	甲壳素	1	5	3
	35%的氢氧化钠溶液	200	200	200
混合微生物	光合细菌	1	5	3
	放线菌	1	5	3
聚丙烯酰胺		10	30	20
高黏度壳聚糖		10	25	17
聚合氯化铝		5	10	7
凹凸棒石黏土		5	10	7
去离子水		40	70	55

[制备方法]

（1）将光合细菌与放线菌分别进行活化后扩大培养。

（2）取配比质量份的光合细菌及放线菌置于培养基中混合培养 24h，菌液离心分离去除培养基组分，得到混合微生物。所述的培养基由如下质量份原料组成：可溶性淀粉 80 份、硝酸钾 10 份、磷酸氢二钾 5 份、氯化钠 5 份、硫酸镁 5 份、琼脂 50 份及去离子水 200 份。

（3）将配比质量份的聚丙烯酰胺、高黏度壳聚糖、聚合氯化铝及凹凸棒石黏土与去离子水混合，搅拌均匀，再加入步骤（2）所得混合微生物，制得生活污水处理剂。

[原料介绍]　所述高黏度壳聚糖的制备方法为：取 1～5 份甲壳素研磨，加入 200 份氢氧化钠溶液，在 50℃条件下搅拌反应 3h，反应结束后过滤，滤饼于 60℃烘箱中干燥 24h 即可制得高黏度壳聚糖。所述甲壳素研磨后的粒径大小为 350～500μm。

[产品特性]

（1）本品对生活污水具有较强的絮凝作用，可对生活污水中的油脂进行脱色，还可对生活污水中的有机物进行生物降解，对生活污水的处理效果好。该种生活污水处理剂制备方法简单，所用原料无毒，不会产生二次污染。

（2）本品具有较强的除污能力，反应速度快，污水悬浮物去除率高，不用污泥处理系统，污水净化效果好。

配方 26 生活污水处理剂（7）

[原料配比]

原料	配比（质量份）		
	1#	2#	3#
河沙	40	45	42
黏土	20	25	22
硅藻土	20	25	23
三氯化铁	15	20	17
活性炭	15	20	18
二氧化硅	15	20	16
岩砂晶	3	4	3.5
草木灰	10	15	12

[制备方法]

（1）按照质量份量取原料，将河沙、硅藻土、三氯化铁、二氧化硅、岩砂晶加入粉碎机，粉碎至100～150目，得到混合颗粒；

（2）将混合颗粒、黏土、活性炭加入容器中，搅拌均匀；

（3）加入草木灰，超声波振动10～20min，即得所述生活污水处理剂。

[产品特性]

（1）本品能够可持续处理浓度较高的生活污水，同时使处理后的水可反复循环利用。

（2）本品能有效地起到抑制藻类生长的作用。

（3）本品使用范围广，制备及处理工艺简单，处理效果良好，性能稳定，出水水质好；能有效地降低水处理的成本。

配方 27 生活污水处理剂（8）

[原料配比]

原料	配比（质量份）			
	1#	2#	3#	4#
纤维素酶	3	1	5	2
海藻酸钠	15	10	20	12

续表

<table>
<tr><td rowspan="2" colspan="2">原料</td><td colspan="4">配比（质量份）</td></tr>
<tr><td>1#</td><td>2#</td><td>3#</td><td>4#</td></tr>
<tr><td colspan="2">活性污泥</td><td>25</td><td>20</td><td>30</td><td>22</td></tr>
<tr><td colspan="2">聚硅硫酸铝</td><td>15</td><td>10</td><td>20</td><td>12</td></tr>
<tr><td colspan="2">氯化钙</td><td>15</td><td>10</td><td>20</td><td>12</td></tr>
<tr><td colspan="2">氯化铝</td><td>15</td><td>10</td><td>20</td><td>12</td></tr>
<tr><td colspan="2">三氯化铁</td><td>6</td><td>4</td><td>8</td><td>5</td></tr>
<tr><td colspan="2">硼钠钙石</td><td>15</td><td>10</td><td>20</td><td>16</td></tr>
<tr><td colspan="2">钠基膨润土</td><td>15</td><td>10</td><td>20</td><td>17</td></tr>
<tr><td colspan="2">醋酸钠</td><td>5</td><td>3</td><td>9</td><td>6</td></tr>
<tr><td colspan="2">碳酸钙</td><td>21</td><td>20</td><td>22</td><td>21</td></tr>
<tr><td colspan="2">乙酰羊毛醇</td><td>3</td><td>1</td><td>5</td><td>2</td></tr>
<tr><td colspan="2">竹醋液</td><td>30</td><td>20</td><td>50</td><td>28</td></tr>
<tr><td colspan="2">单硬脂酸甘油酯</td><td>13</td><td>12</td><td>15</td><td>13</td></tr>
<tr><td colspan="2">木质素磺酸钙</td><td>18</td><td>15</td><td>20</td><td>19</td></tr>
<tr><td colspan="2">土豆粉</td><td>15</td><td>10</td><td>20</td><td>19</td></tr>
<tr><td colspan="2">甲壳素改性植物纤维</td><td>40</td><td>30</td><td>60</td><td>44</td></tr>
<tr><td colspan="2">水</td><td>55</td><td>50</td><td>60</td><td>54</td></tr>
<tr><td rowspan="3">甲壳素改性植物纤维</td><td>甲壳素</td><td>1</td><td>1</td><td>1</td><td>1</td></tr>
<tr><td>植物纤维</td><td>适量</td><td>适量</td><td>适量</td><td>适量</td></tr>
<tr><td>2%的醋酸溶液</td><td>48</td><td>60</td><td>40</td><td>50</td></tr>
</table>

制备方法

（1）活性污泥干燥脱水。

（2）将干燥脱水后的活性污泥、硼钠钙石、碳酸钙、钠基膨润土混合，置入低温粉碎机中粉碎，粉碎后过 150 目筛，得到混合粉末；粉碎温度为 25～30℃。

（3）将甲壳素改性植物纤维、纤维素酶浸入竹醋液中浸泡 1～2h，冷冻干燥至恒重，备用；浸泡温度为 20～22℃。

（4）将混合粉末、聚硅硫酸铝、氯化钙、木质素磺酸钙、氯化铝、三氯化铁、醋酸钠、乙酰羊毛醇、单硬脂酸甘油酯、土豆粉加入水中，混合均匀。

（5）加入海藻酸钠，130～150℃条件下烘干，再次粉碎，冷却即可。

原料介绍

所述甲壳素改性植物纤维的制备方法如下：在 50℃条件下，按质量比 1∶(40～60) 的比例将甲壳素溶解在质量分数为 2%的醋酸溶液中，然后将植物纤维放在上述溶液中浸渍 20～30min，用蒸馏水洗涤烘干，烘干温度为 30～32℃。

所述土豆粉的制备方法如下：将土豆蒸熟，搅拌成糊状，干燥即可。

［产品特性］ 本品各成分相互作用，相互配合，使得污水处理的效果大大提高。土豆粉具有一定的黏性，可以吸附水体中污染成分，从而大大提高污水处理的效果。甲壳素改性植物纤维中的蛋白质成分被去除，剩余的部分具有很强的吸附能力，可以提高污水净化的效果，且成本低廉。

配方 28 生活污水处理剂（9）

［原料配比］

原料		配比（质量份）				
		1#	2#	3#	4#	5#
絮凝剂		20	22	25	27	28
二氧化硅		23	24	26	27	28
催化剂载体	玻璃纤维	16	—	—	—	—
	空心陶瓷球	—	17	—	—	—
	海砂	—	—	18	—	—
	层状石墨	—	—	—	19	20
白矾		16	17	18	19	20
明胶		9	11	14	17	18
甲壳胺		5	7	10	12	13
破乳剂	SP 型破乳剂	10	—	—	—	—
	AP 型破乳剂	—	11	13	—	—
	AE 型破乳剂	—	—	—	14	15
催化剂	酶催化剂	4	5	7	8	9
钼粉		5	6	8	9	10
黏结剂		0.1	0.5	3	5	3
稀土改性蛭石		20	25	28	32	35
絮凝剂	聚丙烯酰胺	15	15	15	15	20
	硫酸铝	8	8	8	13	13
	氯化铝	7	7	12	12	12
	聚磷酸铵	10	16	16	16	16

［制备方法］

（1）将絮凝剂、二氧化硅、催化剂载体、明胶、白矾、甲壳胺、破乳剂、催化剂、钼粉、黏结剂、稀土改性蛭石混合在一起，搅拌，使用粉碎机粉碎，出料粒度为 1～5mm；

(2) 将步骤 (1) 中所得产物置于研磨机中研磨，制得粉末；

(3) 将步骤 (2) 中所得产物置于容器中，处于35～40℃的环境下搅拌30～35min，超声波振动10min，制得生活污水处理剂；超声波振动的频率为1000W。

［原料介绍］ 所述稀土改性蛭石的制备方法为：将蛭石粉碎，并置于锅中，使用电热炉加热至150～400℃，烧结1.7～2h，然后加入浓度为0.38mol/L的镧离子水溶液，使用氢氧化钾调节pH值为10.6～11，搅拌反应40min，离心，滤渣干燥后于480～500℃下焙烧4.5～5h，得到对应产物。

［产品特性］ 本品添加了钼粉，具有高效的污水处理能力；添加了破乳剂，能够快速去除污水中的油污，污水处理效率更高，同时絮凝剂为聚丙烯酰胺、硫酸铝、氯化铝、聚磷酸铵的组合，大大提高了聚合能力。

配方29　生活污水处理剂（10）

［原料配比］

原料	配比（质量份）	原料	配比（质量份）
聚丙烯酰胺	20～30	酒石酸钠	1～2
硫酸亚铁	3～8	次氯酸钠	50～80
改性硅藻土	5～10	月桂酰基肌氨酸钠	10～30
海藻酸钠	4～7		

［制备方法］ 将各组分原料混合均匀即可。

［产品特性］ 本品制备方法简单，易操作，稳定性好，安全性高，可快速去除各种污染物使水体得到高效净化，而且不会产生二次污染。

配方30　生活污水处理剂（11）

［原料配比］

原料	配比（质量份）			
	1#	2#	3#	4#
聚合氯化铝	5	10	6	8
二氧化钛	50	60	55	60
氧化铝	20	25	22	25
次氯酸钙	35	45	40	43

续表

原料	配比（质量份）			
	1#	2#	3#	4#
磷酸钠	10	20	10	15

［制备方法］ 将各组分原料混合均匀即可。

［产品特性］ 本品对污水中微生物菌落具有抑制作用，有利于生活污水中沉淀的产生，提高了污水处理效率，从而有效预防和遏制污泥膨胀的爆发；处理污水时不需要增设大型水处理构筑物，简便易行，经济实用，不会造成二次污染，处理成本更加低廉，可获得显著的社会和经济效益。

配方 31 生活污水处理剂（12）

［原料配比］

原料		配比（质量份）		
		1#	2#	3#
白矾		8	5	12
高锰酸钠		11	14	7
柠檬酸		6	4	8
膨润土		12	16	8
活性炭		16	11	18
山葡萄藤		6	3	8
单宁		11	16	7
竹醋液		4	3	5
菌剂	第三代硝化反硝化复合菌种	7	—	9
	硝化细菌	—	4	—
聚沉剂	聚丙烯酰胺	7	14	5
纳米二氧化硅		9	7	15
聚丙烯酸酯		5	6	3
β-环糊精		3	2	5
交联剂		适量	适量	适量
水		适量	适量	适量

［制备方法］

（1）将膨润土和白矾混合加水制浆，制成直径为 0.5～1.5mm 的颗粒。

（2）将颗粒置于 400～500℃温度条件下灼烧 4～9h，冷却至室温。

（3）将步骤（2）制得的颗粒与高锰酸钠、柠檬酸、山葡萄藤、单宁、竹醋液、聚沉剂、纳米二氧化硅、聚丙烯酸酯、β-环糊精加水混合，在温度为65～70℃的条件下混合搅拌2～3h。

（4）冷却至50℃，在步骤（3）所得混合液中加入交联剂混合反应，再升温至70℃，反应30～60min，然后将混合物在120～140℃条件下烘干；加入交联剂的量为膨润土质量的1%～5%。

（5）在烘干后的混合物中加入菌剂和活性炭，搅拌混合均匀，得到生活污水处理剂。

［原料介绍］

所述菌剂为硝化细菌、反硝化细菌或第三代硝化反硝化复合菌种。

所述交联剂为N,N'-二甲基亚丙烯酰胺。

［产品特性］ 本品用于污水处理时，处理彻底，处理后污水的COD、BOD、和SS（水质中的悬浮物）含量大幅下降，总氮、总磷和氨氮含量也有不同程度的下降，减轻了污水后处理过程中的负担。处理后的水可以重复利用，节约水资源，且制备方法简单，设备投资少。

配方32 生活污水处理剂（13）

［原料配比］

原料	配比（质量份）		
	1#	2#	3#
稀土改性蛭石	38	30	50
膨润土	26	20	40
凹凸棒土	14	10	20
铁盐	4	2	6
铝盐	6	5	10
聚合氯化铝	15	10	20
聚合硫酸铁	14	10	20
活性炭	12	8	16
过氧化氢	9	5	10
水	55	50	100
碱液	适量	适量	适量

［制备方法］

（1）将膨润土和凹凸棒土经350～380℃高温焙烧预处理。

（2）将配方量的铁盐和铝盐溶于配方量的水中，加入碱液调节水体的pH值为 9～11。

（3）将步骤（1）得到的配方量的膨润土和凹凸棒土加入步骤（2）得到的混合液中搅拌 20～30min；抽滤，滤渣干燥后经 420～460℃的高温焙烧 2～4h，自然冷却后备用。

（4）将步骤（3）得到的产物与配方量的稀土改性蛭石、聚合氯化铝、聚合硫酸铁、活性炭混合，搅拌均匀后粉碎至粒径为 80～120 目，即可得到所述的生活污水处理剂。

［**原料介绍**］ 所述稀土改性蛭石的制备方法为：将蛭石经 300～400℃烧结 1～2h，然后加入浓度为 0.3～0.6mol/L 的稀土离子水溶液，使用碱液调节 pH 值为 10～12，搅拌反应 30～60min，离心，滤渣干燥后，于 420～550℃焙烧 3～5h。所述碱液为 0.1～0.5mol/L 氢氧化钠溶液、碳酸氢钠溶液中的一种。

［**产品特性**］

（1）本品的配方中，稀土改性蛭石、活性炭具有较强的吸附作用，可有效吸附水体中的无机盐；聚合氯化铝和聚合硫酸铁具有较强的絮凝作用，可显著降低污水中的悬浮物与小颗粒；负载了铁、铝氧化物的膨润土和凹凸棒土在进行生活污水处理时可催化过氧化氢的氧化从而对有机物进行分解，显著降低水体中的 COD 和 BOD 值，此外过氧化氢还具有消毒杀菌的功能。

（2）本品在短时间内对水体中总氮、总磷、氨氮、COD、BOD、SS 均有较高的去除率，不会造成二次污染，并且具有消毒、抑菌、絮凝的功能。

配方 33 生活污水处理剂（14）

［**原料配比**］

原料	配比（质量份）		
	1#	2#	3#
凹凸棒土	10	15	20
三氯化铁	10	8	5
粉煤灰	5	6	8
改性硅藻土	15	17	20
榛子壳活性炭	8	7	4
活性污泥	5	6	7
微晶纤维素	5	6	8
菌剂	8	7	5
黄腐酸	3	4	6

续表

原料		配比（质量份）		
		1#	2#	3#
水		适量	适量	适量
菌剂	酵母菌	1	1	1
	硝化细菌	1.5	1.3	1
	反硝化细菌	0.8	0.9	1

［制备方法］

（1）按所述质量份配比分别取凹凸棒土、三氯化铁及粉煤灰，将所述凹凸棒土、所述三氯化铁及所述粉煤灰加入适量水后搅拌40～60min，调成糊状物；

（2）按所述质量份配比分别取改性硅藻土、微晶纤维素及黄腐酸，将所述糊状物加热至60～70℃后加入所述改性硅藻土、所述微晶纤维素及所述黄腐酸，混合搅拌1～2h，再置于50～60℃下烘干，得混合物；

（3）按所述质量份配比分别取榛子壳活性炭、活性污泥及菌剂，将所述榛子壳活性炭、所述活性污泥及所述菌剂加入所述混合物中，搅拌混合均匀，得生活污水处理剂。

［原料介绍］

所述菌剂由酵母菌、硝化细菌及反硝化细菌按质量比1∶(1～1.5)∶(0.8～1)的比例混合制成；所述活性污泥取自序批式活性污泥反应池。

所述改性硅藻土的制备方法为：将硅藻土置于350～400℃下焙烧2～3h，然后将焙烧产物放入质量分数为40%～45%的乙醇溶液中浸泡40～60min，取出后烘干，得改性硅藻土。

［产品特性］ 本品可用于生活污水的前处理，处理后污水的COD、BOD和SS含量均大幅下降，总氮、总磷和氨氮含量也有不同程度的下降，减轻了污水后处理过程的负担，且原料成本低、制备方法简单。

配方 34 生活污水处理剂（15）

［原料配比］

原料	配比（质量份）		
	1#	2#	3#
十二烷基甜菜碱	30	35	40
聚合三氯化铁	24	25	20

续表

原料	配比（质量份）		
	1#	2#	3#
聚丙烯酰胺	11	12.5	7.5
聚合硅酸铝铁	10	12.5	7.5
高锰酸钾	4.0	5	2.5
硫酸锌	18	20	15
活性炭	13	15	10

[**制备方法**] 将各组分原料混合均匀即可。

[**产品特性**]

（1）本品中聚丙烯酰胺为水溶性高分子聚合物，不溶于大多数有机溶剂，具有良好的絮凝性，可以降低液体之间的摩擦阻力，按离子特性分可分为非离子、阴离子、阳离子和两性型四种类型。为了降低成本，可以在聚丙烯酰胺中添加适量的聚合氯化铝铁、活性炭来维持或是提高处理污水质量。

（2）聚合硅酸铝铁为无机高分子絮凝剂，具有电中和吸附架桥性能，充分发挥铝、铁絮凝剂的优点，形成的絮体密实、沉降速度快。

（3）高锰酸钾可有效去除水源中常见的有机物、重金属等复合型污染物，还可降低水的色度和浊度，处理效果好。

配方 35 生活污水处理剂（16）

[**原料配比**]

原料	配比（质量份）			
	1#	2#	3#	4#
质量分数为 20%的 TiO_2 溶液	100	—	—	100
质量分数为 30%的 TiO_2 溶液	—	100	—	—
质量分数为 25%的 TiO_2 溶液	—	—	100	—
分散剂六偏磷酸钠①	0.1	0.2	0.15	0.2
二氧化硅	0.1	0.3	0.2	0.1
分散剂六偏磷酸钠②	0.1	0.2	0.15	0.1
Al_2O_3	0.01	0.03	0.02	0.03
硅酸钠	适量	适量	适量	适量
硫酸铝	适量	适量	适量	适量

［**制备方法**］ 向 TiO_2 溶液中加入分散剂①，用硅酸钠调节 pH 值至 9～10 后进行预分散，在 40～50℃下，添加二氧化硅，陈化 2～3h；然后在保温条件下加入分散剂②，搅匀，用硫酸铝调节溶液 pH 值至 8.5～9.5，加入 Al_2O_3，陈化 2～3h，过滤，干燥，即得。干燥是将滤饼在 105～120℃下烘制 12～24h。

［**原料介绍**］

所述 TiO_2 溶液的质量分数为 20%～30%。

所述分散剂为六偏磷酸钠。六偏磷酸钠的添加量为 TiO_2 质量的 0.1%～0.2%。

［**使用方法**］ 在生活污水处理厂（采用活性污泥处理工艺）的进水口投放该污水处理剂，当污水进水 COD＞100mg/L 时，每吨污水投放 5～10kg；当污水进水 COD 为 50～100mg/L 时，每吨污水投放 2～5kg；当污水进水 COD 为 30～50mg/L 时，每吨污水投放 0.5～2kg。

［**产品特性**］ 本品采用多层包覆工艺，可层层缠住丝状菌触手，大大减少丝状菌比表面积，遏制丝状菌与菌胶团的竞争优势，保持菌胶团在底物竞争中的有利地位，提高污泥处理效率，从而有效预防和遏制污泥膨胀的爆发。

配方 36 生活污水处理剂（17）

［**原料配比**］

原料	配比（质量份）				
	1#	2#	3#	4#	5#
聚合三氯化铁	15	12	13	15	12
海泡石	25	30	28	25	20
膨润土	30	25	28	25	20
氢氧化钠	10	12	10	15	10
聚丙烯酰胺	15	12	15	12	15
碳酸钠	10	12	10	15	12
生物基多孔复合材料	5	3	5	1	5
改性蚕沙基多级孔炭材料	5	8	6	10	5

［**制备方法**］ 将海泡石、碳酸钠、膨润土、生物基多孔复合材料混合，粉碎，过 50～100 目筛，投入容器中，再加入聚丙烯酰胺、聚合三氯化铁继续搅拌混合 10～20min，再加入氢氧化钠搅拌混合 10～20min，控制混合温度小于 55℃，最后加入改性蚕沙基多级孔炭材料，搅拌混合均匀，即可得到生活污水处理剂。

[原料介绍]

所述生物基多孔复合材料的制备是将羧甲基纤维素钠凝胶与均苯三酸溶液按照质量比为（1～5）∶1 搅拌混合均匀，然后倒入插有倾斜角度为 15°铜片的模具中，然后放入冷冻干燥机中干燥即可得到。其中羧甲基纤维素钠凝胶是将羧甲基纤维素钠与水在搅拌状态下混合，即可得到；均苯三酸溶液是将均苯三酸溶于无水乙醇中超声溶解，即可得到。

所述改性蚕沙基多级孔炭材料的制备是原蚕沙与 $ZnCl_2$ 溶液按照料液比为 1g∶80mL 混合溶胀后冷冻干燥，再将冻干后蚕沙在 N_2 中 600℃下活化扩孔反应 2h，然后再清洗、离心以及烘干后得到蚕沙基多孔炭材料；将其与硫酸铜溶液按照料液比为 1g∶80mL 振荡混合后离心烘干，再放入等离子体反应器，通 O_2，输入电压 20V，表面改性 10min，改性后清洗，烘干即可得到改性蚕沙基多级孔炭材料。

[使用方法] $1m^3$ 生活污水投入 0.1～0.2kg 生活污水处理剂，同时启动污水搅拌器搅拌 10～30min，使得生活污水处理剂充分与污水接触之后停止搅拌，让生活污水处理剂与污水发生反应。

[产品特性]

（1）本品加入了两种生物质碳材料，即改性蚕沙基多级孔炭材料和生物基多孔复合材料，能明显提高对污水中重金属元素及其他一些极性电子污染物的吸附性能。同时配合传统的絮凝剂、吸附剂，通过原料合理复配，提高对生活污水的处理效率，使得处理后的生活污水 COD、BOD 明显降低，符合国家要求的排放标准。

（2）本品还能有效地起到缓蚀、阻垢和抑制藻类生长的作用，有效减少系统的结垢与腐蚀，降低生产成本，净化污水的同时减少污水处理池的清理工序。

（3）本品处理工艺简单，用药量少，处理效果好，性能稳定，出水水质好；有效地降低了水处理的成本。

配方 37 生活污水处理剂（18）

[原料配比]

原料	配比（质量份）		
	1#	2#	3#
高锰酸钾	18	15	20
次氯酸钙	17	12	22
硫酸镁	16	10	21
碳酸钠	16	15	17

续表

原料	配比（质量份）		
	1#	2#	3#
氧化镁	15	13	19
二氧化硅	13	11	15
硅酸钙	14	13	16
沸石粉	12	9	15
活性炭	10	7	13
硅藻土	7	5	9
白矾	5	3	7
氯化钠	14	1	6
壳聚糖	2	1	3
脱色剂	7	5	10

［制备方法］ 将各组分原料混合均匀即可。

［产品特性］ 本品使用方便，环保无污染，处理过的生活污水可以回收利用，实现了节能节水的目的。

配方 38 生活污水高效水处理剂

［原料配比］

原料	配比（质量份）				
	1#	2#	3#	4#	5#
羧甲基壳聚糖季铵盐	2	2	2	2	2
聚合硫酸铁	10	15	4	10	6
海藻酸钠	0.6	0.6	0.12	0.3	0.4
水	适量	适量	适量	适量	适量

［制备方法］ 将羧甲基壳聚糖季铵盐、聚合硫酸铁及海藻酸钠按配比称取后加入水中，搅拌至充分溶解即可。

［使用方法］ 本品使用的温度范围为25～40℃，使用的pH值范围为5～8。

［产品特性］

（1）羧甲基壳聚糖季铵盐是一种壳聚糖衍生物，具有两性聚电解质的性质，具有较多的活性基团，水溶性更好，电荷密度高，可发挥电性中和及吸附架桥作用吸附生活污水中的胶体颗粒，使其絮凝能力显著提高。

（2）本品是一种复合型的絮凝剂，羧甲基壳聚糖季铵盐与聚合铁盐协同作用，絮凝效果更显著，对COD和污水浊度的去除率更高。

（3）本品安全温和无毒，不会对环境造成二次污染。

配方39 生态环境改造用污水处理剂

原料配比

原料	配比（质量份）		
	1#	2#	3#
聚合氯化铝	30	20	35
活性污泥	40	21	45
草木灰	40	23	44
聚硅硫酸铝	30	19	38
椰壳活性炭	30	21	35
烷基磺酸钠	28	24	36
脂肪醇醚硫酸钠	30	22	38
增溶剂	28	25	40
水	20	15	25
防腐剂	15	10	20
硅藻泥	30	22	37

制备方法

（1）将聚硅硫酸铝和椰壳活性炭分别放到粉碎装置里面进行粉碎处理，粉碎装置中电机的转速为2000～4000r/min；粉碎后得到的聚硅硫酸铝和椰壳活性炭粉末经过口径为0.33～0.58mm过滤筛过滤，未通过筛网的粉末继续放入粉碎装置中进行循环粉碎处理，直至所有的粉末均达到粉末细度规范。

（2）活性污泥处理：将活性污泥放到烘烤装置里面进行加热处理，加热时长为30～90min，加热的温度为38～56℃；待活性污泥完全干燥后，将活性污泥冷却至室温，然后再利用步骤（1）中的粉碎装置对干燥的活性污泥进行粉碎处理。

（3）混合搅拌：将聚合氯化铝、步骤（2）得到的活性污泥、草木灰、步骤（1）得到的聚硅硫酸铝、步骤（1）得到的椰壳活性炭、烷基磺酸钠、脂肪醇醚硫酸钠、增溶剂、防腐剂、硅藻泥分别放入搅拌罐里面，一边搅拌，一边向搅拌罐内倒入水，得到混合溶液；搅拌罐内搅拌机中电机的转速为3000～8000r/min。

（4）包装装罐：将得到的混合溶液分装到流量均匀的灌装机，再由灌装机的灌装头将混合溶液灌装到包装罐内，得到污水处理剂。

［原料介绍］ 所述增溶剂由肼类化合物、胍类化合物和唑类化合物组成。

［产品特性］

（1）本品的各成分廉价易得，处理简单，且不会对处理后的污水造成二次污染。

（2）烷基磺酸钠、脂肪醇醚硫酸钠、增溶剂等为洗洁精的组成成分，帮助其他的成分进行污水处理这一过程，使其达到更佳的污水处理效果；能够降解污水内的油脂，防止油脂过量。

配方 40 微污染水处理剂

［原料配比］

原料	配比（质量份）		
	1#	2#	3#
酸化凹凸棒石	50	55	60
硫酸铜	10	10	10
磷酸钠	10	10	10
氯化镁	15	10	10
聚合氯化铝	15	15	10

［制备方法］ 将各组分原料共同研磨成 200 目以下粉，成品即为微污染水处理剂。

［产品特性］

（1）本品能够高效处理微污染地表湖泊水、河水等水源水，不仅能迅速地灭藻，去除重金属，降低水中臭味及浊度，而且能够迅速去除水中导致水体富营养化的氮、磷元素。

（2）本品能够降低饮用水工艺处理负荷。

（3）本品使用范围广，制备及处理工艺简单，处理效果良好，性能稳定，出水水质好；能有效地降低饮用水处理的成本。

配方 41 环保水处理剂

［原料配比］

原料	配比（质量份）		
	1#	2#	3#
单宁	15	22	18

续表

原料		配比（质量份）		
		1#	2#	3#
聚天冬氨酸		8	17	10
聚合硫酸铝		18	25	22
石灰乳		10	16	13
甲壳素		8	14	9
海藻胶		8	14	12
阿拉伯胶		5	12	8
次氯酸钠		9	12	10
活性炭		5	10	7
石英砂		6	12	8
重金属螯合剂		4	10	8
重金属螯合剂	羟甲基淀粉	2	2	1
	巯基棉	1	—	1
	氨基甲酸盐	—	1	1
消泡剂	有机硅消泡剂	3	—	—
	聚醚型消泡剂	—	8	—
	矿物油类消泡剂	—	—	6
pH 调整剂	石灰	2	—	2
	苛性钠	1	—	—
	工业盐酸	—	1	—
	碳酸钠	—	—	3

［**制备方法**］

（1）将聚合硫酸铝、石灰乳、甲壳素、活性炭和石英砂混合投入球磨机中研磨至 50～100 目，即得物料 a，备用；

（2）向步骤（1）制得的物料 a 中加入海藻胶和阿拉伯胶以 600～1200r/min 速度搅拌 25～35min，然后加入单宁和聚天冬氨酸继续搅拌 10～15min，混合均匀后，即得物料 2，备用；

（3）向物料 2 中加入次氯酸钠、重金属螯合剂、消泡剂和 pH 调整剂，升温至 40～55℃，以 1000～1500r/min 速度搅拌 15～30min，即得所述环保水处理剂。

［**产品特性**］ 本品能有效处理污水中的杂质，减轻污水对人们生活环境的影响，

且不含任何有毒物质，绿色环保，制备工艺简单，成本低，效果好。

配方 42　以粉煤灰为主要原料的水处理剂

［原料配比］

原料	配比（质量份）		
	1#	2#	3#
改性粉煤灰	70	80	75
高岭土	15	10	12
膨润土	15	10	13

［制备方法］　将改性粉煤灰、高岭土和膨润土混合物置于球磨机内研磨混合后得到成品。

［原料介绍］　所述改性粉煤灰的孔隙率为60%～80%。所述改性粉煤灰的制备方法包括如下步骤：

（1）研磨：将粉煤灰研磨至粒径为200～300目。

（2）酸洗改性：将研磨后的粉煤灰在搅拌状态下置于盐酸溶液中浸泡，或者采用盐酸溶液对搅拌状态下的粉煤灰进行淋洗；其中盐酸溶液质量分数为5‰～1%；浸泡或淋洗时间为5～10min。

（3）碱洗改性：将酸洗改性后的粉煤灰在搅拌状态下置于氢氧化钠溶液中浸泡，或者采用氢氧化钠溶液对搅拌状态下的粉煤灰进行淋洗；其中氢氧化钠溶液质量分数为5‰～1%；浸泡或淋洗时间为5～10min。

（4）水洗：将碱洗改性后的粉煤灰在搅拌状态下采用去离子水进行淋洗，直至pH值为6～8。

（5）干燥：将水洗后的粉煤灰在100～120℃条件下进行干燥。

［产品特性］

（1）本品中的粉煤灰依次进行酸洗和碱性改性，一方面利用酸与粉煤灰中的金属化合物反应，利用碱与粉煤灰中硅酸盐类化合物反应，去除粉煤灰中的金属盐类物质，另一方面在酸洗改性和碱洗改性工艺中，增强了粉煤灰的孔隙发育，以提高粉煤灰的吸附能力，从而使得到的水处理剂在进行水处理时，具有吸附能力好、可杜绝对水造成金属离子污染的特点。

（2）本品以工业废弃的粉煤灰作为主要原料，成本低廉，大大降低了净水剂的生产成本。

配方 43 用于富营养化河流的水处理剂

原料配比

原料	配比（质量份）				
	1#	2#	3#	4#	5#
苜蓿皂苷	5	8	7	5.5	7.1
桑蚕茧壳	8	19	15	16	9.8
吲哚乙酸	5	10	8	6.3	9
昆布粉	10	20	16	18	12
玉米须	5	16	13	8.6	15
玄明粉	5	10	8	9	6
棕榈炭	5	11	8	6.5	10
大鲵蛋白多肽粉	6	12	10	11	8.2
牛磺酸	5	8	7	5.6	7.6
苦瓜多糖	5	8	6	7.8	5.8
α-硫辛酸	4	8	5	5.2	7.5
芝麻壳	4	7	6	6.1	4.7
生姜粉	3	5	4	3.5	4.5
黑豆粉	5	8	7	7.2	5.8
左旋肉碱	1	3	2	1.3	2.6

制备方法

（1）首先将芝麻壳、棕榈炭与α-硫辛酸混合，在125～145℃下混合搅拌10～20min；

（2）然后将上步所得物与苜蓿皂苷、桑蚕茧壳、吲哚乙酸、昆布粉、玉米须、玄明粉、大鲵蛋白多肽粉、牛磺酸、苦瓜多糖、生姜粉、黑豆粉和左旋肉碱混合，即得成品。

原料介绍 所述黑豆粉、棕榈炭、桑蚕茧壳的粒度为200～400目。

使用方法 将处理剂按污水的质量分数0.05%～0.15%计算及称重后喷洒入污水中，搅拌5～10min。

产品特性 本品各组分发挥协同作用，对于蓝藻暴发的富营养化河流的治理效果好；可有效降低污水中的重金属、氨态氮含量，COD等；处理后能较好地达到国家排放标准；同时原料无毒、易得，更加环保。

配方 44　用于生活污水的高效复合污水处理剂

原料配比

原料		配比（质量份）				
		1#	2#	3#	4#	5#
聚丙烯酰胺		15	16	17	19	20
聚硅硫酸铝		10	11	12	13	14
聚合硫酸铝铁		18	21	20	19	22
硫酸亚铁		6	9	8	7	10
碳酸钠		3	4	5	6	7
改性硅藻土		20	21	23	24	25
改性玉米芯		32	35	34	33	36
次磷酸镁		1	1.7	1.5	1.3	2
改性硅藻土	硅藻土	100	100	100	100	100
	30%硝酸溶液	120	130	140	140	150
	硅酸胶体	25	28	28	28	30
改性玉米芯	玉米芯	100	100	100	100	100
	水	800	900	900	1000	1000
	棕榈酸	10	11	11	12	12

制备方法

（1）称取硫酸亚铁、改性硅藻土、改性玉米芯和次磷酸镁混合，以无水乙醇作为研磨液，球磨混合 1～2h，出料，获得第一混合物；

（2）称取碳酸钠和聚丙烯酰胺，加入至第一混合物中，在 300～500r/min 下搅拌混合 50～60min，出料，获得第二混合物；

（3）将第二混合物进行减压蒸发以回收无水乙醇，减压蒸发完毕后，获得第三混合物；

（4）称取聚硅硫酸铝和聚合硫酸铝铁，加入至第三混合物中，搅拌混合均匀后，即可。

原料介绍

所述改性硅藻土由以下方法制得：称取硅藻土，粉碎，投入至 30%硝酸溶液中，搅拌 1～2h，静置 5～6h，滤过，水洗，烘干，加入硅酸胶体，超声波处理 55～60min，然后送入煅烧炉中，在 620～650℃下煅烧处理 1～2h，获得改性硅藻土。所述硝酸溶液的加入量为硅藻土总质量的 1.2～1.5 倍；所述硅酸胶体的加入量为硅藻土总质量的 25%～30%。

所述改性玉米芯由以下方法制得：称取玉米芯，粉碎，投入至反应釜中，加入水和棕榈酸，在150～200r/min下，升温至65～70℃，保温20～30min，自然冷却后，出料，滤水；将滤水后的固体物料投入至干馏装置中，在270～300℃下干馏处理1～2h，取干馏后的固体产物，即得改性玉米芯。所述水的加入量为玉米芯总质量的8～10倍；所述棕榈酸的加入量为玉米芯总质量的10%～12%。

［产品特性］ 本品通过对硅藻土和玉米芯进行改性，有利于提高处理效果。本品能够大大降低生活污水的COD、BOD、SS含量，有效改善生活污水水质，且用量少，能够满足市场对污水处理剂的性能要求。本品使用方便，操作方便，且不会产生二次污染，实用性强，易于推广使用。

配方 45 用于生活污水净化的污水处理剂

［原料配比］

原料	配比（质量份）					
	1#	2#	3#	4#	5#	6#
氯化亚铁	4	12	8	5	8	6.5
聚合氯化铝铁	10	26	18	14	20	17
聚丙烯酰胺	18	30	24	22	28	25
氯化钙	7	17	12	10	14	12
白云石	6	20	13	10	16	13
硫酸镁	3	7	5	4	6	5
高铝矾土	1	5	3	2	4	3
麦饭石	4	8	6	5	7	6
改性大灰藓	5	9	7	6	8	7
地骨皮	2	6	4	3	5	4
乙醇水溶液	700	900	800	750	850	800

［制备方法］

（1）按照质量份称取氯化钙、白云石、高铝矾土和麦饭石，共同投入搅拌机中以600r/min的搅拌速率搅拌15～25min，得混合料A。

（2）按照质量份称取地骨皮和改性大灰藓，以8000r/min的速率剪切处理15min，然后在温度为28℃、光照强度为6000lx条件下以30r/min的搅拌速率搅拌18min，得混合料B。超声分散处理的功率为120W，时间为30min。

（3）按照质量份称取乙醇水溶液、氯化亚铁、聚合氯化铝铁和硫酸镁，混合后在30℃下以100r/min的搅拌速率搅拌12min，然后进行超声分散处理，得混合料C。

（4）向步骤（3）得到的混合料C中加入聚丙烯酰胺，混合均匀后加入步骤（1）得到的混合料A与步骤（2）得到的混合料B，在38℃下以80r/min的搅拌速率搅拌15min，静置4h，即得。

［原料介绍］

所述氯化钙、白云石、高铝矾土和麦饭石的粒度均为300目。

所述改性大灰藓的制备方法为：称取适量的新鲜大灰藓烘干至含水率为10%，然后粉碎至20目，加入10倍体积1%的海藻酸水溶液，以120r/min的搅拌速率搅拌20～40min，然后进行喷雾干燥得粉末，再将前述粉末研磨至100～200目，即得所述改性大灰藓。所述喷雾干燥的条件参数为：出口温度65～75℃、入口温度100～120℃、入料速度800～1000mL/h。

［产品特性］ 本品通过改性大灰藓、白云石和麦饭石的相互配合，并辅助超声分散处理，能够有效提高对生活污水的净化效果。

配方46 用于吸附水体余氯的水处理剂

［原料配比］

原料	配比（质量份）		
	1#	2#	3#
透辉石粉末	1	1	1
蛭石粉末	2	1	2.5

［制备方法］

（1）取干燥的透辉石粉末和蛭石粉末混合均匀，得到混合物；所述透辉石粉末和蛭石粉末过200目筛。

（2）将步骤（1）所得混合物在700～1200℃温度下煅烧90～130min，得到所述水处理剂。煅烧均为空气中煅烧，具体可采用马弗炉。

［原料介绍］ 所述干燥的透辉石粉末和蛭石粉末分别由透辉石和蛭石磨碎后在90～110℃温度下烘干得到。所述烘干具体为干燥至恒重。所述磨碎是通过球磨机进行。

［产品特性］ 本品能够有效降低自来水余氯浓度，而且吸附一定量的余氯之后仍保持弱碱性，是一种安全、健康的水处理剂。

配方 47 用于泳池水处理的环保型水处理剂

原料配比

原料			配比（质量份）		
			1#	2#	3#
柱状活性炭	粉煤灰和果壳炭化粉		10	10	10
	黏合剂		1～3	1～3	1～3
第三混合液	第一混合液	鱼腥草	30	50	40
		芝麻叶	50	60	55
		捣碎的大蒜	20	30	25
		体积分数为80%的乙醇	100	—	—
		体积分数为90%的乙醇	—	150	—
		体积分数为85%的乙醇	—	—	125
	第二混合液	丁香	40	50	45
		郁金香	50	70	60
		金银花	30	50	40
		金钱松	70	90	80
		黄芩	20	30	25
		薰衣草	40	50	45
		芦荟	20	30	25
		藏红花	20	30	25
		干姜	20	30	25
		夏枯草	20	30	25
		艾叶	10	20	15
	水		1000	1500	1250
	聚六亚甲基胍		3	5	4
第四混合液	牛血清蛋白		0.5	0.8	0.65
	葡萄糖酸钾		5	10	7.5
	蔗糖		2	10	6
	壳聚糖		5	10	7.5
	明胶		5	10	7.5
	质量分数为1%的乙酸		200（体积份）	300（体积份）	250（体积份）

续表

原料		配比（质量份）		
		1#	2#	3#
第四混合液	脲酶	10	20	15
柱状活性炭		500	1000	7500

[制备方法]

（1）将鱼腥草和芝麻叶分别切碎，再和捣碎的大蒜混合，然后加入体积分数为80%～90%的乙醇研磨20～40min，利用150目纱布过滤去渣，得到第一混合液。

（2）将丁香、郁金香、金银花、金钱松、黄芩、薰衣草、芦荟、藏红花、干姜、夏枯草和艾叶混合，然后加入水，煮沸20～30min，过滤得药渣和第一滤液，向药渣中加入水，煮沸20～30min，过滤去渣得第二滤液，合并第一滤液和第二滤液得到第二混合液。

（3）将聚六亚甲基胍、步骤（1）所得第一混合液和步骤（2）所得第二混合液混合，得到第三混合液。

（4）将牛血清蛋白、葡萄糖酸钾、蔗糖、壳聚糖、明胶和质量分数为1%的乙酸混合，然后加入脲酶混合得第四混合液。

（5）将柱状活性炭浸入步骤（3）所得第三混合液中搅拌20～40min，然后于28～35℃环境下晾干，再置于45～50℃环境下烘20～30min，在使用前，再与步骤（4）所得第四混合液搅拌混合30～60min，自然晾干，得到目标产物。

[原料介绍]

所述柱状活性炭是由以下方法制备而成的：

（1）将粉煤灰和果壳炭化粉混合后置于捏合机内，加入水后搅拌捏合10～20min，然后加入黏合剂继续捏合10～15min，得捏合物料；

（2）将步骤（1）所得捏合物料利用压力机挤压成直径为3.0～6.0mm的柱状条料，然后置于200～250℃的环境下烘烤30～60min；

（3）将步骤（2）处理后所得柱状条料投入活化炉内活化，用过热水作活化剂，活化的温度控制在950～1000℃，活化4～10h，得所述柱状活性炭。

所述黏合剂为玉米淀粉、山芋淀粉及其他淀粉配制的淀粉黏合剂或羧甲基纤维素。

[使用方法] 本品在对泳池水进行过滤的过程中投入使用，可直接装入到过滤器的碳罐中使用。

[产品特性]

（1）该水处理剂能有效分解池水中的尿素、氨氮和其他有机物，安全环保，同时具有杀菌消毒作用，可极大改善水质，并可有效降低后期消毒剂用量和换水量。

（2）本品不仅能够节能节水，降低运行成本，而且对于保证游泳者健康、节能减排有着重要意义。

配方 48 用于治理蓝藻污染的污水处理剂

原料配比

原料	配比（质量份）				
	1#	2#	3#	4#	5#
甲基吡啶铬	16	26	21	20	23
小檗碱	12	23	17	15	20
桉叶油素	4	9	6	5	8
左旋肉碱酒石酸盐	2	8	5	4	7
白茶提取物	5	12	9	8	10
丁香粉	4	8	6	5	7
琥珀粉	1	5	3	2	4
水	适量	适量	适量	适量	适量
乙醇	适量	适量	适量	适量	适量

制备方法

（1）将小檗碱和左旋肉碱酒石酸盐混合，加入 40～70 份水，搅拌 15～30min。

（2）将桉叶油素溶于 15～20 份乙醇中，混合 10～15min。

（3）将步骤（1）所得物与步骤（2）所得物混合，采用超声波振荡 15～25min；超声波频率为 20～50kHz。

（4）将上步所得物与甲基吡啶铬、白茶提取物、丁香粉和琥珀粉混合，在 68～80℃下混合 1～2h，然后置于 80℃下干燥，干燥后研磨过 40～80 目筛，即得成品。

产品特性 本品投入少量即可发挥明显的治理效果，净化速度快，处理效率高。

配方 49 有机纳米水处理剂

原料配比

原料	配比（质量份）
植物纤维性吸附材料	220
吸附树脂	100
改性甲壳素	70

续表

原料		配比（质量份）
壳聚糖类吸附剂		50
淀粉类吸附剂		50
抗病毒剂		12.5
聚丙烯酰胺		22.5
硅藻土		22.5
无机吸附材料		30
无机吸附材料	纳米级碳酸钙	85
	四氧化三铁纳米磁性粉体	12.5
	纳米级二氧化硅	22.5
	纳米级二氧化钛	15
	纳米级氧化锌	12.5
	纳米级氧化铁	22.5

［制备方法］

(1) 无机吸附材料的预处理：将纳米级碳酸钙、四氧化三铁纳米磁性粉体、纳米级二氧化硅、纳米级二氧化钛、纳米级氧化锌、纳米级氧化铁放入搅拌罐中，然后以110～130r/min的转速进行混合搅拌，边搅拌边向搅拌罐中加入高分子分散剂和水，搅拌1～2h后得到糊状无机吸附材料A；高分子分散剂和水的比例为1∶2，且高分子分散剂和水的质量与无机吸附材料的质量相等。所述高分子分散剂是聚醇类和醇类中的一种或两种的混合物。

(2) 将步骤(1)得到的糊状无机吸附材料A放入反应釜中，温度设置为60～80℃，以100～120r/min的转速混合搅拌6～12min，得到黏稠材料B。

(3) 在步骤(2)中的反应釜中加入相应质量份的植物纤维性吸附材料、吸附树脂、改性甲壳素、壳聚糖类吸附剂和淀粉类吸附剂，温度设置为30～40℃，以150～200r/min的转速混合搅拌20～25min，然后加入相应质量份的抗病毒剂、聚丙烯酰胺和硅藻土，调节转速为200～260r/min，温度设置为40～60℃，搅拌30～35min，得到混合材料C。

(4) 将混合材料C放入挤出机中，得到一根根直径为0.5～0.8mm的长条物料，然后再通过造粒机将长条物料切割为长度为2.2～4.2mm的颗粒，此颗粒即为水处理剂。

［原料介绍］

所述植物纤维性吸附材料包括甘蔗碎渣、玉米芯渣和棉花，所述甘蔗碎渣、玉米芯渣和棉花的比例为5∶6∶(2～3)，在加工植物纤维性吸附材料时，先干燥甘蔗碎渣、玉米芯渣和棉花，然后将甘蔗碎渣、玉米芯渣和棉花放入粉碎机中充分粉碎，并且充分混合在一起。

所述抗病毒剂为医用抗病毒剂，为核苷酸、甘草甜素、苦参素、香菇多糖、冬虫夏草多糖、黄酮类、苯丙素类、鞣质类、芪多酚、醌类化合物、萜类、生物碱、植物蛋白、多糖中的一种或多种。

所述吸附树脂是采用苯乙烯/二乙烯基苯乳液聚合生产出的微米级树脂微球，改性甲壳素为酰化改性甲壳素。

［产品特性］ 本品以有机吸附材料为主，无机吸附材料为辅，并加入抗病毒剂，有效提高其抗菌效果及稳定性；本品设计巧妙，结构合理，处理效果好，适合推广。

配方 50 园林污水处理剂

［原料配比］

原料	配比（质量份）				
	1#	2#	3#	4#	5#
羊胎盘	11	22	16	13	20
赤藓醇	16	28	22	18	25
韭菜籽	22	35	28	24	32
花蕊石	18	27	23	20	25
钆喷酸	5	8	6	6.2	7
异构十三醇聚氧乙烯醚	6	14	10	8	2
椰油酰胺丙基甜菜碱	2	5	4	3	5
乳酸钾	5	10	8	7	9
水	适量	适量	适量	适量	适量

［制备方法］

(1) 将羊胎盘、韭菜籽和花蕊石混合，置于60～70℃下烘干，再通过粉碎机粉碎成混合粉末，将混合粉末与钆喷酸混合，加入乳酸钾和25～40份水，搅拌均匀，置于－15～－5℃下冷冻3～5h。

(2) 先将赤藓醇和异构十三醇聚氧乙烯醚混合搅拌20～40min，然后加入椰油酰胺丙基甜菜碱，继续搅拌1～2h；搅拌速度为200～400/min。

(3) 将步骤(1)所得物通过碎冰装置压碎，加入步骤(2)所得物，室温下搅拌至融化；再将所得物置于82～90℃下烘干，经研磨粉碎后即得成品。

［产品特性］ 本品各原料产生协同作用，可有效降低污水的COD，BOD，SS和NH_3-N含量，其能有效调节pH值至7左右，具有处理效果好、处理效率高、原

料易得等优点，可较好地用于园林污水处理技术领域；制备工艺简单，有利于生产。

配方 51　植物复合改性水处理剂

原料配比

原料		配比（质量份）		
		1#	2#	3#
改定淀粉		50	55	60
竹叶提取物		5	4	3
胡萝卜提取物		6	7	8
改性纤维素		8	6	7
改性纤维素	纤维素	10	10	10
	琥珀酸酐	15	15	15
	没食子酸	20	20	20
	吡啶	200	200	200
竹叶提取物	蒸汽爆破后的竹叶叶片	1（体积份）	1（体积份）	1（体积份）
	水	2（体积份）	2（体积份）	2（体积份）
胡萝卜提取物	胡萝卜	1	1	1
	水	1	1	1

制备方法　将各组分原料混合均匀即可。

原料介绍

所述改性淀粉的制备方法为：

（1）将淀粉加水配制成 20%～30%的淀粉溶液，然后压力 250～350MPa 下保压 10～20min；

（2）加入淀粉溶液总重 5%的氢氧化钠，于 80℃碱化 1h，缓慢滴加 1g 50%的 3-氯-2-羟丙基三甲基氯化铵水溶液，滴加完毕继续在 80℃下反应 2h，然后加入稀盐酸调节至中性，将产物在无水乙醇中沉淀，脆化，过滤，60℃真空干燥箱内烘 48h，研磨后得到改性淀粉。

所述改性纤维素的制备方法：将 10 质量份的纤维素、15 质量份的琥珀酸酐、20 质量份的没食子酸和 200 质量份的吡啶回流反应 3h，然后依次用 95%乙醇、蒸馏水和丙酮冲洗，60～80℃干燥，粉碎即得改性纤维素。

所述竹叶提取物的制备方法为：将竹叶切成 3～5cm 的小块，进行蒸汽爆破处理，然后蒸汽爆破后的叶片，按照 1∶2 的体积比加水，常温提取 2～3h，然后

3000r/min 离心 15～20min，得上清液，即为竹叶提取物。所述蒸汽爆破处理的蒸汽压力为 1.5～1.8MPa，时间为 3～5min。

所述胡萝卜提取物的制备方法：将胡萝卜打浆，然后按照 1∶1 的比例加水，80℃浸泡 2～3h，然后过滤，干燥，即得胡萝卜提取物。

［产品特性］

（1）本品通过对淀粉进行超高压改性和 3-氯-2-羟丙基三甲基氯化铵改性，使得得到的改性淀粉具有优良的絮凝作用和抑菌作用。纤维素通过琥珀酸酐和没食子酸同时改性，具有良好的絮凝效果，且具有抑菌效果。胡萝卜提取物具有优异的阻垢和絮凝性能。本品通过添加竹叶提取物，一方面保证其具有好的稳定性，另一方面可以有效地增强絮凝抑菌效果。

（2）本品用于废水处理时具有耗药量少、絮凝效果好、絮凝速度快等优点，而且原料都是植物源，易于生物降解，无污染。

（3）本品原料来源广泛、生产工艺简单、成本较低而且对环境没有危害，可用于生活污水、工业污水、城市污水以及污泥的絮凝处理。

配方 52 治理油污染河流的污水处理剂

［原料配比］

原料	配比（质量份）			
	1#	2#	3#	4#
水果单宁	8	9.6	12	13
壳聚糖	4	5	7	8
高阳离子交换量的黏土矿物	36	39	43	45
双丙酮丙烯酰胺	12	14	15	16
木质素磺酸钠	3	3.6	4.5	5
聚乙烯吡咯烷酮	10	12	14	15
聚合氯化铝	8	11	16	18
五味子	2.4	3	3.6	4
肉桂醛	5	7.5	10	12
去离子水	适量	适量	适量	适量

［制备方法］

（1）将五味子洗净干燥后用粉碎机粉碎成 20～30 目，得到粗粉，将粗粉在 pH 值为 5.6～6.5 和温度为 32～38℃的条件下酶解 90～110min，酶解后高温灭酶，得到五味子酶解液。

(2) 将高阳离子交换量的黏土矿物粉碎并且过 120～150 目筛，得到黏土粉末。

(3) 将水果单宁和聚合氯化铝混合并且加入总质量 2～3 倍的去离子水，完全加入后静置 6～10min，然后搅拌，边搅拌边加入木质素磺酸钠和聚乙烯吡咯烷酮，搅拌均匀，得到第一混合物；搅拌的速度为 300～450r/min，搅拌温度为 45～60℃。

(4) 将壳聚糖、肉桂醛和双丙酮丙烯酰胺在 50～60℃和 240～300r/min 的转速下混合均匀，得到第二混合物。

(5) 将黏土粉末、五味子酶解液、第一混合物和第二混合物进行混合并且在温度为 135～150℃下加热干燥，将干燥产物进行二次粉碎，自然冷却后即可得到成品。

[原料介绍]

所述的水果单宁为苹果单宁、柿子单宁、葡萄单宁、梨子单宁和橙子单宁中的至少一种。

所述高阳离子交换量的黏土矿物为蒙脱石、伊利石和海泡石中的一种或者几种的混合物。

所述壳聚糖的相对分子量为 3.2×10^5～3.6×10^5。

[产品特性] 本品原料来源广泛，各种原料在合适的工艺下起协同作用，对油污染废水具有良好的处理作用，用量少并且效果稳定，降低了使用成本，可以满足人们的使用需求。高阳离子交换量的黏土矿物具有大的比表面积并且具有各自大小不同的空穴和通道，起到过滤和筛选的作用，可以选择性地吸附水中的有机物和无机物。壳聚糖作为絮凝剂，具有天然、无毒、可降解的性质，对悬浮物质具有很强的凝聚作用。聚合氯化铝和水果单宁配合双丙酮丙烯酰胺和五味子酶解液可以使得污水的 COD 降低且使石油类大大减少。

配方 53 草药无毒水处理剂

[原料配比]

原料	配比（质量份）				
	1#	2#	3#	4#	5#
苦参	20	21	22	24	25
百里香	10	12	13	13	15
鱼腥草	10	12	13	14	15
甘草	5	6	7	8	10

续表

原料	配比（质量份）				
	1#	2#	3#	4#	5#
马齿苋	10	11	12	13	15
梨头草	10	11	13	13	15
硅藻土	10	11	12	13	15
明矾	5	6	7	8	10
桉木纤维素	20	23	30	33	35

[制备方法]

（1）称取苦参，将苦参加入提取罐内，加入提取剂机械搅拌 5～6h，放入沉淀池沉淀，得到上清液和沉淀物；将上清液加入真空罐，进行真空减压浓缩得到一级浓缩液；将沉淀物放入提取罐内进行二次提取，沉淀后得到的上清液加入真空罐，进行真空减压浓缩得到二级浓缩液；将一级浓缩液和二级浓缩液加入乳化釜中，加入乳化剂，搅拌回流 2h 后真空减压浓缩至生物总碱浓度为 98%以上的苦参碱浓缩液，将浓缩液冷冻干燥获得苦参碱粉末。所述苦参提取剂为脂肪醇和环氧乙烷的缩合物。所述乳化剂为聚乳酸-羟基乙酸共聚物。

（2）称取百里香、鱼腥草、甘草、马齿苋、梨头草，分别采用常规方法得到百里香提取液、鱼腥草提取液、甘草提取液、马齿苋提取液、梨头草提取液，将提取液真空减压浓缩后得到浓缩液，再将浓缩液冷冻干燥获得百里香粉末、鱼腥草粉末、甘草粉末、马齿苋粉末、梨头草粉末。

（3）称取硅藻土、明矾、桉木纤维素，分别研磨至粉末，并与步骤（2）所得百里香粉末、鱼腥草粉末、甘草粉末、马齿苋粉末、梨头草粉末及步骤（1）所得苦参碱粉末混合均匀制得所述草药无毒水处理剂。

[原料介绍] 所述桉木纤维素的制备方法：将桉木片清洗干燥后，在蒸煮锅的反应釜内按照桉木和乙醇溶液固液比为 1g∶8mL 的比例加入桉木与质量分数为 60%的乙醇溶液，控制水浴温度为 140～180℃，水浴 1h，反应完成后将其过滤，滤渣清洗后烘干得到桉木纤维素。

[产品特性] 本品具有无毒、环保、安全的优点。本品配方中具有杀菌吸附作用的草药可以抑制有害病原菌的繁殖，对污水中的污染物起到杀菌作用，可以高效降解污水中有机物，消除恶臭；可以降低 BOD、COD。此外本品配方中采用醇法抽提得到的桉木纤维素与硅藻土和明矾复配作为重金属离子吸附剂，来源广泛，成本较低却能高效去除污水中的重金属离子，具有吸附能力强、吸附率高的优点，能有效解决重金属污染问题，而且本品采用节能绿色环保新工艺，制备工艺操作简单，有效降低了生产成本。

配方 54　自来水处理剂

[原料配比]

原料	配比（质量份）				
	1#	2#	3#	4#	5#
过硫酸氢钾复合物	40	35	45	38	42
水	1650	1500	1800	1500	1750
聚合氯化铝	30	25	35	26	33
碳酸氢钠	2.5	1.5	4	1.8	3.5
聚丙烯酰胺	3	2	5	2.5	4.5
37%盐酸	7	5	9	6	8
氧化铋	1	0.5	1.5	0.8	1.2

[制备方法]

（1）将过硫酸氢钾复合物和氧化铋溶于水中制成溶液 A，水的用量为总水量的 2/3；

（2）将聚合氯化铝、碳酸氢钠、聚丙烯酰胺和 37%盐酸溶于剩余量的水中制成溶液 B；

（3）将溶液 A 和溶液 B 混合即得。

[产品特性]　本品使用过硫酸氢钾复合物和氧化铋溶于水中制成溶液 A，其对水具有氧化杀菌作用，能够去除水中的有机微污染物、臭味和病菌；溶液 B 能够对水中胶体起到絮凝作用，以便于下一步沉淀过滤，其净化效果好。本品中不含三氯化铝，不会造成水中铝离子增加，对人体无毒副作用。

配方 55　居民生活污水处理剂

[原料配比]

原料	配比（质量份）				
	1#	2#	3#	4#	5#
海泡石	25	30	28	25	20
碳酸钠	30	25	28	25	20
氯化钠	10	12	10	15	10
聚合氯化铝	15	12	13	15	12

续表

原料	配比（质量份）				
	1#	2#	3#	4#	5#
聚乙烯亚胺	15	12	15	12	15
木薯淀粉	10	12	10	15	12
生物基多孔复合材料	5	3	5	1	5

［制备方法］ 先按照质量份量取原料，然后将海泡石、木薯淀粉、生物基多孔复合材料混合，粉碎，过 50～100 目筛，投入容器中，再加入聚乙烯亚胺、聚合氯化铝继续搅拌 10～20min，最后加入碳酸钠、氯化钠 55℃搅拌混合 10～20min，即可得到居民生活污水处理剂。

［原料介绍］ 所述生物基多孔复合材料的制备：将羧甲基纤维素钠（CMC）凝胶与均苯三酸溶液按照质量比为（1～5）∶1 搅拌混合均匀，然后倒入插有 15°倾斜角度铜片的模具中，放入－50～－40℃环境中进行冷冻干燥，即可得到生物基多孔复合材料。其中羧甲基纤维素钠凝胶是将羧甲基纤维素钠与水在搅拌状态下混合即可得到；均苯三酸溶液是将均苯三酸溶于无水乙醇中超声溶解即可得到。

［使用方法］ 居民生活污水处理剂的使用方法：$1m^3$ 生活污水投入 0.1～0.2kg 居民生活污水处理剂，同时启动污水搅拌器 10～30min，使得居民生活污水处理剂与污水充分接触之后停止搅拌。

［产品特性］

（1）本品中的聚合氯化铝是一种无机高分子混凝剂，简称为聚铝，英文缩写为 PAC。聚乙烯亚胺是絮凝剂，可以吸附水中的悬浮颗粒，逐渐形成大的絮团，加快沉淀的速度，而且其是水溶性聚合物，能很快与水中物质发生絮凝作用。生物基多孔复合材料中形成三维网络互通的多级孔结构，而且具有丰富的纳米孔表面，非常有利于提高对吸附分子的吸附力，同时由于 CMC 具有大量的羟基官能团，因此材料对污水中的重金属具有明显的吸附力。

（2）本品中的氯化钠、碳酸钠能分解生活污水中常见的蛋白质、脂肪、淀粉等有机物质，使较轻的物质悬浮于水面，较重的物质沉淀于水底，并能杀灭水中的微生物。海泡石是纯天然、无毒、无味、无石棉、无放射性元素的一种水合镁硅酸盐黏土矿物，在非金属矿物中比表面积最大（最高可达 $900m^2/g$）和独特的内容孔道结构，是吸附能力最强的黏土矿物。

（3）本品加入了具有丰富中微孔的生物基多孔复合材料，其比表面积大，增强了对污水中污染物的吸附作用，提高了对居民生活污水的处理效率，使得处理后的生活污水 COD、BOD 明显降低，符合国家要求的排放标准。

（4）本品还能有效地起到缓蚀、阻垢和抑制藻类生长的作用，有效减少系统的结垢与腐蚀，降低生产成本，净化污水的同时减少污水处理池的清理工序。

（5）本品处理工艺简单，用药量少，处理效果好，性能稳定，出水水质好；有效地降低了水处理的成本。

配方 56　垃圾渗滤液用多功能水处理剂

原料配比

原料	配比（质量份）				
	1#	2#	3#	4#	5#
聚丙烯酰胺	45	46	43	46	43
叶蜡石	20	22	18	18	22
麦饭石	20	22	18	22	18
膨胀石墨	20	22	18	18	22
改性棕榈皮	35	36	33	36	33
改性丝瓜纤维	28	30	25	25	30
椰壳活性炭	25	26	22	26	22
辣木树皮粉	11	12	10	10	12
电气石粉	15	16	13	16	13
高铁酸钾	10	11	8	8	11

制备方法

（1）取叶蜡石、麦饭石、膨胀石墨、改性棕榈皮、改性丝瓜纤维、椰壳活性炭、辣木树皮粉和电气石粉混匀后，研磨成细粉，得到混合物Ⅰ；

（2）将混合物Ⅰ用去离子水浸泡后，加入聚丙烯酰胺，在160～165r/min的转速下搅拌混合0.5h，再将所得物料升温至35℃，以580～600r/min的速度恒温振荡1.5～2h，得到固液混合物Ⅱ，然后对所得的固液混合物Ⅱ进行冷冻干燥处理，得到干燥物料；

（3）将步骤（2）所得的干燥物料研磨成细粉后，加入高铁酸钾，搅拌混匀，即得所述的垃圾渗滤液用多功能水处理剂。

原料介绍

所述改性棕榈皮的制备方法，包括如下步骤：

（1）先将干燥的棕榈皮粉碎成粉末，然后以质量比为（9～10）∶100向反应器中加入过硫酸铵和所得的棕榈皮粉末，再加入适量水浸泡反应器中的物料，同时不断通入氮气以排出反应器中的空气。

（2）将反应器加热至60～70℃，并以160～165r/min的转速搅拌反应器中的物料40～45min，然后向反应器中加入丙烯酸与丙烯酰胺的混合物以及*N*,*N*-亚甲基双丙烯酰胺，加入后继续以 160～165r/min 的转速搅拌反应 150～160min，之后停止搅拌，待反应器中物料冷却至室温后，倒出过滤，并收集滤渣。丙烯酸与丙烯酰胺混合物的加入量为棕榈皮粉末质量的 3～4 倍，N,N-亚甲基双丙烯酰胺的加入量为棕榈皮粉末质量的 3%～3.5%；在丙烯酸与丙烯酰胺的混合物中，丙烯酸与丙烯酰胺的质量比为 1∶1。

(3) 将所得滤渣先用蒸馏水洗涤 3 次，再用无水乙醇清洗 3 次，然后用 8%的氢氧化钠溶液浸泡 12h，之后再用去离子水反复冲洗，直至清洗液显示为中性为止。

(4) 将洗净后的滤渣在 60～65℃条件下干燥至恒重，即为改性棕榈皮。

所述改性丝瓜纤维的制备方法：先将干燥的丝瓜络剪成小段，并撕成单根的丝瓜丝，然后将所得丝瓜丝置于 8%的氢氧化钠溶液中，在 100℃温度下煮沸 3～4h，再过滤，收集滤渣，然后用蒸馏水反复洗涤滤渣，直到最后一次清洗液显示为中性为止，最后将清洗好的滤渣烘干，即得改性丝瓜纤维。

产品特性

(1) 本品为一种兼具絮凝、氧化、吸附、灭菌等多重功能的垃圾渗滤液用多功能水处理剂，不仅能够高效地去除生活垃圾渗滤液中有害的有机物质以及重金属离子，还能够有效地杀灭渗滤液中的细菌等微生物，减轻长期填埋过程中垃圾渗滤液中存在的大量细菌、高浓度有机物及重金属盐对后续处理工艺产生的负担和影响。

(2) 本品将聚丙烯酰胺、叶蜡石、麦饭石、膨胀石墨、改性棕榈皮、改性丝瓜纤维、椰壳活性炭、辣木树皮粉、电气石粉和高铁酸钾按特定用量关系进行复配，在制备时，通过特定的工艺实现了各原料组分之间充分地分散融合。聚丙烯酰胺能够对具有吸附作用多孔结构的叶蜡石、麦饭石、膨胀石墨等进行有机改性，提高其吸附量，然后利用冷冻干燥技术（为现有技术，在此不再赘述）将水分低温冻结蒸发，可以在不损害原料结构及性能的情况下保持各原料组分的充分融合，便于后续各原料组分发挥相互协同作用，实现性能的互补与增强。

(3) 辣木树皮粉中含有杀菌物质，能够除去污水中的有害微生物；电气石粉不仅可以过滤水中的各种有害元素，除去水中的氯气，还能够释放负离子，杀灭水中的有害微生物；改性丝瓜纤维具有较强的吸附性和脱附性，能够去除水中的重金属和有机物质；改性棕榈皮中含有大量的纤维素、半纤维素，借助于多孔结构、表面积大、具有亲和吸附性等优点，能够帮助去除水中的溶解性污染物质和游离的重金属离子；麦饭石具有多孔结构和巨大的比表面积，不仅能够吸附水中游离的重金属离子和有害的有机物质，还能够吸附污水中的细菌等有害微生物；膨胀石墨疏松多孔，对许多其他有机或无机有害成分具有强大的吸附能力，对微生物（细菌）具有良好的吸附抑制性能；叶蜡石层状结构相邻两晶层之间仅以范德瓦耳斯力连接，结构易于沿层破坏，阴、阳离子可以进入层间，因此叶蜡石具有天然的吸附活性；椰壳活性炭孔隙发达，比表面积大，吸附速度快，吸附容量大，能够大量吸附脱除水中的氨氮、重金属元素、磷酸盐、稀土离子、有机污染物等；高铁酸钾具有优异的性能，具有氧化、吸附、絮凝、沉淀、灭菌、消毒、脱色、除臭等特点；聚丙烯酰胺能使悬浮物质通过电中和絮凝，还能够对叶蜡石、膨胀石墨等进行有机改性，增强其吸附能力。

配方 57　水处理剂

［原料配比］

原料	配比（质量份）					
	1#	2#	3#	4#	5#	6#
30%的丙烯酰胺水溶液	75	—	—	—	—	—
40%的丙烯酰胺水溶液	—	80	85	—	—	—
45%的丙烯酰胺水溶液	—	—	—	85	90	74.5
60%二甲基二烯丙基氯化铵水溶液	24.9	19.8	14.8	14.9	9.9	25
五水合硫酸铜	0.1	0.2	0.2	0.1	0.1	0.5

［制备方法］

（1）将丙烯酰胺加入去离子水中，配制成丙烯酰胺水溶液；

（2）将60%二甲基二烯丙基氯化铵、五水合硫酸铜添加至丙烯酰胺水溶液中，搅拌均匀，得到单体水溶液；

（3）将单体水溶液放入辐照管中，通 N_2，密封后进行辐照处理，辐照剂量为2～12kGy；

（4）将辐照后得到的单体胶体剪成小块，搅拌清洗，放入鼓风烘箱中 40～70℃充分干燥；

（5）将干燥后的样品进行粉碎，得到粒径为 0.15～0.60mm 的水处理剂成品。

［使用方法］　本品主要用于去除水中有机污染物。使用方法如下：

（1）将水处理剂加入去离子水中，配制成质量分数为 5%～10%的胶体溶液；

（2）按 50～100mg/kg 的添加量向污水中加入步骤（1）所得水处理剂胶体溶液，搅拌，静置沉淀。搅拌时间为 1～3h；静置时间为 3～5h。

［产品特性］

（1）本品原料简单，应用于污水处理，絮凝能力强，适用于生活污水、景观污水等各种水质；

（2）本品不会带来二次污染，成本节约 15%；

（3）本品辐照一步法合成，过程简单，制备时间缩短 30%，易于工业生产和大规模推广应用；

(4) 本品具有较好的去污去异味能力，且污水澄清的时间也较短，针对各种污水产生絮凝体较大，污水处理效率高，成本低，无二次污染。

配方 58 多效市政污水处理剂

原料配比

原料		配比（质量份）				
		1#	2#	3#	4#	5#
聚丙烯酰胺		70	90	75	80	77
聚合氯化铝		20	60	25	50	40
脱色剂	无水硫酸铝	10	5	2	—	4
	膨润土	—	10	6	—	4
	次氯酸钙	—	—	3	14	5
氯化钠		30	45	35	40	36
活性炭		15	30	20	28	22
肉桂酸		10	16	11	14	12
淀粉黄原酸酯		20	30	22	28	23
有机助凝剂		10	18	12	16	14
处理后的醋酸菌		10	12	11	11.8	11.5
有机助凝剂	硅酸钠	1	1.5	2.1	3	1.5
	氢氧化钠	1.8	1.8	1.9	2.4	1.8
	氢氧化钾	3	5	4	3.5	5
30%醋酸溶液		适量	适量	适量	适量	适量
软脂酸		适量	适量	适量	适量	适量
水		适量	适量	适量	适量	适量

制备方法

(1) 称取活性炭和脱色剂，碾磨细化处理，然后过 400 目筛，投入至适量 30%醋酸溶液中，搅拌 45～55min，静置 10h，滤过后水洗，烘干，得到混合组分 A，备用。

(2) 称取聚丙烯酰胺和聚合氯化铝，加入 10 倍质量的水，搅拌混合 30min，然后快速升温至 120～150℃，继续搅拌 10min，获得混合组分 B，备用。

(3) 将氯化钠、肉桂酸和淀粉黄原酸酯投入至反应釜中，加入适量水和软脂酸，在 400～500r/min 转速搅拌下升温至 115～120℃，反应结束后，自然冷却出料，过滤后用乙醇对混合物进行球磨处理，然后将混合物在250～280℃下干馏处理3h，取干馏后的固体产物，得到混合组分C，备用。

(4) 将混合组分A、混合组分B和混合组分C混合，搅拌混合均匀后，得到混合组分D，备用；搅拌速度为120～150r/min，搅拌时间为1～2h。

(5) 向混合组分D中加入有机助凝剂和醋酸菌，超声波处理55～60min，然后送入煅烧炉中，在620～650℃下煅烧处理1～2h，即得。

［原料介绍］ 所述处理后的醋酸菌由以下方法制得：将醋酸菌群置于40～55℃、pH值为8.8～9.5的培养箱中培养24h后得到所需醋酸菌群，再向培养箱内通入惰性气体，通入时间为30min，再向醋酸菌群中加入壳聚糖和生物酶，混合即可得到处理后的醋酸菌。

［产品特性］ 本品具有耐高温、成本低廉的优点，能够在高温环境下对污水进行高效的处理，显著地降低了市政污水中的污染物含量，且其中淀粉黄原酸酯能够对市政污水中的重金属离子进行沉淀络合，脱色剂能够对市政污水进行快速的脱色处理。

配方59 高效河流污水处理剂

［原料配比］

原料	配比（质量份）		
	1#	2#	3#
聚硅硫酸铝	10	22	19
盐碱地土	5	15	8
硫酸锂	5	8	7
小苏打	4	12	8
青蒿粉	4	8	5
赖氨酸	2	5	3
甲壳胺	3	6	4
木质素磺酸钙	1	5	2
柠檬酸钙	4	8	6
干酵母	1	3	2
珍珠岩	2	5	3
斑脱土	1	3	2
麸皮	4	7	5
松针粉	2	5	3
水	40	68	50

［制备方法］

（1）将硫酸锂、小苏打和水混合，搅拌混合均匀，备用，得到混合物 A。

（2）将盐碱地土、青蒿粉、珍珠岩、斑脱土、麸皮、松针粉混合，充分搅拌均匀后，在 125～150℃下混合 1～2h，得到混合物 B；搅拌速度为 80～100r/min。

（3）然后将混合物 A、混合物 B、聚硅硫酸铝、赖氨酸、甲壳胺混合均匀，搅拌 20～40min；搅拌速度为 100～250r/min。

（4）将上步所得物与木质素磺酸钙、柠檬酸钙、干酵母混合均匀，以 100～250r/min 的速度搅拌 20～40min。

（5）将上步所得物经干燥、研磨过 100～200 目筛，即得成品。

［产品特性］ 本品能有效降低污水中的 COD、BOD 以及 SS 等含量；原料采用多种天然原料，对水体危害小，保护了河水中的动植物，对人体危害小，更加安全；原料不会对操作人员造成影响，不会造成二次污染，更加环保；污水处理的效果较好，具有较好的经济价值和社会价值。

配方 60 含钴化合物的污水处理剂

［原料配比］

原料		配比（质量份）			
		1#	2#	3#	4#
三氧化二钴		10	15	13	10
麦饭石		2	3	2.5	3
二氧化钛多层包覆物		4	7	6	4
二氧化钛多层包覆物	质量分数为 20%的 TiO_2 溶液	100	—	—	100
	质量分数为 30%的 TiO_2 溶液	—	100	—	—
	质量分数为 25%的 TiO_2 溶液	—	—	100	—
	第一次添加六偏磷酸钠	0.1	0.2	0.15	0.2
	第一次添加 Al_2O_3	0.1	0.3	0.2	0.1
	第二次添加六偏磷酸钠	0.1	0.2	0.15	0.1
	第二次添加 Al_2O_3	0.01	0.03	0.02	0.03

［制备方法］ 将三氧化二钴、麦饭石、二氧化钛多层包覆物混合，粉碎，即得。

［原料介绍］ 所述二氧化钛多层包覆物的制备方法：向 TiO_2 溶液中加入分散剂，硫酸铝调节 pH 值至 9～10 进行预分散，在 40～50℃下，添加 TiO_2 溶液质量 0.1%～0.3%的 Al_2O_3，用硫酸铝调节溶液 pH 值至 8.5～9.5，陈化 2～3h；然后在保温条件下再次加入分散剂，搅匀，加入 TiO_2 溶液质量 0.01%～0.03%的

Al_2O_3，陈化 2～3h，过滤，干燥，即得。所述分散剂为六偏磷酸钠。

［**使用方法**］ 在生活污水处理厂（采用活性污泥处理工艺）的进水口投放污水处理剂，当污水进水 COD>100mg/L 时，每吨污水投放 5～10kg；当污水进水 COD 为 50～100mg/L 时，每吨污水投放 2～5kg；当污水进水 COD 为 30～50mg/L 时，每吨污水投放 0.5～2kg。

［**产品特性**］ 本品采用多层包覆工艺，可层层缠住丝状菌触手，大大减小丝状菌比表面积，遏制丝状菌与菌胶团的竞争，保持菌胶团在底物竞争中的有利地位，提高污泥处理效率，从而有效预防和遏制污泥膨胀的爆发。

配方 61 含锰化合物的污水处理剂

［**原料配比**］

原料		配比（质量份）			
		1#	2#	3#	4#
二氧化锰		10	15	13	10
麦饭石		2	3	2.5	3
二氧化钛多层包覆物		4	7	6	4
二氧化钛多层包覆物	质量分数为 20% 的 TiO_2 溶液	100	—	—	100
	质量分数为 25% 的 TiO_2 溶液	—	—	100	—
	质量分数为 30% 的 TiO_2 溶液	—	100	—	—
	第一次加六偏磷酸钠	0.1	0.2	0.15	0.2
	第一次加 Al_2O_3	0.1	0.3	0.2	0.1
	第二次加六偏磷酸钠	0.1	0.2	0.15	0.1
	第二次加 Al_2O_3	0.01	0.03	0.02	0.03

［**制备方法**］ 将二氧化锰、麦饭石、二氧化钛多层包覆物混合，粉碎，即得。

［**原料介绍**］ 所述二氧化钛多层包覆物的制备方法：向 TiO_2 溶液中加入分散剂，硫酸铝调节 pH 值至 9～10 进行预分散，在 40～50℃下，添加 TiO_2 溶液质量 0.1%～0.3%的 Al_2O_3，用硫酸铝调节溶液 pH 值至 8.5～9.5，陈化 2～3h；然后在保温条件下再次加入分散剂，搅匀，加入 TiO_2 溶液质量 0.01%～0.03%的 Al_2O_3，陈化 2～3h，过滤，干燥，即得。所述分散剂为六偏磷酸钠。

［**使用方法**］ 在生活污水处理厂（采用活性污泥处理工艺）的进水口投放污水处理剂，当污水进水 COD>100mg/L 时，每吨污水投放 5～10kg；当污水进水 COD 为 50～100mg/L 时，每吨污水投放 2～5kg；当污水进水 COD 为 30～50mg/L 时，每吨污水投放 0.5～2kg。

［产品特性］ 本品采用多层包覆工艺，可层层缠住丝状菌触手，大大减小丝状菌比表面积，遏制丝状菌与菌胶团的竞争，保持菌胶团在底物竞争中的有利地位，提高污泥处理效率，从而有效预防和遏制污泥膨胀的爆发。

配方 62 含有累托石的家庭废水处理剂

［原料配比］

原料	配比（质量份）		
	1#	2#	3#
硫酸镁	30	40	36
聚合氯化铝	26	18	25
膨润土	25	40	30
去离子水	90	120	100
硫酸铝	25	20	22
累托石	18	22	20

［制备方法］ 将各组分原料混合均匀即可。

［产品特性］ 本品处理剂利用累托石、膨润土、镁离子、铝离子之间的相互补偿功能，能够有效降低废水中氮、磷含量，将原废水中总氮值 103mg/L 和总磷值 116mg/L 均降低到 10mg/L 以下，对家庭废水处理具有显著的效果。

配方 63 含有天然矿物质的污水处理剂

［原料配比］

原料		配比（质量份）			
		1#	2#	3#	4#
高岭石		10	15	13	10
麦饭石		2	3	2.5	3
二氧化钛多层包覆物		4	7	6	4
二氧化钛多层包覆物	质量分数为 20% 的 TiO_2 溶液	100	—	—	100
	质量分数为 25% 的 TiO_2 溶液	—	—	100	—
	质量分数为 30% 的 TiO_2 溶液	—	100	—	—
	第一次添加六偏磷酸钠	0.1	0.2	0.15	0.2

续表

原料		配比（质量份）			
		1#	2#	3#	4#
二氧化钛多层包覆物	第一次添加 Al_2O_3	0.1	0.3	0.2	0.1
	第二次添加六偏磷酸钠	0.1	0.2	0.15	0.1
	第二次添加 Al_2O_3	0.01	0.03	0.02	0.03

［制备方法］ 将高岭石、麦饭石、二氧化钛多层包覆物混合，粉碎，即得。

［原料介绍］ 所述二氧化钛多层包覆物的制备方法：向 TiO_2 溶液中加入分散剂，硫酸铝调节 pH 值至 9～10 进行预分散，在 40～50℃下，添加 TiO_2 溶液质量 0.1%～0.3%的 Al_2O_3，用硫酸铝调节溶液 pH 值至 8.5～9.5，陈化 2～3h；然后在保温条件下再次加入分散剂，搅匀，加入 TiO_2 溶液质量 0.01%～0.03%的 Al_2O_3，陈化 2～3h，过滤，干燥，即得。所述分散剂为六偏磷酸钠。

［使用方法］ 在生活污水处理厂（采用活性污泥处理工艺）的进水口投放污水处理剂，当污水进水 COD＞100mg/L 时，每吨污水投放 5～10kg；当污水进水 COD 为 50～100mg/L 时，每吨污水投放 2～5kg；当污水进水 COD 为 30～50mg/L 时，每吨污水投放 0.5～2kg。

［产品特性］ 本品采用多层包覆工艺，可层层缠住丝状菌触手，大大减小丝状菌比表面积，遏制丝状菌与菌胶团的竞争，保持菌胶团在底物竞争中的有利地位，提高污泥处理效率，从而有效预防和遏制污泥膨胀的爆发。

配方 64 含有阳离子表面活性剂的污水处理剂

［原料配比］

原料		配比（质量份）			
		1#	2#	3#	4#
十二烷基硫酸钠		10	15	13	10
麦饭石		2	3	2.5	3
二氧化钛多层包覆物		4	7	6	4
二氧化钛多层包覆物	质量分数为 20%的 TiO_2 溶液	100	—	—	100
	质量分数为 25%的 TiO_2 溶液	—	—	100	—
	质量分数为 30%的 TiO_2 溶液	—	100	—	—
	第一次添加六偏磷酸钠	0.1	0.2	0.15	0.2
	第一次添加 Al_2O_3	0.1	0.3	0.2	0.1

续表

原料		配比（质量份）			
		1#	2#	3#	4#
二氧化钛多层包覆物	第二次添加六偏磷酸钠	0.1	0.2	0.15	0.1
	第二次添加 Al_2O_3	0.01	0.03	0.02	0.03

［**制备方法**］ 将十二烷基硫酸钠、麦饭石、二氧化钛多层包覆物混合，粉碎，即得。

［**原料介绍**］ 所述二氧化钛多层包覆物的制备方法：向 TiO_2 溶液中加入分散剂，硫酸铝调节 pH 值至 9～10 进行预分散，在 40～50℃下，添加 TiO_2 溶液质量 0.1%～0.3%的 Al_2O_3，用硫酸铝调节溶液 pH 值至 8.5～9.5，陈化 2～3h；然后在保温条件下再次加入分散剂，搅匀，加入 TiO_2 溶液质量 0.01%～0.03%的 Al_2O_3，陈化 2～3h，过滤，干燥，即得。干燥是将滤饼在 105～120℃下烘制 12～24h。所述 TiO_2 溶液的质量分数为 20%～30%。所述分散剂为六偏磷酸钠。

［**使用方法**］ 在生活污水处理厂（采用活性污泥处理工艺）的进水口投放污水处理剂，当污水进水 COD＞100mg/L 时，每吨污水投放 5～10kg；当污水进水 COD 为 50～100mg/L 时，每吨污水投放 2～5kg；当污水进水 COD 为 30～50mg/L 时，每吨污水投放 0.5～2kg。

［**产品特性**］ 本品采用多层包覆工艺，可层层缠住丝状菌触手，大大减小丝状菌比表面积，遏制丝状菌与菌胶团的竞争，保持菌胶团在底物竞争中的有利地位，提高污泥处理效率，从而有效预防和遏制污泥膨胀的爆发。

配方 65　河流污水处理剂

［**原料配比**］

原料	配比（质量份）				
	1#	2#	3#	4#	5#
硫酸铝	50	60	55	55	55
氯化铁	20	30	25	25	25
沸石	40	50	45	45	45
碳酸氢钠	30	40	35	35	35
氢氧化钠	15	35	25	25	25
碳酸钠	—	—	—	20	30

[**制备方法**] 将各组分原料混合均匀即可。

[**产品特性**] 本品不含重金属，其中沸石有一定的吸附作用；所述硫酸铝和氯化铁与氢氧根结合能够生成净水剂氢氧化铝和氢氧化铁，实现对污水的净化，同时不会导致水体的二次污染。

配方 66 河涌污水处理剂

[**原料配比**]

原料		配比（质量份）			
		1#	2#	3#	4#
聚硅酸硫酸铝铁		25	20	30	24
硅藻土		15	10	20	16
煤灰		4	3	6	4
蒙脱石		3	2	5	3
腐殖酸		1	0.5	2	1
甲壳素		0.05	0.04	0.08	0.05
蛭石		1	0.8	1.5	0.9
二氧化钛		0.7	0.4	1	0.8
交联累托石	铝交联累托石	1.2	0.6	2	1
无机碳酸盐	碳酸钠	0.3	0.2	0.5	0.3

[**制备方法**] 按照质量份称取原料，将聚硅酸硫酸铝铁、硅藻土、煤灰、蒙脱石、腐殖酸、甲壳素、交联累托石、无机碳酸盐加入球磨机中球磨 2～4h；球磨完成后加入混料机中，再加入蛭石、二氧化钛，混料 6～10min，烘干，即得所述的河涌污水处理剂。所述球磨机的磨球与物料质量之比为（6～8）∶1。所述混料机转速为 400～500r/min。

[**原料介绍**] 所述煤灰粒度为 60～70 目。

[**产品特性**] 本品能够有效地净化河涌水体环境，只需要投入污水质量 5%的污水处理剂就能达到优异的效果，其 COD 的去除率高达 96.21%，BOD 的去除率高达 97.37%，SS 的去除率高达 97.87%，NH_3-N 的去除率为 90%。

配方 67 基于减少二次污染的河流污水处理剂

【原料配比】

原料	配比（质量份）				
	1#	2#	3#	4#	5#
硫酸铝	50	60	55	55	55
氯化铁	20	30	25	25	25
活性炭	40	50	45	45	45
碳酸氢钠	30	40	35	35	35
白僵菌	15	35	25	25	25
酵母	—	—	—	20	30

【制备方法】 将各组分原料混合均匀即可。

【产品特性】 本品所述的各种组分均不含重金属，其中，活性炭具有一定的吸附作用；所述硫酸铝和氯化铁与氢氧根结合能够生成净水剂氢氧化铝和氢氧化铁，实现对污水的净化，同时不会导致水体的二次污染；白僵菌能够分解水中的腐烂物质，实现生物降解。

配方 68 基于蒙脱石的垃圾渗滤液废水处理剂

【原料配比】

原料		配比（质量份）	
		1#	2#
钠化蒙脱石溶液	蒙脱石	1	1
	蒸馏水	2.5（体积份）	2.5（体积份）
	六偏磷酸钠	0.36	0.36
铈液	六水合硝酸铈	0.432	0.432
	蒸馏水	10（体积份）	10（体积份）
阳离子复合液	阳离子淀粉	10	—
	阳离子葡聚糖	—	10
	去离子水	25（体积份）	25（体积份）

【制备方法】

（1）蒙脱石的钠化：将蒙脱石置入蒸馏水中，然后向其中加入钠盐得到钠化蒙脱石溶液；所用钠盐为六偏磷酸钠。

(2) 取六水合硝酸铈加入蒸馏水中溶解，然后超声分散1h，得到铈液。

(3) 取阳离子改性天然聚合物加入去离子水中，高压均质处理3～4h，得阳离子复合液。

(4) 将步骤 (2) 得到的铈液缓慢加入步骤 (1) 所得钠化蒙脱石溶液中，搅拌混匀，调节pH值为定值，然后加入步骤 (3) 所得阳离子复合液，然后搅拌，恒温老化，分离和干燥即得。

［原料介绍］ 所述阳离子改性天然聚合物是阳离子淀粉或阳离子葡聚糖。所述阳离子改性天然聚合物分子量为100000～5000000。所述阳离子改性天然聚合物取代度为0.5～1。

［产品特性］

(1) 在步骤 (1) 通过提供钠源使得蒙脱石层间钙离子被钠离子置换，便于后续改性剂插入蒙脱石层间，进一步添加的六偏磷酸钠不仅起到离子置换的作用，而且起到分散作用，使得蒙脱石层与层之间距离变大，便于蒙脱石吸附污水中杂质。

(2) 在步骤 (2) 添加了铈盐，铈阳离子插入蒙脱石层间，由于铈盐一般存在两个稳定价态 Ce^{3+} 和 Ce^{4+}，铈阳离子的引入及其两个价态之间的转化，一方面使得蒙脱石具备酸催化活性，另一方面进一步增大了蒙脱石层与层之间的距离，便于蒙脱石吸附污水中杂质。

(3) 步骤 (1) 和步骤 (2) 中钠离子和铈离子在蒙脱石层间离子的交换，一方面提高了蒙脱石活性剂比表面积，另一方面使得步骤 (3) 中的大分子阳离子聚合物能够插入蒙脱石层间，更大和更稳定撑开蒙脱石层间距离，从而获得吸附性能和催化性能更优的改性蒙脱石。

配方 69 聚丙烯酰胺污水处理剂

［原料配比］

原料		配比（质量份）			
		1#	2#	3#	4#
聚丙烯酰胺		10	15	13	10
麦饭石		2	3	2.5	3
二氧化钛多层包覆物		4	7	6	4
二氧化钛多层包覆物	质量分数为20%的 TiO_2 溶液	100	—	—	100
	质量分数为25%的 TiO_2 溶液	—	—	100	—

续表

原料		配比（质量份）			
		1#	2#	3#	4#
二氧化钛多层包覆物	质量分数为30%的TiO_2溶液	—	100	—	—
	第一次添加六偏磷酸钠	0.1	0.2	0.15	0.2
	第一次添加Al_2O_3	0.1	0.3	0.2	0.1
	第二次添加六偏磷酸钠	0.1	0.2	0.15	0.1
	第二次添加Al_2O_3	0.01	0.03	0.02	0.03

[制备方法] 将聚丙烯酰胺、麦饭石、二氧化钛多层包覆物混合，粉碎，即得。

[原料介绍] 所述二氧化钛多层包覆物的制备方法：向TiO_2溶液中加入分散剂，硫酸铝调节pH值至9～10进行预分散，在40～50℃下，添加TiO_2溶液质量0.1%～0.3%的Al_2O_3，用硫酸铝调节溶液pH值至8.5～9.5，陈化2～3h；然后在保温条件下再次加入分散剂，搅匀，加入TiO_2溶液质量0.01%～0.03%的Al_2O_3，陈化2～3h，过滤，干燥，即得。干燥是将滤饼在105～120℃下烘制12～24h。所述分散剂为六偏磷酸钠。

[使用方法] 在生活污水处理厂（采用活性污泥处理工艺）的进水口投放污水处理剂，当污水进水COD>100mg/L时，每吨污水投放5～10kg；当污水进水COD为50～100mg/L时，每吨污水投放2～5kg；当污水进水COD为30～50mg/L时，每吨污水投放0.5～2kg。

[产品特性] 本品采用多层包覆工艺，可层层缠住丝状菌触手，大大减小丝状菌比表面积，遏制丝状菌与菌胶团的竞争，保持菌胶团在底物竞争中的有利地位，提高污泥处理效率，从而有效预防和遏制污泥膨胀的爆发。

配方70 绿色改性淀粉多功能污水处理剂

[原料配比]

原料		配比（质量份）			
		1#	2#	3#	4#
木薯淀粉		10	15	13	10
麦饭石		2	3	2.5	3
二氧化钛多层包覆物		4	7	6	4
二氧化钛多层包覆物	质量分数为20%的TiO_2溶液	100	—	—	100
	质量分数为25%的TiO_2溶液	—	—	100	—

续表

原料		配比（质量份）			
		1#	2#	3#	4#
二氧化钛多层包覆物	质量分数为30%的 TiO_2 溶液	—	100	—	—
	第一次添加六偏磷酸钠	0.1	0.2	0.15	0.2
	第一次添加 Al_2O_3	0.1	0.3	0.2	0.1
	第二次添加六偏磷酸钠	0.1	0.2	0.15	0.1
	第二次添加 Al_2O_3	0.01	0.03	0.02	0.03

[**制备方法**] 将木薯淀粉、麦饭石、二氧化钛多层包覆物混合，粉碎，即得。

[**原料介绍**] 所述二氧化钛多层包覆物的制备方法：向 TiO_2 溶液中加入分散剂，硫酸铝调节pH值至9～10进行预分散，在40～50℃下，添加 TiO_2 溶液质量0.1%～0.3%的 Al_2O_3，用硫酸铝调节溶液pH值至8.5～9.5，陈化2～3h；然后在保温条件下再次加入分散剂，搅匀，加入 TiO_2 溶液质量0.01%～0.03%的 Al_2O_3，陈化2～3h，过滤，干燥，即得。所述的 TiO_2 溶液的质量分数为20%～30%。所述分散剂为六偏磷酸钠。

[**使用方法**] 在生活污水处理厂（采用活性污泥处理工艺）的进水口投放污水处理剂，当污水进水COD>100mg/L时，每吨污水投放5～10kg；当污水进水COD为50～100mg/L时，每吨污水投放2～5kg；当污水进水COD为30～50mg/L时，每吨污水投放0.5～2kg。

[**产品特性**] 本品采用多层包覆工艺，可层层缠住丝状菌触手，大大减小丝状菌比表面积，遏制丝状菌与菌胶团的竞争，保持菌胶团在底物竞争中的有利地位，提高污泥处理效率，从而有效预防和遏制污泥膨胀的爆发。

配方71 污水处理剂

[**原料配比**]

原料		配比（质量份）		
		1#	2#	3#
聚丙烯酰胺		9	7	13
改性硅藻土		20	16	26
吸附物	活性炭	4	3	5
淀粉		7	5	8

续表

原料		配比（质量份）		
		1#	2#	3#
明矾		16	16	19
纳米氧化锌		10	8	10
硫酸铝		3	1	4
聚合氯化铝钙		7	4	8
十二烷基苯磺酸钠		4	3	5
微生物菌液		28	20	35
聚丙烯酰胺	阴离子聚丙烯酰胺	3	1	1
	非离子聚丙烯酰胺	2	1	2
微生物菌液	酵母菌	5	5	5
	乳酸菌	3	2	2
	焦曲霉	2	2	4

[制备方法]

（1）将含有酵母菌、乳酸菌、焦曲霉的菌群活化，获得微生物菌液，备用；

（2）称取纳米氧化锌、十二烷基苯磺酸钠，搅拌混合均匀，得到混合物 A，备用；

（3）称取聚丙烯酰胺、改性硅藻土、吸附物、淀粉、明矾、硫酸铝、聚合氯化铝钙于球磨机中研磨 1～1.5h，然后过 200 目筛，得到混合物 B，备用；

（4）将混合物 A、混合物 B 于 50～60℃温度下搅拌混合均匀，超声波振动 15～25min，得到混合物 C；

（5）使用时，向混合物 C 中加入微生物菌液混合均匀即可。

[原料介绍]

所述吸附物为活性炭、稻壳等。

所述聚丙烯酰胺为阴离子聚丙烯酰胺、非离子聚丙烯酰胺、阳离子聚丙烯酰胺中的一种或多种的组合。

[使用方法] 本品主要用于生活污水的处理，处理时将该污水处理剂投入污水中即可。

[产品特性] 本品能有效去除水中的污染物，可有效降低水的 COD、BOD、SS 含量，降低浊度，去除恶臭味，处理污水彻底，水处理的成本低，无污染，绿色环保，处理后的水能够达到国家规定的污水排放标准，不仅可以直接排放，而且可以循环使用；原料的来源比较广泛，且其制备工艺比较简单，适用于大规模的工业化生产。

配方 72 用于处理生活污水的高效污水处理剂

原料配比

原料	配比（质量份）				
	1#	2#	3#	4#	5#
聚合氯化铝铁	17	18	19	20	21
木质素磺酸钠	13	14	15	16	17
聚丙烯酰胺	25	26	27	29	30
硫酸亚铁	3	5	4.5	4	6
壳聚糖	8	11	10	9	12
氯化钙	6	9	8	7	10
小檗碱	2	3	3.5	4	5
改性锯末	35	39	38	36	40

制备方法

（1）称取改性锯末，进行粉碎处理，过 10～30 目筛，获得改性锯末粉。

（2）称取小檗碱，采用热水溶解，配制成小檗碱溶液。

（3）将改性锯末粉加入至小檗碱溶液中，在 200～300r/min 下搅拌混合 20～25min，再超声处理 30～40min，获得第一混合物，备用。

（4）称取硫酸亚铁、壳聚糖和氯化钙混合，在 100～200r/min 下搅拌混合 30～40min，获得第二混合物，备用；所述小檗碱溶液的用量为：每克改性锯末粉加入小檗碱溶液 2mL。

（5）称取聚合氯化铝铁、木质素磺酸钠和聚丙烯酰胺混合后，在 100～200r/min 下搅拌混合 50～60min，获得第三混合物，备用。

（6）将第一混合物、第二混合物和第三混合物混合，搅拌混合均匀后，即可。

原料介绍

所述改性锯末由以下方法制得：称取锯末，加入至 0.1%的木质素酶溶液中，在 100～200r/min 下搅拌混合 1～2h，再超声处理 40～50min，进行固液分离，将固体物料加入至干馏装置中，在 200～230℃下干馏处理 1h，取干馏后的固体产物，即得改性锯末。所述超声处理的频率为 30～40kHz。所述木质素酶溶液的加入量为锯末总质量的 3～5 倍。

所述小檗碱溶液的浓度为 0.03g/mL。

产品特性 本品对生活污水的处理效果显著，能够有效降低生活污水的 COD，BOD，SS、总磷、总氮和氨氮含量，经过处理后的生活污水能够达到排放标准，满足市场对污水处理剂的性能要求。

4 农用水处理剂

配方 1 池塘用水处理剂

[原料配比]

原料	配比（质量份）	
	1#	2#
米糠	2	3
辣蓼草粉	2	3
麦麸	3	4
侧孢短芽孢杆菌浓缩液	1	2
臭草粉	3	4
氨基酸	2	3
沸石粉	5	6
光合菌	2	3
黄糖粉	3	5
饮用水	150	250

[制备方法] 将上述原料依次加入至饮用水中混合均匀后静置 2～4h 得到水处理剂。

[使用方法] 将上述得到的水处理剂的二分之一洒于水源中，泼洒后打开增氧设备，剩下的二分之一水处理剂在 4～8h 后洒于水源中，泼洒后打开增氧设备，每隔 15～30 天使用一次。

[产品特性]

（1）本品进入养殖水体以后，能够分泌丰富的胞外酶系，及时降解进入养殖水体的有机物，使之矿化成为单细胞藻类生长所需的营养盐类；

（2）调控水质因子，自身耗氧量少，降解有机物能力强，能够有效地减少养殖池的有机耗氧，间接地增加了池中溶氧的含量。同时通过使用本品获得较多的藻类光合作用，也直接地达到增氧效果，保证了有机物氧化、氨化、硝化、反硝化的正常循环，中间代谢的有毒物质少，从而提高了水体的质量；

（3）抑制有害微生物的繁殖：施用在水体后，能迅速繁殖成优势菌群，通过食物、场所竞争及分泌类似抗生素的物质，直接或间接地抑制有害病菌的生长繁殖，还可以产生表面活性物，刺激水产品提高免疫功能，增加抵抗力，降低发病率；

（4）快速除臭、杀菌消毒、净水改底、降氨氮、除亚硝酸盐、平衡 pH 值、治疗水霉病和鱼虾烂身烂鳃病；

（5）有效抑制和清除蓝藻。

配方 2　畜禽养殖污水处理剂

［原料配比］

原料		配比（质量份）		
		1#	2#	3#
微生物菌群		0.5	1.5	1
矿物填料	轻石	1.2	1.5	—
	花岗岩	—	—	1.3
镁盐		1.5	1.8	1.6
磷酸盐		1	2	1.5
有机肥		2	1	1.5
腐殖土		1	0.5	0.75
微生物菌群	鞘氨醇杆菌 S-4	10	15	12
	吉氏芽孢杆菌 S-2	20	15	18
	红球菌 R-03	20	25	23
	类球红细菌 R-06	22	26	24
	多黏类芽孢杆菌 EBL-06	20	25	22

［制备方法］　将各组分原料混合均匀即可。

［使用方法］　本品用于处理畜禽养殖污水，包括以下步骤：

（1）按上述比例混合各组分得到畜禽养殖污水处理剂，并加入至 100 份水中，形成好氧发酵功能性活性液；

（2）将上述好氧发酵功能性活性液置于 20～30℃的环境中发酵 20～30h，得到营养液；

（3）将上述营养液用于植物栽培、农作物种植。

［产品特性］　本品在畜禽养殖污水处理的同时，使原来的污水具有生物活性，实

现畜禽养殖污水的稳定化、无害化和高附加值资源化；得到的营养液均满足安全性指标、有效性指标和部分典型植物病原微生物拮抗实验的要求，可广泛应用于植物栽培及农作物种植，使植物更加繁茂、葱绿、壮实，且利于土壤的可持续利用，使土壤松软且透气性好。

配方 3　畜禽养殖专用的污水处理剂

［原料配比］

原料	配比（质量份）		
	1#	2#	3#
改性膨润土	45	50	55
竹炭	20	25	30
硬脂酸甘油酯	5	8	8
糊精	1	2	2
水	适量	适量	适量

［制备方法］

（1）向改性膨润土中加水得到混合浆体，随后进行超声波处理，得到混合物；超声波处理的温度为 110～120℃，时间为 30～60min。

（2）将混合物与竹炭、硬脂酸甘油酯和糊精进行冰浴混匀搅拌，随后进行微胶囊化处理并置于 2～6℃温度下低温烘干，得到畜禽养殖专用的污水处理剂；搅拌转速为 300～400r/min。

［原料介绍］ 所述改性膨润土的制备方法为：

（1）将膨润土原土加入回转窑中，在 970℃温度条件下烧制 38min，出窑后粉碎成 40～50 目膨润土细粉；

（2）取步骤（1）所得的膨润土细粉真空干燥处理 12h，随后置于六偏磷酸钠和木质素磺酸钠中浸泡 2～4h，使得膨润土细粉得到充分浸泡，过滤后进行低温烘干；

（3）取步骤（2）所得低温烘干后的膨润土细粉加入聚合釜中，随后依次添加聚乙烯亚胺、聚乙二醇、偶氮二异庚腈、纳米二氧化硅、甲醇、甲基丙烯酸甲酯和四甲基溴化铵，53～62℃下反应 1～2h，得到改性膨润土。

［产品特性］ 本品能够使得畜禽养殖污水理化指标达到国家标准要求，且有效降低 COD、BOD、SS 及金属离子含量；处理工艺简单，用药量少，处理效果良好，性能稳定，出水水质好，可有效地降低水处理的成本，具有很好的经济效益和广泛的社会效益。

配方 4　淡水养殖废水处理剂

原料配比

原料		配比（质量份）	
		1#	2#
A 剂		1	1
B 剂		1	1
C 剂	微生物制剂	0.2	0.2
A 剂	水性聚丙烯酸树脂	10	10
	聚合硫酸铝	15	17
	碳酸氢钠	5	5
	水	1000	1000
B 剂	纳米纤维素	10	10
	卵磷脂表面活性剂	6	5
	水	90	90

制备方法

（1）A 剂的制备：先在水中加入水性聚丙烯酸树脂搅拌 1～2h，然后加入聚合硫酸铝和碳酸氢钠搅拌均匀即可。

（2）B 剂的制备：将纳米纤维素、卵磷脂表面活性剂和水混匀即可。

（3）C 剂的制备：将味精厂产生的经过处理后的高浓度味精废水加水稀释到质量分数为 15%作为培养基，每升培养基添加 2g 葡萄糖发酵，高压灭菌，冷却到 25℃后接种放射型根瘤菌和养枯草芽孢杆菌，通入氧气培养 20～30h 加入占发酵液总体积 50%的无水乙醇，析出多糖类物质，向其中多糖类物质添加其质量 2 倍的麸皮，将多糖与麸皮的混合物在流化床中沸腾干燥，得到微生物制剂。

使用方法

（1）取少量废水试验，确定废水处理剂的用量；

（2）向水中撒入 A 剂，搅拌，接着加入 B 剂和 C 剂，搅拌。

产品特性

（1）废水中的悬浮物与 A 剂接触后，被 A 剂包裹，形成细小颗粒；加入 B 剂后，细小颗粒被 B 剂吸附，使其形成较大颗粒而上浮；C 剂的作用是将处理后剩余的细小颗粒上浮，并且能够吸收、转化、分解氨氮和亚硝酸态氮，从而净化水质。

（2）本品对废水中的悬浮物有很好的絮凝上浮作用。

（3）本品价格便宜，处理废水用量少，处理喷漆废水操作方便。

（4）多余的微生物制剂鱼类可以食用，不会对水体造成污染。

（5）本品具有絮凝作用，不用设置沉降池，还有降低氨氮和亚硝酸含量的作用。

配方 5 基于农业开发的污水处理剂

［原料配比］

原料	配比（质量份）		
	1#	2#	3#
聚丙烯酰胺	0.2	0.6	0.4
膨润土	3	7	5
改性植物纤维素	0.2	0.7	0.45
海藻酸钠	0.4	0.8	0.6
硅藻土	4	9	6.5
硬脂酸锌	0.2	0.6	0.4
聚二甲基二烯丙基氯化铵	0.4	0.8	0.6
生物肥料	0.3	0.8	0.55
石墨烯	2	5	3.5
过氧化钙	0.4	0.7	0.55
环氧丙基聚季铵	0.2	0.7	0.45
聚合硫酸铁	0.3	0.6	0.45
聚乙二醇	0.3	0.8	0.55
石膏粉	3	7	5
六水合三氯化铝	0.2	0.6	0.4
木质素磺酸钙	0.2	0.7	0.45
纳米高岭土	4	7	5.5

［制备方法］ 将各组分原料混合均匀即可。

［产品特性］ 本品具有净化速度快、效果好、环保无毒、净化时间短、快速高效等优点，处理过程中无有毒有害气体产生。

配方 6 家禽养殖废水处理剂

[原料配比]

原料	配比（质量份）		
	1#	2#	3#
硫酸	2	5	3
混凝剂	4	10	4
硫酸亚铁	2	5	3
氯化钙	2	6	3.5
氯化镁	0.05	0.2	0.1
硅酸钠	2	5	2.3
活性白土	2	5	4.2
活性炭颗粒	10	20	12.4
纤维原料	40	60	44

[制备方法] 将各组分原料混合均匀即可。

[原料介绍]

所述的纤维原料是指木屑、秸秆、稻草或者糠且过 40～100 目筛。

所述活性炭颗粒的孔径为 10～30μm，比表面积为 500～1000m^2/g。

所述活性白土的相对密度为 2.3～2.5。

所述混凝剂为聚合氯化铝、聚合硫酸铝、三氯化铁、聚合硫酸铁和硫酸铝中的一种或者两种以上的组合。

[产品特性]

（1）本品包含多种功能组分，每种组分之间相互协调，能够将其功能发挥到最大。首先混凝剂能够将家禽养殖废水中的大颗粒物质进行混凝，然后做沉淀处理，而活性白土和活性炭颗粒能够将小颗粒物质进行吸附。本品的纤维原料可以将抗生素进行吸附，使得废水中的抗生素量大大减小，而通过纤维原料吸附的抗生素最后做焚烧处理。

（2）本品活性炭颗粒的比表面积限定在一个特定的范围内，这个范围内的活性炭颗粒能够与活性白土相互配合，达到最优的吸附效果。

（3）本品的纤维原料能限定在一个范围，即能过 40～100 目筛的粒径大小，这个范围的纤维原料能够将大部分的抗生素吸收，从而达到对家禽养殖废水中抗生素的有效处理。

配方 7 金鱼、锦鲤池塘养殖废水处理剂

原料配比

原料		配比（质量份）				
		1#	2#	3#	4#	5#
硅藻土		30	50	40	35	45
活性炭		20	12	15	18	13
麦饭石		16	19	17	20	17
石灰		6	3	4	5	5
固体硫酸铝		1	1	2	2	1
微生物菌剂		10	4	8	6	5
果胶		3	1	2	3	1
红糖		14	10	12	11	13
微生物菌剂	枯草芽孢杆菌	25	45	35	40	30
	放线菌	30	20	25	25	28
	硝化细菌	45	35	40	35	42

制备方法 分别将上述除微生物菌剂、果胶、红糖外各原料置入粉碎机中粉碎至 150～200 目，然后送入高混机中于 500r/min 下混合出料，所得的粉末经过冷却后，加入微生物菌剂、红糖、果胶搅拌混合均匀，即得本废水处理剂。

使用方法 本品用在养殖池塘废水处理过程中，每立方米的鱼塘养殖废水加入 50～80g 该处理剂。

产品特性 本品中的活性炭能够有效吸附养殖废水中的颗粒状杂质，同时吸收水体中具有不愉快气味的气体；麦饭石也具有很强的吸附能力，能将水中的游离氯和杂质、有害有机物、杂菌等吸附、分解，而在水中供给对生物体有用的常量元素、微量元素和氨基酸，还能去除水体氨氮；石灰与硫酸铝能够互相配合，有效清除金鱼、锦鲤池塘中过量的蓝藻；微生物菌剂不仅能够分解池塘中的有毒有害物质，净化水，还可以丰富水体中的有益微生物菌落，提高水体自净能力。废水处理剂制作成本低，使用方法简便，使用该品处理后的水，其有害物质和杂质的含量会大大降低，能够继续用于池塘养殖或者用于灌溉农田。

配方 8 具有杀菌消毒性能的可排放型养殖水处理剂

[原料配比]

原料	配比（质量份）		
	1#	2#	3#
膨润土	45	55	50
聚阴离子纤维素	0.5	0.9	0.7
聚合氯化铁	0.5	1.4	0.95
氯化亚铁	0.3	0.8	0.55
硬脂酸锌	1.2	1.5	1.35
硅藻土	10	15	12.5
石灰	15	25	20
高锰酸钾	0.5	0.8	0.65
吸附物	1.4	1.8	1.6
蒙脱石	8	15	11
石英砂	8	15	11.5
茶皂素	1.4	1.8	1.6
碳酸钠	0.5	0.9	0.7
轻质碳酸钙	0.4	1.2	0.8
三氧化二铝粉	0.2	0.6	0.4
环氧琥珀酸	0.3	0.8	0.55
硫辛酸钠	0.3	0.8	0.55
天然石膏	27	35	31
玉米粉	10	15	12.5
海藻酸钠	0.2	0.7	0.45
絮凝剂	3	8	5.5
脱氮硫杆菌	0.4	0.9	0.65

[制备方法] 将各组分原料混合均匀即可。

[产品特性] 本品适用于多种水体净化，污水净化效果可靠、造价低廉、使用方便、对环境友好。

配方 9 农业污水处理剂

原料配比

原料		配比（质量份）				
		1#	2#	3#	4#	5#
吸附剂		30	40	35	32	38
壳聚糖		15	20	17	16	15～20
海藻酸钠		10	20	15	12	19
碳纳米管		10	20	15	12	18
改性 β-环糊精		10	15	12	11	14
淀粉		10	15	12	11	14
海泡石		10	15	13	11	13
纤维素		5	10	7	6	9
叶绿素		5	8	6	7	7
杀菌剂		3	5	4	5	4
水		适量	适量	适量	适量	适量
乙醇		适量	适量	适量	适量	适量
吸附剂	趋磁细菌	10	10～15	12	11	14
	二氧化硅溶胶	20	30	25	22	29
	蚕丝蛋白	15	20	17	16	19
	凹凸棒土	10	15	12	11	4
	羧甲基纤维素钠	5	10	7	6	9
杀菌剂	生石灰	1	1	1	1	1
	纳米银	1	1	1	1	1

制备方法

（1）将吸附剂、壳聚糖、海藻酸钠、碳纳米管、改性 β-环糊精、淀粉、海泡石和纤维素加入 3～5 倍的水中，溶胀；

（2）将所述叶绿素加入 2～3 倍质量份的乙醇中；

（3）将步骤（2）所得溶液滴加到步骤（1）所得混合溶胶中，搅拌均匀后干燥成粉；

（4）将杀菌剂混入步骤（3）所得粉末，即得。

原料介绍

所述吸附剂制备方法为：将羧甲基纤维素钠溶于沸水制成饱和水溶液后，加入趋磁细菌、二氧化硅溶胶、蚕丝蛋白和凹凸棒土，均匀混合，溶胀后，干燥成粉，待用。

所述杀菌剂为等质量份的生石灰和纳米银。

所述改性β-环糊精的制备方法如下：

（1）将β-环糊精加入沸水制成饱和水溶液，重结晶三次，得到纯度≥99.9%的β-环糊精。

（2）室温下将步骤（1）纯化后的β-环糊精加入蒸馏水中，制成β-环糊精饱和水溶液；加入环糊精2倍物质的量的NaOH，搅拌3～5min。

（3）搅拌下，向步骤（2）所得物中缓慢滴加与β-环糊精等物质的量的环氧氯丙烷，反应30～40min。

（4）将与β-环糊精等物质的量的氨基酸溶于水，缓慢滴入步骤（3）所得物中，搅拌反应30～50min后旋干，加入乙醇洗涤2～3次，即得；所述氨基酸与水的料液比为1g∶10mL。所述氨基酸为五个或五个以上肽键的氨基酸。

［**产品特性**］ 本品能够有效去除污水中残留的农药，降低水富营养化程度，将水中含有的重金属污染物有效回收利用，确保处理后水质满足农田灌溉和工业用水的标准。

配方10 生物质水体多级水处理剂

［**原料配比**］

原料	配比（质量份）		
	1#	2#	3#
海泡石粉	60	80	70
钠基膨润土	20	30	25
铝矾土	10	20	15
硼化钒	20	30	25
玉石粉	15	25	20
硫酸亚铁	3	5	4
壳聚糖	6	8	7
轻质碳酸钙	15	25	20
环糊精	6	8	7
变性活性炭	6	8	7
改性淀粉	15	25	20

续表

原料		配比（质量份）		
		1#	2#	3#
复合氨基酸		6	8	7
明胶		60	80	70
水		适量	适量	适量
改性淀粉	淀粉	200	200	200
	六偏磷酸钠	6	6	6
	去离子水	70	70	70
	醋酸	8	8	8
	小苏打	30	30	30
	四硼酸钠	5	5	5
	高岭土粉	40	40	40
复合氨基酸	天冬氨酸	1	3	2
	丝氨酸	2	4	3
	谷氨酸	2	4	3
	甘氨酸	1	3	2
	丙氨酸	2	4	3
	蛋氨酸	1	3	2
	异亮氨酸	2	4	3

制备方法

(1) 将海泡石粉、钠基膨润土、铝矾土和硼化钒进行混合后，投入球磨机中，高速球磨 3～5h 后获得粉剂 A，备用；

(2) 将玉石粉、硫酸亚铁、壳聚糖和轻质碳酸钙混合，加温至 35～40℃后搅拌均匀，出料冷却后获得粉剂 B，备用；

(3) 选用一搅拌罐，将环糊精、变性活性炭、改性淀粉和复合氨基酸进行搅拌后复配均匀，获得粉剂 C，备用；

(4) 将上述的粉剂 A、粉剂 B 和粉剂 C 分别加入一搅拌罐中且分别兑水进行搅拌，获得膏料 A、膏料 B 和膏料 C，备用；

(5) 将明胶等分为三份，分别与膏料 A、膏料 B 和膏料 C 进行搅拌复配均匀，获得胶料 A、胶料 B 和胶料 C；

(6) 将上述胶料 C 进行烘干后造粒，放入胶料 B 中进行混合直至胶料 B 全部附着于颗粒表面，烘干，再放入胶料 A 中，进行混合直至胶料 A 全部附着于表面，再次烘干后即可获得。

［原料介绍］

所述的变性活性炭制备方法为：

（1）取农作物秸秆，将秸秆进行晾晒干燥直至秸秆含水率在3%～5%，备用；

（2）将秸秆进行挤压软化，直至秸秆中硬质纤维粉软化后获得软质秸秆，备用；

（3）将上述软化后的秸秆投放入炭化炉中，控制炉内温度为600～650℃高温碳化5～7min后取出；

（4）将上述碳化后的秸秆取出，加入秸秆总量10%的小苏打和蒙脱石粉进行搅拌后，混合均匀，然后再次翻拌且加热至85～88℃，出料备用；

（5）将上述步骤（4）处理后的物料加入水进行搅拌后，加入pH调节剂，调节pH值为7以下后获得膏料，低温冻干后，获得冻干粉剂，即可获得。

所述的改性淀粉制备方法为：取淀粉200份、六偏磷酸钠6份、去离子水70份、醋酸8份、小苏打30份、四硼酸钠5份、高岭土粉40份，将淀粉投入搅拌容器中，将六偏磷酸钠加入容器中，搅拌混合，再加入40份去离子水，搅拌5min，静置溶胀分散40min，再将醋酸、去离子水10份投入搅拌容器中，搅拌均匀，静置30min，再将小苏打、四硼酸钠和剩下的20份去离子水投入其中，搅拌均匀，静置45min，加入高岭土粉，烘干，即可制得改性淀粉。

所述的复合氨基酸包含：天冬氨酸1～3份、丝氨酸2～4份、谷氨酸2～4份、甘氨酸1～3份、丙氨酸2～4份、蛋氨酸1～3份、异亮氨酸2～4份。其制备方法为：将上述所有原料混合搅拌均匀即可。

［使用方法］ 按照水深30～50cm计算，每亩水体采用本品30～40kg，均匀地撒入水中即可，若条件均匀，进行搅拌水体效果更佳。

［产品特性］

（1）采用变性活性炭且变性活性炭采用作物秸秆制备，不仅环保健康，且成本低，与其他原料协同作用，对水的净化效果好。

（2）采用改性淀粉可以增大矿物黏度和离子活性，与轻质碳酸钙配合提升杀菌消毒的性能，也可起絮凝黏附重金属的作用。

（3）本品以颗粒形状存在，在实际的使用中，直接泼洒于水体，由于丸剂本身分为三层，且均由明胶定型，在初入水体后，外层预先溶解进行水处理，实现水体内较重金属离子吸附后沉淀于水体底部，外层溶解后，中层开始溶解，实现水体内细菌及各类毒素吸附后沉淀于水体底部，最后丸剂内层进行溶解，保证了外层及中层吸附沉淀物的最终处理，确保了水体的分级分层次净化。

（4）本品对于水体中各种化学污染物有着强力的吸附分解作用，提高水体的洁净度，同时具有补给水体中营养物质的能力，且处理剂本身洁净健康，环保无污染，保证水体处理的彻底高效。

配方 11 生猪养殖场污水处理剂

原料配比

原料	配比（质量份）		
	1#	2#	3#
珍珠岩	80	85	82
高岭土	20	25	22
硅藻土	20	25	25
聚合氯化铝	15	20	17
活性炭	15	20	18
二氧化硅	15	20	16
岩砂晶	5	7	6
石英砂	10	15	12

制备方法

（1）将珍珠岩、硅藻土、聚合氯化铝、二氧化硅、岩砂晶加入粉碎机，粉碎至 100～150 目，得到混合颗粒；

（2）将混合颗粒、高岭土、活性炭加入容器中，搅拌均匀；

（3）加入石英砂，超声波振动 10～20min，即得所述生猪养殖场污水处理剂。

产品特性

（1）本品能够可持续处理浓度较高的生猪养殖场污水，同时使处理后的水可反复循环利用。

（2）本品能有效地起到抑制细菌生长的作用。

（3）本品制备及处理工艺简单，处理效果良好，性能稳定，出水水质好；能有效地降低水处理的成本。

配方 12 水产品污水处理剂

原料配比

原料	配比（质量份）		
	1#	2#	3#
贻贝壳粉	15	5	10

续表

原料	配比（质量份）		
	1#	2#	3#
海藻酸钠	12	20	16
聚合三氯化铁	18	13	15
聚合氯化铝	8	12	10
改性膨润土	55	40	48
聚丙烯酰胺	2	8	5
植物纤维	4	1	2
乙二醇二乙醚二胺四乙酸	0.8	1.2	1

［**制备方法**］ 取贻贝壳粉、海藻酸钠、聚合三氯化铁、聚合氯化铝、改性膨润土、聚丙烯酰胺、植物纤维、乙二醇二乙醚二胺四乙酸混合均匀，在造粒机中造粒成型，干燥，即得污水处理剂。

［**原料介绍**］

贻贝壳粉制备方法：将贻贝壳清洗干净，用稀酸溶液浸泡 4～5h，再用稀碱液中和洗涤，去除贝壳表面杂质，最后用清水洗净，烘干，再在 100～300℃下高温处理 2～3h，冷却至室温，研磨后过 150～250 目筛，即得贻贝壳粉。

改性膨润土制备方法：按照铝∶膨润土为（5～10）mmol∶1g、有机改性剂与膨润土质量比为（1.8～2.3）∶100 取各原料，将有机改性剂和氯化铝加入去离子水，料液比为（0.03～0.05）g∶1mL，充分溶解，然后加入在 200～300℃下焙烧 1～3h 的膨润土，在搅拌速率为 150～200r/min、温度为 40～50℃下搅拌反应 50～70min，离心、洗涤，在温度为 100～110℃下干燥，研磨过 150～250 目筛，即得改性膨润土。所述的有机改性剂为质量比为 1∶（0.6～0.8）∶（0.01～0.02）的八烷基多糖苷季铵盐、十二烷基多糖苷季铵盐和 *N*-溴代丁二酰亚胺的混合物。

［**使用方法**］ 用污水收集管网将水产品污水收集后，在其总排污口的尾端设置人工筛网和机械格栅，除去污水中团体杂物，然后将污水引入到综合处理池中，调节污水 pH 值达到 6～9，按投加量为 0.3～2.8g/L 向池中投加污水处理剂，搅拌使污水处理剂与污水充分混合，静置 1～5h，当上部清水的色度达到 5 时，将上部清水直接排放或者转移到循环水池中，将底部沉淀进行烘干回收，实现废水处理剂的循环使用。

［**产品特性**］

（1）本品粒径为 1～10mm，该粒径的污水处理剂使其与污水的接触面积合理，同时便于水处理剂的回收、再利用。该污水处理剂中各成分能够协同作用，通过物理和化学吸附，能有效地去除污水中的氮、磷等有害物质，使杂质和富营养物质等经絮凝沉淀下来，同时使本品具有较好的表面性能，对有机污染物选择吸附效果好，此外能改善原料的成型性，利于污水处理剂的回收再利用，避免了二次污染问题。

（2）本品可应用于水产品污水的处理，效率高，效果好，去除率达98%以上，经过处理的污水可达到排放标准；本品污水处理剂处理工艺步骤简单，可操作性强，高效，可降低企业处理成本，同时用该污处理剂处理水产品污水相对安全，对操作人员无副作用。

配方13 水产养殖的污水处理剂

原料配比

原料		配比（质量份）		
		1#	2#	3#
硅藻泥		60	65	70
活性炭		35	40	30
刚毛藻		24	26	22
硅酸钠		6	4	5
鹅卵石		63	75	55
聚乙烯亚胺		2.5	1.2	1.8
碳酸氢铵		2.6	2.9	3.3
甲醇		8	12	6
氮酮		2	3	1
细菌胞外酶		7	3	5
微生物菌剂		3	4	5
溴化十六烷基三甲铵		0.5	1	1.5
聚乙二醇		1.2	1.3	1.6
微生物菌剂	芽孢杆菌	0.9	0.5	0.7
	放线菌	0.4	0.5	0.2
	热带假丝酵母菌	0.5	0.8	0.1
	乳酸菌	0.6	0.3	0.5
	乳酸片球菌	0.3	0.4	0.1
	酿酒酵母菌	1.3	1.8	2.5

[使用方法]

(1) 向水产养殖污水处理池中加入硅藻泥、硅酸钠、鹅卵石、聚乙烯亚胺、溴化十六烷基三甲铵，将污水处理池内物质经过静置分层，分为底部的沉淀污泥和上部的污水；污水处理池内物质静置分层所需时间为3～6天。

(2) 将上部的污水排出至另一个水池中，向污水中投入活性炭、刚毛藻、碳酸氢铵、甲醇、氮酮、细菌胞外酶、微生物菌剂、聚乙二醇，同时通入氧气充分反应，得净化水和污泥；所述氧气的量为2～4mg/L。

(3) 将净化水回流水产养殖池，污泥回流污水处理池。

[产品特性] 本品对污水的悬浮固体（SS）去除率、化学需氧量（COD）去除率显著高于传统的水产养殖污水处理剂。

配方14 水产养殖废水处理剂

[原料配比]

原料	配比（质量份）			
	1#	2#	3#	4#
改性椰壳粉	54	50	56	60
腐熟豆粕	35	36	30	31
虾青素	2	1	3	3
复合菌	6	4	8	8

[制备方法] 将各组分原料混合均匀即可。

[原料介绍]

所述改性椰壳粉通过以下方法制备得到：

(1) 预处理：将椰壳粉加入质量分数为6%～10%的盐酸中浸泡处理1～3h后用清水洗涤2～3次，再进行干燥即可。

(2) 煅烧：将干燥的椰壳粉加入马弗炉中，温度为200～450℃的条件下煅烧0.6～2.6h，得到煅烧处理的椰壳粉。

(3) 将煅烧处理的椰壳粉加入含有质量分数为2%～6%的海藻酸钠与1%～3%的衣康酸混合溶液中，超声处理1～2h，过滤得到滤渣，滤渣干燥即可获得改性椰壳粉。超声频率为26～32kHz。

所述腐熟豆粕的制备方法为：将豆粕打碎后用尿素溶液淋透，加盖塑料膜腐熟4～6个月即可获得腐熟豆粕。所述尿素溶液的质量分数为20%～30%。

所述复合菌为沼泽红假单胞菌与植物乳酸杆菌的混合菌。

[产品特性] 本品添加改性椰壳粉、腐熟豆粕与虾青素，能够有效去除废水中的

有机及重金属污染物，再与复合菌配合，通过改善水体的自然环境，促进养殖水体中浮游生物的生长。复合菌能将废水水体中硫氢和碳氢化合物中的氢分离出来，变有害物质为无害物质，并以有机物、有害气体及二氧化碳、氮等为基质，合成糖类、氨基酸类、维生素类、氮素化合物、抗病毒物质和生理活性物质，成为其他微生物繁殖的养分，促进其他菌类、藻类生长，加速水体处理速率，实现水体环境的自然平衡，促进水体环境改善，实现水产养殖可持续发展。

配方 15 水产养殖尾水处理剂

［原料配比］

原料	配比（质量份）		
	1#	2#	3#
聚合氯化铝	1	2	1.5
聚丙烯酰胺	1	2	1.5
共价键型絮凝剂	80	120	100
磁粉	240	160	200

［制备方法］ 将各组分原料混合均匀即可。

［原料介绍］ 所述共价键型絮凝剂为 CBHyC。

［使用方法］ 本品用于处理水产养殖尾水，使用方法如下：

（1）按上述配比制备水产养殖尾水处理剂；

（2）将水产养殖尾水分离成上清液及浓缩液；

（3）向浓缩液中添加步骤（1）所得处理剂，并进行搅拌，同时外加磁场，采用超磁分离技术进行固液分离；

（4）将上清液进一步固液分离以去除上清液内的固体；

（5）将去除固体后的上清液和处理过的浓缩液混合后进行氨氮、有机物溶解的处理，并进行杀菌消毒；

（6）往杀菌消毒后的上清液内注入臭氧，并在预设的时间内将残余臭氧排除，以使上清液成为无害的液体。

［产品特性］ 本品固液分离时间短、效果好，结合超磁分离，可高效、快速地去除水产养殖尾水中的悬浮物质和小分子含氮污染物，实现泥水的有效分离。使用本品对水产养殖尾水进行处理后，尾水中的 COD、氨氮、亚硝酸盐氮的含量均大大降低。

配方 16　水产养殖污水处理剂

［原料配比］

原料		配比（质量份）			
		1#	2#	3#	4#
纳米二氧化钛		32	26	30	36
锯末提取物		18	20	15	23
衣康酸		6	4	8	5
硅藻泥		14	16	10	12
聚乙烯醇		9	6	12	11
菌剂		7	5	10	8
菌剂	枯草芽孢杆菌	8	6	9	8
	热带假丝酵母菌	5	7	4	5
	放线菌	1	1	1	1

［制备方法］　将各组分原料混合均匀即可。

［原料介绍］　所述锯末提取物的制备方法为：将锯末加入海藻酸钠溶液中，再煮沸处理10～20min，冷却至室温后，加盖塑料膜腐熟发酵4～6个月，发酵液进行低温浓缩即可获得锯末提取物。所述海藻酸钠溶液的质量分数为10%～20%。

［产品特性］　本品以纳米二氧化钛与锯末提取物为主导，增强处理剂对重金属的处理效果，也提高了污水中有机物去除效率。辅以衣康酸与聚乙烯醇，对纳米二氧化钛进行缓释，延长其作用时间，使得其有足够的时间对污水进行净化处理。硅藻泥与菌剂作为补强剂，能够很好地吸附与降解水中的有机污染物，提高了悬浮固体（SS）去除率及化学需氧量（COD）去除率。

配方 17　养殖场污水处理剂

［原料配比］

原料	配比（质量份）				
	1#	2#	3#	4#	5#
罗勒叶	21	33	27	25	30
冰凌草	16	22	18	17	20

续表

原料	配比（质量份）				
	1#	2#	3#	4#	5#
松花蛋干粉	10	17	14	13	15
富勒醇	10	20	15	12	17
刺龟皮	15	22	18	16	20
硫酸软骨素	5	15	10	7	13
丙烯酸乙酯	10	20	15	13	17
核黄素	2	8	5	4	6
水	适量	适量	适量	适量	适量

［制备方法］

(1) 将罗勒叶、冰凌草和刺龟皮混合，置于70～75℃下烘干，再通过粉碎机粉碎成混合粉末，将混合粉末与松花蛋干粉混合，加入富勒醇和20～35份水，搅拌均匀，置于−5～0℃下冷冻5～8h。

(2) 先将硫酸软骨素和丙烯酸乙酯混合搅拌15～30min，然后加入核黄素，继续搅拌1～2h；搅拌速度为255～385r/min。

(3) 将步骤 (1) 所得物通过碎冰装置压碎，加入步骤 (2) 所得物，室温下搅拌至溶化；再将所得物置于78～95℃下烘干，经研磨粉碎后即得成品。

［产品特性］ 本品原料易得、安全、环保，可有效用于畜禽养殖污水处理，使用效果好，工作效率高，制备工艺简单，有利于生产。

配方18 养殖污染废水处理剂

［原料配比］

原料	配比（质量份）		
	1#	2#	3#
海泡石粉	100	80	120
膨润土	80	100	55
硫酸亚铁	25	20	29
硫酸铜	10	15	6
丙烯酰胺	5	2	8
硼酸	3	5	1
消毒剂	5	2	9

［制备方法］ 将各组分原料混合均匀即可。

［产品特性］ 本品可实现养殖水体的稳定化调控和疾病的有效防治，减少养殖污染，提升养殖水产品的质量与安全性，促进农业增效、农民增收，推动水产养殖业可持续发展。

配方 19 用于养殖废水的污水处理剂

［原料配比］

原料	配比（质量份）					
	1#	2#	3#	4#	5#	6#
枯草杆菌	15	20	20	12	22	15
硝化细菌	25	30	35	38	22	35
二氧化硅吸附剂	30	30	30	25	45	30
次氯酸钠	20	20	20	28	12	25
聚合氯化铝混凝剂	15	15	15	8	22	10

［制备方法］ 将二氧化硅吸附剂、次氯酸钠及聚合氯化铝混凝剂混合后粉碎至粒径为 80～120 目，加入枯草杆菌及硝化细菌，混合均匀后得到所述的污水处理剂。

［原料介绍］

所述枯草杆菌的活菌含量≥1.6×10^{10}CFU/g。

所述硝化细菌的活菌含量≥1.56×10^{10}CFU/g。

［使用方法］ 本品用于养殖废水的处理，1kg 养殖废水中加入 0.8～1.2g 所述的污水处理剂。

［产品特性］

（1）本品中，枯草杆菌可将养殖废水中大分子有机质分解成小分子有机酸、氨、磷等，改善水质；硝化细菌的硝化作用将水中氨氮转化为硝态氮和亚硝态氮；二氧化硅吸附剂具有吸附臭气、悬浮颗粒，脱色等功效；次氯酸钠用作消毒剂；聚合氯化铝混凝剂具有吸附净化作用。其中，二氧化硅吸附剂与聚合氯化铝混凝剂均为吸附性组分，可吸附养殖废水中细小的悬浮颗粒，二者具有协同作用。

（2）本品能够较好地处理养殖废水中的污染物，不易造成二次污染，且制备过程简单，操作简便，成本低。

配方 20 环保型养殖污水处理剂

原料配比

原料		配比（质量份）			
		1#	2#	3#	4#
石斛多糖		16	10	20	12
有机絮凝剂	聚合硫酸铝	34	36	30	40
改性高岭土		38	26	52	48
水		110	120	100	130

制备方法 将各组分原料混合均匀即可。

原料介绍

所述改性高岭土的制备方法为：

（1）向稀盐酸中加入氯化铝搅拌均匀，得到改性液；所述稀盐酸的质量分数为5%～12%，氯化铝加入稀盐酸中后的质量分数为2%～6%。

（2）将蛋壳与高岭土粉碎之后混合，加入改性液中进行搅拌分散，再进行球磨得到浆料；所述蛋壳与高岭土的质量之比为1∶(10～15)。

（3）在造粒喷雾塔中将步骤（2）所得浆料进行喷雾干燥，得到造粒粉。

（4）将造粒粉在260～320℃下烧结1～2h，即可获得改性高岭土。

所述有机絮凝剂为聚合硫酸铝或者聚合硫酸铁。

产品特性

（1）本品中，改性高岭土通过蛋壳的改性处理能够大大提高其吸附能力，特别是对重金属的吸附能力；石斛多糖的加入增强了对磷的吸附能力，同时能够提高高岭土对污水中的氨氮和磷的去除率。

（2）本品处理效果良好，对SS和浊度的去除率达86.3%以上，其中强化去除率超过74.8%；COD的去除率为73.3%以上，其中强化去除率为63.6%以上；BOD_5 的去除率为56.7%以上，其中强化去除率为42.8%以上。强化效果明显。

参考文献

CN 201910233661.1
CN 201910461220.7
CN 202010985974.5
CN 201810747088.1
CN 201910946693.6
CN 201910381186.2
CN 201710960595.9
CN 201910881518.3
CN 201810031643.0
CN 201911371942.X
CN 201910868610.6
CN 201810394420.0
CN 201811345261.1
CN 201910192211.2
CN 202010645772.6
CN 201710986565.5
CN 201810516584.6
CN 201810502079.6
CN 201811573068.3
CN 202010302624.4
CN 201910483561.4
CN 201811094399.9
CN 201811345278.7
CN 202011593019.3
CN 201810526380.0
CN 201710220389.4
CN 202010525087.X
CN 201811396805.7
CN 201710841661.0
CN 202010828792.7
CN 201910382785.6
CN 201811619402.4
CN 201911182062.8
CN 201811156880.6
CN 201810578426.3
CN 201810750582.3
CN 201810780199.2
CN 201910463451.1
CN 202010926460.2
CN 201810012504.3
CN 201810014494.7
CN 202010252407.9
CN 201710961307.1
CN 201810176059.4
CN 201811345270.0
CN 201910801693.7
CN 202010461901.6
CN 202011016214.X
CN 201711134591.1
CN 201810287356.6
CN 201911084140.0
CN 202011108958.4
CN 201710878430.7
CN 201711245730.8
CN 201910828817.0
CN 201810724797.8
CN 202010647140.3
CN 201910169068.5
CN 201811059518.7
CN 202010771397.X
CN 201910450268.8
CN 202010066646.5
CN 201811257494.6
CN 201811572919.2
CN 202011577510.7
CN 201810613508.7
CN 201810293604.8
CN 201910055156.2
CN 201711415894.0
CN 201811328694.6
CN 201711320581.7
CN 201810580733.5
CN 201910166230.8
CN 201711237202.8
CN 201810683544.0
CN 201810864272.4
CN 201910369487.3
CN 201711248306.9
CN 201810956435.1
CN 201910689403.4
CN 201910530862.8
CN 201711058805.1
CN 201810501101.5
CN 201910084839.0
CN 201711042633.9
CN 201811345910.8
CN 202011103019.0
CN 201711242946.9
CN 201810633354.8
CN 201811122729.0
CN 201811276985.5
CN 201910113323.4
CN 201810500919.5
CN 201911320708.4
CN 202010832538.4
CN 201711241149.9
CN 201711448143.9
CN 202010766215.X
CN 202011096385.8
CN 201711242510.X
CN 201711478518.6
CN 202011405029.X
CN 201711297074.6
CN 201811176580.4
CN 201711414984.8
CN 202011229095.6
CN 201711369876.3
CN 202011316898.5
CN 201711036272.7
CN 201711230050.9
CN 201810822246.5
CN 201710877589.7
CN 202010612363.6
CN 201711485024.0
CN 201810541819.7
CN 202011004787.0
CN 201710636442.9
CN 201810724387.3
CN 201811291449.2
CN 201810630769.X
CN 201711430912.2
CN 202010158507.5
CN 201711146603.2

CN 201810286102.2
CN 201711298450.3
CN 201810109612.2
CN 201910144167.8
CN 201810708784.1
CN 201711290860.3
CN 201810466352.4
CN 201710950283.X
CN 202010295404.3
CN 201711363163.6
CN 201810293605.2
CN 201811349543.9
CN 201711373376.7
CN 201811407664.4
CN 202011120361.1
CN 201711143638.0
CN 202010420997.1
CN 202011118686.6
CN 201910332217.5
CN 202011557349.7
CN 201810682688.4
CN 201810758363.X
CN 201811171754.8
CN 201711146088.8
CN 202110046111.6
CN 201810760591.0
CN 201710553364.6
CN 201711132513.8
CN 201910597469.0
CN 201910781486.X
CN 202011373036.6
CN 201711248290.3
CN 201811610323.7
CN 201910144228.0
CN 202011482885.5
CN 201610985820.X
CN 201711398417.8
CN 201711285812.5
CN 201810120451.7
CN 201811345283.8
CN 201711084276.2
CN 201911125620.7
CN 201711051949.4
CN 201611149872.X
CN 201811271825.1
CN 201710912595.1
CN 201711216083.8
CN 201711378818.7
CN 201711236905.9
CN 202010798365.9
CN 201911070226.8
CN 201910995915.3
CN 201911007022.X
CN 201811284118.6
CN 201910153605.7
CN 201810109471.4
CN 202011170894.0
CN 201810023201.1
CN 201811514224.9
CN 201711284146.3
CN 201810521082.2
CN 201910194320.8
CN 201711299382.2
CN 201810710035.2
CN 201910614581.0
CN 201810485962.9
CN 201811155855.6
CN 201911156146.4
CN 201711142154.4
CN 201711132283.5
CN 201711139872.6
CN 201711322916.9
CN 201910781236.6
CN 201810366035.5
CN 202010882302.1
CN 201811360998.0
CN 201811345909.5
CN 202010882293.6
CN 201711275833.9
CN 201811414727.9
CN 201711229128.5
CN 201810955405.9
CN 201711145420.9
CN 201810642657.6
CN 201810424358.5
CN 201810294375.1
CN 201811158030.X
CN 202010712917.X
CN 201711033109.5
CN 201810121227.X
CN 201811250173.3
CN 201910323087.9
CN 201910327380.2
CN 201910781219.2
CN 201910781218.8
CN 201711298636.9
CN 201710955326.3
CN 201910022166.6
CN 201810741326.8
CN 201810650279.6
CN 201811223734.0
CN 201810586895.X
CN 201810309359.5
CN 201811201642.2
CN 201811156888.2
CN 201810493504.X
CN 201810726077.5
CN 201611213725.4
CN 201711313503.4
CN 201911111326.0
CN 201711440547.3
CN 201810659469.4
CN 201711237885.7
CN 201811304560.0
CN 201910399930.1
CN 201811419382.6
CN 201711418189.6
CN 201910528928.X
CN 202011374145.X
CN 201711036169.2
CN 201711075104.9
CN 201711486161.6
CN 202011139782.9
CN 201711369810.4
CN 201810804070.0
CN 201710497138.0
CN 201811513463.2
CN 201811513462.8
CN 202010183811.5

CN 202010912963.4
CN 201710758768.9
CN 201710963690.4
CN 201810283484.3
CN 201811276968.1
CN 201910419987.3
CN 201910170493.6
CN 202011376390.4
CN 202011574712.6
CN 201711062052.1
CN 201711214752.8
CN 201810432737.9
CN 201811289737.4
CN 201910184497.X
CN 201910803144.3
CN 202010808892.3
CN 201711052346.6
CN 201711376123.5
CN 201811168495.3
CN 201911011244.9
CN 201711197717.X
CN 201711330267.7
CN 201810633355.2
CN 201810956540.5
CN 201711132514.2
CN 202011136859.7
CN 201711047645.0
CN 201610986083.5
CN 201811043153.9
CN 201811408220.2
CN 201711173314.1
CN 202011403071.8
CN 201711144147.8
CN 201811430810.5
CN 201711202477.8
CN 201711419488.1
CN 201711253874.8
CN 201711480785.7
CN 201810052063.X
CN 201711467476.6
CN 201810216729.0
CN 201810236784.6
CN 201711377261.5
CN 202011364726.5
CN 201810593387.4
CN 201811351533.9
CN 201710953709.7
CN 201711063033.0
CN 201610726499.3
CN 202010780588.2
CN 201910084593.7
CN 201910714703.3
CN 201811556385.4
CN 201711088979.2
CN 202010894138.6
CN 201910614560.9
CN 201611086507.9
CN 202010259781.1
CN 201911375403.3
CN 202011377279.7
CN 201810236786.5
CN 201811318153.5
CN 201810730774.8
CN 201810695177.6
CN 201711063043.4
CN 201811590973.X
CN 201910374988.0
CN 201810342376.9
CN 201910103606.0
CN 201810770888.5
CN 201810109826.X
CN 201811032460.7
CN 201711403238.9
CN 201610694117.3
CN 201711370925.5
CN 202010650513.2
CN 201910253682.X
CN 201711402844.9
CN 201810577734.4
CN 201810577669.5
CN 201811345245.2
CN 201811348160.X
CN 201811130582.X
CN 202011252227.7
CN 201611137915.2
CN 201811436454.8
CN 201711264149.0
CN 201811172046.6
CN 201811289758.6
CN 201610986084.X
CN 201611157443.7
CN 201810214297.X
CN 201810741328.7
CN 201810741319.8
CN 201711415827.9
CN 201810741314.5
CN 201810741315.X
CN 201711144744.0
CN 201710485623.6
CN 201910101521.9
CN 202010642364.5
CN 201910994794.0
CN 201711242483.6
CN 201811345862.2
CN 201910994802.1
CN 201610993157.8
CN 201711490988.4
CN 201810294710.8
CN 201711056476.7
CN 201811473975.0
CN 201811345878.3
CN 201810677404.2
CN 201710997590.3
CN 201810683821.8
CN 201910597515.7
CN 201610985819.7
CN 201710497146.5
CN 201711058816.X
CN 201811349551.3
CN 201711248687.0
CN 201711067990.0
CN 201811261034.0
CN 201711244357.4
CN 201711063755.6
CN 201810372728.5
CN 201911312637.3
CN 201811454044.6
CN 201910144166.3
CN 201810526215.5

CN 202010772395.2
CN 201910421265.1
CN 201910144149.X
CN 201811580225.3
CN 201711254579.4
CN 201810543257.X
CN 201810357380.2
CN 201811110453.4
CN 201811611591.0
CN 201911125834.4
CN 201711058783.9
CN 201711377836.3
CN 201810898770.0
CN 201811345263.0
CN 201910161859.3
CN 201711241913.2
CN 201711418725.2
CN 201810666182.4
CN 201711050432.3
CN 201711214733.5
CN 201711233525.X
CN 201711419435.X
CN 201711101808.9
CN 202010936112.3
CN 201810411913.0
CN 201810064796.5
CN 201810127417.2
CN 201810120025.3
CN 201711104055.7
CN 201710838047.9
CN 201810883099.2
CN 201910351651.8
CN 201710904086.4
CN 201711433391.6
CN 201811094024.2
CN 201810182223.2
CN 201810820649.6
CN 201810051321.2
CN 201810172470.4
CN 201810538534.8
CN 201711233523.0
CN 201811580147.7
CN 201711258995.1
CN 201910146643.X
CN 201711142346.5
CN 201711214732.0
CN 201711213484.8
CN 201711036170.5
CN 201711214051.4
CN 201711214718.0
CN 201810737944.5
CN 202010055745.3
CN 201810737201.8
CN 201910327376.6
CN 201711213482.9
CN 201711214049.7
CN 201810551044.1
CN 201810095360.2
CN 201910977062.0
CN 202011385217.0
CN 201811155851.8
CN 201911180236.7
CN 201810442740.9
CN 201811277433.6
CN 201910592472.3
CN 201810875625.0
CN 201910253673.0
CN 201711237372.6
CN 201711058782.4
CN 201711183383.0
CN 201810313218.0
CN 201910258776.6
CN 202011388871.7
CN 201910258774.7
CN 201810182234.0
CN 201711132512.3
CN 201911399077.X
CN 201910258287.0